KB092987

# PASS
# 농업기계
# 산업기사
## 필기

**GoldenBell**
www.gbbook.co.kr

# 수험자들의 좌표가 되었으면...!

농작업의 중심에는 인력을 대체한 '농업기계'가 담당하는 것이 확대되고 있다.

안타까운 현실은 농업기계 산업기사의 응시자는 타 직종에 비해 지극히 소수라는 것에 놀라울 따름이다.

한편, 수험정보 길라잡이가 전무하여 응시생의 수험 정보가 없었던 원인이 아닌가 싶기도 하다.

지속적인 농업인구 감소로 기계화가 대두되고, 외국인 근로자의 수급 부족, 이상 기후에 따른 생산량 감소, 병해충 피해도 빠르게 증가하고 있다.

뿐만 아니라 후진국의 노동력 감소에 의한 대처 방안, 늘어나고 있는 ODA(해외 지원) 사업도 증가하고 있는 상황이다.

현장에서 농업인들의 유용한 농업기계 활용을 위한 지역별 농업기계 대리점, 정비업소도 정비인력과 운영인력에 어려움을 겪고 있는 상황이기에 전문가를 육성해야 하는 시급한 상황에 처해 있다.

「농업기계산업기사」는 농업기계 제작, 조립 또는 정비를 위해 숙련기능을 갖춘 인력을 양성하는데 목적을 두고 있다.

집필의 동기는 앞으로 농업기계를 전공하고, 관심 있는 후학들의 지식과 소양을 갖추기 위해 자격 취득의 수험서가 되었으면 한다.

1. 시험 과목별 요점 정리는 출제 빈도가 높은 문제 위주로 구성하였다.
2. 최근 5년간 기출 문제를 중심으로 문제마다 풀이의 핵심 팁을 다는데 정성을 들였다.
3. 유압기기는 '농업기계 요소, 농업기계학, 농업동력학'에 모두 포함되므로 별도로 편성하였다.

'농업기계화촉진법'에 정책적으로 자격증 취득자가 진출할 수 있는 희망 일자리 기준을 마련한다면, 지금 보다 발전된 농업기계 분야의 인재들이 영입되면서 선진 농업기계화를 앞당길 수 있는 시발점이 될 것이라고 확신한다.

이 수험서가 발행되기까지 경제성은 논하지 않고 단지 수험정보서로 족하다는 김길현 대표님께 감사드리며, 농업기계 후학 양성을 위해 노력해 주시는 일선 교수님, 산업계, 학계, 연구원님들의 많은 관심과 조언을 부탁드린다.

끝으로 주말 밤낮 없이 도움과 이해, 격려를 준 아내와 아들, 가족들에게도 감사드린다.
농업의 미래는 디지털 시대에 발맞춰 발전하는 농업기계라는 것을 확신한다.
이 책으로 학습하는 모든 분들의 합격과 무궁한 발전을 기원한다.

2022. 7
강 진 석

## 농업기계산업기사

농업기계의 특성을 이해하고 기계요소에 관한 전문지식을 활용하여 농업기계 및 관련 기계설비와 제작, 수리, 정비, 안전관리 등과 농업기계 관련 인력에 대한 기술지도 감독 등을 하여 주어진 농업기계를 능률적으로 실무에 활용하도록 하는 직무이다.

# ❶ 시험 정보

## (1) 응시자격

| 기술자격 소지자 | 관련학과 졸업자 | 순수 경력자 |
|---|---|---|
| • 동일(유사)분야 산업기사<br>• 기능사 + 1년<br>• 동일종목 외국자격취득자<br>• 기능경기대회 입상 | • 전문대졸(졸업예정자)<br>• 산업기사수준의 훈련과정 이수자 | 2년 (동일 유사 분야) |

① 관련학과 : 전문대학 이상의 학교에 개설되어 있는 기계공학, 동력기계 등
② 동일직무분야 : 경영·회계·사무 중 생산관리, 건설, 재료, 화학, 전기,·전자, 정보통신 중 방송무선, 통신, 안전관리, 환경·에너지

## (2) 시험과목 및 검정방법

| 구분 | 시험과목 | 검정방법 및 시험시간 |
|---|---|---|
| 필기시험 | 1. 농업기계공작법<br>2. 농업기계요소<br>3. 농업기계학<br>4. 농업동력학 | 객관식 4지 택일형,<br>과목당 20문항(과목당 30분) |
| 실기시험 | 농업기계 정비작업 | 작업형(3시간 정도) |

## (3) 합격 기준

① 필기 : 100점을 만점으로 하여 과목당 40점 이상, 전 과목 평균 60점 이상
② 실기 : 100점을 만점으로 하여 60점 이상

## (4) 필기시험 면제

필기시험에 합격한 자에 대하여는 필기시험 합격자 발표일로부터 2년간 필기시험을 면제한다.

## ❷ 자격증 활용 정보

### (1) 취업
농업기계생산업체, 농업기계수리 및 정비업체, 농업기계대리점, 농업기계 A/S센터, 농협농업기계 서비스센터 등에 취업할 수 있다.

### (2) 우대
국가기술자격법에 의해 공공기관 및 일반기업 채용 시 / 보수, 승진, 전보, 신분보장 등에 있어서 우대받을 수 있다.

### (3) 가산점
6급 이하 및 기술직공무원 채용시험 시 가산점을 준다. 공업직렬의 일반기계, 농업기계 직류에서 채용계급이 8·9급, 기능직 기능 8급 이하일 경우에는 5%, 6·7급, 기능직 기능7급 이상일 경우에는 3%의 가산점이 부여된다. 다만, 가산 특전은 매 과목 4할 이상 득점자에게만, 필기시험 시행 전일까지 취득한 자격증에 한한다.

### (4) 자격부여
농업기계산업기사 자격을 취득하면, 건설산업기본법에 의한 건설업 등록을 위한 기술인력(산업환경설비공사업), 산업안전보건법에 의한 안전관리대행기관, 근로자의 보건·안전 지정교육기관, 지정검사기관으로 지정받기 위한 기술인력, 석유사업법에 의한 품질검사기관 지정을 받기위한 기술인력 등으로 활동할 수 있다.

## ❸ 출제 기준 [2021. 1. 1. ~ 2024.12.31.]

| 필기과목명 | 주요항목 | 세부항목 | 세세항목 |
|---|---|---|---|
| 농업기계 공작법 | 1. 수가공과 측정 | 1. 수가공 | 1. 수가공의 종류와 공구<br>2. 수가공 작업 |
| | | 2. 측정 | 1. 측정의 기초　　2. 길이측정<br>3. 각도측정 |
| | 2. 절삭가공 | 1. 절삭가공이론 | 1. 절삭가공이론　　2. 절삭제 |
| | 3. 비절삭 가공 | 1. 주조 | 1. 원형의 기초　　2. 주형의 기초<br>3. 주조의 기초 |
| | | 2. 소성가공 | 1. 소성가공 개요<br>2. 소성가공 종류 및 특성 |
| | | 3. 열처리 | 1. 열처리 종류 및 특성 |
| | | 4. 용접 | 1. 용접 종류 및 특성 |
| | 4. 기계조립 및 정비작업 | 1. 기계조립 작업 | 1. 조립작업용 공구 및 사용법 |
| | | 2. 분해 및 조립작업 | 1. 분해, 조립작업 공구 및 사용법 |
| | | 3. 조정 및 정비작업 | 1. 조정 및 정비작업 공구 및 사용법 |

| 필기과목명 | 주요항목 | 세부항목 | 세세항목 |
|---|---|---|---|
| 농업기계 요소 | 1. 강도 및 설계기준 | 1. 기계요소 기초 | 1. 응력과 안전율 및 응력집중, 크리프 등<br>2. 치수공차와 끼워 맞춤 |
| | 2. 기계요소 | 1. 체결용 요소 | 1. 나사(볼트, 너트)<br>2. 키, 코터, 핀, 스플라인 등<br>3. 리벳 및 용접이음 |
| | | 2. 전동용 요소 | 1. 축과 축이음<br>2. 베어링<br>3. 벨트, 체인, 기어, 스프로켓<br>4. 기타 전동용 요소 |
| | | 3. 제어용 요소 및<br>기타 기계요소 | 1. 브레이크 및 래칫장치<br>2. 스프링 및 완충장치<br>3. 플라이 휠(fly wheel)<br>4. 기타 농업기계요소 |
| | 3. 유공압기기와 관로 | 1. 유공압기기 | 1. 유압기기<br>2. 공압기기 |
| | | 2. 관로 | 1. 파이프와 파이프이음<br>2. 관로의 설계와 누설방지 |
| 농업기계학 | 1. 농업 기계화 | 1. 농업 기계의 능률과<br>부담 면적 | 1. 포장기계의 능률과 부담면적<br>2. 농업기계의 이용비용<br>3. 농업기계 선택과 이용<br>4. 농업기계 사용 안전 |
| | 2. 경운 및 정지기계 | 1. 경운 및 정지기계 | 1. 경운 및 정지 기본이론<br>2. 플라우<br>3. 로터리 경운<br>4. 정지기계 |
| | 3. 이앙기, 파종 및 이식기 | 1. 이앙기와 파종기 | 1. 이앙기            2. 파종기 |
| | | 2. 이식기 | 1. 이식기 |
| | 4. 재배관리용 기계 | 1. 제초기 및 관개용 기계 | 1. 제초기, 배토기<br>2. 관개용 기계 |
| | | 2. 방제용 기계 | 1. 방제용 기계 |
| | | 3. 비료살포용 기계 | 비료살포용 기계 |
| | 5. 수확기계 | 1. 곡물수확기 | 1. 예취기            2. 탈곡기<br>3. 콤바인 |
| | | 2. 기타 수확기계 | 1. 과일, 채소, 뿌리 수확기<br>2. 목초 및 기타 수확기계 |
| | 6. 농산가공기계 | 1. 곡물 및 농산물건조기 | 1. 곡물 및 농산물의 건조이론<br>2. 곡물 및 농산물 건조방법과 건조시설<br>3. 곡물 및 농산물 저장시설과 관리 |
| | | 2. 조제가공시설 | 1. 선별포장장치      2. 도정장치<br>3. 이송장치 |
| | 7. 기타 농업 기계 | 1. 축산기계 및 설비 | 1. 축산용 기계설비 |
| | | 2. 원예기계 및 설비 | 1. 원예용 기계설비 |
| | | 3. 임업기계 및 설비 | 1. 임업용 기계설비 |
| | | 4. 기타 농작업 기계 | 1. 식품기계 및 설비<br>2. 기타 농작업 및 운반기계 |

| 필기과목명 | 주요항목 | 세부항목 | 세세항목 |
|---|---|---|---|
| **농업동력학** | 1. 전동기 | 1. 전동기의 종류와 작동원리 | 1. 직류 전동기<br>2. 교류 전동기 |
| | | 2. 전동기의 기동법과 성능 | 1. 기동법<br>2. 성능 |
| | 2. 내연기관 | 1. 내연기관의 종류와 작동원리 | 1. 가솔린 기관<br>2. 디젤 기관<br>3. 로터리 기관 등 기타기관 |
| | | 2. 주요부의 구조와 기능 | 1. 헤드 및 실린더와 연소실<br>2. 흡·배기 밸브장치<br>3. 피스톤 및 피스톤 링<br>4. 크랭크 축 및 플라이 휠 등 |
| | | 3. 기관 부속장치 | 1. 윤활유 및 윤활 장치<br>2. 연료 및 연소장치<br>3. 소기 및 과급장치<br>4. 냉각장치 및 기관 부속장치 |
| | 3. 트랙터 | 1. 종류 및 용도 | 1. 트랙터의 종류 및 용도와 특성 |
| | | 2. 주요부의 구조, 기능 및 작동원리 | 1. 동력전달장치<br>2. 주행장치<br>3. 조향장치<br>4. 제동장치<br>5. 작업기 장착장치<br>6. 유압장치<br>7. 전기장치<br>8. 안전장치 |
| | | 3. 성능 및 시험방법 | 1. 견인성능<br>2. 주행성능<br>3. 기관성능과 안정성 |

차 례 ○ Contents

# 농업기계 공작법

# Chapter 1

# 수가공과 측정

## 01  수가공

기계를 제작할 때 설계의 지시에 따라 재료를 선택하고, 이것을 여러 가지 가공방법으로 기계의 부품을 조립하여 완제품 만든다. 이 때 가공 전의 재료를 소재라 하고, 가공 후의 물품을 제품이라고 한다.  수가공은 공작기계를 사용하지 않고 수공구를 활용하여 기계의 부품을 완성하는 작업을 말한다. 수가공에는 다듬질, 치수를 정하기 위한 금긋기, 절단, 드릴링 등 다양하다.

### 1  수가공 공구와 종류

① **정반** : 가공물의 일부 또는 전부에 완성 가공할 형상의 기준선을 그을 때, 가공물을 놓는 평면대를 정반이라고 한다. 수평을 맞추기 위해 수준기를 활용하여 평면과의 수평을 맞춰 활용한다.

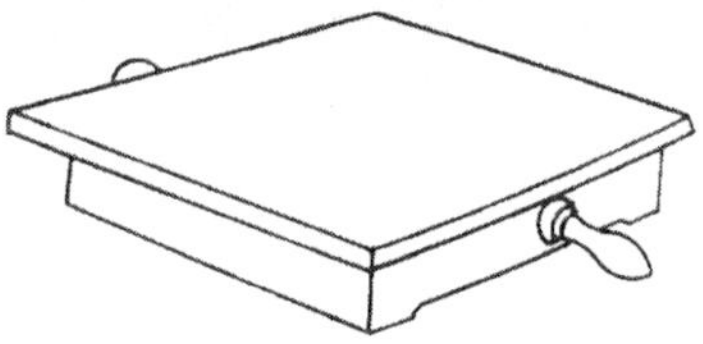

[그림1] 정반

② **콤파스와 트로멜**

- **콤파스** : 스케일에서 치수를 옮길 때와 선을 등분할 때, 또는 원을 그릴 때 등분에 맞춰 사용된다.
- **트로멜** : 큰 지름의 원을 그릴 때 사용된다. 트로멜은 빔의 위치를 조정할 수 있는 두 개의 침으로 되어 있으며, 빔의 길이는 200~300mm이고 눈금이 새겨져 있다.

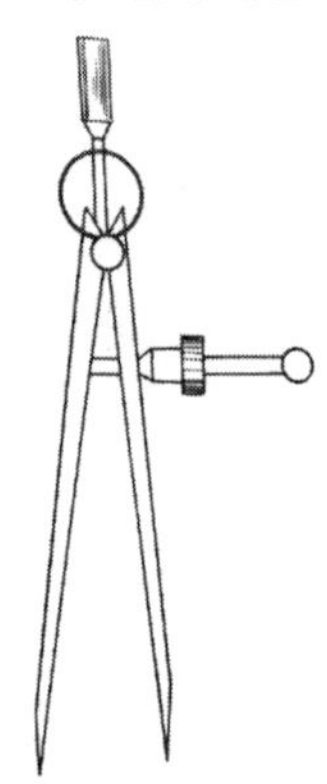

[그림2] 스프링 콤파스

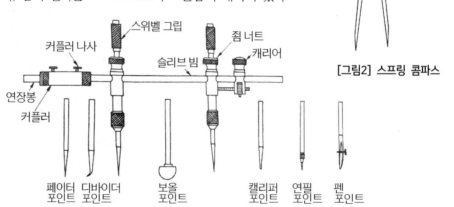

커플러 나사
스위벨 그립
슬리브 빔
침 너트
캐리어
연장봉
커플러

페이터
포인트
디바이더
포인트
보올
포인트
캘리퍼
포인트
연필
포인트
펜
포인트

[그림3] 트로멜

③ **펀치** : 펀치에는 센터 펀치와 표지 펀치 두 가지가 있다.
센터 펀치는 가공물의 중심 위치 표시 또는 드릴로 구멍
을 뚫을 자리 표시에 사용된다. 표지 펀치는 금 긋기한
것의 흔적을 표시할 때 사용된다. 센터펀치의 각은 60°,
표지 펀치는 50°로 한다.

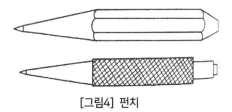

[그림4] 펀치

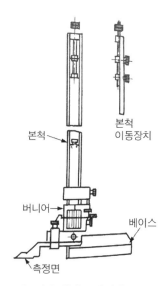

[그림5] 하이트 게이지

④ **하이트 게이지** : 공작물에 평행한 정밀한 선을 긋거나 높
이를 측정할 때 사용한다.

⑤ **평형대** : 평면이 정확하게 제작된 대로서 형상은 다양하
다. 복잡한 형상을 한 공작물에 금긋기 할 때 정반 위에 놓고 사용한다.

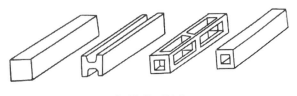

[그림6] 평형대

⑥ **앵글 플레이트** : 직각면을 이용하여 작은 공작물을 금긋기를 하거나 선반, 플레이너 등에서
가공할 때 가공물을 고정할 때 사용한다.

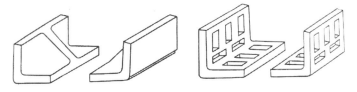

[그림7] 앵글 플레이트

⑦ **바이스** : 강한 힘으로 공작물을 고정시켜 놓기 위해 사용되
는 공구이다. 수평 바이스와 수직 바이스, 특수 바이스가
있다.

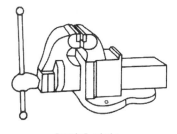

[그림8] 바이스

⑧ **망치** : 공구강 또는 주강으로 만들고, 양쪽 끝은 열처리로 경화하여 사용한다. 중량으로 표시하고 기계 조립 및 분해 또는 완성작업에는 동, 황동, 고무 및 목제 등의 연질 망치를 사용한다.

[그림9] 망치

⑨ **쇠끌 또는 정** : 절단 및 깎아내는데 사용하는 공구이다. 보통 사용되는 쇠끌은 평 또는 홈용으로 각도는 50~70°로 되어 있다. 또한 연한 금속에 사용되는 것은 30°로 되어 있다.

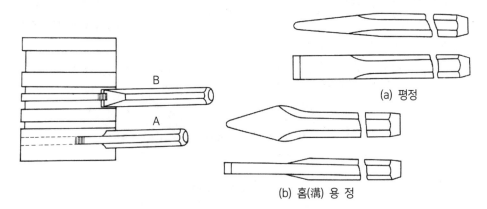

(a) 평정

(b) 홈(溝) 용 정

[그림10] 쇠끌 및 정

⑩ **줄 또는 줄칼** : 가공물의 표면을 다듬질 할 때 사용하는 공구이다. 줄의 길이는 100~400mm 정도가 많이 사용되며, 종류 또한 다양하다.

㉮ 단면 형상에 따른 분류
• 평줄 • 각줄 • 원형줄 • 삼각줄 • 반원줄 • 부채꼴 줄 • 평각줄

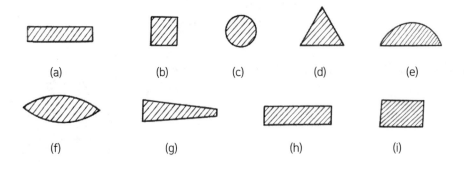

[그림11] 줄의 형상

④ 줄눈의 방향에 따른 종류

- 단목줄 : 판금, 알루미늄용 등
- 복목줄 : 연한 금속용, 일반 철공용
- 삼단목줄 : 연한 금속용, 일반 철공용
- 대목줄 : 목재용, 피혁용
- 파목줄 : 목재용

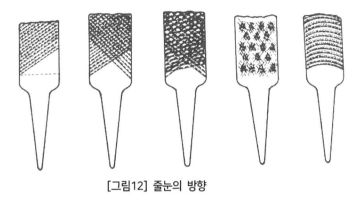

[그림12] 줄눈의 방향

㉠ 줄눈의 대소에 따른 종류

- 대황목줄 : 줄눈이 특히 가장 억센 줄
- 황목줄 ; 줄눈이 보통 정보 억센 줄
- 중목줄 : 줄눈이 중간 정도인 줄
- 세목줄 : 줄눈이 가는 줄
- 유목줄 : 줄눈이 매우 가늘고 미세한 줄

※ 줄눈 방향의 각도 : 단목줄에서는 $\theta = 20 \sim 30°$로 하고, 복목줄은 $\theta = 20 \sim 30°$와 $\theta = 45 \sim 75°$로 한다.

⑪ **스크레이퍼** : 기계가공 또는 줄작업 등에서 끝손질을 한 다음, 수작업으로 더욱 정밀한 평면 또는 곡면으로 다듬 질 할 때 사용하는 공구이다.

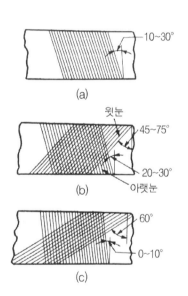

[그림13] 줄각도

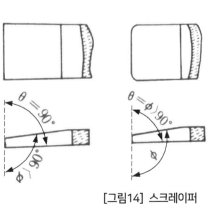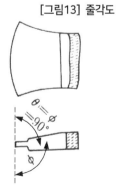

[그림14] 스크레이퍼

⑫ **핵소**(hacksaw, 활톱) : 금속 절단 톱은 매우 많이 사용되는 공구로서 강철 봉재, 각재 및 단면재의 구리, 돌, 알루미늄, 주철 등을 절단할 때 사용된다. 활의 형상을 한 테두리로 된 몸체와 핸들이 중요부를 형성하고, 이에 절단용 톱날을 끼워 사용한다.

⑬ **숫돌** : 공구 또는 칼날을 예리하게 세울 때 사용한다. 가공면 또는 공구 표면을 매끈히 하는 것을 목적으로 한다.

⑭ **핸드 그라인더** : 수작업에는 소형 그라인더를 많이 활용한다. 회전 연삭숫돌을 활용하여 수작업보다 작업 효율을 높이는데 사용된다.

⑮ **사포** : 샌드페이퍼라고도 하며 강인한 포목에 산화알루미늄 또는 탄화규소의 숫돌 입자들을 교착시켜 가공물의 표면을 갈고 균일한 평면을 얻고자 할 때 사용된다. 입도에 따라 거친 사포와 고은 사포로 나뉘며, 메시(mesh, 1inch$^2$당 입자의 밀도)로 표시한다.

⑯ **드릴** : 수작업으로 가공물에 구멍을 뚫을 때 사용한다. 다양한 크기의 드릴날이 있으며 용도에 맞춰 사용한다. 드릴 작업전 센터 펀치를 이용하여 자국을 만들면 드릴날이 가공물 표면에서 이동하는 것을 예방할 수 있다.

⑰ **리머** : 드릴로 뚫은 구멍은 정밀도가 높지 못하여 정확한 치수가 되지 않으므로, 정밀한 수가공에는 리머를 사용한다. 리머에는 통쇠 리머와 삽입 리머가 있다.

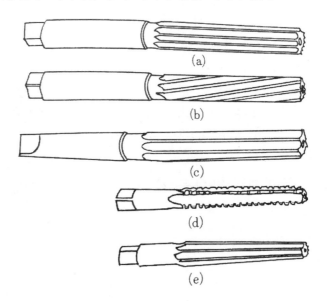

(a)

(b)

(c)

(d)

(e)

[그림15] 리머의 종류

## 02 ▶ 측 정

### ❶ 측정의 기초

측정 또는 계측이라고 하는 용어는 Measurement의 의미로 측정량이 기준량의 몇 배가 되는가를 결정하는 것이다. 원하는 부품을 가공기계로 가공하여 원하는 목적에 따라 형성, 치수, 가공방법 및 재질의 상태 등이 기준에 적합한지를 가공 중 또는 가공 후에 측정하는 것을 측정이라고 한다.

정밀 측정 또는 정밀 가공을 위해 정확한 평면이 유지하고, 용도에 맞는 측정기를 올바르게 사용하고 정확하게 측정하는 것이 중요하다. 기준 측정면이 평면, 원기둥면, 구면 등 다양한 형상이므로 측정 기준을 명확히 파악하고 측정해야 한다.

측정을 위해서는 대기온도의 기준점 있다. 온도에 차이에 따른 오차를 최소화하기 위한 방안으로 나라별 차이가 있다. 우리나라는 20℃에서 측정하는 것을 기준으로 하고 있지만, 영국은 62°F $(16\frac{2}{3}℃)$를 표준으로 하고, 프랑스는 0℃를 기준으로 한다. 이렇게 측정과 온도와의 관계에는 선팽창계수가 있기 때문인데 온도에 따라 어떤 재료든 길이의 차이가 있기 때문이다.

$$\Delta L = L\frac{P}{AE}$$

여기서, $L$ : 전장(mm),     $P$ : 하중(kg)

$E$ : 종탄성계수(kg/mm²)     $A$ : 단면적(mm²)

### (1) 측정 방법

측정방법에는 크게 직접측정과 간접측정이루 구분할 수 있다. 직접 측정이란 기준이 되는 양과 직접 비교하여 값을 구하는 것이고, 간접측정이란 측정되는 양과 일정한 관계를 갖고 있는 양에 대해서 직접 측정하여 계산에 의해 목적양의 값을 구하는 방법이다.

① **직접 측정** : 일정한 길이 또는 각도가 표시되어 있는 측정 기구를 사용하여 직접 눈금을 읽는 방법이다. (예 : 버니어 캘리퍼스, 마이크로미터, 직각자, 각도기 등)

② **간접 측정** : 기하학적으로 간단하지 않은 물체를 측정하기 위하여 얻고자 하는 값을 측정할 수 없을 때 활용하는 방법이다. (예 : 사인바, 롤러와 블록게이지, 삼침법, 레이저 간섭계 등)

③ **상대측정** : 이미 알고 있는 표준의 양과 비교하여 비교량과의 차이를 이용하여 측정하는 방법. (예 : 다이얼게이지, 공기 마이크로미터, 전기마이크로미터 등)

④ **절대 측정** : 어떤 정의 또는 법칙에 따라 측정하고자 하는 값을 구하는 것 방법 (예 : 옴의 법칙 등)

⑤ **한계 게이지법** : 부품의 치수가 허용한계, 즉 최대허용치수와 최소 허용치수 사이에 있는가를 측정하는 것이다.

## ❷ 길이 측정

길이를 측정하는 기구 중 가장 많이 사용하는 것은 자(rule or scale)이다. 미터방식과 인치 방식 등 다양한 단위로 사용하지만 미터방식이 우리에게는 익숙하다.

### (1) 길이의 단위

- 1m(미터) = 100cm = 1000mm, 1cm(센티미터)=10mm
- 1 yard(야드) = 3 feet = 36 inch, 1 feet = 12 inch =304.8mm
- 1 인치 = 25.4mm

  ※ MKS단위계에서는 m를 기본단위로 사용하지만, CGS단위에서는 cm를 사용한다.

### (2) 길이 측정 공구

#### 가) 자의 종류

① **강철자** : 강판으로 만들어 팽창수축이 적고 견고하며 내구성이 좋다.

② **접는자** : 주로 설비, 건축 등에 사용되며, 여러 번 접힌 부분을 펴서 사용한다.

③ **마는자** : 천 또는 강철, 플라스틱 소재로 감아서 사용하는 자이다. 우리가 흔히 사용하는 줄자를 생각하면 된다.

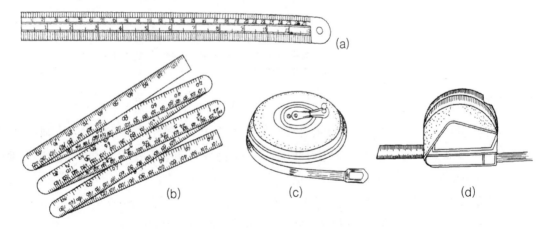

[그림16] 자의 종류

#### 나) 캘리퍼스(calipers)

두 개의 다리를 조절하여 물품의 치수를 측정하는 기구를 퍼스 또는 캘리퍼스라고 한다.

① **바깥지름 퍼스** : 공작물의 지름, 폭, 두께 등을 측정하는데 사용한다.

② **안지름 퍼스** : 공작물의 구멍 안지름, 홈의 폭 등을 측정할 때 사용한다.

③ **스프링 퍼스** : 퍼스의 접합부에 링 모양의 스프링이 있어 양각을 열도록 되어 있다.

④ **이동 퍼스** : 측정하려는 부분의 입구가 작아서 보통 퍼스로 측정할 수 없을 때 사용한다.

⑤ **이중 퍼스** : 내측퍼스와 외측 퍼스를 겸한 것을 말한다.

⑥ **지시 퍼스** : 지침과 치수 기록부가 있어 측정값을 지침과 눈금으로 치수를 알 수 있다.

⑦ **사이드 퍼스 또는 양용 퍼스** : 환봉의 중심을 구할 때 또는 평행선을 그을 때 사용한다.

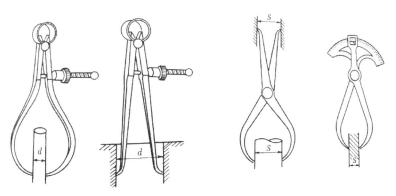

[그림17] 캘리퍼스의 종류

**다) 버니어 캘리퍼스** : 보통 치수를 기록한 원자, 즉 주척과 부척인 버니어와의 2개를 이용하여 길이를 측정한다.

① **슬라이딩 캘리퍼스** : 주척과 버니어를 적당한 위치로 이동시켜 새겨진 눈금을 읽는다.

② **버니어 캘리퍼스** : 버니어 주척의 구간을 n 등분한 치수가 기록되어 있으므로 주척의 $\frac{1}{n}$ 을 정확히 측정할 수 있다. 버니어 캘리퍼스는 길이뿐만 아니라 깊이, 치형, 내경, 외경 등 다양한 용도로 길이를 측정할 수 있다.

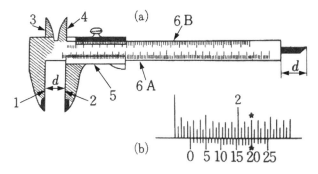

[그림18] 버니어 캘리퍼스

**라) 마이크로미터** : 나사축의 회전으로 진퇴되어 거리를 측정하게 되어 있다. 정밀 측정구로 가장 많이 사용된다.

① **마이크로미터의 구조** : 딤블의 내부에 있는 암나사와 숫나사가 마이크로미터의 주요부이다. 미터식은 피치가 0.5mm, 인치식은 피치가 $\frac{1}{40}$ 인치이다. 그러므로 $\frac{1}{100}$ mm까지 측정이 가능하다.

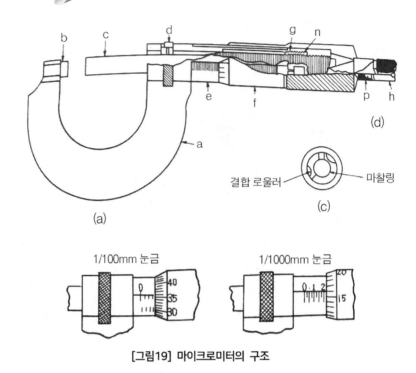

[그림19] 마이크로미터의 구조

② **마이크로미터의 원리** : 미터식은 피치가 0.5mm이므로 스핀들이 1mm 이동하기 위해 2회전이 필요하다. 딤블의 원주를 50등분하였으므로 $\frac{1}{100}$mm가 측정된다.

마이크로미터를 사용할 때 스핀들을 돌리는 강약의 정도에 따라 측정치에 차이가 생기므로 이것을 대략 일정하게 하기 위하여 래칫 스톱이 있다. 이것의 구조는 제품을 억압하면서 공전하므로 일정량 이상의 압력이 작용하지 않도록 설계되어 있다.

③ **마이크로미터의 종류**
• 보통 마이크로미터
• 직접 지시 마이크로미터
• 내부용 마이크로미터
• 캘리퍼스형 마이크로미터
• 나사용 마이크로미터

## (3) 비교 측정기

① **다이얼 게이지**(dial gauge) : 다이얼 인디케이터라고도하며, 확대 지시장치로서 나사와 회전판을 사용한 것이다. 다이얼 게이지에는 100등분된 원판 눈금을 갖고, 눈금 지침의 하나는 스핀들의 이동거리인 0.01mm에 해당된다. 다이얼은 어떤 위치에서도 지침의 선단이 눈금의 0과 조절되도록 회전된다. 또한 다이얼 게이지를 활용하여 실린더의 안지름, 깊이 또는 두께를 측정할 수 있다.

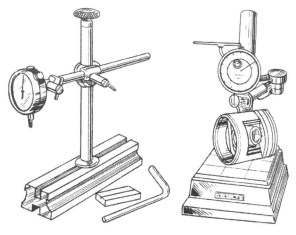

[그림20] 다이얼 게이지

② **옵티미터**(optimeter) : 미니미터는 레버에 의하여 측
정자의 움직임을 확대하였으나, 이것을 다시 광학적
으로 확대하여 읽을 수 있도록 한 장치이다.

③ **옵티컬 콤퍼레이터**(optical comparator) : 광학 비교
측정기로 배율은 500~10,000배이다.

④ **전자관식 콤퍼레이터** : 측정기를 전자식 프로젝터라
고도하며 각종 나사, 기어, 공구의 검사 등에 사용된
다.

⑤ **전기 마이크로미터** : 길이가 극히 작은 변화를 인덕턴
스 또는 전기용량의 변화로 변환시켜 측정하는 방법
이다. 0.01μm정도의 작은 변화까지 검사가 가능하다.

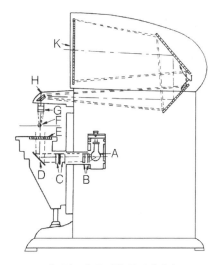

[그림21] 옵티컬 콤퍼레이터

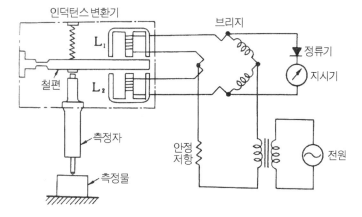

[그림22] 전기마이크로미터

⑥ **공기 마이크로미터** : 압축공기를 사용하여 비교 측정하는 방식으로 일정한 압력의 공기 유동장 치에서 관내에 노즐 치수를 측정물의 치수에 따라 변하도록 하여 측정한다.

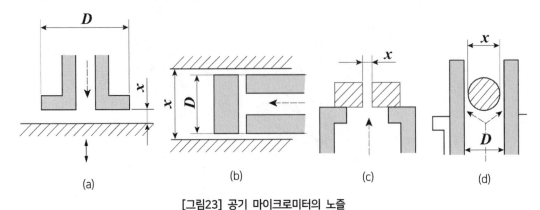

(a)            (b)            (c)            (d)

[그림23] 공기 마이크로미터의 노즐

## (4) 한계 게이지

제품에 결점을 없애기 위해 설계자가 그 부품의 용도에 따라 허용 오차를 결정한다. 이때 최대 치수와 최소 치수의 범위를 명시하여 제품의 치수가 그 범위 내에 있게 할 때에 최대 및 최소의 범위를 한계라고 하고, 이와 같은 목적으로 사용되는 게이지를 한계 게이지라고 한다.

※ 공차(구멍의 공차, 축의 공차) = 허용 최대 치수 − 허용 최소 치수

※ 오차 = 측정값 - 참값

① **한계 게이지의 종류**

- 축용 한계 게이지     • 구멍용 한계 게이지
- 테이퍼용 한계 게이지   • 나사용 한계 게이지

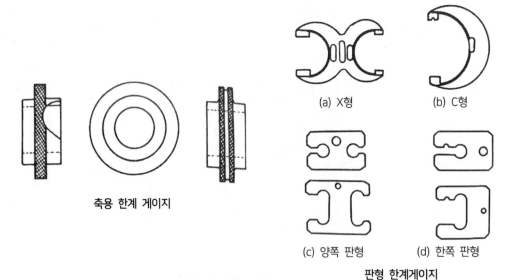

축용 한계 게이지

(a) X형         (b) C형

(c) 양쪽 판형      (d) 한쪽 판형

판형 한계게이지

[그림24] 한계 게이지의 종류

② 한계 게이지의 장점

- 제품 상호간의 교환성이 좋다.
- 필요 이상의 가공을 하지 않으므로 가공이 용이하다.
- 최대한의 분업 방식을 이용할 수 있다.

③ 한계 게이지의 단점

- 일부의 특별 완성에는 공급 공작기계를 요한다.
- 게이지 제작이 곤란하며 고가이다.

## (5) 기타 게이지

① **간극 게이지** : 미세한 간극을 측정하며, 간극을 두어 정확히 공작물을 조립할 때에 사용한다. 0.01mm~1.0mm 이상의 강판을 조합하여 한 세트로 만들어 사용한다.

② **반지름 게이지** : 각종 반지름을 가진 강제 호편을 모아 한 세트로 만들어 호에 접촉시켜 반지름을 측정할 때 사용한다.

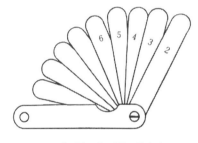

[그림25] 간극 게이지

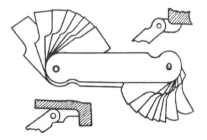

[그림26] 반지름 게이지

③ **센터 게이지** : 선반용 센터게이지는 각도 측정에 사용되고, 나사 절삭 작업에서는 나사의 각도를 정확히 보정하기 위해 센터 게이지를 사용한다.

④ **피치 게이지** : 다양한 나사의 피치를 만든 강판을 만들어 모아 놓은 게이지로 나사의 피치 검사용으로 사용된다.

⑤ **와이어 게이지** : 선재의 지름 또는 판재의 두께를 측정하는 게이지이다. 다양한 번호로 지름 또는 두께를 표시하며 번호가 큰 것이 지름 또는 두께가 작다.

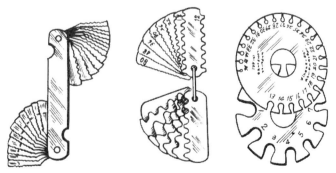

[그림27] 피치 게이지와 와이어 게이지

⑥ **드릴게이지** : 가는 드릴은 치수의 구별이 명확하지 않으므로 그것을 검사하기 위하여 만든 게이지이다.

※ **측정 오차의 원인**

① 측정물 자체에 관계되는 요인

② 측정의 표준기에 관계되는 요인

③ 측정 기기의 요인

④ 측정 작업에 기인한 요인

⑤ 측정 환경에 의한 요인

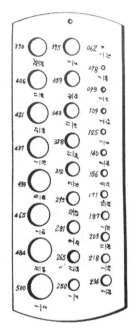

[그림28] 드릴게이지

## ❸ 각도 측정

각도 측정은 고정된 각도를 측정하는 방법, 눈금이 있는 각도를 측정하는 방법, 삼각법의 사용, 광학각도 측정방법이 사용된다. 또한 측정구로는 직각자, 콤비네이션 베벨, 센터 게이지, 드릴 포인트 게이지, 분할대, 분도기, 만능 각도기, 콤비네이션 세트 등이 있다.

각도의 단위는 도, 라디안이 있으며, 도는 원주를 360등분한 호에 대한 중심각을 1°라하며 $\frac{1}{60}$을 1분('), 1°의 $\frac{1}{3600}$을 1초(")라 표시한다.

각도를 측정하는 방법은 크게 3가지로 나뉘는데 첫 번째는 각도 기준과 비교하는 방법(각도게이지), 각도기를 사용하는 방법(각도정규, 각도계), 길이를 측정하여 삼각법으로 계산하는 방법(사인 바) 등이 있으며, 과학기술이 발전하면서 광학, 공기압 등을 활용하는 방법도 있다.

### (1) 고정된 각도를 측정하는 각도기

① **직각자** : 가공물의 직각도와 면을 검사할 때 사용한다. 단, 각의 정도가 손실될 수 있으므로 수시로 비교 검사하여 사용해야 한다.

② **콤비네이션** : 2개의 기본 각도 게이지를 암의 길이가 같은 링크로 연결하고 여러 가지 각도로 만든다. 2개의 기본각도 게이지에는 90°, 30°, 45°, 60°를 표준각으로 한다.

③ **드릴 포인트 게이지** : 각종 드릴 선단 각도를 연삭하기 위하여 사용된다. 2개의 날끝 길이를 측정할 수 있게 되어 있다. 여기에 사용되는 눈금은 $\frac{1}{2}$mm, 또는 $\frac{1}{64}$"이다.

④ **분할대** : 공작기계의 터릿 헤드, 만능식 공구연삭기 및 밀링 머신 등에 분할대를 사용한다. 원판의 같은 반지름위에 뚫린 구멍 또는 원주면 위에 깎인 홈을 이용하여 일정한 각도로 회전시키도록 되어 있다.

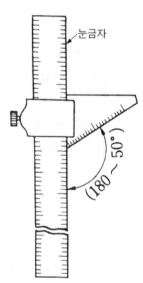

[그림29] 드릴 포인트 게이지

## (2) 눈금이 있는 각도 측정기

① **분도기** : 각도를 직접법으로 측정하는 간단한 기구이다. 반원판의 중심에 소공핀이 있어, 직 각자를 이용하여 측정에 편리하도록 긴 판을 붙여 놓았다.

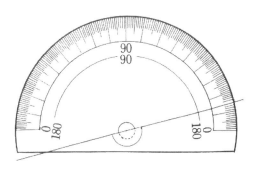

[그림30] 분도기

② **만능 각도측정기** : 회전하는 도두기와 가철자 를 이용하여 각도를 측정한다. 부척의 원리를 응용하여 5분까지 정확히 측정할 수 있다.

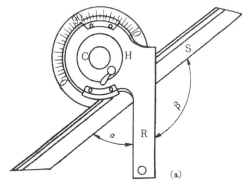

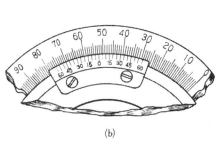

[그림31] 만능 각도측정기

③ **콤비네이션 세트** : 강철자, 직각자 및 분도기 등을 조합하여 각도를 측정하는 측정기이다. 조립 시 정확한 조립을 위하여 사용하기도 한다.

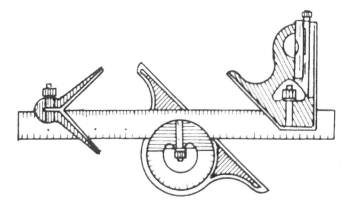

[그림32] 콤비네이션 세트

④ **사인바** : 각도를 간접적으로 측정하는 기구이다. 곧은 자에 동일한 지름 두 개의 강철로 만든 핀이 고정되어 있고, 핀의 축은 서로 평행하다. 두 개의 핀 축 사이의 거리를 측정하기도 한다.

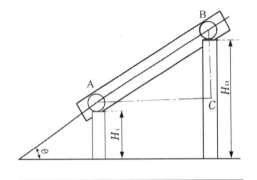

$$\sin\theta = \frac{BC}{AB} = \frac{H_{11} - H_1}{L}$$

예 ) $L = 100mm$, $H_{11} - H_1 = 50mm$

$$\sin\theta = \frac{H_{11} - H_1}{L} = \frac{50}{100} = \frac{1}{2}$$

$$\therefore \theta = 30°$$

[그림33] 사인바

$$L = X - d$$

여기서, $L$ : 양핀간의 중심거리   $X$ : 핀의 외부거리   $d$ : 핀의 지름

⑤ **광학 각도측정기** : 확대장치가 있고 표준각도와 비교 눈금이 있어 정밀한 측정을 할 수 있는 각도기이다.

⑥ **수준기** : 기포관 내의 기포의 위치에 의하여 수평면에서 기울기를 측정하는데 사용되는 액체식 각도측정기이다.

⑦ **콜리메이터** : 렌즈의 초점면에 광원으로 조명된 슬릿 또는 초점 유리판을 배치하여, 나온 광선이 렌즈를 통과하여 평행과속이 되도록 한 광학 장치를 콜리메이터라고 한다.

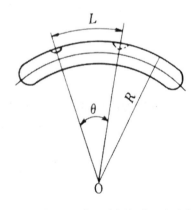

[그림34] 수준기를 이용한 각도 측정기

## ❹ 나사의 측정

나사는 기계 요소로서 가장 많이 사용되며, 사용 목적에 따라 체결용, 운동용으로 크게 분류할 수 있다. 운동용 나사에 오차가 있으면 다양한 공작기계나 측정기계의 정밀도에 큰 영향을 미친다. 나사를 측정하기 위해서는 유효지름, 피치, 나사의 각도가 가중 중요한 측정 요소가 된다.

### (1) 표준 나사 게이지에 의한 방법

피치게이지처럼 표준 나사용 게이지를 활용하여 측정하는 방법이다.

## (2) 나사 마이크로미터에 의한 측정

나사용 마이크로미터의 선단이 나사의 산과 골에 끼워지도록 되어 있어, 나사에 알맞게 끼워 넣었을 때 지시 눈금이 바로 유효지름이 된다.

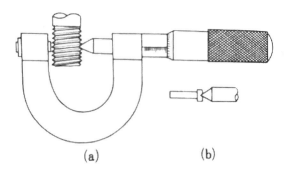

(a)        (b)

[그림35] 나사 마이크로미터

## (3) 삼침법

나사골에 적당한 굵기의 볼을 3개 끼워, 볼의 바깥표면에서 마이크로미터 등으로 측정한 치수 M을 다음의 식에 맞춰 유효지름으로 산출한다.

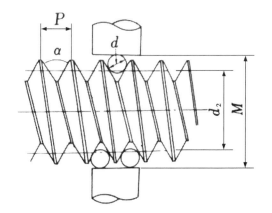

$$d_1 = M - 3d + 0.86603p$$

여기서,   $p$ : 나사의 피치
         $d$ : 볼의 지름
         $M$ : 측정기의 치수
         $d_2$ : 유효지름

[그림36] 삼침법

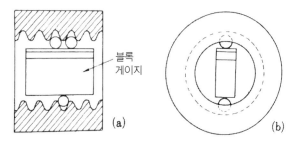

블록
게이지

(a)        (b)

[그림 37] 블록게이지를 이용한 유효지름 측정

## (4) 암나사 내부 유효지름 측정

볼과 블록 게이지를 사용한다. 한쪽에는 2개의 볼, 또 다른 한쪽에는 1개의 볼을 넣는다. 볼은 왁스로 칠하여 움직이지 않도록 한 다음 블록 게이지를 밀착시켜 3침법과 같은 방법으로 유효 지름 $e$를 구한다.

$$e = d\left[1 + \left(1 + \frac{1}{\sin\alpha}\right) + \left(\frac{p}{2}\right)\right]\omega ta + \text{블록 게이지 길이}$$

여기서,  $p$ : 나사의 피치(mm)    $a$ : 나사산의 각도
      $d$ : 볼의 지름       $e$ : 암나사의 유효지름

# 절삭가공

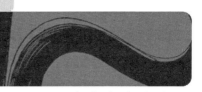

## 01 ▶ 절삭가공 이론

절삭가공은 공작물보다 경도가 큰 공구를 사용하여 공작물을 깎아 내 원하는 형상의 제품을 만들어 내는 가공 방법을 말한다. 공구로는 바이트, 드릴, 밀링 커터 등 절삭날로 구성된 것과 연삭숫돌과 같은 입자로 구성된 것이 있다.

절삭가공은 공작물의 형상에 따라 2차원 절삭과 3차원 절삭으로 구분된다.

### ❶ 절삭가공 이론

#### (1) 2차원 절삭

절삭폭 (b, mm), 절삭 깊이(t, mm), 절삭 속도(V, m/min)인 조건하에서 이루어지는 절삭 모델로 절삭이 이루어지는 동안 절삭 방향과 절삭날은 수직관계를 유지해야 하며 이런 절삭을 2차원 절삭이라고 한다.

##### 가) 2차원 절삭에 작용하는 힘

① **주분력** : 수직방향으로 작용하는 힘

② **배분력** : 공작물의 반경방향, 즉 바이트의 자루쪽으로 작용하는 힘

③ **이송분력** : 바이트가 이송되는 방향, 즉 공작물의 축 방향으로 작용하는 힘

※ 주분력 → 배분력 → 이송분력 = 10 : 2 ~ 4 : 1 ~ 2

$$R = \sqrt{F_c^2 + F_t^2 + F_a^2}$$

여기서, $R$ : 3분력의 합력      $F_c$ : 주분력

$F_t$ : 배분력      $F_a$ : 이송분력

##### 나) 절삭비와 전단각

① **절삭비** : 칩의 두께에 대한 절삭깊이의 비로 나타낸다.

$$\lambda = \frac{절삭깊이}{칩의 \ 두께} = \frac{h}{h'} = \frac{\sin\theta}{\cos(\theta - a)}$$

여기서, $\lambda$ : 절삭비    $h$ : 절삭깊이    $h'$ : 칩의 두께
$\theta$ : 전단각    $a$ : 공구의 상면경사각

② **전단각** : 공구의 상면경사각과 절삭비의 관계로 계산하여 구한다.

$$\theta = \tan^{-1}\frac{\lambda\cos a}{1 - \lambda\sin a}$$

## (2) 3차원 절삭

절삭날이 절삭 속도벡터와 직각을 이루지 않으면 2차원 절삭상태에서 벗어나게 된다. 이 때 절삭 방향과 절삭날이 이루는 각을 경사각이라고 하고 경사각은 2차원 절삭과 3차원 절삭을 구별하는 방법 이다.

## ❷ 칩의 발생

선반이나 드릴링 머신 등의 공작기계에서 공작물을 공구 로 가공할 때 공작물에서 분리되어 발생되는 찌꺼기 또는 부 스러기를 칩이라고 한다.

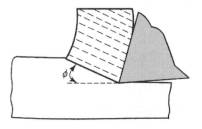

[그림38] 유동칩

## (1) 칩의 종류

**가) 유동형 칩** : 연한 재질을 고속으로 절삭할 때 칩이 연속적으로 생성되는 것을 말한다. 칩이 연속적으로 생성되므로 가공면은 깨끗하고 변동이 적다.

**나) 전단형 칩** : 유동형 칩보다 비교적 단단한 재료를 약 간 느린 절삭속도로 절삭 할 때 일정한 간격을 두고 두께가 고르지 않은 칩들이 분리된 상태로 생성된다. 전단 파괴가 발생한다.

**다) 균열형 칩** : 절삭 깊이가 규정 이상이 되면 공작물의 취성이 크기 때문에 인선에서 비스듬히 위쪽으로 향 하여 순간적으로 표면까지 이어지는 균열이 생긴다. 이런 것을 균열형 칩이라고 한다. 가공물의 표면이 깨

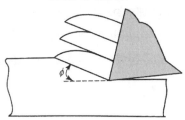

[그림39] 전단칩

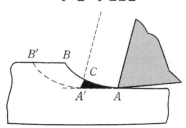

[그림40] 균열칩

끗하지 않고 치수 또한 정확성이 떨어진다.

**라) 열단형 칩** : 공구가 진행함에 따라 인선의 아래쪽 방향으로 뜯어짐이 일어나 마무리 면에는 뜯어낸 자리가 남는 경우가 있으며, 연한 재질의 절삭 시 나타나게 된다. 이런 형태의 입을 열단형칩 또는 경작형 칩이라고 한다.

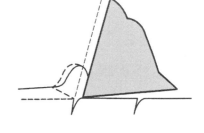

[그림41] 열단칩

[표] 칩의 모양에 미치는 각종 영향

| 칩의 형 | 열단형 | 전단형 | 유동형 |
|---|---|---|---|
| 공작물 재료의 변형능 | | → | |
| 상면 경사각 | | → | |
| 칩의 두께 | | ← | |
| 절삭 속도 | | → | |

## ※ 구성인선

연성이 큰 연강, 스테인리스 강, 알루미늄 등과 같은 재료를 절삭할 때 절삭 인선에 작용하는 압력, 마찰 저항 및 절삭열에 의하여 칩의 일부가 공구선단에 부착한 것을 구성인선이라고 한다. 구성인선은 주기적으로 발생하여 성장, 분열, 탈락 등의 과정을 반복한다.

□ **구성인선의 장점** : 절삭공구를 보호하여 공구수명을 연장시킨다.

□ **구성인선의 단점**

① 구성인선이 탈락될 때 공구의 일부가 떨어져 나가는 경우가 있어 공구수명을 짧게 할 수도 있다.

② 구성인선의 날은 공구의 것보다 하위에 있어 예정된 절삭 깊이보다 깊게 절삭되며 표면 정도와 치수가 차이가 발생할 수 있다.

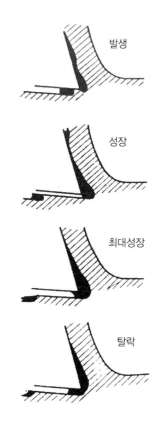

발생

성장

최대성장

탈락

[그림42] 구성인선 과정

□ **구성인선을 줄이는 방법**

① 경사각을 크게 한다.

② 절삭속도를 높인다.

③ 칩과 공구 상면의 마찰을 적게 한다.

　• 공구의 면을 매끄럽게 가공한다.

　• 절삭유를 사용하여 윤활과 냉각작용을 시킨다.

　• 초경합금공구와 같은 마찰계수를 작은 것을 사용한다.

④ 칩의 두께를 감소시킨다.

## ③ 절삭제

### (1) 절삭온도

절삭할 때 공작물 내부에 잔류되어 있는 일정한 양의 열과 공구 접촉에 의해 열이 발생하는데 이를 절삭 온도라고 한다.

절삭속도가 빨라지면 처음에는 급격하게 온도가 상승하지만 최고 상승 이후에는 감소하게 된다.

### (2) 절삭온도의 측정

① **칩의 색깔에 의한 방법** : 공작물 표면에서 빛의 일부는 산화막의 표면에 반사되고 나머지는 산화목을 투고하여 금속자체의 표면에서 반사되어 이 두 개의 빛이 위상차가 발생하여 간섭을 일으키는데 이때의 간섭색으로 절삭 온도를 예측할 수 있다. 절삭속도, 절삭깊이, 공구의 형상 등에 따라 달라지기도 한다.

② **공작물과 공구 간 열전대 접촉에 의한 방법** : 열전대의 한쪽을 공작물, 다른 한쪽을 공구로 하고 공구와 공작물의 접촉부, 즉 절삭부의 열기전력을 측정하여 공구의 날끝 온도를 측정하는 방법

③ **복사 고온계에 의한 방법** : 측면에 암염렌지를 설치하면 그 점의 온도에 상당하는 열기전력이 생성되고 그것을 감도가 좋은 전압계로 측정하면 그 점의 온도를 측정할 수 있다.

④ **칼로리미터를 사용하는 방법** : 유출하는 칩을 즉시 칼로리미터 중에 넣어 칩이 가지고 있는 전열량을 측정하고 이것을 칩의 중량과 비열로 나누어 평균 온도를 구하는 방법으로 비교적 정확한 결과를 얻을 수 있다.

$$Q = m \cdot (t - t_0) cal$$

여기서, $Q$ : 발생하는 전열량 　　$m$ : 물의 질량+칼로리미터의 수당질량
　　　　 $t$ : 절삭 후 물의 온도 　　$t_o$ : 절삭 전 물의 온도

⑤ **공구에 열전대를 삽입하는 방법** : 공구의 선단 근방의 여러 군데에 측면으로부터 작은 구멍을 뚫고 열전대를 끼워 넣어 절삭 중에 각 점의 온도 분포를 측정하는 방법

⑥ **시온 도료에 의한 방법** : 시온 도료는 일정한 온도까지 가열되면 변색되는 도료로서 온도를 측정하고자 하는 물체의 표면에 칠하고 변색되는 부분의 온도를 측정하는 방법

⑦ **Pbs 광전지를 이용한 온도 측정** : 가공물에 가는 구멍을 뚫고 여유면이 이 구멍을 통과할 때 가는 구멍을 통과하는 열선을 Pbs 양전지에서 받아 전기 신호로 변화시켜 측정하는 방법

### (3) 절삭유

공작물을 가공할 때 공구의 인선부에 공급하여 마찰이 감소되어 칩의 변형도 작아지고 절삭 저항도 감소하게 된다. 그러므로 공구의 수명이 연장되는 동시에 가공면의 거칠기도 향상된다. 절삭유에는 수용성 절삭유와 비수용성 절삭유가 있다.

## 가) 절삭유의 역할

① **윤활작용** : 공구 경사면과의 마찰을 감소시켜 발열에 의한 공구마모와 구성인선의 생성을 방지한다.

② **냉각작용** : 공구와 공작물을 냉각하여 절삭점의 온도를 저하시켜 공구의 수명을 연장하고 열팽창에 의해 정밀도가 떨어지는 것을 방지한다.

③ **칩 배출작용** : 절삭구역 내의 절삭칩을 씻어내려 공구와 공작물 표면 사이에 칩이 끼어 절삭면이 손상되는 것을 막는다.

④ **방청작용** : 절삭 가공된 면이 산화되는 것을 방지한다.

## 나) 절삭유의 종류

① **비수용성 절삭유**

- **광물유** : 경유 등의 경질유 및 스핀들 유, 기계유 등의 일반 윤활유를 단독 또는 혼합하여 사용한다. 광물유는 주성분이 탄화수소로서 경계 윤활성능이 좋지 않아 절삭유로서의 윤활효과, 용착 방지능 등이 나쁘나 열안전성, 침윤성 등은 좋은 편이다.

- **혼성유** : 스핀들유나 기계유에 동식물유, 지방산, 에스테르 및 유성 향상제를 혼합한 것으로 광유에 비해 윤활효과가 우수하다. 비교적 지속 또는 경절삭에 사용한다.

- **동식물유** : 라드, 고래기름 등의 동식물유와 종유, 대두유, 장유 등의 식물성유가 사용된다. 저속 경절삭에 사용된다.

- **극압유** : 염소, 황, 인 등의 유기화합물이 극압 첨가제로 첨가된 것을 극압유라 하며 비수용성 절삭유의 대부분을 차지한다. 중절삭, 피절삭성이 나쁜 재료에 적합하다. 저속, 단속절삭에서는 염소화합물이 많은 것이 좋다.

② **수용성 절삭유** : 물에 희석하여 사용하는 절삭유이다.

- **에멀션형** : 에멀션형은 미립자의 지름 1~3㎛로 빛을 반사하기 때문에 유백색(은유색)으로 보인다. 에멀션형을 유화유라고도 부른다. 윤활성능이 우수하여 절삭가공에 많이 사용되며, 보통 50배율로 희석하여 사용한다.

  KS에 W1종, 1호, 2호, 3호로 구분한다.

  W1종 1호 : 극압첨가제 첨가하지 않음

  W1종 2호 : 극압첨가제 첨가

  W1종 3호 : 비철금속 가공용

- **솔루블형** : 물에 희석하면 투명 또는 반투명 색상이 되며, 미립자의 지름이 0.1㎛이므로 빛을 통과시킨다. 광유에 다량의 계면활성제, 극압 첨가제 등을 첨가한 것으로 KS에 W2종 1, 2, 3호로 구분하여 사용한다. 세정성이 우수하여 주로 정밀연삭에 50배율로 희석하여 사용한다.

- **솔루션형** : 무리염류를 주성분으로 하며 극압 첨가제가 첨가되지 않아 세정성과 윤활성은 W1종과 W2종에 비해 떨어지나 소포성, 방청성이 우수하여 정밀도를 요구하지 않는 연삭가공 등에 100배율 정도로 희석하여 사용한다.

## (4) 절삭 공구의 재료와 특성

### 가) 절삭 공구의 재료

절삭가공 시 소요되는 절삭에너지의 대부분이 전단소성변화과정과 마찰과정에서 소모되며, 에너지는 대부분 열에너지로 변환된다. 절삭 공구는 높은 온도와 하중조건하에서 절삭작용을 수행하며 칩과 공구 경사면 사이, 새롭게 생성된 절삭 가공표면과 공구여유면 사이에는 큰 마찰이 발생하므로 이런 요구사항에 적합해야 한다.

### 나) 절삭공구의 구비조건

① **고온 경도** : 절삭 공구는 피삭재보다 훨씬 높은 경도가 요구되며 절삭작용이 일어나는 동안 고온 절삭 조건에 만족해야 한다.

② **내마모성** : 공구의 빠른 마모는 공구수명 단축, 치수 정밀도 저하 및 가공 표면의 거칠기 등을 초래하기 때문에 공구 재료의 내마모성이 크면 클수록 좋다.

③ **인성** : 절삭공구는 외경선삭과 같은 연속절삭 방식의 정상적인 절삭상태에서는 거의 일정한 크기의 하중을 받지만 절삭 개시나 절삭종료 시 또는 밀링가공과 같은 단속절삭 시에는 충격하중을 받는 경우가 많으므로 준정적 하중이나 충격하중에 한계값에 도달하면 파괴로 이어지기 때문에 인성이 요구된다.

### 다) 절삭공구의 재료 종류

공작물의 재질이 다양함에 따라 절삭을 위한 바이트의 재질 또한 다양하다.

① **탄소공구강** : 고탄소강을 경화 열처리하여 고경도의 마르텐사이트 조직으로 한 것이 탄소공구강이다. 탄소공구강은 연강의 절삭 시 10m/min 이하의 극히 저속절삭만이 가능하다.

② **합금공구강** : 0.8~1.5%의 탄소량에 약간의 Cr, W 및 V 등을 첨가한 강이며, 탄소공구강보다는 절삭성능이 좋으며, 저속절삭용 및 총형공구용으로 사용되고 있다.

③ **고속도강** : 테일러에 의해 개발된 고속도강은 W, Cr, Mo, V을 함유하는 합금강이다. 고속도강은 열처리온도가 상당히 중요하며, 재질에 적합한 온도에서 열처리를 하지 않으면 충분한 경도를 얻기 힘들다. 가격이 비교적 고가이므로 재료절약을 위해 팁을 탄소공구강제의 섕크에 납접 또는 용접하여 사용한다.

④ **주조합금** : Co 45%, Cr 30%, W 20%, C 3% 정도와 Ni, Mn, Si 등을 소량 함유한 합금으로 주조에 의해 제조되며, 열처리는 하지 않으며 Cr7C3, WC, CoC 등 경질탄화물에 의해 공구로서 요구되는 경도를 얻는다.

⑤ **초경합금** : 기존의 고속도강공구나 주조합금공구의 경우 용융야금법에 의해 제조되었으나 초경합금공구는 텅스텐과 탄소의 화합물인 고경도의 텅스텐 카바이드(WC) 분말과 결합제로 첨가한 코발드 분말을 혼합시켜 1400℃에서 소결시킨 것으로 경도가 매우 높기 때문에 초경합금공구라 부른다. 다른 재료보다 빠른 속도에서도 경도를 유지할 수 있다.

⑥ **세라믹** : 고순도의 미세한 산화알루미늄($Al_2O_3$)분말을 주성분으로 하여 1600℃ 이상의 고온에

서 소결시킨 것으로 고온경도가 높을 뿐만 아니라 비금속성 무기재료이므로 피삭재인 금속재료와의 친화성이 적어 내마모성이 뛰어나다. 단 취성이 매우 크기 때문에 충격하중이나 진동이 심한 경우 파괴가 일어날 수 있다.

⑦ **기타 재료**

- 서멧 : 산화알루미늄 분말과 탄화티타늄 분말을 혼합하여 소결시킨 공구
- CBN : 2~20㎛ 정도의 미세한 입방정 질화붕소 입자를 초고온, 초고압하에서 소결하여 제조한 공구
- 다이아몬드 : 열전도율이 크기 때문에 공작물의 고속 중절삭이 적당하다.

| | 고온경도 | | 내마모성 | | 인성 | |
|---|---|---|---|---|---|---|
| 1. 탄소공구강 | 대 | | 대 | | 대 | |
| 2. 고속도강 | ↓ | | ↓ | | ↓ | |
| 3. 주조합금 | | | | | | |
| 4. 초경합금 | | | | | | |
| 5. 세라믹 | | | | | | |
| 6. CBN 및 다이아몬드 | 소 | | 소 | | 소 | |

## (5) 절삭 공구

### 가) 바이트

선반에 공작물을 걸어놓고 원하는 치수에 맞도록 절삭(깎아내는)하는 공구를 바이트라고 한다. 절삭날이 하나인 것은 단인 공구이고, 드릴, 밀링커터와 같이 날이 여러 개인 공구를 다인 공구라고 한다.

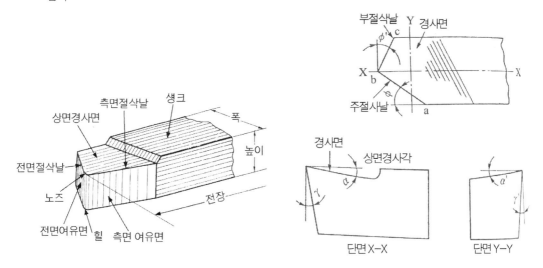

[그림43] 바이트 각부의 명칭과 바이트 각

## 나) 절삭조건

외경 선삭공정에 영향을 주는 중요한 절삭 조건은 절삭속도, 이송속도, 절삭 깊이이다.

※ 선삭 : 선반에서 절삭하는 것을 말한다.

① **절삭 속도** : 외경선삭 시의 절삭속도는 공작물의 원주속도에 해당하며, 공작물의 지름을 절삭가공 전 소재의 지름 $D_w$로 하는지, 아니면 가공 후의 지름 $D_m$으로 하는지에 따라 계산되는 절삭속도가 달라진다.

$$V_{av} = \frac{\pi(D_w + D_m)n}{2 \times 1000}$$

여기서,　$D_w$ : 전소재의 지름(mm)　　$D_m$ : 가공 후의 지름(mm)
　　　　　$V_{av}$ : 평균절삭속도(m/min)　$n$ : 회전수(rpm)

## ② 이송 및 미변형 칩 두께

공작물이 1회전하는 동안 공구가 축방향과 평행하게 이동하는 길이

$$t = f \cos C_s$$

여기서,　$t$ : 미변형칩 두께(mm)　　　$f$ : 이송량(mm)
　　　　　$C_s$ : 측면절삭날 각(°)

## ③ 재료 제거율

외경선삭 시 매분당 칩으로 제거되는 소재의 체적을 재료 제거율이라고 한다.

$$M_R = V \times f \times d \, [\text{cm}^3/\text{min}]$$

## ④ 절삭 동력

선반을 공전시키기 위해 소비되는 동력과 절삭작용에 소비되는 유효절삭동력, 이송에 소비되는 이송동력을 모두 더한 힘을 절삭동력이라고 한다.

$$N = N_L + N_E + N_F$$

여기서,　$N$ : 선반의 전소비동력
　　　　　$N_L$ : 선반을 공전시키는데 소비되는 손실동력
　　　　　$N_E$ : 절삭작용에 소비되는 유효절삭동력
　　　　　$N_F$ : 이송에 소비되는 이송동력

선반에서 공작물의 회전과 그 회전축을 포함하는 평면 내에서 공구의 직선운동에 의하여 공작물을 원하는 형태로 절삭하는 것을 선삭이라고 한다.

## ❶ 선반의 종류

① **보통선반** : 가장 일반적인 선반이다.

② **탁상선반** : 탁상에 설치하여 사용하는 소형선반으로 베드의 길이가 900mm, 가공할 수 있는 최대 직경이 200mm 이하인 선반을 말한다.

③ **공구선반** : 각종 공구를 제작하는데 사용되며, 정도가 높고 광범위한 가공을 할 수 있는 장치가 있다.

④ **정면선반** : 비교적 외경이 크고 길이가 짧은 공작물에 대해서 주로 단면 절삭을 행할 목적으로 제작되었으며, 스윙이 크고 베드가 짧다. 주축을 수직으로 한 수직 선반이다.

⑤ **터릿선반** : 동일 치수의 제품을 다수 제작하는 경우에 경제적으로 사용되며, 터릿이라 부르는 선회 공구대에 여러 개의 공구를 고정시켜 공작물을 한번 주축에 고정시킨 다음 차례로 터릿의 선회에 따라 공구가 작업 위치로 와서 선삭, 드릴, 리밍, 나사깎기 등 다양한 가공을 할 수 있게 되어 있다.

⑥ **다인선반** : 동시에 다양한 부위를 절삭할 수 있도록 다수의 공구를 설치한 선반으로 작업이 매우 효율적이다.

⑦ **모방선반** : 작업능률을 높이기 위해 자동 모방장치가 부착된 선반이 사용된다. 이를 모방 선반이라고 한다.

⑧ **자동선반** : 터릿선반과 같은 방법으로 공작물을 한번 주축에 고정한 다음, 각종 공구로 공정순서를 자동으로 작업 위치에 가져가서 가공한다. 공작물의 설치, 제거까지 자동으로 하는 것을 전자동, 공작물 설치, 제거를 작업자가 수동으로 행하는 것을 반자동 선반이라고 한다.

⑨ **NC선반** : 작업의 순서, 조건 등을 동력으로 제어하는 서보기구를 프로그래밍 된 명령을 입력하여 전자계산기구로 제어하는 방식의 선반

## ❷ 선반의 구조와 부속장치

### (1) 선반의 4대 주요부

보통선반의 구조 베드, 주축대, 왕복대, 심압대로 구성되어 있다.

① **베드** : 선반의 가장 하단에 있는 부분으로 위에는 주축대, 심압대 및 왕복대가 높이 있다. 베드는 공작물의 무게와 절삭력을 받으므로 강성이 높고, 변형이 매우 작은 구조로 되어 있다.

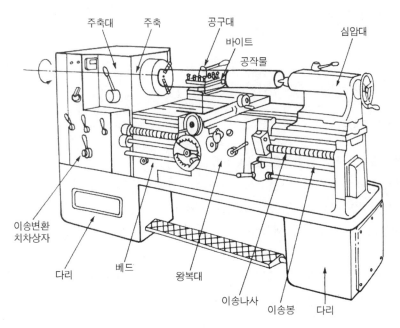

[그림44] 보통선반

② **주축대** : 공작물을 설치하여 절삭회전운동을 행하는 주축이 있고, 이를 베어링으로 지지하며 정확한 회전운동을 하게한다. 이를 절삭저항을 극복하면서 동력으로 구동하는 구동기구와 공작물의 재료나 절삭 깊이 및 이송 등을 상응하는 적절한 절삭속도를 얻기 위한 고속변환기구 등을 내부에 가지고 있다.

③ **왕복대** : 베드상의 안내 면을 따라 주축의 중심선 방향으로 움직일 수 있는 공간으로 상부는 바이트를 고정하는 공구대가 있고, 주축의 중심선 방향으로 이송운동을 할 수도 있다. 직각방향으로 이송운동을 할 수도 있으므로, 가로 세로의 이송을 수동으로 할 수 있고, 공구와 공작물의 위치를 조정하거나 공구에 절삭 깊이를 주는 조정운동을 할 수도 있다.

④ **심압대** : 주축대와 서로 마주보며 공작물의 다른 끝을 지지하기 위한 것으로서 주축대와 함께 베드상에 고정되어있다. 심압대는 공작물의 길이에 따라 베드 위에 그 위치를 바꿀 수 있다. 심압대를 고정하고 핸들을 돌려 주축을 움직일 수 있고, 옵셋 스크루를 돌려 심압대의 주축을 주축에 대하여 수평면상에서 약간 편심 시킬 수도 있다.

## (2) 선반의 부속장치

① **센터** : 심압대의 축에 고정하여 가공물을 지지하는 부속품이다. 센터가 회전하지 않을 때 이를 데드 센터, 회전할 때 라이브 센터라고 한다. 센터의 자루는 테이퍼로 되어 있, 끝의 센터각은 일반적으로 60°, 75°, 90°이다.

② **면판** : 주축에 면판을 고정한 것을 나타내며, 공작물의 형상이 불규칙하여 척을 이용할 수 없는 경우 척 대신 면판을 사용한다.

③ **돌리개** : 공작물을 양 센터에 걸고 공작물을 주축과 함께 회전시키는 부속품이다.

④ **심봉** : 공작물의 중앙에 구멍이 있어 센터로 직접 지지할 수 없을 때에는 심봉을 끼우고 지지하여 가공한다.

⑤ **척** : 회전하는 바이스의 일종으로 주축에 설치하여 공작물을 고정하는데 사용된다.

- 단동 척 : 4개의 조로 되어 있으며 각조가 각각 단독으로 움직여 불규칙한 공작물의 고정에 적합하다.

- 연동 척 : 3개의 조가 동시에 움직이며, 원형단면 봉 또는 육각단면봉 등의 물림에 적합하다. 조는 안쪽지름용과 바깥지름용이 따로 있다.

- 자석 척 : 척의 내부에 전자석이 있고 이에 직류를 통하면 척이 자화되어 공작물을 흡착시킨다. 가공 후 공작물의 잔류자기를 제거하기 위해 탈자기를 사용한다.

- 콜릿 척 : 공작물의 지름이 작은 경우에 사용한다.

- 압축공기 척 : 압축 공기에 의하여 조를 움직이고 공작물에 대한 공정력은 압축공기에 의하여 조절한다. 운전 중 작동이 가능하며 공작물에 고정 자국을 남기지 않는다. 압축공기 대신 유압을 이용하는 유압 척도 있다.

- 드릴 척 : 선반에서 구멍작업을 할 때 드릴 척으로 드릴을 고정하고 드릴 척의 자루를 심압대의 축에 끼운다.

⑥ **방진구** : 지름이 작고 긴 공작물을 가공할 때 공구의 절삭력에 의하여 공작물이 휘어져 일정한 지름의 가공을 할 수 없다면 공작물이 진동이 발생한다. 이런 진동을 방지하기 위하여 방진구를 사용한다.

### ❸ 선반작업

선반작업에는 여러 가지 준비사항이 있다.

### (1) 센터 작업

#### 가) 센터 작업

공작물을 라이브센터와 데드 센터 사이에 지지하고 돌리개와 면판 등으로 회전시켜 절삭을 하는 것을 센터작업이라고 한다.

① 라이브 센터와 데드 센터의 중심을 맞춘다.

② 절삭을 하고 난 뒤 공작물 양단의 직경을 측정한다.

③ 바이트를 이동시켜 바이트의 끝과 양 센터의 중앙을 일치 시킨다

④ 양 센터로 시험봉을 지지하고 다이얼 게이지를 이동시켜 일치시킨다.

#### 나) 센터 구멍

공작물의 재질 및 크기에 따라 구멍의 크기가 다르나, 규격의 센터 드릴을 사용한다.

## (2) 척 작업

공작물이 짧아서 데드 센터로 지지할 필요가 없거나 드릴링, 보링, 태핑 및 리밍을 위해 척에 의해 고정할 때가 있는데 척에 고정하는 방법은 다양하다.

① **초크법** : 척에 공작물을 고정하고 초크를 일정 높이에 놓고 주축을 회전시켜 공작물에 닿은 초크에 의하여 높고 낮음을 조절한다.

② **표면게이지법** : 공작물의 일단에 미리 센터를 표시하고 표면 게이지를 대고 주축을 회전시켜 표면 게이지의 핀이 그리는 원에 따라 조를 조정한다.

③ **다이얼 인디케이터법** : 다이얼 인디케이터에 의한 센터조정을 말하며, 중공축의 센터를 조정하기에 관리하고 다이얼 인디케이터에 의하여 높고 낮음을 알 수 있으며, 나타나는 편심량의 $\frac{1}{2}$로 저장하여 오차를 줄여간다.

## (3) 드릴링

드릴날을 회전시키고 그 축방향으로 이송시켜 공작물에 구멍을 뚫는 작업을 드릴링이라고 한다.

### 가) 드릴링 가공의 종류

① **드릴링** : 공작물에 드릴을 회전시키면서 축방향으로 이송하여 구멍을 뚫는 작업

② **리밍** : 미러를 사용하여 드릴링된 구멍의 치수를 정확하고 정밀하게 가공하는 작업
※ 리밍의 가공여유는 0.4mm 이내로 한다.

③ **보링** : 드릴링한 구멍을 확대하고 구멍의 형상을 바로 잡는 작업

④ **카운터 보링** : 엔드밀과 같은 공구를 사용하여 드릴링에 의한 구멍을 한쪽 방향으로 확대하고 하단은 평탄하게 하는 작업

⑤ **카운터 싱킹** : 구멍의 일부를 원추형으로 확대하는 작업으로 나사의 접시머리등을 만드는 작업

⑥ **스폿 페이스** : 너트 또는 캡스크루 머리의 자리를 만들기 위하여 구멍축에 직각으로 평탄하게 가공하는 작업

⑦ **태핑** : 구멍의 내면에 나사를 내는 작업

### 나) 드릴링 머신의 구조

베이스, 수직기둥, 헤드, 테이블 및 주축으로 구성되어 있다.

### 다) 드릴링 머신의 크기 표시방법

① 뚫을 수 있는 구멍의 최대직경

② 주축의 중심으로 컬링 표면까지의 거리

③ 주축 선단에서 테이블 또는 베이스 상면까지의 거리

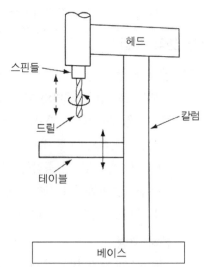

[그림45] 드릴링 머신의 구조

## 라) 드릴링 머신의 종류

① **탁상식 드릴링 머신** : 이송을 인력으로 하는 방식으로 소형 벨트 전동식 드릴링 머신이다. 주축의 외부 슬리브위에 있는 랙을 피니언으로 상하 이동시키며 가공한다.

② **직립 드릴링 머신** : 탁상식 드릴링 머신과 구조는 같으나 이송을 자동으로 한다.

③ **레이디얼 드릴링 머신** : 대형의 공작물에 여러 개의 구멍을 뚫을 때 공작물을 이동시키지 않고 암을 수직 컬링 주위에 회전시키고 드릴링 헤드를 암 위에서 이동시켜 작업할 수 있는 공작기계이다.

- **보통식, 만능식**

④ **다축 드릴링 머신** : 주축의 위치가 조절되며, 여러 개의 구멍을 동시에 뚫을 때 사용한다. 정밀도와 호환성이 좋다.

⑤ **다두 드릴링 머신** : 여러 개의 주축을 단일 테이블과 조합한 것으로 주축의 간격이 고정된 것과 조절할 수 있는 것이 있다.

⑥ **심공 드릴링 머신** : 총 구멍, 긴축, 커넥팅 로드 등과 같이 긴 구멍을 요하는 구멍가공에 적합한 공작기계이다.

## 마) 드릴 가공 시 주의사항

① 드릴이 잘 파고들 수 있는 표면을 마련한다. 지름이 작은 드릴에서는 펀칭을 하여 드릴의 초기 작업 시 움직임을 최소화한다. 센터드릴로 작은 구멍자국을 내거나 부싱에 의한 안내를 하는 것도 좋다.

② 드릴을 되도록 짧게 설치한다.

③ 시닝 가공을 하여 추력을 감소시킨다. 소경드릴에서는 가공 구멍깊이에 필요한 길이 이외에는 직경이 큰 것을 사용한다.

④ 좌우의 날을 정확하게 대칭으로 성형하여 절삭저항에 균형있게 하여 수평 분력에 의한 굽힘 모멘트의 발생을 방지한다.

⑤ 공작물과 드릴의 동적 거동을 해석하여 그 요인을 제거한다.

⑥ 적절한 절삭유를 사용한다.

## 바) 특수 드릴가공(박판 드릴링)

① 평 드릴

② 톱날 드릴

③ 플라이 커터

## (4) 보링

드릴링 또는 주조 등에서 이미 뚫린 구멍을 보링 바이트를 이용하여 확대하거나 내부를 정밀 가공하는 작업이다.

### 가) 보링머신의 종류

① **수평 보링머신** : 수평인 주축을 갖는다. 2개의 컬럼 사이에 세로 방향과 가로방향으로 움직이는 테이블, 상하 및 좌우로 움직이는 주축대, 보링 바를 지지하는 컬럼으로 구성되어 있다.
- 테이블형 : 새들 위에서 주축과 평행 및 직각으로 이동하는 형태
- 플레이너형 : 테이블형과 비슷하나 새들이 없고 길이방향의 이송은 베드의 안내에 따라 컬럼이 이동하는 형태
- 플로어형 : 공작물을 T홈이 있는 플로어에 고정하고 주축대는 컬럼을 따라 상하로 이동하며 컬럼은 배드상을 따라 이동하는 형태

② **지그 보링머신** : 드릴링에서 정확하지 못한 구멍가공, 각종 지그의 제작, 기타 정밀한 구멍가공을 위한 전문기계로서 각종 측정기가 부착되어 있다.

③ **정밀 보링머신** : 회전속도가 크고 이송의 정밀도가 높은 기구를 갖고 있다. 바이트 재료는 초경합금 또는 다이아몬드를 사용한다. 주축 베어링과 공구와의 위치 관계가 일정하므로 전체적 배열하기가 좋고, 작업성이 좋다.

④ **수직 보링머신** : 주축이 수직으로 위치하고 있으며 공구의 위치는 크로스 레일과 크로스 레일상의 공구 헤드에 의해 조절한다.

⑤ **직립 보링머신** : 주축대를 수직축상의 수평으로 위치시키고 크로스 레일이 상하로, 터릿 헤드가 크로스 레일상에서 이동하여 공작물을 고정한 테이블이 회전하도록 되어 있는 공작기계이다.

⑥ **코어 보링머신** : 가공할 구멍이 드릴 가공할 수 있는 것에 비하여 아주 클 때 이것의 환형으로 절삭하여 코어를 나오게 가공하는 공작기계이다.

### 나) 보링 공구

① **보링바** : 바이트를 고정하고 주축의 구멍에 끼워 회전시키는 봉
- 테이퍼형
- 평행형

② **부시** : 보링바의 지지부로 이용

③ **보링 헤드** : 절삭할 구멍의 지름이 너무 커서 바이트를 보링봉에 직접 고정할 수 없을 때 사용

### 다) 보링작업의 종류

① 지그 보링
② 보링바에 붙인 공구헤드에 의한 대경 보링
③ 수직 보링
④ 평판에 의한 대경 보링
⑤ 외주절삭 수나사 절삭
⑥ 드릴에 의한 구멍 뚫기
⑦ 드릴에 의한 구멍 뚫기
⑧ 리밍

⑨ 암나사 절삭          ⑩ 탭작업

⑪ 앤드밀에 의한 절삭          ⑫ 정면밀링 커터에 의한 절삭

## 라) 절삭 조건

공구의 지름이 커질수록 상면 경사각과 측면 경사각이 작아야 하며, 다른 각들의 크기는 공작물의 재질에 따라 다르다. 가공 중 칩이 가공면에서 구멍 중심을 향해서 배출되는 경우 가공면의 손상을 주지 않도록 해야 한다.

정밀 보링은 고속미세이송에 의해 정밀 선삭과 같은 원리의 정밀 보링의 정도가 높고 표면 거칠기가 적은 우수한 내면을 얻는 방법으로 작업한다.

고속절삭을 하려면 날의 마멸이 적은 초경합금 또는 다이아몬드 바이트를 사용하는 것이 좋다. 공작물의 재질에 따라 절삭 깊이, 이송 및 절삭속도를 적당히 조절하여 사용한다.

## (5) 리머가공

드릴로 뚫은 구멍을 정확한 치수로 다듬는 작업

## 가) 리머의 형상과 명칭

① **챔퍼** : 절삭을 담당하는 모서리 부분으로 절삭날의 후면에는 여유각이 있어야 한다.

② **몸체** : 여러 개의 홈과 랜드로 되어 있으며, 랜드의 가장자리에는 마진이 있고, 몸체에는 여유각과 경사각이 있다.

③ **자루** : 곧은 것과 테이퍼 진 것이 있으며, 리머를 회전시키기 위한 부분이 있다. 수공구인 리머에서는 사각두가 있어 홀더를 끼워 회전시킨다.

## 나) 리머의 종류

① **구멍의 형상에 따라**

  - 곧은 리머          - 테이퍼 리머

② **사용방법에 따라**

  - 손 리머          - 기계 리머

③ **구조에 따라**

  - 솔리드 리머          - 중공 리머

  - 조정 리머

## 다) 리머의 가공조건

드릴가공에 비하여 절삭속도는 작게 하고 이송은 크게 한다. 드릴 가공보다 절삭속도는 $\frac{2}{3} \sim \frac{3}{4}$ 로 하고, 이송은 2~3배로 한다.

## (6) 탭 가공

탭이라는 공구를 사용하여 구멍 안쪽에 나사를 가공하는 작업을 말한다.

### 가) 탭의 형상과 각부 명칭

① **챔퍼** : 테이퍼부의 길이

② **홈** : 경사면을 형성하기 위한 홈이며 칩과 윤활유의 통로가 된다.

③ **힐** : 핸드부의 뒷부분

④ **선단부 직경** : 탭부 끝의 바깥 지름

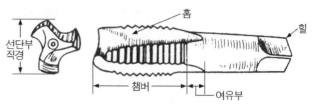

[그림46] 탭(건탭)의 모양

⑤ **여유부** : 마찰을 적게 하기 위하여 절삭인의 뒷부분을 깎아내어 생긴 간격

### 나) 탭의 종류

① **손탭** : 3개의 탭이 1조를 형성하며, 보통 탭 렌치로 탭과 연결하여 수가공할 때 사용하는 탭

② **기계 탭** : 드릴링 머신에서 탭 고정구와 함께 사용할 수 있도록 제작된 탭

③ **테이퍼 탭** : 탭을 사용하거나 테이퍼용 나사 탭을 사용하여 테이퍼 구멍에 나사가공을 하며, 보통 관의 연결부에 사용된다.

④ **테퍼 탭** : 탭의 생크가 길고 생크부의 지름이 나사의 골지름 보다 작아서 너트에 태핑이 완료되면 너트가 생크에 가득 채워질 때까지 순차적으로 탭가공할 때 태핑 머신을 사용하기도 한다.

⑤ **풀리 탭** : 풀리의 스크루 또는 오일 컵에 나사가공을 할 때 사용하는 것으로 긴 자루를 갖는 핸드 탭

⑥ **건 탭** : 테이퍼부의 5산 정도의 길이의 홈을 넓고 깊게 파서 탭의 진행 방향으로 칩이 쉽게 배출될 수 있게 제작된 탭

⑦ **스테이 탭** : 아주 긴 형상으로 선단에는 리머부, 중간에는 나사 절삭부, 끝부분은 나사 안내부로 되어 있다.

### 다) 탭작업

미터나사와 유니파이 나사 등과 같은 나사의 종류에 따라 다르나 나사의 최소지름보다 약간 크게 뚫는 것이 보통이다. 탭이 구멍이 너무 작으면 절삭 저항이 커서 탭을 회전시키는 것이 어렵고 또 산이 깨끗하지 못하고 구멍이 너무 크면 산이 완성되지 않을 수 있다.

### 라) 탭과 볼트의 파손

탭은 다음과 같은 경우 파손이 될 수 있다.

① 구멍이 너무 작아서 과대한 절삭저항을 가할 때

② 탭이 한쪽으로 기울어져 밀착될 때

③ 절삭유제가 없어 탭이 구멍에 너무 밀착될 때

④ 칩이 충전되어 있는 상태에서 탭을 회전시킬 때

⑤ 탭이 구멍의 저면에 닿은 상태에서 탭을 회전시킬 때

## (7) 세이퍼 가공

바이트가 직선 절삭운동을 하고 공작물이 직선 이송 운동하여 평면을 절삭하는 공작기계이다.

### 가) 세이퍼 가공의 종류

① **수평절삭** : 절삭 깊이는 공구헤드에 있는 이송나사에 의해 행하고 수평이송은 테이블에서 수동 또는 자동으로 설정한다.

② **수직절삭과 각도절삭** : 공작물의 측면, 단, 홈, 키홈의 다듬질에는 수직 절삭을 하고 데브테일 홈 등의 다듬질은 각도 절삭한다.

③ **네 면의 직각절삭** : 공작물의 네면을 직각으로 절삭할 때 사용

- 평행봉 위에 공작물을 고정하고 1면을 가공한다.

- 1면을 바이스의 조에 고정하고 2면을 가공한다. 1면의 반대면이 이동 조에 밀착되지 않을 때에는 황동봉을 끼워 고정한다.

- 위와 같이 방법으로 3면을 가공한다.

- 평행봉 위에 고정하고 4면을 가공한다.

④ **곡면절삭** : 총형 바이트를 사용하면 좋으나, 폭이 넓은 경우에는 금긋기를 하고 먼저 거친 절삭을 하여 테이블에 자동이송을 주면서 공구대의 이송 핸들을 돌려 수직 이송을 한다.

⑤ **홈절삭** : 폭이 넓은 홈과 좁은 홈이 있으며, 단면의 형상에 따라 여러 가지가 있다.

- 넓은 폭의 홈절삭 : 금긋기를 하고 거친 절삭을 한 다음 다듬질 바이트로 측면, 바닥면, 구석을 가공한다.

- 키 홈의 절삭 : 키 홈의 끝부분을 드릴 가공한 다음 키 홈용 바이트로 선에 따라 홈을 절삭한다.

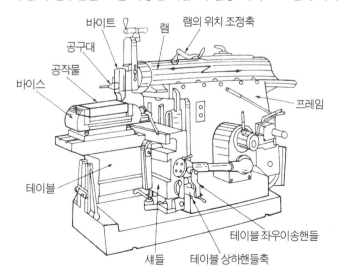

[그림47] 세이퍼의 구조

## (8) 슬로터

세이퍼를 수직으로 세워 놓은 것과 비슷하여 수직 세이퍼라고도 한다. 주로 보스에 키 홈을 절삭하기 위하여 기계로 공작물을 베드상에 고정하고 베드에 수직인 하향으로 절삭함으로써 절삭을 할 수 있다. 보스의 키, 내부스플라인, 펀치, 다이 등을 제작할 수 있다.

### 가) 슬로터 작업

슬로터용 바이트는 충분한 공간의 여유를 두고 강한 바이트 홀더를 사용하는 것이 좋다. 귀환행정 시 바이트와 공작물 간의 마찰을 피하기 위해 릴리프 블록은 핀을 중심으로 회전할 수 있게 한다. 공작물의 고정은 테이블 위에 직접 고정하는 경우와 평행 블록 위에 높고 고정하는 경우도 있다. 공작물의 측면가공은 테이블에 이송을 준다. 원통면을 가공할 때에는 공작물의 원호 중심이 테이블의 회전 중심과 일치하도록 고정하여 공작물에 회전 이송을 주면 된다.

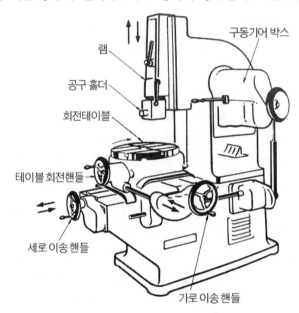

[그림48] 슬로터의 형상과 각부명칭

## (9) 밀링가공

회전하는 밀링커터를 이용하여 공작물을 이송시켜 원하는 형상으로 가공하는 작업이다. 밀링 머신은 밀링커터로부터 이것에 회전 절삭운동을 행하게 하는 주축과 공작물을 설치하여 이송운동을 행하게 하는 테이블이 주요부이다.

### 가) 밀링 가공이 가능한 작업

① 평면절삭        ② 홈절삭        ③ 곡면절삭

④ 단면절삭        ⑤ 기어의 치형가공        ⑥ 특수 나사가공

⑥ 특수 나사가공        ⑦ 캠 가공 등

※ 분할대 및 부속장치를 사용 시 : 드릴, 리머, 보링공구, 커터 등

### 나) 분할대

테이블에 고정하고 공작물은 분할대 축과 심압대의 센터 사이에 지지되며, 공작물의 원주분할, 홈파기, 각도분할 등에 사용된다.

① **직접 분할법** : 분할대 주축을 직접 회전시켜 분할하고, 분할판이 24등분이 되어 있어 분할 크랭크의 측면에 있는 웜 핸들을 돌려 웜을 빼고 주축이 자유롭게 회전할 수 있게 한다.

② **단식분할법** : 분할 크랭크의 40회전이 주축을 1회전시키도록 되어 있는 기구이다.

③ **차동분할법** : 분할판이 고정되지 않으며 슬리브와 일체된 분할판을 분할대에 몸체에 고정시키는 볼트를 뽑아 준다. 기어의 치수비와 중간 기어의 적당한 조합으로 차동회전을 조절할 수 있는 방법이다.

### 다) 밀링 머신의 부속 장치

① **공작물 고정 장치**

- 바이스 : 평 바이스, 회전식 바이스, 만능식 바이스

- 회전 테이블 : 만능경사 테이블, 원형테이블, 경사테이블 등

② **직립 밀링장치** : 수평식 밀링머신을 직립식 밀링머신으로 변환시키는데 이용되며, 필요한 각도만큼 회전시킬 수 있는 장치이다.

③ **만능 밀링 장치** : 수평축과 연결하는 것은 직립 밀링 장치의 경우와 같고 수평 및 수직면에서 임의의 각도로 자유로이 회전시킬 수 있는 장치이다.

④ **아버** : 주축의 테이퍼 구멍에 고정하고 타단은 지지부에 의하여 지지되는 봉을 아버라고 한다. 아버는 커터를 끼우고 칼러에 의하여 커터의 위치를 조정하여 사용한다.

※ 엔드밀과 자루의 크기, 테이퍼가 주축과 다를 때 어댑터와 콜릿을 사용하여 공구를 고정한다.

### 라) 밀링 가공의 조건

밀링 가공은 절삭속도, 이송, 절삭 깊이는 생산능률에 영향을 주며, 공작기계의 성능, 공작물의 재질 및 가공 정도 등 여러 가지 조건에 의해 정해진다.

① **절삭속도** : 원주밀링에서 공구재질과 공작물의 재질에 따라 절삭속도를 달리해야 한다.

$$v = \frac{\pi D n}{1000} \qquad n = \frac{1000v}{\pi D}$$

여기서, $D$ : 밀링커터의 지름(mm)

$n$ : 밀링커터의 매분당 회전수(rpm)

$v$ : 밀링커터의 절삭속도(m/min)

② **이송**

- 커터의 날 1개당 이송량(mm/tooth)

- 커터의 1회전당 이송량(mm/rev)

- 단위시간의 이송량 = 이송속도(mm/min)

※ **이송 결정 시 고려사항**
- 커터의 지름과 폭이 작은 경우에는 고속으로 절삭하고 거친 절삭에서는 이송을 크게 한다.
- 양호한 가공면을 얻기 위해서는 절삭속도를 크게 하고 이송을 작게 한다.
- 커터의 수면을 크게 하기 위해서는 절삭속도를 작게 한다.

## (10) 브로치 가공

다수의 날을 가진 공구를 가공할 구멍에 관통시켜서 브로치의 외형대로 구멍을 가공하는 작업

### 가) 브로치 가공의 장점

① 브로치의 이동 방향에 대하여 형상과 크기가 일정하다면, 어떠한 복잡한 단면의 가공도 할 수 있다.
② 보통 브로치의 1회 운동으로 가공이 완성되므로 가공시간이 짧다.
③ 다듬질면이 균일하고 정도가 높다.
④ 스파이럴형의 구멍가공은 다른 공작기계로서는 매우 어려우나 브로칭머신에서는 쉽게 가공할 수 있다.

### 나) 브로치의 종류

공작물에 마련된 기초구멍을 관통시키는 것이며 조작방법에 따라 푸시브로치, 풀브로치가 있다. 가공부위에 따라 내면브로치, 외면브로치가 있다. 브로치는 축부, 도입부, 절삭부, 평행부로 구성되어 있다.

### 다) 브로치 가공 조건

공구강 또는 고속도강, 초경합금을 사용하고 절삭속도는 공구의 재질과 형상, 공작물의 재질과 크기 등에 따라 다르나 대체적으로 구멍 형상이 복잡할 경우는 속도를 낮게 한다.

## (11) 기계톱 가공

금속을 절단하는 것을 기계톱이라고 한다. 금속을 자르는 방법은 3가지가 있다. 활톱, 원주톱, 띠톱이 있다.

### 가) 활톱 기계

왕복운동과 이송운동으로 가공물을 절단하는데 활톱 기계의 규격은 활톱의 행정 및 절삭을 할 수 있는 최대치수로 표시한다.

### 나) 원주톱 기계

원판의 외주에 날을 가진 둥근톱으로 절삭하는 것이며 밀링절삭과 같은 작용을 한다.

### 다) 띠톱 기계

풀리의 회전운동에 의하여 띠톱이 절단작업을 하는 기계를 띠톱이라고 한다.

## 03 ▶ 연삭 숫돌

연삭숫돌을 고속 회전시켜 숫돌표면에 있는 숫돌입자의 예리한 모서리로 공작물 표면으로부터 미세한 칩을 깎아내는 절삭가공이다.

숫돌입자의 재질은 금강사, 에머리, 코런덤, 다이아몬드 등의 천연재료에서 SiC, $Al_2O_3$ 등의 인조 연삭숫돌 등의 개발로 연삭효율이 향상되었다.

### (1) 연삭숫돌의 구성요소

① **연삭숫돌의 3요소**

숫돌입자, 결합제, 기공

② **연삭숫돌의 5대 구성** : 숫돌입자의 종류, 입도, 결합도, 조직, 결합제

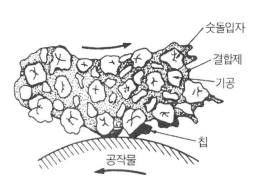

[그림49] 연삭숫돌의 3요소

### (2) 연삭숫돌의 5대 구성

① **숫돌 입자**

- 천연재료 : 금강사, 에머리, 코런덤, 다이아몬드 등

- 인조 재료 : 알루미나계, 탄화규소계

- 결합제 : 다이아몬드(베리클라이트)

- 입자 표시

• A : 흑갈색 알루미나

• WA : 흰색 알루미나

• C : 흑자색 탄화규소

• GC : 녹색 탄화규소

② **입도**

입자의 크기를 입도라 한다.

숫자로 표시하며 메시(mesh)로 표시한다.

[예] 30메시 : 1인치에 30개의 눈이 있는 것을 의미한다. 1평방 인치당 900개의 눈을 의미

- **연삭작업의 입도 선정방법**

• 절삭여유가 큰 거친 연삭에는 거친 입자 사용

• 다듬질 연삭 및 공구의 연삭에는 고운입자 사용

• 단단하고 치밀한 공작물의 연삭에는 고운입자, 부드럽고 전연성이 큰 연삭에는 거친 입자 사용

• 숫돌과 공작물의 접촉면적이 작은 경우에는 고운입자, 접촉면적이 큰 경우에는 거친 입자 사용

③ 결합도

숫돌입자의 크기에 관계없이 숫돌입자를 지지하는 결합체의 결합력의 정도를 나타낸다. 결합도의 표시는 알파벳을 대문자로 표시하고 공작물의 재질과 가공정밀도에 따라 선택하여 사용한다.

[표] 연삭숫돌의 결합도

| 기호 | E, F, G | H, I, J, K | L, M, N, O | P, Q, R, S | T, U, W, Z |
|------|---------|------------|------------|------------|------------|
| 호칭 | 극히 연한 것 | 연한 것 | 보통 | 단단한 것 | 매우 단단한 것 |

④ 조직

연삭숫돌의 단위체적당 입자수를 밀도라 하며, 체적 내에 입자의 수가 많으면 조직이 조밀하다하고 적으면 성기다고 말한다. 기호와 번호로 나타낸다.

| 연삭숫돌의 조직 | 조밀 | 중간 | 성김 |
|------|------|------|------|
| 조직기호 | c | m | w |
| 조직번호 | 0, 1, 2, 3 | 4, 5, 6 | 7, 8, 9, 10, 11, 12 |
| 입자율(%) | 50이상 | 42~50 | 42이하 |

⑤ 결합제

숫돌입자를 결합하여 숫돌의 형상을 만드는 재료이다.

- **결합제의 필요조건**
- 임의의 형상으로 숫돌을 만들 수 있어야 한다.
- 결합능력을 광범위하게 조절할 수 있어야 한다.
- 균일한 조직을 만들 수 있어야 한다.
- 고속회전에도 파괴되지 않는 강도를 유지해야 한다.
- 열이나 연삭액에 대해 안전해야 한다.

## (3) 연삭숫돌의 형상과 표시법

연삭숫돌의 표시법은 숫돌입자재료, 입도, 결합도, 조직, 결합제, 숫돌형상, 숫돌의 치수의 순서로 나타낸다.

**WA60 – HmV(No. 1D × t × d)**

WA : 연삭숫돌재료　60 : 입도　Hm : 결합도　V : 조직결합제　No. : 제조자　1D ~ : 기호

## (4) 연삭조건

숫돌의 원주속도, 연삭깊이, 이송, 연삭 여유 등이 연삭조건이며 이들은 서로 밀접한 관계를 맺고 있으며, 공작물의 재질, 숫돌의 성질 등에 따라 이들을 적당히 선택하여 사용해야 한다.

## (5) 연삭숫돌의 수정

연삭숫돌을 사용하다보면 숫돌의 입자가 무디어지거나 입자와 입자 사이에 칩이 끼는 등 사용하기 곤란한 상태가 되었을 때 다양한 방법으로 연삭숫돌을 수정, 개선해야 한다.

① **드레싱** : 연삭숫돌의 입자가 무디어지거나 입자와 입자 사이에 칩이 끼어 눈메움이 생기면 연삭이 잘 되지 않는다. 이때 숫돌의 예리한 날이 다시 나타나도록 하는 작업

② **트루잉** : 연삭숫돌은 연삭작업 중에 입자가 떨어져 나가며 점차 숫돌의 형상이 처음의 단면 형상과 달라진다. 특히, 나사, 기어연삭, 윤곽연삭 등에 정확한 단면으로 깎아 다듬어야 하는데 연삭숫돌의 외형을 수정하여 규격에 맞는 제품으로 만드는 과정을 트루밍이라고 한다.

## (6) 연삭기 종류

**가) 원통 연삭기** : 원통의 외주를 연삭하는 연삭기를 원통연삭기라고 한다.
　① 테이블 이동형
　② 숫돌대 이동형
　③ 풀론자 컷 연삭

**나) 만능 연삭기** : 내면 연삭, 표면연삭, 단면연삭 등을 할 수 있도록 숫돌대 및 주축대가 회전할 수 있고 테이블 자체도 회전할 수 있는 연삭기를 만능연삭기라고 한다.

**다) 내면 연삭기** : 공작물의 내면을 연삭하기 위한 연삭기

**라) 평면 연삭기** : 평면을 가공하기 위한 연삭기

**마) 센터리스 연삭기** : 원통연삭과 내면연삭에 사용되며 공작물을 센터로 지지하지 않고 연삭숫돌과 조정숫돌 사이에 공작물을 삽입하고 지지대로 지지하면서 연삭하는 연삭기이다.

- **센터리스 연삭기의 장점**
- 연삭에 숙련을 요하지 않는다.
- 연속적인 연삭을 할 수 있다.
- 공작물의 굽힘이 없으므로 중연삭을 할 수 있다.
- 공작물의 축방향에 추력이 없으므로 지름이 작은 공작물의 연삭에 적합하다.

※ 센터리스 연삭의 이송방법 : 통과이송법, 가로이송법, 끝이송법, 접선이송법

**바) 특수연삭기**

① **공구 연삭기** : 바이트나 밀링커터 및 드릴 등 절삭공구를 연삭하는데 사용하는 연삭기

② **나사 연삭기** : 나사 게이지, 공구나 측정기의 이송나사 등과 같이 고정밀도를 필요로 하는 나사의 가공 또는 다듬질에 이용되며 1개의 산형 숫돌에 의한 연삭과 다산형 숫돌에 의한 것이 있다.

③ **스플라인 연삭기** : 스플라인 축을 전문적으로 연삭하는 연삭기

④ **크랭크축 연삭기** : 크랭크축의 저널을 연삭하는 것이며, 숫돌은 나사장치 또는 유압장치에 의하여 연삭 깊이를 주는 방향으로 이송되며 연삭무늬를 피하기 위하여 미세한 세로이송을

줄 때도 있다.

⑤ **롤러 연삭기** : 금속압연용, 제지용, 인쇄용 등의 롤러를 전문적으로 정밀 연삭하는데 이용하는 연삭기

⑥ **기어 연삭기** : 기어와 맞물리는 랙을 연삭 숫돌로 하는 창생법과 치형커터와 같은 숫돌로 이를 한 개씩 분할하여 연삭하는 성형법이 있다.

⑦ **캠 연삭기** : 일종의 모방연삭기이며, 리드 캠에 따라 캠을 연삭한다.

## (7) 연삭작업

### 가) 연삭숫돌의 고정

연삭숫돌은 고속회전으로 높은 정밀도로 가공하기 때문에 연삭숫돌을 고정시킬 때 불균형이 나타나지 않도록 충분히 주의해야 한다.

① 평탄한 숫돌 측면에 플랜지로 고정한다.

② 숫돌 측면과 플랜지 사이에 두께 0.5mm이하의 압지 또는 고무와 같은 연한 패킹을 끼운다.

③ 플랜지가 축에 접촉하는 부분은 압입 또는 키로 고정하여 연삭숫돌의 공전을 방지한다.

④ 플랜지용 너트의 나사는 숫돌이 회전함에 따라 감기는 방향을 가져야 한다.

### 나) 연삭숫돌의 균형

① 밸런싱 머신에 숫돌을 장치하여 어떤 위치에서도 정지하도록 밸런싱 웨이트로 조정한다.

② 균형추의 위치를 이동하여 숫돌의 균형을 잡는다.

③ 연삭숫돌의 육안상 외관을 확인하고, 나무나 플라스틱 해머로 연삭숫돌의 외주부분을 가볍게 두들겨 울리는 소리에 의해 균열 유무를 확인한다.

### 다) 숫돌의 덮개

숫돌이 회전 중 파괴되는 경우에 안전을 위하여 연삭기의 종류, 형상 및 치수에 따라 덮개를 선택하여 씌워야 한다.

- **평면연삭** : 덮개를 숫돌상단으로 하고 연삭 부분은 150°로 한다.
- **원통연삭** : 덮개를 숫돌상단에서 65°우측으로 회전시켜 고정하고 연삭부분은 180°이다.
- **스윙 프레임 및 휴대 연삭** : 덮개를 숫돌 상단으로 하고 연삭부분은 180°로 한다.

# Chapter 3

# 비절삭 가공

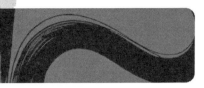

## 01 주조

주물을 만들기 위하여 실시되는 작업으로 주물의 설계, 주조 방안의 작성, 모형의 작성, 용해 및 주입, 제품으로의 끝손질의 순서로 진행된다.

### ❶ 원형의 기초

주형은 2개 또는 여러 조각의 금속블록을 조합하여 만들거나 내화성 입자(모래)를 결합시켜 만든다. 주형 내부에 있는 주공동부는 원하는 제품의 반대형상으로 되어 있으며, 용융재료가 채워지게 된다. 주형은 보조 공동부를 포함하고 있는데, 이는 용융금속이 주공동부까지 흘러가는 통로 역할을 한다.

① **현형** : 제품치수, 수축여유 및 가공여유를 부여하고, 필요에 따라 코어 프린트를 붙여 실제 제품과 같은 모양의 모형을 만든 것을 현형이라고 한다.

② **회전모형** : 주물의 형상이 어느 축을 중심으로 한 회전체일 경우, 그 회전의 단면 반대쪽 판을 회전모형이라고 하며, 현형보다 재료는 절약되나 주형제작에 보다 많은 시간이 필요하므로 주물의 수량이 적을 때 유리하다.

③ **부분모형** : 모형이 대칭형상을 하고, 몇 개의 부분이 연속되어 전체를 이룰 때, 일부분에 해당하는 모형을 부분 모형이라고 한다.

④ **골조모형** : 골격만 목재로 만들고 공간에 점토와 같은 점성 재료를 충전하여 만드는 모형을 골조모형 또는 골격 모형이라고 한다. 수량이 적고 대형의 주물을 얻고자 할 때 제작비를 줄일 수 있어 경제적이다.

⑤ **긁기모형** : 주물의 형상이 가늘고 길며, 단면이 일정할 때는 그 단면형의 긁기판을 만들어 주물사를 긁어서 주형을 제작하는 모형을 긁기 모형이라고 한다. 주물의 수량이 적을 때 경제적이다.

⑥ **코어모형** : 파이프와 같이 중공주물을 만들 때 사용되는 주형을 코어라 하며 이 코어를 만들기 위한 모형을 코어모형이라고 한다. 중공주물은 코어가 지지될 부분을 코어 프린터라고 한다.

⑦ **매치 플레이트** : 1개의 판에 모형을 만들어 부착한 것이며, 소형의 주물을 주형제작기계에 의해 다량 생산할 때 사용된다. 정반의 1면만 모형을 붙인 것을 패턴 플레이트, 양면에 붙인 것을 매치 플레이트라고 한다.

⑧ **잔형** : 모형을 주형에서 뽑아낼 수 없는 부분만을 별도로 제작하여 조립 상태에서 주형을 제작하고, 모형을 뽑을 때 남겨두었다가 뽑는 것을 잔형이라고 한다.

## ❷ 주형의 기초

주형은 주형재료에 따라 사형, 금형, 특수주형으로 구분하며, 사형은 수분상태에 따라 생사형, 건조형으로 나눈다.

### (1) 사형 : 모래가 주성분인 주형

① **생형** : 주형을 제작할 시 수분을 그대로 함유한 상태에서 주탕하는 방법을 생형이라고 한다. 생형은 수증기의 발생이 많고 기공이 생기기 쉬우며, 급냉에 의하여 주물재질의 불균일을 초래한다.

② **건조형** : 주형을 제작한 후 건조시킨 형을 말하며, 생형의 단점을 보완하기 위하여 건조형을 사용하며 큰 강도의 주형을 요하는 두꺼운 주물, 복잡한 주형, 코형 등에 적합하다.

③ **표면 건조형** : 생형으로서는 강도 등이 불충분하고 건조형으로 까지 할 필요가 없는 경우 주형을 가스 토치 등으로 표면만 건조시키는 주형

### (2) 금속주형

금속 주형은 보통 내열강으로 만든다. 용융점이 높은 금속의 주조에는 부적당하나 알루미늄과 같은 융점이 낮은 것에 사용될 때에는 주물의 치수 정도가 우수하므로 소형, 다량 생산에 유리하다.

### (3) 특수주형

특수 목적으로 시멘트나 합성수지 및 물유리 등을 모래와 배합하여 만들거나 사형과 금속형을 동시에 사용하는 냉강주형 등을 특수 주형이라고 한다.

## ❸ 주형기계

① **졸트 주형기(진동식 주형기)** : 주형틀과 테이블의 자중에 의하여 테이블이 낙하하여 본체와 충돌할 때 주물사는 관성에 의하여 다져지는데 이런 운동을 졸트 운동이라고 한다. 조형은 주형의 하부가 잘 다져지나 상부가 잘 다져지지 않는 단점이 있다.

② **스퀴즈 주형기(압축식 주형기)** : 주물사가 담긴 주형틀을 압축공기의 힘으로 위로 들어 올려 상부에 고정된 평판에 의하여 주말사가 눌려 다진다. 이런 운동을 스퀴즈 운동이라고 한다. 스퀴즈 주형기는 졸트주형기와 반대로 상부는 잘 다녀지지만 하부에는 응력전달이 적어 잘 다져지지 않는 단점이 있다.

③ **졸트-스퀴지 주형기** : 졸트식과 스퀴즈식의 장단점을 서로 보완하여 만든 것이다.

④ **코어 주형기** : 모래를 $5{\sim}7\text{kg/cm}^2$의 압축공기로 코어 틀 속에 넣고 공기는 밖으로 배출시켜 코어를 만든다. 코어를 다량 생산할 때 적합하다.

⑤ **샌드 슬링거** : 주물사의 운반, 투입 및 다짐이 동시에 행해지기 때문에 효율적이고 주형의 모든 부분이 균등히 다져지며 다른 주형기에 비하여 소음과 진동이 적은 장점이 있으나 시설비가 많이 든다.

## ❹ 주물사

주형 제작에 사용되는 모래를 주물사라고 한다.

### (1) 주물사의 구비조건

① 내화성이 크고 화학적 변화가 없을 것 ② 성형성이 좋아야 할 것
③ 통기성이 좋을 것　　　　　　　　　 ④ 적당한 강도를 가질 것
⑤ 주물표면에서 이탈이 잘될 것　　　　 ⑥ 열전도성이 떨어지고 보온성이 있을 것
⑦ 쉽게 노화하지 않고 복용성이 있을 것 ⑧ 적당한 입도를 가질 것
⑨ 가격이 쌀 것

### (2) 점결제

주물사가 성형이 잘 될 수 있도록 첨가하는 물질을 점결제라 하고, 점결제로는 점토, 벤토나이트, 유기질 점결제, 특수 점결제 등이 사용된다.

### (3) 주물사의 종류

① **생사** : 적당한 수분이 함유되어 있는 모래
② **건조사** : 생사보다 수분, 점토분 및 내열재를 많이 첨가한 재료로 통기성과 내화성을 증가시킬 목적으로 톱밥, 왕겨 및 코크스 등을 첨가한다.
③ **표면사** : 주형 모래 중 주물과 접촉하는 부분의 주물사를 표면사라고 한다.
④ **코어용 사** : 신사 6, 고사 4의 비율로 배합하고 소량의 점토를 추가한다. 규사를 첨가하여 내화도를 높이고 필요에 따라 합성수지, 소맥류, 당밀, 아마인류, 점토 등을 혼합하여 사용한다.
⑤ **분리사** : 상하 금형을 분리 할 수 있도록 금형 제작 시 경계면에 살포하는 건조된 모래로 점토가 섞이지 않는 하천사를 주로 사용한다.
⑥ **롬사** : 건조사보다 내호도는 낮으나 생형사보다는 형이 단단하며, 고사 6, 하천사 4의 비율로 배합하고 점결성을 주기 위해 점토수 15%를 가하고 당밀을 첨가하여 사용한다.
⑦ **가스형사** : 규사에 규산을 5% 정도 배합하여 $CO_2$ 가스를 접촉시켜 경화시킨 주물사를 가스형 사라고 한다.

### (4) 주물사의 시험

① **강도시험** : 압축시험, 전단시험, 인장시험, 굽힘강도
② **접착력 시험**
③ **입도** : 모래의 입자가 거칠면 주물 표면이 거칠 뿐 아니라 용융금속이 입자 사이에 침투하여

달라붙기 쉽고, 너무 작으면 통기성이 불량하여 기공이 원인이 될 수 있다.

$$모래의 입도(\%) = \frac{체\ 위에\ 남은\ 모래(g)}{시료(g)} \times 100$$

④ **통기도** : 가스 및 공기가 주물사를 통과하는 정도를 비교하기 위해 표준시험편을 일정량의 공기가 통과하는 시간, 압력을 측정하여 통기도를 계산한다.

$$K = \frac{Q \cdot h}{P \cdot S \cdot t}$$

여기서, $K$ : 통기도        $Q$ : 통과된 공기량(㎤, cc)
$P$ : 공기압력(수주의 높이 g/㎠)
$A$: 시편의단면적(㎠)     $t$ : 통과시간(min)
$h$ : 시편의 높이(cm)

⑤ **내화도** : 주물사를 삼각추로 성형하고 로 중에서 가열하여 그 연화 굴곡하는 온도를 측정한다. 제게르콘에 의한 내화도 시험을 도시한 것이다.

⑥ **성형성** : 주형을 만들 때 조형의 용이성을 성형성이라고 한다. 주형의 일부에 다짐을 주었을 때 구석구석까지 잘 전달되는 것을 성형성이 좋다고 하며, 국부적인 효과만 있을 때는 성형성이 불량하다고 한다. Dietert 유동식 시험법과 Kyle의 유동성 시험법이 주로 사용된다.

⑦ **경도** : 다짐 정도를 표시하며 주형의 강도 및 통기도와 관계가 있다.

## (5) 주물사 처리 기계

주조공장에서 제품 1톤에 대하여 대략 5톤의 주물사를 관리해야 한다.

① **분쇄기** : 주물사의 사용 목적에 맞게 입도로 분쇄하는 기계이다.

② **건조기** : 수평식 및 수직식이 있다.

③ **모래 입자의 분리**
- 자기 분쇄기 : 영구자석 혹은 전자석을 이용하여 철편 등으로 제거하는 기계
- 체 : 진동식 체로서 스프링으로 지지된 대를 편심축에 의하여 진동시키는 형태

④ **혼사기** : 서로 반대 방향으로 고속 회전하는 원판에 모래가 충돌하여 분쇄되면서 주물사를 혼합되는 기계

⑤ **분리-혼사기** : 강철 빗에 의해 뭉쳐져 있던 모래가 분쇄되고 금속편 등의 이물질을 분리하여 밑으로 내려오면 운전을 멈추고 제거하는 방식의 혼합기계

## ⑤ 탕구계

### (1) 탕구

주형 안에 쇳물을 유입시키기 위하여 만든 통로를 탕구계라고 한다.

① **탕류** : 쇳물을 받아서 일시적으로 저장하는 곳으로 쇳물받이라고도 한다.

② **탕구** : 탕류에서 이어지는 수직유로를 말하며, 원형단면이 많이 사용되고 구배를 두는 것이 좋다.

③ **탕도** : 탕구 하단에서 주형의 적절한 위치에 설치한 주입구까지 쇳물을 안내하기 위한 수평 유로를 말한다.

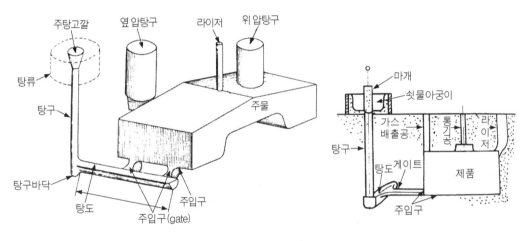

[그림50] 탕구계

④ **주입구(注入口)** : 탕도로부터 갈라져서 주형공동부로 들어가는 통로를 말하며, 하나의 탕도에 여러 개의 주입구를 설치하는 것이 일반적이다.

⑤ **주입구(鑄入口)** : 주형공동부의 입구를 말하며, 주물이 응고되면 자르는 부분

⑥ **탕구비** : 탕구봉, 탕도, 게이트의 크기 비율은 쇳물의 유동, 주입시간에 영향을 끼치므로 이 비율을 탕구비라고 한다.

### (2) 탕구계의 종류

① **낙하식 탕구** : 게이트가 주형 공동부 바로 위에 있는 것으로 양동이로 물을 수조에 붓는 것과 같은 양상으로 벽두께가 얇고 깊이가 깊은 주물에 적당하다.

② **압상식 탕구** : 게이트를 주형 공동부 최하단에 두는 것으로 벽 두께가 두껍고 깊이가 얕은 주물에 적당하다.

③ **분할면 탕구** : 게이트의 위치가 주형공동부의 중간에 있는 것으로 중간 탕구라고도 한다.

④ **단탕구** : 게이트가 상하로 여러 개 있는 것으로 낙하식 탕구와 압상식 탕구를 조합시킨 것이다.

## (3) 압탕구와 라이저

① **압탕구** : 주형 내에서 용탕의 응고 및 냉각으로 인하여 수축되는 양만큼 용탕을 보충하고 주형 내의 탕에 정압을 가하여 주물의 조직을 치밀하게 하기 위하여 응고가 늦게 이루어지는 높은 위치에 둔 것을 압탕구라고 한다.

② **라이저** : 주형 내에 있는 가스, 수증기를 배출시키고 불순물을 부유시키며, 주입량을 예측할 수 있다.

## ⑥ 용해로

주조과정은 고체의 원료를 용해하여 목적의 재질이 될 수 있도록 성분을 조성하고 불순물을 제거하며 주형 내에서 충분히 유동할 수 있어야 한다. 원료를 용해하는 로를 용해로라고 한다.

## (1) 용해로의 종류

① **용선로** : 주철용해에 주로 사용되며 용량은 단위시간당 용해할 수 있는 능력을 ton으로 표시한다.

② **반사로** : 석탄이나 중유의 연소가스가 원료로 직접 가열함과 동시에 벽돌을 가열하여 반사되는 열로 금속을 용융시킨다. 노의 용해 능력은 1회의 용해량으로 한다.

③ **전로** : 제강로의 일종으로 노 내의 코크스 등에 의해 자연 상태까지 예열한 후 용선로에서 용해된 철을 전로로 옮겨 가열된 압축공기를 용융금속에 주입하면 산화작용에 의하여 C, Mn, Si 등이 상화하여 강이 된다. 전로의 용량은 1회의 제강량(ton)으로 표시한다.

④ **평로** : 1회에 다량의 용강을 얻는 노로 공급되는 가스와 공기를 예열하는 축열식과 원료를 용해하는 반사로로 되어 있다. 용강을 얻는데 사용된다.

⑤ **로크웰식 전로** : 노가 서로 연결되어 한쪽에서 중유 버너로 연소 가스를 유입시켜 용해정련하고 배기가스로 다른 노의 원료를 예열한다. 열효율을 높일 수 있고 용해 온도가 낮은 청동, 황동의 용해에는 더욱 효과적이다. 용량은 용해 원료의 중량으로 표시한다.

⑥ **도가니로** : 노 내에 있는 도가니 속에 Cu 합금과 Al 합금과 같은 비철합금의 용해에 사용되고 있다. 연료가 원료와 직접 접촉되지 않으므로 비교적 순수한 것을 얻을 수 있고 설비가 적게 드나 열효율이 낮은 것이 단점이다. 도가니의 규격은 1회에 용해할 수 있는 동의 중량으로 표시한다.

⑦ **전기로** : 전기를 열원으로 제강, 특수주강의 용해에 주로 사용하며, 조작이 용이하고 온도 조절을 정확하게 하기 편리하다. 금속의 산화손실이 적고 정확한 성분의 용탕을 얻을 수 있는 이점이 있다.

## ❼ 특수 주조법

모래 주형에서 주조하는 방법과는 다르게 주형의 용융금속에 압력을 가하여 주조하거나 정밀주형으로 정도가 높은 주조를 말한다.

### (1) 원심주조법

용융금속에 압력을 가하여 양질의 주물을 얻는 방법으로 원심력을 이용한다. 주형을 300~3,000rpm으로 회전시키며 쇳물을 주입하여 원심력으로 주물을 가압하고, 주물 내외의 원심력의 차로 불순물을 분리시켜서 외주부에 양질의 제품을 얻는 방법이다. 제품으로는 관, 실린더 라이너, 피스톤 링, 브레이크 링, 차륜 등이 있다.

### (2) 다이캐스팅

정밀한 금형에 용융금속을 고압 고속으로 주입하여 주물을 얻는 방법으로 금형 다이를 사용하기 때문에 다이캐스팅이라고 한다.

- **다이캐스팅의 장점**
  ① 정도가 높고 주물표면이 깨끗하여 다듬질 작업을 줄일 수 있다.
  ② 조직이 치밀하여 강도가 크다.
  ③ 얇은 주물의 구조가 가능하며 제품을 경량화 할 수 있다.
  ④ 주조가 빠르기 때문에 다량 생산으로 단가를 줄일 수 있다.

- **다이캐스팅의 단점**
  ① 다이의 제작비가 고가이기 때문에 소량 생산에 부적합하다.
  ② 다이의 내열강도 때문에 용융점이 낮은 비철금속에 국한된다.

### (3) 셀 주조법

모형 박리제인 규소수지를 바른 후 주형재 140~200mesh 정도의 산화규소와 열경화성 합성수지를 배합하여 일정 시간 가열하여 조형하는 주조법으로 크로닝법 혹은 C-프로세스라고도 한다.

- **셀주조법의 특징**
  ① 숙련공이 필요 없으며 기계화가 가능하다.
  ② 주형에 수분이 없으므로 작은 기공 등의 발생이 없다.
  ③ 주형이 얇기 때문에 통기불량에 의한 주물 결함이 없다.
  ④ 셀만을 제작하여 모아 놓은 다음 일시에 많은 주조를 할 수 있다.

### (4) 인베스트먼트 주조법

제작하려는 주물과 동일한 모형을 왁스 또는 파라핀 등으로 만들어 주형재에 매몰하고 다진 다음 가열로에서 가열하여 주형 경화시킴과 동시에 모형재인 왁스나 파라핀을 유출시켜 주형을 완성하여 주조하는 방법이다.

### (5) $CO_2$ 가스 주조법

단시간에 건조주형을 얻는 방법으로 주형재인 주물사에 물유리(특수규산소다)를 5 ~ 6%정도 첨가한 주형에 $CO_2$ 가스를 통과시켜 경화하게 하는 방법이다.

### (6) 저압주조법

1기압 이하의 저압압축 불활성 가스로 용탕을 주형에 밀어 올린다. 주형의 공기를 빨아내는 진공펌프가 사용되기도 하며, 수분 후에 내의 탕이 응고되면 가압을 중지하여 급탕과 내의 탕이 흘러내리게 한다. 주물은 밀도가 크고, 불순물이 적으며 치수 정도가 좋다.

### (7) 진공주조법

대기중에서 주강을 용해하여 주조하면 $O_2$, $H_2$, $N_2$ 등의 가스가 탕에 들어간다. $O_2$는 산화물을 형성하고, $H_2$는 백점 또는 미세한 균열의 원인이 되며, $N_2$는 질화물을 형성한다. 이러한 주물의 결합을 진공주조법이라고 한다.

### (8) 연속주조법

용해로에서 나오는 용융금속을 그 자리에서 연속적으로 주조 작업하는 방법이다.
- 편석이 적다.
- 냉각조건에 의해서 조직을 조정할 수 있다.
- 수축공동이 없다.
- 주물표면이 매끄럽고, 단면치수를 조정할 수 있는 등의 장점이 있다.
- 실용상 250~300mm 두께로 제한되고, 소량 다품종 생산에 부적합하다.

## 8 주물 결함과 검사

### (1) 주물 결함

**가) 기공** : 주형 내의 가스가 배출 못하여 주물에 생기는 결함을 기공이라고 한다.
- 주형과 코어에서 발생하는 수증기에 의한 것
- 용탕에 흡수된 가스의 방출에 의한 것
- 주형 내의 공기에 의한 것

**나) 수축공** : 주형내의 탕이 응고수축하여 생긴 결함을 수축공이로고 한다.
- 응고온도 구간이 짧은 합금에서 압량이 부족할 때 괴상이 발생한다.
- 응고온도 기간이 짧은 합금에서 온도구배가 부족할 때 중심선에 일직선으로 발생한다.
- 긴 합금의 경우 수축공이 결정입 간에 널리 분포하고 있음을 보여준다.

**다) 편석** : 주물의 일부분에 불순물이 집중되거나 성분의 비중 차에 의하여 국부적으로 성분이 편중되거나, 처음 생긴 결정과 후에 생긴 결정 간에 경계가 생기는 현상

**라) 고온 균열(열간 균열)** : 용융금속이 응고 냉각될 때 완전 용액영역, 소량의 고체를 보유하는 융액영역의 경우에는 인장력의 영향을 받지 않으나, 소량의 융액을 보유하는 고체영역에서는 어떤 원인에 의한 인장력을 받아 결정입계가 파괴되었을 때 조직을 통하여 융액이 보급될 능력이 없기 때문에 영구 균열로 남게 되는데, 이것을 고온 균열 또는 열간 균열이라고 한다.

**마) 주물표면 불량**
- 흑연 또는 도포제에서 발생하는 가스에 의한 것
- 용탕의 압력에 의한 것
- 사립의 결합력 부족에 의한 것
- 통기성의 부족에 의한 것
- 주물사의 크기에 의한 것

**바) 치수 불량**
- 주물사 선정의 잘못에 의한 것
- 목형의 변형에 의한 것
- 코어의 이동에 의한 것
- 주물상자 조립의 불량에 의한 것
- 중추의 중량 부족에 의한 것

**사) 변형과 균열** : 금속이 고온에서 저온으로 냉각 될 때 온도에 따라 저항을 받을 수 있다. 이 온도를 천이 온도라 하며, 이 온도 이하에서 결정입의 변형을 저지하는 응력을 잔류응력이라고 한다.

　□ **변형과 균열 방지법**
- 단면의 두께 변화를 심하게 하지 말 것
- 각부의 온도차를 적게 할 것
- 각이 진 부분을 둥글게 할 것
- 급냉 하지 말 것

**아) 유동불량** : 주물에 너무 얇은 부분이 있거나 탕의 온도가 너무 낮을 때에는 탕이 말단까지 미치지 못하여 불량주물이 되는 경우이다.

**자) 협잡물 혼입**
- 용제의 점착력이 커서 용탕에서 분리가 잘 되지 않는 경우
- 용제가 탕구나 라이저에 부유할 여유가 없어 용탕에 빨려 들어가는 경우
- 금형 내의 주물사가 탕에 섞여 들어가는 경우

## (2) 주물의 검사

### 가) 육안 검사

① 외관검사 : 치수 검사, 표면 검사
② 파면검사 : 동일 조건에서 주조된 시험편의 파면을 보고 결정입자의 관찰, 편석 등을 검사
③ 형광검사

### 나) 기계적 성질시험

① 강도시험 : 인장강도, 압축강도, 굽힘강도
② 경도시험　　　　　③ 충격시험
④ 마모시험　　　　　⑤ 피로시험

### 다) 물리적 시험

① 현미경 검사 : 파면을 넓게 펴, 연마한 후 부식시켜 결정입자의 크기, 조직, 편석 및 불순물의 존재를 관찰
② 압력시험　　　　　③ 타진음향 검사
④ 방사선 검사　　　　⑤ 초음파 탐상검사
⑥ 자기탐상검사

### 라) 화학분석시험

중요부의 위치에 구멍을 뚫고 칩을 얻어 화학적 분석으로 성분 원소의 종류와 양을 알아내는 방법

### 마) 내부응력시험

주물 2개소를 절단하고 각각의 온도에서 어닐링 하였을 때 절단하여 직각 방향의 칫수 변화를 비교하는 방법

### 바) 유동성 시험

유동성 영향을 주는 인자로는 비중, 표면장력, 열팽창률, 점성, 비열, 열용량, 용해잠열, 열전도율, 주입온도, 응고온도, 주형 온도 등이 일반적으로 사용된다.

## 02　소성가공

### ❶ 소성가공 개요

재료에 외력을 가하면 재료 내부에는 응력이 발생하여 변형이 일어난다. 외력이 작으면 외력을 제거했을 때 재료가 원래 형상으로 복귀하나 외력이 어느 정도 커지면 이를 제거하여도 완전히 원래상태로 복귀하지 않고 약간의 변형이 남는다. 이러한 변형을 소성변형 이라하고 이런 성질을 이용하여 모형을 만드는 작업을 소성가공이라고 한다.

## ❷ 소성가공 종류 및 특성

### (1) 단조

금속재료를 소성유동이 잘 되는 상태에서 압축력이나 충격으로 단련하는 것이며, 일반적으로 금속은 고온에서 소성이 크므로 단조할 재료는 고온으로 가열한다. 단조의 목적은 외력을 가하여 재료를 압축하고 재료의 일부 또는 전체의 높이를 줄이고, 동시에 옆으로 퍼지게 하여 차츰 소요의 형상으로 성형하는 것이다.

#### 가) 단조의 종류
- **열간단조** : 재결정 온도 이상에서 행해지는 단조 작업
  - 해머단조 : 자유단조, 형단조
  - 프레스 단조 : 자유단조, 형단조
  - 업셋단조
  - 압연단조
- **냉간단조** : 재결정온도 이하에서 행해지는 단조 작업
  - 헤딩
  - 코이닝
  - 스웨이징

### (2) 압연

상온 또는 고온에서 회전하는 롤 사이에 재료를 통과시켜 소성을 이용하여 판재, 형재, 관재 등으로 형성하는 가공법이다. 특히 금속재료에서는 동시에 주조 조직을 파기하고 재료 내부의 기포를 압착하여 균등하고 우수한 성질을 줄 수 있어 재료를 단련하는 것도 압연가공이 행하여지는 중요한 목적중 하나이다.

#### 가) 압연가공

소재의 재결정 온도 이상에서 행하는 열간 압연과 재결정 온도 이하에서 행하는 냉간 압연으로 구분되면 열간 압연에서는 재료의 가소성이 크고, 변형저항이 작으므로 압연 가공에 요하는 동력이 작아도 되고, 큰 변형을 용이하게 할 수 있어 단조품과 같은 양호한 성질을 제품에 만들 수 있다.

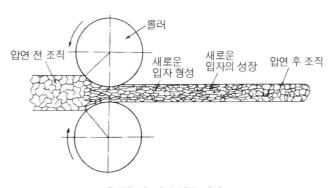

[그림51] 압연 가공 방법

## 나) 압연가공의 종류

① **분괴압연** : 잉곳은 분괴 압연기에 넣어 소요의 치수나 형상의 강편으로 압연한다.

② **형재 및 선재** : 공형을 가진 2단 롤러 블룸, 빌릿 빔 블랭크를 수회 내지 수십 회 압연하여 형재나 선재의 제품을 만든다.

③ **판재 열간압연** : 두꺼운 판이나 중판을 슬래브 또는 직접 편평 잉곳으로부터 열간 압연하여 릴에 그대로 감아 코일형태로 만든다.

④ **판재 냉간압연** : 상온에서 압연하여 박판을 제조하는 작업

⑤ **판재 조질압연** : 연질판을 경질로 만드는 경우라든가 판의 표면이 평활한 것이 요구될 때, 또는 연강판의 항복점 현상에 기인되는 스트레인 모양이 뒤에 행하게 될 성형가공에서 나타나는 것을 방지하기 위해 4단롤로 압하하여 냉간가공을 행한다. 이것을 판재 조질 압연이라고 한다.

⑥ **정직** : 판재나 형재의 굽음이나 뒤틀림을 교정하기 위해 여러 개의 롤을 가진 롤 정직기를 거치게 하거나 또는 인장 정직기로 소재의 양단을 잡고 인장소성변형을 주어 정직한다.

⑦ **특수 압연** : 차륜의 압연 성형법은 만네스만 압연법에 의해 구멍뚫기 등 특수 목적에 이용되는 압연이 특수 압연이다.

## 다) 압연기의 종류

① **작업온도에 따라**
- 열간 압연기　　　- 냉간 압연기

② **제품에 따라**
- 분괴 압연기　　　- 빌릿압연기　　　- 슬래브 압연기　　　- 시트 바 압연기
- 시트 압연기

③ **롤의 수 및 회전 방향에 따라**
- 2단 압연기　　　- 2단 가역 압연기　　- 3단 압연기　　　- 4단 압연기
- 다단 압연기　　　- 특수 압연기

# (3) 압출

Al, Zn, Cu, Mg 등의 비철금속으로 각종 단면재, 관재 및 선재를 얻을 때 소성이 큰 재료를 컨테이너에 넣고 강력한 압력으로 다이를 통하여 밀어내는 가공법을 압출 또는 압출 가공이라고 한다.

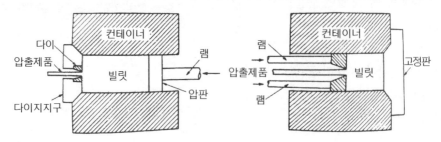

[그림52] 압출가공 방식

### 가) 압출가공의 종류

압출가공은 램의 진행방향과 제품의 이동방향에 따라 전방 압출과 후방 압출이 있다.

- **전방 압출** : 램의 진행방향과 제품의 이동방향이 같은 경우
- **후방 압출** : 램의 진행방향과 제품의 이동방향이 반대인 경우

## (4) 인발

테이퍼 형상의 구멍을 가진 다이에 소재를 통과시켜 구멍의 최소 단면치수로 가공하는 것을 말하며, 외력으로는 인장력이 작용하고, 다이 벽면은 소재에 압축력을 작용시킨다. 이런 방법의 가공을 인발이라고 한다.

인발 가공은 보통 상온에서 행하고 가공 중 변형에 의한 발생열이 상당히 많다. 인발 가공에서는 주로 봉, 선 등이고 관가공도 가능하다.

## (5) 제관

관을 제조하는 것을 말하며, 관은 이음매가 없는 관과 이음매가 있는 관으로 크게 나눌 수 있다.

가) 이음매 없는 관 : 만네스만 천공법, 압출, 오무리기 가공

나) 이음매 있는 관 : 단접, 용접(가스용접, 전기저항 용접)

## (6) 프레스 가공

각종 프레스를 이용하여 전단가공, 성형가공, 압축가공을 할 수 있다.

### 가) 전단가공

① **블랭킹** : 전단응력을 발생시켜 소정의 형상과 치수로 절단하는 가공으로 판재에서 필요한 형상의 제품을 잘라내는 것을 블랭킹이라고 한다.

② **펀칭** : 잘라낸 쪽은 폐품이고 구멍이 뚫리고 남은 쪽이 제품이 되는 것을 펀칭이라고 한다.

③ **노칭** : 한쪽 끝에서 시작하여 같은 쪽으로 개방되는 윤곽 절단을 노칭이라고 한다.

④ **슬로팅** : U형, V형 노치를 만드는 것을 슬로팅이라고 한다.

⑤ **트리밍** : 펀치와 다이로써 인발 제품의 플랜지를 소요의 형상과 치수로 잘라내는 것을 트리밍이라고 한다.

⑥ **셰이빙** : 절단면을 양호하게 하기 위해 일단 절단된 면을 다시 전단하는 것을 셰이빙이라고 한다.

⑦ **브로칭** : 절삭가공에서 브로치를 프레스 가공의 다이와 펀치에 응용한 것으로 구멍의 확대, 다듬질이나 홈가공은 펀치를 브로치로하고, 외형의 다듬질에는 다이를 브로치로 한다.

⑧ **브릿지** : 소재의 이용율을 높이기 위해 블랭크의 외형 간격이나 블랭크 간의 간격을 작게 하는 것이 좋다. 이 간격을 브릿지라고 한다.

## (7) 성형가공

### 가) 굽힘 가공

단면이 균일한 재료에 굽힘 모멘트를 가해 굽힘 가공할 때 외측은 인장응력이 발생하고 내측은 압축응력이 발생하면서 굽힘이 발생한다. 이런 가공법을 굽힘 가공, 벤딩이라고도 한다.

### 나) 스프링백

소재에 외력을 가했다가 제거하면 본래대로 돌아가는 현상을 스프링 백이라고 한다.

### 다) 드로잉 가공

판금가공에서 평면 블랭크를 프레스를 이용하여 바닥에 붙어 있는 원통형, 각통형, 반구형 등의 제품을 가공하는 작업을 드로잉 가공이라고 한다.

### 라) 박판성형가공

① **스피닝** : 선반의 주축에 다이를 고정하고 다이에 블랭크를 심압대로 눌러 블랭크를 다이와 함께 회전시켜 막대나 롤로 가공하는 성형 방법이다.

② **벌징** : 최소 지름으로 드로잉 한 용기에 고무를 넣고 압축하는 고무 벌징 가공과 액체를 넣어 가공하는 액체 벌징 가공이 있다.

③ **비딩** : 드로잉 된 용기에 홈을 내는 가공으로 보강이나 장식이 목적이다.

④ **컬링** : 용기의 가장자리를 둥글게 말아 붙이는 가공이다.

⑤ **시밍** : 판과 판을 잇는 가공이다.

⑥ **플랜지 가공** : 판의 가장자리를 굽혀 프랜지를 만드는 가공방법

⑦ **인장 성형법** : 굽힘 가공에서 스프링 백을 제거하거나 줄이기 위하여 굽힘 가공 중 소재를 항복응력 이상까지 인장하거나 압축을 하면서 성형하는 방법을 인장 성형법이라고 한다.

### 마) 압축가공

소재를 상·하면에서 압축하면 소정의 변형이 생기게 되는데 이를 압축가공이라고 한다.

① **압인가공** : 소재면에 요철을 내는 가공으로, 표면형상이 면과 무관하며 판 두께의 변화에 의해 가공한다.

② **부조가공** : 요철이 있는 다이와 펀치로 판재를 눌러 판에 요철을 내는 가공으로 판의 배면에는 표면과 반대의 요철이 생기며 판의 두께에는 거의 변화가 없다.

③ **스웨이징** : 두께를 감소시키는 압축가공으로 소재의 면적에 비하여 압축 유효면적이 아주 작은 경우이다.

### 바) 박판 특수성형 가공

① **마폼법** : 펀치를 아래쪽 고무 등의 흡압재로 된 다이는 위쪽에 놓고 가공하는 방법으로 플랜지가 작아져 소재 파열의 위험이 적어짐에 따라 모서리 반경을 작게 할 수 있는 것과 가공 중 펀치의 측면에 수평압력이 작용한다.

② **게린법** : 다이 위에 소재를 놓고 고무 다이로 가압하여 제품을 얻는 방법

③ **액압 가공법** : 마폼법에서 고무 대신 액체를 사용하는 가공법으로 2개의 고무 막이 있는데, 그중 하나는 액체 밀폐용, 다른 하나는 소재와 접촉하는 성형용으로 사용한다.

## (8) 전조가공

소재나 공구 또는 그 양쪽을 회전시켜 공구 표면형상과 동일한 형상을 소재에 각인하는 가공법이며 회전하면서 행하는 일정의 단조라 볼 수 있다.

### 가) 전조가공의 특징

① 압연이나 압출 등에서 생긴 소재의 섬유가 절단되지 않기 때문에 제품의 강도가 크다.

② 소재와 공구가 국부적으로 접촉하기 때문에 비교적 작은 힘으로 가공할 수 있다.

③ 칩이 생성되지 않으므로 소재의 이용률이 높다.

④ 소성변형에 의하여 제품이 가공 경화되고 조직이 치밀하게 되어 기계적 강도가 향상된다.

### 나) 나사 전조

제작하려는 나사의 형상과 피치가 같은 다이에 소재를 넣고 나사전조 다이를 작용시켜 나사를 가공하는 방법

① **나사 전조의 종류**

- 평다이 전조기 : 평다이 중 하나는 고정시키고 다른 한 개를 직선 운동시켜 1회의 행정으로 전조 가공하는 방법으로 나사를 생산한다.

- 롤러 다이 전조기 : 2개의 롤 다이 사이에 소재를 넣어 전조 가공하는 것으로 두 축은 평행하고, 그 중 하나는 축이 이동하도록 되어 있으며, 다른 하나는 위치가 고정되어 나사를 가공 생산한다.

- 로타리 플라네타리 전조기 : 세그먼트 다이를 고정시키고, 원형 다이를 회전시켜 자동으로 장입된 소재가 타단에서 완성된 나사로 나오며 다량 생산에 적합하다.

- 차동식 전조기 : 크기가 다른 2갱의 원형 다이를 동일 방향으로 회전시켜 소재를 다이의 원주 속도차의 $\frac{1}{2}$의 속도로 접선 방향에서 공급하여 회전시키면 다이의 최소 간격을 통과할 때 나사가공이 된다.

### 다) 치차 전조가공

나사 전조와 같이 1개, 2개, 3개의 공구를 유압이나 캠 방식으로 소재에 압력을 가하여 가공하는 방법이다. 랙 다이, 피니언 다이, 호브 다이를 사용하여 치차를 생산한다.

### 라) 볼 및 원통 롤 전조

① **볼 전조** : 2개의 다이인 수평 롤을 교차시켜 소재를 전조압력을 가하면서 소재를 이송하면 다이의 홈은 볼을 형성하는 가공면이 된다. 볼의 볼록한 부분은 소재를 오목하게 패이게 하면서 최후에는 절단하는 역할을 한다.

② **원통 롤러 전조** : 원통 롤러의 전조에서는 다이인 롤러를 평행하게 하여 한쪽의 다이를 롤러에

만 필요한 나선형의 돌기를 만들어 가공하는 방법이다.

## 03 열처리

금속재료를 가열하고 냉각할 때 속도를 변화시키면 조직의 변화가 일어남과 동시에 기계적, 물리적 성질의 변화가 일어나기 때문에 사용목적에 적합하도록 가열과 냉각 속도를 조정하여 성질의 변화를 일으키게 하는 것을 열처리라고 한다.

사용 용도에 따라 표면과 내부와의 기계적 성질이 다를 경우 재료 표면에 어떤 원소를 첨가하여 경화시키고, 내부의 인성을 갖게 하는 처리를 표면처리라고 한다. 표면 처리의 종류는 침탄법, 질화법, 청화법 등이 있다.

※ 열처리를 공부하기 위해서는 기계 재료 중 금속 원자의 구조와 Fe-C 상태도, 강의 조직을 미리 학습하는 것이 좋다.

### ❶ 가열과 냉각

#### (1) 가열방법

가열온도는 변태점 이상과 이하로 구분된다. 변태점 이상으로 가열하는 것은 어닐링, 노멀라이징, 담금질이 있으며, 변태점 이하로 가열하는 것을 템퍼링이라고 한다.

**[표] 가열온도와 열처리**

| 구분 | 종류 |
|---|---|
| $A_1$ 변태점 이상<br>$A_1$ 변태점 이하 | 어닐링, 노멀라이징, 담금질<br>저온 어닐링, 템퍼링, 시효 |

**[표] 가열속도와 열처리**

| 가열 속도 | 종류 |
|---|---|
| 서서히<br>빨리 | 어닐링, 노멀라이징, 담금질, 템퍼링<br>어닐링, 담금질 |

#### (2) 냉각방법

냉각방법에는 필요한 온도와 필요한 냉각속도로 냉각시키는 두 가지 방법이 있다. 첫 번째는 열처리 온도부터 화색이 없어지는 온도까지의 범위, 두번째는 약 250℃ 이하의 온도 범위로 구분한다.

**[표] 냉각방법과 열처리**

| 냉각속도 | 열처리의 종류 |
|---|---|
| 서서히(노냉)<br>약간 빨리(공냉)<br>빨리(수냉, 유냉) | 어닐링<br>노멀라이징<br>담금질 |

## ❷ 열처리 종류와 특성

### (1) 풀림(어닐링, annealing)

강을 일정 온도에서 일정 시간 가열한 후 서서히 냉각시키는 방법이다.

#### 가) 풀림의 목적

① 금속 합금의 성질을 변화시키며 일반적으로 강의 경도가 낮아져서 연화된다.
② 조직의 균일화, 미세화 및 표준화가 된다.
③ 가스 및 불순물의 방출과 확산을 일으키고 내부응력을 저하시킨다.
※ 완전 풀림, 구상화 풀림, 항온 풀림이 있다.

### (2) 불림(노멀라이징, normalizing)

강을 표준상태로 하기 위한 열처리 조직이며, 가공으로 인한 조직의 불균일을 제거하고 결정립을 미세화 시켜 기계적 성질을 향상시키는 방법이다.

#### 가) 불림의 종류

① 보통 불림                     ② 2단 불림
③ 등온 불림                     ④ 2중 불림

### (3) 담금질(퀜칭, quenching)

강을 임계온도 이상의 상태로부터 물, 기름 등에 넣어 급냉시켜 마르텐사이트 조직을 얻는 열처리 방법이다. 담금질의 목적은 재료의 경도를 높이기 위함이다.

#### 가) 담금질 종류

① **인상 담금질** : 급냉과 서냉 사이의 온도로 냉각속도를 변화 시켜주는 방법
② **마르퀜칭** : 중단 담금질
- 가열된 염욕에 담금질한다.
- 담금질한 재료의 내·외부가 동일 온도에 도달할 때까지 항온을 유지한다.
- 공냉을 진행하고 마르텐사이트와 마르퀜칭 후에는 템퍼링하여 사용한다.
③ **오스템퍼링** : 염욕에 담금질하고 과냉각의 오스테나이트 변태가 끝날 때까지 항온으로 유지하는 방법으로 베이나이트 담금질이라고도 한다.
④ **오스포밍** : 베이구역에서 숏피닝을 하고 베이나이트의 변태 개시선에 도달하기 전에 담금질하면 우수한 표면 경화를 얻을 수 있는데 이것을 오스포밍이라고 한다.
※ 숏피닝 : 고압 공기로 금속구를 제품 표면에 불어주어 표면경화를 시키는 가공법)

## (4) 뜨임(템퍼링, tempering)

담금질한 강은 경도가 크나, 취성을 갖는다. 경도만 크면 이런 성질을 사용하는 줄, 면도칼 등은 그대로 사용하지만, 다소 경도는 낮추고 인성이 필요한 기계 부품은 재가열하여 인성을 증가시키는 작업을 뜨임, 템퍼링이라고 한다.

### 가) 뜨임의 방법

① **심냉 처리** : 0℃ 이하의 온도, 즉 심냉 온도에서 냉각시키는 방법을 심냉 처리라고 한다.

② **저온 뜨임** : 내부응력을 되도록 적게 하고 제거하는 방법이다.

☐ **저온 뜨임의 장점**
- 담금질에 의한 응력의 제거
- 치수의 경년 변화 방지
- 연마 균열 방지
- 내마모성 향상

③ **고온 뜨임** : 구조용 합금강처럼 강인성을 필요로 하는 것에 적용하는 방법으로 뜨임 온도는 400 ~ 650℃를 선정하여 뜨임 온도에서 급냉시키는 방법이다.

④ **뜨임 경화** : 고속도강을 담금질 한 후에 550 ~ 600℃로 재가열하면 다시 경화된다. 이것을 뜨임 경화라고 한다.

## ③ 표면 경화 열처리

### (1) 표면 경화

표층을 경화시키고 내부는 강인성을 유지하게 하는 열처리 방법이다.

### (2) 표면 경화 열처리의 종류

**가) 침탄법** : 침탄제에 따라 고체 침탄법, 액체 침탄법, 가스 침탄법이 있다. 탄소 함유량이 적은 저탄소강을 침탄제 속에 묻고, 밀폐시켜 900 ~ 950℃의 온도로 가열하면 탄소가 재료 표면에 침투하여 표면은 경강이 되고 내부는 연강이 되게 하는 방법이다.

☐ **침탄강의 조건**
- 저탄소강이어야 한다.
- 표면에 결함이 없어야 한다.
- 장시간 가열하여도 결정입자가 성장하지 않아야 한다.

**나) 질화법** : 합금강을 암모니아 가스와 같이 질소를 포함하고 있는 물질로 강의 표면을 경화시키는 방법이다.

[표] 침탄법과 질화법의 비교

| 침탄법 | 질화법 |
|---|---|
| 1. 경도가 낮다. | 1. 경도가 높다. |
| 2. 침탄 후 열처리가 필요하다. | 2. 질화 후 열처리는 필요 없다. |
| 3. 침탄 후에도 수정이 가능하다. | 3. 질화 후 수정이 불가능하다. |
| 4. 표면경화를 짧은 시간에 할 수 있다. | 4. 표면 경화 시간이 길다. |
| 5. 변형이 생긴다. | 5. 변형이 적다. |
| 6. 침탄층은 여리지 않다. | 6. 질화층이 여리다. |

**다) 청화법** : 탄소, 질소가 철과 작용하여 침탄과 질화가 동시에 일어나게 하는 방법이다. 청화제는 NaCN, KCN 등이 사용된다.

| 장점 | 단점 |
|---|---|
| • 균일한 가열이 이루어지므로 변형이 적다.<br>• 산화가 방지된다.<br>• 온도 조절이 용이하다. | • 비용이 많이 든다.<br>• 침탄층이 얇다.<br>• 가스가 유독하다. |

**라) 화염 경화법** : 산소-아세틸렌 화염으로 제품의 표면을 외부로부터 가열하여 담금질하는 방법이다.

**마) 고주파 경화법** : 표면 경화할 재료의 표면에 코일을 감아 고주파, 고전압의 전류를 흐르게 하면, 내부까지 적열되지 않고, 표면만 급속히 가열되어 적열되며 이후 냉각액으로 급랭시켜 표면을 경화시키는 방법을 고주파 경화법이라고 한다.

　□ **고주파 경화법의 특징**
- 담금질 시간의 단축 및 경비가 절약된다.
- 생산 공정에 열처리 공정의 편입이 가능하다.
- 무공해 열처리 방법이다.
- 담금질 경화 깊이 조절이 용이하다.
- 부분 가열이 가능하다.
- 질량 효과가 경감된다.
- 변형이 적은 양질의 담금질이 가능하다.

## (3) 금속 침투법

　제품을 가열하여 그 표면에 다른 종류의 금속을 피복하는 동시에 확산에 의하여 합금 피복층을 얻는 방법을 말하며 크롬, 알루미늄, 아연 등을 피복시키는 방법으로 많이 사용한다.

**가) 크로마이징**

　크롬을 강의 표면에 침투시켜 내식, 내산, 내마멸성을 양호하게 하는 방법으로 다이스, 게이지, 절삭 공구 등에 이용한다.
　① 고체 분말법　　　　　② 가스 크로마이징

**나) 카로라이징**

　알루미늄을 강 표면에 침투시켜 내 스케일성을 증가시키는 방법이다.

**다) 실리코나이징** : 강의 표면에 규소의 침투로 내산성을 증가시켜 펌프축, 실린더의 라이너, 나사 등에 사용한다.
　① 고체 분말법　　　　　② 가스법

## 라) 브로나이징

강의 포면에 붕소를 침투 및 확산시켜는 방법으로 경도가 높아 처리 후에 담금질이 필요 없다.

## 마) 기타

① **방전 경화법** : 흑연 봉을 양극에 모재를 음극에 연결하고, 공기 중에 방전시키면 철강 표면에 2~3mm 정도의 침탄 질화층을 만드는 방법
② **하드페이싱** : 용접에 의한 표면이 경화되는 현상
③ **메탈 스프레이** : 금속 분말을 분사하는 방법

## 04 용접

2개 이상의 물체나 재료를 용융 또는 반용융 상태로 하여 접합하거나 상온 상태의 부재를 접촉시키고 압력을 가하여 접촉면을 밀착시키면 접합하는 금속이음과 두물체 사이에 용가재를 첨가하여 간접적으로 접합시키는 작업을 용접이라고 한다.

### ① 용접의 특징

기계나 구조물에 구성되고 있는 재료의 90%가 철강이며, 그 중 80%가 압연재 혹은 주물이다. 이들의 결합에는 대부분 용접을 이용한다.

### (1) 용접의 장점

① 용접 구조물은 균질하고 강도가 높으며, 절삭 칩이 적으므로 재료의 중량을 절약할 수 있다.
② 이음의 형상을 자유롭게 선택할 수 있으며, 구조를 간단하게 하고 재료의 두께에 제한이 없다.
③ 기밀과 수밀성이 우수하다.
④ 주물에 비해 신뢰도가 높으며, 이음 효율이 100%에 가깝다.
⑤ 주물 제작과정과 같이 주형이 필요하지 않으므로 적은 수의 제품이라도 그 제작에 있어 효율적이다.
⑥ 용접 준비와 용접 작업이 비교적 간단하며, 작업의 자동화가 용이하다.

### (2) 용접의 단점

① 용접부가 단시간에 금속적 변화를 받음으로써 변질하여 취성이 커지므로 이것을 적당한 열처리를 하여 취성의 성질을 여리게 해야 한다.
② 용접부는 열영향에 의하여 변형 수축되므로, 용접한 재료 내부에 응력이 생겨 균열 등의 위험이 발생하게 된다. 그러므로 용접부의 변형 수축은 풀림(annealing)처리하여 잔류응력을 제거하도록 해야 한다.
③ 용접 구조물은 모두 하나로 되어 있으므로 균열이 발생하였을 때에는 균열이 퍼져나가 전체가

파괴될 위험이 있다. 그러므로 균열 전파의 방지를 위한 설계가 필요하다.

④ 용접공의 기술에 의하여 결합부의 강도가 좌우되므로 숙련된 기술이 필요하다.

⑤ 기공, 균열 등의 여러 가지 용접 결함이 발생하기 쉬우므로 이들의 검사를 철저히 해야 한다.

⑥ 용접부는 응력 집중에 민감하고 구조용 강재는 저온에서 취성파괴의 위험성이 발생하기 쉬우므로 각별히 주의해야 한다.

## ❷ 용접의 구분과 종류

## (1) 용접의 구분

### 가) 융접

① 아크용접

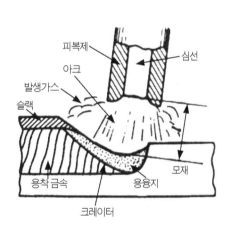

[그림53] 피복 금속 아크 용접

- 비소모 전극 : 비피복 아크용접 : 탄소 아크용접

  피복 아크용접 : 원자수소 용접, 불활성가스 텅스텐 아크용접(TIG)

- 소모 전극 : 비피복 아크용접 : 금속 아크용접, 스터드 용접

  피복 아크용접 : 피복금속 아크용접, 잠호 용접, 탄소가스 아크용접

  불활성가스 금속 아크 용접(MIG)

② 가스용접

③ 테르밋 용접

④ 일렉트로 슬래그 용접

⑤ 일렉트로 가스 용접

⑥ 전자 빔 용접

⑦ 플라즈마 용접

⑧ 레이저 용접

### 나) 압접

① 가열식

- 압접
- 단접
- 전기저항용접
  - 겹치기 : 점용접, 시임용접, 프로젝션 용접
  - 맞대기 : 업셋 용접, 플래시 용접, 퍼커션 용접

② 비가열식

- 확산 용접
- 초음파 용접
- 마찰 용접
- 폭압 용접
- 냉간 압접

**다) 납땜**

- 연납땜
- 경납땜

## (2) 용접의 종류

### 가) 아크용접

① **아크용접** : 전극의 종류에 따라 피복 아크 용접봉을 사용하는 용접으로 모재와 금속 전극과 사이에 아크를 발생시켜 강한 아크열에 의하여 용접봉과 모재를 용융시켜 용착 금속을 만들어 모재와 모재를 접합시키는 방법이다.

② **직류 용접기의 용접 방법**
- 정극성 : 모재쪽에 정극(+)을 연결한다.
- 역극성 : 모재쪽에 음극(−)을 연결한다.
※ 교류 용접기는 극성을 나누지 않는다.

③ **용접봉** : 피복제와 심선으로 구분된다.

□**용접봉의 종류**
• 철강용 용접봉 : 연강용 용접봉, 특수강용 용접봉, 주철용 용접봉
• 비철금속용 용접봉 : 동과 동합금용 용접봉, 니켈 합금용 용접봉, 알루미늄 합금 용접봉

---

[예]  E 4 3 A B
E : 전기용접봉, 43 : 용착금속의 최저 인장강도, A : 용접자세, B : 피복제의 종류

---

- 심선 : 용접봉을 선택할 때에는 심선의 성분을 알아야 한다. 모재와 동일한 재질을 선택하고 연강용 용접봉은 저탄소 림드강을 사용한다.
- 피복제의 역할 : 아크열에 분해되며 분해 시 발생한 가스는 용융금속을 덮어 용융금속의 산화와 질화가 발생하지 않도록 보호하는 작용을 한다.
  • 공기 중의 산소, 질소의 침입을 방지한다.
  • 용융금속에 대하여 탈산작용을 하며, 용착 금속의 기계적 성질을 좋게 한다.
  • 용융금속 중에 필요한 원소를 공급하여 기계적 성질을 좋게 한다.
  • 아크의 발생과 아크의 안정을 좋게 한다.
  • 슬랙을 만들어 용착 금속의 급냉을 방지한다.
  • 아크를 용접부에 집중시킨다.
- 용접의 자세
  • F : 아래보기          • V : 수직              • OH : 위 보기
  • H : 수평              • H-Fil : 수평 자세 필릿

④ **아크의 발생과 운봉법**

- **아크의 발생** : 용접봉의 끝을 모재에 가까이 한 후 아크가 발생하는 위치를 정한 뒤 빠르게 용접봉을 모재에서 접촉시켜 3~4mm 간격을 유지하면 아크가 발생한다.
- **운봉법**
- 직선 비드법 : 용접봉을 좌우로 움직이지 않고, 직선적으로 하는 용접
- 위빙 비드법 : 용접봉 끝을 좌우로 반달형으로 움직이면서 전진하는 용접
- 휘핑법 : 지그재그로 용접

## 나) 가스 용접

연료가스와 공기 또는 산소의 연소에서 발생하는 열을 이용하여 금속을 용융, 접합하는 방법을 가스용접이라고 한다. 사용하는 가스는 아세틸렌과 산소가 가장 많이 사용되므로 아세틸렌 가스 용접이라고도 한다.

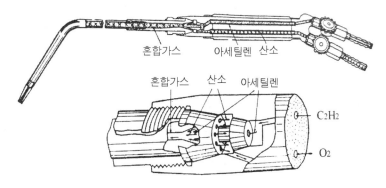

[그림54] 가스용접기의 토치(중압식 토치)

① **연료가스** : 아세틸렌가스, 수소, 도시가스, LPG, 천연가스, 메탄가스 등을 사용한다.
② **아세틸렌의 위험성** : 탄화수소 중에서 가장 불완전한 가스이므로 폭발에 주의해야 한다.
- 온도, 압력, 외력, 혼합가스, 화합물과 밸브사용에 주의해야 한다.
③ **용접 토치** : 산소와 아세틸렌을 혼합실에서 혼합하여 팁에서 분출 연소하여 용접을 하게 된다.
④ **팁** : 토치의 선단에 있는 부품이며, 팁의 번호는 연강판의 용접 가능한 두께로 표시한다.
⑤ **가스용접 중 발생하는 현상**
- 역류 : 안전기가 불안전하면 산소가 아세틸렌 발생기에 들어가 폭발을 일으키는 현상
- 역화 : 토치의 취급이 잘못될 때 순간적으로 불꽃이 토치의 팁 끝에서 큰소리로 "빵" 소리를 내면 불길이 기어들어갔다가 곧 정상이 되거나, 완전히 불길이 꺼지는 현상
- 인화 : 불꽃이 혼합실까지 밀려들어오는 것으로 이것이 다시 불완전한 안전기를 지나 발생기 에까지 들어오면서 폭발하는 현상
⑥ **불꽃의 조절** : 산소 아세틸렌 불꽃의 조절은 토치의 아세틸렌 콕을 약 $\frac{1}{4}$ 회전시키고 점화하여 콕을 전부 연 후에 산소 밸브를 조금 열면, 아세틸렌은 매연을 동반한 적황색 화염으로 연소한

다. 다음 토치의 산소 밸브를 서서히 열면 화염은 점차 청색으로 변화하여 탄화염이 되며, 중성염을 만들기 위해서는 탄화염에서 산소 밸브를 다시 열어주면 아세틸렌염은 차차 감소되어 백색초와 바깥 불꽃이 투명한 청색으로 변하며 중성염이 된다. 다시 산소밸브를 열어 주면 아세틸렌을 감소시키며 산화염이 되어 절단 또는 용접을 할 수 있는 상태가 된다.

### 다) 전기저항 용접

용접하려고 하는 재료를 서로 접촉시켜 놓고 전류를 통하면 전기 저항열로 접합면의 온도를 높여 가압하는 용접 방법

① **점용접(Spot welding)** : 2개 이상의 금속을 두 전극 사이에 끼워 놓고 전류를 통하면 접촉부는 요철 때문에 큰 저항 층이 발생하고, 전류에 의해 온도가 급격히 상승하여 금속을 녹인 후 가압하여 용접하는 방법이다.

   ※ **전기저항의 3대 요소** : 용접 전류, 통전 시간, 가압력

② **프로젝션 용접** : 점용접과 비슷한 방법으로 한쪽 또는 양쪽에 작은 돌기를 만들어 용접 전류를 집중시켜 압접하는 방법이다. 점용접과 달리 여러 점을 동시에 용접하기 때문에 효율이 좋고, 돌기부의 형상이 견고한 이음을 얻을 수 있다.

③ **심용접** : 전극 사이에 2장의 판을 끼워 가압 통전하고, 전극을 회전시켜 판을 이동시키면서 연속적으로 점용접을 반복하는 방법이다. 기밀을 필요로 하는 이음에 이용된다.

   ※ **전류 통전 방법 3가지** : 단속 통전법, 연속 통전법, 맥동 통전법

④ **업셋 용접(맞대기 용접)** : 모재를 서로 맞대어 가압하고 전류를 통하면 용접부는 먼저 접촉 저항에 의해 발열이 되며, 고유저항에 의해 온도가 높아져 용접부가 단접온도에 도달할 때 모재를 축방향으로 힘을 가해 가압하면 두 모재는 융합된다.

⑤ **플래시 용접** : 용접하고자 하는 모재를 서로 약간 띄어 고정대와 이동대의 전극을 각각 고정하고 전원을 연결하여 전극 사이에 전압을 가한 뒤 서서히 이동대를 전진시켜 모재에 가까이 한다. 소재면에 요철이 있어 모재가 닿아 요철 부분에 높은 집중 저항이 형성되면 접촉점에 대전류가 흘러 접촉 저항과 대전류 밀도에 의해 발열하여 용융되어 불꽃이 비산된다.

⑥ **퍼커션 용접** : 콘덴서에 미리 저축된 전기적 에너지를 금속의 접촉면에 흐르면 짧은 시간에 급속히 방전시켜 이때 발생하는 아크에 의해 접합부를 집중가열하고 방전하는 동안이나, 방전 직후에 충격적 압력을 가하여 접합하는 방법이다.

### 라) 특수용접

미세한 부분을 정밀하게 용접하기 위해서는 일반적인 용접 외에 전자빔, 플라즈마, 레이저 및 초음파 등을 이용하여 용접하는 방법이 특수용접이다. 조선, 차량 등 일정한 조건의 용접작업을 장시간 지속할 때 용접을 기계화하고 자동화할 때 특수용접이 유리하다.

① **불활성 가스 아크용접** : 토치에서 불활성 가스를 전극봉 지지기를 통해 용접부에 공급하면서 용접하는 방법으로 불활성 가스에는 아르곤이나 헬륨 등이 사용되며, 전극으로는 텅스텐 봉과 금속 봉을 사용한다.

- 비소모식(불용 전극) : 전극이 아크열에 의해 녹지 않는 방식
※ 비소모식은 텅스텐 전극봉을 사용하므로 불활성 가스 텅스텐 아크 용접 또는 TIG용접이라
　고도 한다.
- 소모식(가용 전극) : 전극이 아크열에 의해 녹는 방식
※ 소모식은 긴 심선 용가제를 전극으로 사용하므로 불활성 가스 금속 아크 용접 또는 MIG용
　접이라고 한다.

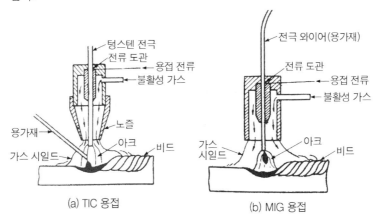

[그림55] TIG 용접과 MIG 용접

② **탄산가스 아크용접(CO₂ 용접)** : 불활성 가스
　아크 용접에서 사용되는 값 비싼 아르곤이나
　헬륨 대신 탄산가스를 사용하는 용접방법이
　다. 용접 와이어와 모재 사이에 아크를 발생
　시키고, 토치 선단의 노즐에서 순수한 탄산
　가스나, 이곳에 다른 가스(산소나 아르곤)를
　혼합한 가스를 공급해 아크와 용융금속을 대
　기로부터 보호한다.

③ **서브머지드 아크 용접** : 와이어 송급 롤러, 모
　터, 전압 제어 장치, 전류 접촉자를 일괄하여
　용접두 라하고 이것과 와이어 릴이 함께 1개
　의 주행 대차에 싣고 대차의 운동에 의해 일
　정한 속도로 움직이며, 와이어의 선단과 용
　제 공급관의 선단이 모재의 용접선에 평행하

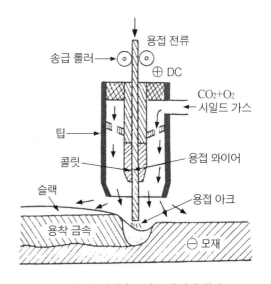

[그림56] 탄산가스 아크 용접의 원리

게 놓여진 가이드 레일이나 직접 강판 위에 이동하면서 비드를 만들어 간다. 와이어의 송급
속도는 아크 전압의 변화에 따라 작동되며 전압 제어 장치의 작용에 의하여 와이어 송급롤러의
회전 속도가 자동적으로 조정되어 일정한 와이어 송급 상태를 유지한다.

④ **원자 수소 용접** : 2개의 텅스텐 전극봉 사이에 아크를 발생시키면 아크의 고열을 흡수하여 수소는 열해리 되어 분자 상태의 수소가 원자 상태로 된다. 모재표면에서 냉각되어 원자 상태의 수소가 다시 결합하여 분자 상태로 될 때 방출되는 열을 이용하는 용접 방법이다.

⑤ **스터드 용접** : 지름이 5~16mm 정도의 강철 혹은 황동재의 스터드 볼트와 같은 짧은 봉을 평판위에 수직으로 용접하는 방법이다. 용접건, 스터드 용접 헤드, 제어장치, 스터드, 페롤, 용제 등으로 구성되어 있다.

⑥ **일렉트로 슬랙 용접** : 아크열이 아닌 와이어와 용융 슬랙 사이에 통전된 전류의 전기 저항열을 주로 이용하여 모재와 전극 와이어를 용융시키면서 미끄럼판을 서서히 위쪽으로 이동시켜 연속 주조 방식에 의해 단층 상진 용법을 사용한다.

⑦ **일렉트로 가스 아크 용접** : 일렉트로 슬랙 용접이 용제를 써서 용융 슬랙 속에서 전기의 저항열을 이용하고 있는데, 일렉트로 가스 아크 용접은 실드 가스로서 주로 탄산가스를 사용하여 용융부를 보호하고, 탄산가스 속에 아크를 발생시켜 아크열로 모재를 용융시켜 용접하는 방법이다.

⑧ **테르밋 용접** : 미리 준비된 용접 이음에 적당한 간격을 만들고 그 주위에 주형을 짜서 예열구에서 나오는 불꽃에 의해 모재를 적당한 온도까지 가열한 후 도가니 안에 테르밋 반응을 일으켜 용해된 용융 금속 및 슬랙을 도가니 밑에 있는 구멍으로 유입시켜 이음하고, 주위에 만든 주형 속에 주입하여 홈 용접 간격 부분을 용착시키는 방법이다.

⑨ **전자 빔 용접** : 고진공 속에서 적열된 필라멘트에서 전자빔을 접합부에 가까이 쪼여, 그 충격열을 이용하여 용융 용접하는 방법

⑩ **플라즈마 용접** : 플라즈마는 고도로 전리된 가스체의 아크로서, 이것을 이용한 용접으로는 플라즈마 제트 용접과 플라즈마 아크용접법이 있다.

⑪ **레이저 용접** : 분자 안에 있는 전자 또는 분자 자체의 들뜬 상태 입자들을 모이게 한 후 동시에 낮은 상태로 전이시킴으로써 보강 간섭을 이용하여 빛을 증폭하는 것을 레이저라고 한다. 증폭된 적색 광선속은 엷은 쪽으로 튀어나오게 되며, 이 레이저의 효율을 높이기 위해 액화된 아르곤, 질소, 헬륨으로 냉각하여 사용하는 용접으로 1펄스당 출력은 최대 1,500J, 레이저 온도는 40,000℃가 된다.

⑫ **고주파 용접** : 고주파 전류의 표피효과와 근접효과를 이용하여 금속을 가열하여 압접하는 방법으로 유도 가열 용접과 직접 통전 가열 용접이 있다.

⑬ **초음파 용접** : 접합하고자 하는 소재에 초음파(18kHz 이상) 횡진동을 주어 그 진동 에너지에 의해 접촉부의 원자로 서로 확산되어 접합하는 방법이다.

⑭ **마찰 용접** : 접촉면의 고속 회전에 의한 마찰열을 이용하여 압접하는 방법 이다.

⑮ **폭발 용접** : 2장의 금속판을 화약의 폭발에 의해 발생하는 순간적 큰 압력을 이용하여 금속을 압접하는 방법이다.

### 마) 납땜

접합하려고 하는 같은 재료 혹은 다른 재료의 금속을 용융시키지 않고 금속 사이에 융점이 낮은 별개의 금속인 땜납을 용융 첨가하며 접합하는 방법이다.

[그림57] 연납땜과 경납땜

① **연납땜** : 융점이 450℃이하일 때
  - 땜이 가능한 금속 : 철, 니켈, 구리, 아연 주석 등
② **경납땜** : 융점이 450℃이상일 때
  - 은납 : 은, 구리, 아연을 주성분으로 한 합금이며, 융점이 낮고 유동성이 좋다. 인장 강도, 전연성 등의 성질이 우수하고 은백색을 띠기 때문에 아름다우며, 철강, 스테인리스 강, 구리, 합금 등의 납땜에 널리 사용된다.
  - 동납 : 구리 86.5% 이상의 납을 말한다. 동납은 철강, 니켈, 구리-니켈 합금의 납땜에 사용된다.
  - 황동납 : 구리와 아연을 주성분으로 한 합금으로 60% 부근까지의 여러 가지가 있으며, 아연의 증가에 따라 인장 강도가 증가 된다.
  - 인동납 : 구리를 주성분으로 하고 여기에 소량의 은, 인을 포함한 납재이다. 유동성이 좋고 전기나 열의 전도성, 내식성 등이 우수하나 황을 함유한 고온 가스 중에서의 사용은 좋지 않다.
  - 알루미늄 납 : 알루미늄을 주성분으로 하여 이것을 규소, 구리 등을 첨가한 것으로 용융점이 600℃ 전후가 되어 모재의 융점에 가깝기 때문에 작업성이 나쁘다.

### 바) 용접 결함 및 검사

용접열에 의한 모재의 변질, 변형과 수축, 잔류 응력의 발생, 조직의 변화 등의 결함이 발생한다.

① **결함의 종류**
  - 치수상의 결함 : 변형과 잔류응력의 양은 용접부의 열량에 비례하게 열변형이 나타난다.
  - 구조상의 결함 : 용접물의 안전성을 저해하는 중요한 인자로 금속의 균열과 모재의 균열이 있다.
  - 성질상의 결함 : 용접 구조물은 사용 목적에 따라 기계적, 물리적, 화학적인 성질에 대해

정해진 요구조건이 있는데 이것을 만족하지 못하는 결함

② **용접부 시험 및 검사 :** 안정성과 신뢰성을 조사하는 방법이다. 작업검사, 완성검사로 나눌 수 있다.

- **작업검사 :** 용접 전이나 용접 도중, 용접 후 이루어지는 검사로 용접공의 기능, 용접 재료, 용접 설비, 용접 시공 상황, 용접 후 열처리 등의 적합여부를 검사하는 것이다.
- **완성검사 :** 용접 후 용접 제품이 요구하는 조건의 만족 여부를 검사한다.
- 파괴 시험 : 피검사부를 절단, 굽힘, 인장 혹은 소성을 주어 시험하는 방법
- 비파괴 시험 : 모재를 파괴하지 않고 검사하는 방법

※ **비파괴 시험의 종류 :** 외관 검사, 누출 검사, 침투 검사, 초음파 검사, 자기 검사, 와류검사, 방사선 투과검사 등이 있다.

③ **기계적 시험**

- **인장 시험 :** 판, 관, 봉의 시험편을 인장 시험기로 인장, 연성 등을 측정하는 방법
- **굽힘 시험 :** 연성과 안전성을 조사하기 위한 시험법으로 자유굽힘, 롤러 굽힘, 형틀굽힘 등이 있다.
- **경도 시험 :** 브리넬 경도, 로크웰 경도, 비커스 경도 시험기는 압입 자국으로 경도를 표시하는 방법이다.
- **충격 시험 :** 충격에 의해 재료가 파괴될 때 재료의 성질인 인성과 취성을 시험하는 것이다.
- **피로 시험 :** 재료의 피로한도 혹은 내구 한도로 시험하며, 시간 강도를 구하는 방법이다.

④ **화학적 및 야금학적 시험**

- **화학적 시험법 :** 화학 분석시험, 부식시험, 수소 시험
- **야금학적 시험법 :** 파면 시험, 육안 조직 시험, 현미경 조직 검사, 설퍼 프린터 시험

**01** 공작물의 표면을 극히 소량씩 깎아내어 정확한 평면으로 다듬는 작업을 무엇이라 하는가?

① 스크레이퍼 작업  ② 핸드 탭 작업
③ 핸드 리머 작업  ④ 다이스 작업

**02** 다음 중 수작업용 공구가 아닌 것은?

① V-블록  ② 선반
③ 트로멜  ④ 정반

해설 선반은 절삭하는 전동 기계이다.

**03** 정반 위에 올려 놓고 정반 면을 기준으로 하여 높이를 측정하거나 스크레이퍼 끝으로 금 긋기 작업을 하는데 사용하는 측정기는?

① 마이크로미터
② 버니어 캘리퍼스
③ 하이트 게이지
④ 컴비네이션 세트

**04** 수나사를 가공하는데 사용되는 수공구는?

① 다이스(dies)  ② 리머(reamer)
③ 치즐(chisel)  ④ 탭(tap)

**05** 디젤 기관의 실린더 헤드 볼트를 조일 때, 마지막에 사용하는 공구로 가장 적합한 것은?

① 플러그 렌치  ② 스피드 렌치
③ 토크 렌치  ④ 롱 소켓 렌치

해설 실린더 헤드 볼트를 조일 때 마지막으로 토크 렌치를 사용하여 적정 토크만큼 조여야 한다.

**06** 볼트를 처음에 풀거나 마지막 조이기에 가장 적당한 공구는?

① 복스렌치  ② 오픈엔드렌치
③ 파이프렌치  ④ 플라이어

**07** 다음 중 수공구 안전사고 원인에 해당되지 않는 것은?

① 사용법이 미숙하고 사용 규정이 되어 있지 않을 때
② 수공구의 성능을 잘 알고 선택하여 사용하였을 때
③ 힘에 맞지 않는 공구를 사용하였을 때
④ 점검 및 정비와 수입이 되어 있지 않은 공구를 사용하였을 때

**08** 연속 작업 시의 유의점이다. 옳지 않은 것은?

① 동작의 수는 가능하면 적게 한다.
② 동작의 순서는 바르게 하며 동작마다에 알맞은 리듬을 준다.
③ 긴장을 어느 한곳에만 집중적으로 모으고 작업을 한다.
④ 손, 발은 유효한 범위 내에서만 움직인다.

정답 ··· 01.① 02.② 03.③ 04.① 05.③ 06.① 07.② 08.③

**09** 정 작업시의 안전수칙에 어긋나는 것은?

① 정작업 시 보호 안경을 사용할 것

② 작업을 시작할 때와 끝날 때 강하게 때릴 것

③ 열처리한 재료는 정으로 때리지 말 것

④ 정머리 부분의 기름을 깨끗이 닦아서 사용할 것

**10** 일반 수공구의 수리 방법 중 안전 작업에 위배되는 것은?

① 끝이 무디어진 드라이버는 줄로 모양을 바로 잡아서 사용한다.

② 정의 날끝이 무디어진 것은 그라인더로 모양을 바로 잡아서 사용한다.

③ 줄의 나무 손잡이는 끼우기 전 하루정도 물에 불려 끼운다.

④ 휘어진 디크니스 게이지는 사용할 수 없으므로 새것으로 교환한다.

**11** 물건을 손으로 취급할 때 옳은 태도가 아닌 것은?

① 몸을 아끼지 않고 물건을 빨리 다룬다.

② 한발은 움직이려고 하는 방향으로 내민다.

③ 등을 곧게 유지한다.

④ 최소의 노력으로 최대의 안전을 도모해서 가장 큰 효과를 얻는다.

**12** 보안경을 착용해야 할 작업으로 다음 중 가장 적당한 것은?

① 기화기를 차에서 뗄 때

② 변속기를 차에서 뗄 때

③ 장마철 노상운전을 할 때

④ 배전기를 차에서 뗄 때

**13** 다음은 차광안경의 구비조건이다. 틀린 것은?

① 사용자에게 상처를 줄 예각과 요철이 없을 것

② 착용 시 심한 불쾌감을 주지 않을 것

③ 취급이 간편하고 쉽게 파손되지 않을 것

④ 차광안경의 재료는 투명유리를 사용할 것

**14** 다음 중 귀마개를 착용하지 않았을 때 청력장해가 일어날 수 있는 작업은?

① 단조작업　　　② 압연작업

③ 전단작업　　　④ 주조작업

**15** 해머 작업 시 주의사항 중 틀린 것은?

① 자기 몸무게에 비례해서 사용한다.

② 크기에 관계없이 처음부터 세게 친다.

③ 주위를 살핀다.

④ 호흡을 맞춘다.

**16** 다음은 보호구의 보관방법이다. 틀린 것은?

① 땀 등을 오염된 경우 세탁하고 건조시킨 후 보관한다.

② 되도록 습기가 있고 통풍이 안되는 곳에 보관한다.

③ 방열체가 주변에 없어야 한다.

④ 모래, 진흙 등이 묻는 경우는 세척하고 그늘에서 말린다.

**17** 농업기계 공구사용 시 주의사항으로 틀린 것은?

① 항상 손질하여 사용할 것
② 맞는 연장을 사용할 것
③ 뾰족한 연장을 포켓에 넣지 말 것
④ 자를 때는 방향을 생각하지 않고 작업을 할 것

**18** 다음은 스패너 작업이다. 바르지 못한 것은?

① 스패너를 해머 대용으로 사용한다.
② 스패너는 볼트나 너트의 크기에 맞는 것을 사용해야 한다.
③ 스패너 입이 변형된 것은 사용하지 않는다.
④ 스패너에 파이프를 끼워서 사용해서는 안된다.

**19** 수공구 사용 시 주의 사항으로 옳지 않은 것은?

① 해머의 타격면이 닳아서 경사진 것은 사용하지 말 것
② 모든 줄은 자루를 단단히 끼우고 사용할 것
③ 해머 작업은 처음엔 강하게 차차 서서히 휘두를 것
④ 스패너는 너트에 잘 맞는 것을 사용할 것

**20** 그라인더작업에서 안전수칙으로 바르지 못한 것은?

① 숫돌바퀴의 균열상태를 확인한다.
② 공구 연삭 시에 받침대와 숫돌의 틈새는 3mm 이하로 한다.
③ 작업할 때 커버를 끼운다.
④ 설치 후 1분 정도 공회전 시켜 이상 유무를 확인한 다음 사용한다.

**21** 보호구의 구비조건과 거리가 먼 것은?

① 겉모양과 표면이 섬세하며 외관이 좋을 것
② 보호구의 원재료 품질이 양호할 것
③ 유해 위험 요소에 대한 방호 성능이 충분할 것
④ 보호구는 착용이 복잡할 것

**22** 정작업 안전사항으로 틀린 것은?

① 정의 머리 부분에 기름이 묻지 않도록 한다.
② 정 잡은 손의 힘을 뺀다.
③ 쪼아내기 작업은 방진안경을 착용한다.
④ 열처리한 재료는 반드시 정으로 작업한다.

**23** 산소마스크를 착용해야하는 공기 중 산소농도로 맞는 것은?

① 산소농도가 22% 이상일 때
② 산소농도가 20% 이상일 때
③ 산소농도가 16% 이하일 때
④ 산소농도가 20% 이하일 때

**정답** ··· 17.④  18.①  19.③  20.④  21.④  22.④  23.③

**24** 실린더 헤드 볼트를 조일 때 마지막으로 사용하는 공구는?

① 토크렌치
② 소켓렌치
③ 오픈엔드렌치(스패너)
④ 조정렌치(몽키 스패너)

**25** 스패너나 렌치작업으로 올바르지 못한 것은?

① 스패너 사용은 앞으로 당겨 사용한다.
② 큰 힘이 요구될 때 렌치자루에 파이프를 끼워 사용한다.
③ 파이프 렌치는 둥근 물체에 사용한다.
④ 너트에 꼭 맞는 것을 사용한다.

**26** 수공구의 사용 전 안전취급에 관한 사항에 해당하지 않는 것은?

① 해당 작업에 적합한 공구인가?
② 결함이 없는 공구인가?
③ 기름이 묻어 있지 않는 공구인가?
④ 땅바닥에 보관한 공구인가?

**27** 작업장의 안전사항 중 잘못된 것은?

① 작업장 주위 안전사항은 항상 확인하여야 한다.
② 작업장의 제반 규칙을 준수한다.
③ 공구 및 장구의 정돈을 필요 시에만 한다.
④ 인화물은 격리시켜 사용한다.

**28** 수공구 사용 시에 적당하지 않은 것은?

① 좋은 공구를 사용할 것
② 해머의 쐐기 유무를 확인할 것

③ 해머의 사용면이 넓어진 것을 사용할 것
④ 스패너는 너트에 잘 맞는 것을 사용할 것

**29** 다음 공구 중에서 일반 공구와 분리해서 보관하는 것은?

① 구리망치
② 센터펀치
③ 바이스 플라이어
④ 강철자

**30** 측정 기구를 이용하여 어떤 물체를 측정하고자 한다. 측정 시 대기 온도가 가장 적합한 것은?

① 0℃          ② 15℃
③ 20℃         ④ 30℃

**해설** 측정 시 대기온도가 20℃일 때가 가장 적합한 온도이다.

**31** 다음 중 오차에 대한 설명으로 옳은 것은?

① 오차 = 측정치 - 표준값(참값)
② 오차 = 최대 측정값 - 최소 측정값
③ 오차 = 최대 측정값 - 표준값(참값)
④ 오차 = 최소측정값 - 표준값(참값)

**32** 다음은 정에 대한 설명이다. 옳은 것은?

① 주강을 재료로 만들었다.
② 정은 담금질을 하여 만들어야 한다.
③ 정의 날은 주철을 55~60°로 깎아 만든다.
④ 정의 날은 강한 재료를 깎을수록 각을 작게 해야 한다.

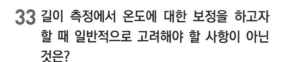

**33** 길이 측정에서 온도에 대한 보정을 하고자 할 때 일반적으로 고려해야 할 사항이 아닌 것은?

① 측정기의 열팽창계수
② 측정시의 온도
③ 측정물의 열팽창계수
④ 측정시의 습도

해설 길이를 측정하는 측정기와 측정물은 주변 환경 중 온도에 가장 민감하게 반응하기 때문에 측정기와 측정물의 열팽창계수와 측정 시 온도를 고려해야한다.

**34** 마이크로미터의 스핀들 피치를 0.5mm로 하고 딤블의 원주를 50등분하면 딤블 원주의 1눈금은 몇 mm인가?

① 0.1　　② 0.05
③ 0.01　　④ 0.005

해설 딤블의 한 바퀴를 50등분 하였고, 한 바퀴 회전 시 0.5mm이동하므로 0.5mm를 $\frac{1}{50}$ 을 계산하면 0.01mm가 된다.

**35** 다음 중 손작업으로 금긋기를 하려고 할 때 필요하지 않은 공구는?

① 콤파스
② 직각자
③ 캘리퍼스
④ 스크레이퍼

해설 스크레이퍼는 깎을 때 사용하는 공구이다.

**36** 버니어캘리퍼스로 측정할 수 없는 것은?

① 내경　　② 외경
③ 깊이　　④ 축의 휨

**37** 버니어캘리퍼스의 부척의 눈금은 본척의 (n-1)개의 눈금을 n등분한 것으로 본척의 1눈금을 A, 부척의 1눈금을 B라고 하면 눈금의 차 C는 어떻게 되는가?

① $C=nA$　　② $C=\frac{A}{n}$
③ $C=\frac{nA}{n-1}$　　④ $C=\frac{n-1}{nA}$

**38** 마이크로미터로 측정할 때 일정한 힘 이상이 작용하면 공회전 하도록 하는 부속품은?

① 딤블　　② 스핀들
③ 래칫 스톱　　④ 엔빌

**39** 다음 측정기 중 비교 측정기인 것은?

① 눈금자
② 다이얼 게이지
③ 마이크로미터
④ 버니어캘리퍼스

**40** 연속된 변위량 측정이 가능한 비교 측정기인 것은?

① 게이지 블록　　② 다이얼게이지
③ 한계 게이지　　④ 버니어캘리퍼스

**41** 다이얼 게이지 사용 중 가장 적합한 것은?

① 스핀들이 움직이지 않으면 약한 충격을 가한다.
② 지지대가 없어도 측정이 가능하다.
③ 가끔 분해해서 청소한다.
④ 반드시 정해진 지지대에 설치한다.

**42** 다이얼 게이지 측정 시 주의사항 중 틀린 것은?

① 게이지를 바닥에 떨어뜨리지 않도록 주의한다.

② 게이지가 마그네틱 스탠드에 잘 고정되어 있는지 점검한다.

③ 항상 부지런해야 하며 빨리 측정하기 위하여 뛰어 다닌다.

④ 게이지를 사용하기 전에 지시안전도 검사를 확인한다.

**43** 다이얼 게이지로 측정할 수 없는 것은?

① 공작물의 평면도

② 편심도

③ 공작물의 고저 차이

④ 환봉의 외경

해설 환봉이 외경은 버니어 캘리퍼스 또는 마이크로 미터로 측정한다.

**44** 다음 정밀입자 가공법 중 블록게이지의 최종 다듬질 가공에 가장 적합한 것은?

① 래핑            ② 액체 호닝

③ 숏피닝          ④ 슈퍼피니싱

**45** 점화 플러그 및 단속기의 간격을 측정하고자 한다. 이 때 사용되는 공구로 다음 중 가장 적합한 것은 ?

① 마이크로 미터(micro meter)

② 버니어 캘리퍼스(vernier calipers)

③ 피치 게이지(pitch gauge)

④ 시크니스 게이지(thickness gauge)

해설 •마이크로 미터 : 나사가 1회전함에 따라 1피치만큼 전진하여 측정물의 외경을 측정할 수 있는 측정기

•버니어캘리퍼스 : 본척과 부척을 이용하여 0.02mm까지 측정할 수 있는 측정기

•피치 게이지 : 나사의 피치를 측정할 수 있는 측정기

**46** 게이지블록 등을 가공하는 래핑작업의 장점이 아닌 것은?

① 가공면에 랩제가 잔류하기 쉽고 제품을 사용할 때 마멸을 촉진시킨다.

② 정밀도가 높은 제품을 얻을 수 있다.

③ 가공면이 매끈한 거울면을 얻을 수 있다.

④ 가공된 면은 내식성, 내마모성이 좋다.

**47** 선재의 지름이나 판재의 두께를 측정할 때 가장 적합한 게이지는?

① 드릴 게이지

② 피치게이지

③ 틈새게이지

④ 와이어 게이지

**48** 통과축과 정지축이 있는 축용 한계게이지는?

① 봉 게이지        ② 링 게이지

③ 플러그 게이지    ④ 피치 게이지

**49** 피스톤링 엔드 갭 측정을 하는 공구는?

① 내경 마이크로미터

② 시크니스 게이지

③ 외경 마이크로미터

④ 다이얼게이지

**50** 높이를 측정하기 위한 게이지는?

① 하이트 게이지
② 블록 게이지
③ 다이얼 게이지
④ 스트레인 게이지

해설 하이트 게이지 : 공작물의 높이를 측정하기 위한 측정기로 높이 게이지라고도 한다.

**51** 한쪽은 통과하고 다른 한쪽은 통과하지 않도록 하여 제품의 허용치수를 검사하는 측정기구는?

① 한계 게이지
② 버니어캘리퍼스
③ 마이크로미터
④ 다이얼 게이지

**52** 구조물상에서 금속의 미소변형을 측정하기 위해 전기저항 변화를 이용하는 게이지는?

① 전기 마이크로미터
② 스트레인 게이지
③ 옵티컬 컴퍼레이터
④ 스냅게이지

해설 ① 전기 마이크로미터 : 측정자의 기계적 변위를 전기량으로 변화하여 지시계에 나타내는 정밀 측정기
② 옵티컬 컴퍼레이터 : 광학을 이용하여 부품의 치수와 형상이 규정된 한계에 대해 측정하는 측정기
③ 스냅게이지 : 형상 또는 치수를 검사하기 위한 측정기

**53** 다음 중 금긋기 작업에 필요 없는 공구는 ?

① 서어피스 게이지
② 하이트 게이지
③ 평면대 및 앵글 플레이트
④ 스크레이퍼

해설 서어피스 게이지와 하이트 게이지는 금을 긋는 공구이며, 정밀한 금긋기를 위해서는 평면대 및 앵글 플레이트, 정반이 필요하다.

**54** 구멍용 한계 게이지의 종류가 아닌 것은?

① 링 게이지(ring gauge)
② 봉게이지(bar gauge)
③ 테이퍼 게이지(taper gauge)
④ 평 플러그 게이지(flat plug gauge)

**55** 나사의 유효지름을 측정할 수 없는 것은?

① 삼침법
② 나사 마이크로미터
③ 옵티미터
④ 표준 나사 게이지

해설 옵티미터는 경사도를 측정하기 위한 측정 장치이다.

**56** 나사가 박혀진 상태에서 머리 부분이 부러졌을 경우 뺄 때 사용 공구로 가장 적합한 것은?

① 니퍼          ② 액스트렉터
③ 탭 렌치       ④ 바이스 플라이어

해설 • 니퍼 : 철근 또는 전선을 절단할 때 사용하는 공구
• 탭 렌치 : 나사산을 만들기 위해 탭과 연결하여 사용하는 연결 공구
• 바이스 플라이어 : 공작물을 잡고 돌리거나, 풀기 위해 사용하는 공구

정답 ··· 50.① 51.① 52.② 53.④ 54.① 55.③ 56.②

**57** 삼침법이란 나사의 무엇을 측정하는 방법인가?

① 피치  ② 유효지름
③ 골지름  ④ 바깥지름

**해설** 삼침법은 나사골에 3개의 침을 끼우고 침의 외측 거리, 외측 마이크로미터, 측정기 등으로 측정하여 수나사의 유효지름을 계산하는 방법이다.

**58** 표준 마이크로미터의 나사피치가 0.5mm이고, 딤블의 원주 눈금을 50등분 했을 때 몇 mm까지 측정할 수 있는가?

① 0.01  ② 0.02
③ 0.05  ④ 0.1

**해설** 딤블의 한 바퀴를 50등분 하였고, 한 바퀴 회전 시 0.5mm이동하므로 0.5mm를 $\frac{1}{50}$ 을 계산하면 0.01mm가 된다.

**59** 나사의 원리를 이용한 정밀 측정기는 무엇인가?

① 버니어캘리퍼스
② 다이얼 게이지
③ 하이트 게이지
④ 마이크로 미터

**60** 300mm의 사인바를 사용하여 피측정물의 경사면과 사인바의 측정면이 일치하였을 때 블록 게이지의 높이가 63mm이었다. 각도는 몇 도인가?

① 45  ② 30
③ 21  ④ 12

**61** 나사의 유효지름을 가장 정밀하게 측정하는 방법은?

① 마이크로미터에 의한 측정
② 삼침법
③ 광학적 방법
④ 피치 게이지

**62** 전동공구, 공기공구 작업 시 주의사항이 아닌 것은?

① 전동공구는 반드시 접지를 해야 한다.
② 공기밸브는 매우 빠르게 열도록 한다.
③ 압축탱크는 정기적으로 반드시 물을 빼도록 한다.
④ 전동공구와 공기공구는 정기점검을 반드시 실시한다.

**63** 칩이 절삭공구의 경사면 위를 미끄러질 때 마찰력에 의해 공구윗면에 오목하게 파지는 공구인선의 마모를 무엇이라고 하는가?

① 치핑(chipping)
② 플랭크 마모(flank wear)
③ 구성인선(built-up edge)
④ 크레이터 마모(crater wear)

**해설** • 치핑 : 금속의 표면을 깎아서 불필요한 부분을 제거하는 작업
• 플랭크 마모 : 공구 여유면과 새롭게 생성된 절삭가공 표면 사이의 마찰 작용에 의해 발생하는 마모
• 구성인선 : 연성이 큰 연강, 스테인리스 강, 알루미늄 등과 같은 재료를 절삭할 때 절삭 인선에 작용하는 압력, 마찰 저항 및 절삭열에 의해 칩의 일부가 공구 선단에 부착되는 현상으로 발생, 성장, 분열, 탈락의 과정을 반복한다.

**64** 절삭 저항에서 3분력에 속하지 않는 것은?

① 주분력　　　② 이송분력

③ 배분력　　　④ 상대분력

해설 3분력은 주분력, 이송분력, 배분력이다.

**65** 절삭가공 중 칩이 발생한다. 칩의 종류에 해당하지 않는 것은?

① 유동형 칩

② 절단형 칩

③ 전단형 칩

④ 열단형칩

해설 칩의 기본형태에는 유동형 칩, 전단형 칩, 열단형 칩, 균열형 칩이 있다.

**66** 다음 중 구성인선의 영향이 아닌 것은?

① 가공물의 다듬면이 불량하게 된다.

② 발생, 성장, 분열, 탈락이 반복되어 절삭저항이 변화되므로 진동이 발생한다.

③ 공구의 수명이 짧아진다.

④ 결손이나 미소파괴가 일어나기 쉽다.

해설 구성인선에 의해 공구의 날끝이 보호되므로 수명이 연장되는 잇점이 있다.

**67** 구성인선의 예방법이 아닌 것은?

① 절삭 깊이를 많게 한다.

② 경사각을 크게 한다.

③ 공구의 인선을 예리하게 한다.

④ 절삭속도를 빠르게 한다.

해설 구성인선의 예방법

① 절삭깊이를 적게 할 것

② 경사각을 크게 할 것

③ 공구의 인선을 예리하게 할 것

④ 절삭속도를 빠르게 할 것

⑤ 칩과 바이트 사이의 윤활을 완전하게 할 것

**68** 구성인선의 발단단계로 옳은 것은?

① 발생 → 분열 → 탈락 → 성장

② 발생 → 성장 → 탈락 → 분열

③ 발생 → 분열 → 성장 → 탈락

④ 발생 → 성장 → 분열 → 탈락

**69** 절삭 저항의 3분력에 해당하지 않는 것은?

① 주분력

② 이송분력

③ 배분력

④ 종분력

해설 절삭 저항의 3분력은 주분력, 이송방향에 평행한 이송분력, 수직 방향의 배분력이 있다.

**70** 절삭력에는 주분력, 이송분력, 배분력이 있는데 힘의 크기의 순서로 옳은 것은?

① 주분력 〉이송분력 〉배분력

② 이송분력 〉주분력 〉배분력

③ 배분력 〉이송분력 〉주분력

④ 주분력 〉배분력 〉이송분력

**71** 선반의 절삭 속도를 구하기 위한 수식으로 맞는 것은?(D=일감의 지름(mm), V=절삭속도(m/분), N=1분당 회전수(rpm))

① $V = \pi D N$

② $V = \dfrac{\pi D N}{1000}$

③ $V = \dfrac{\pi D}{1000 N}$

④ $V = \dfrac{\pi N}{1000 D}$

**72** 구성인성(built-up edge)에 대한 설명 중 잘못된 것은?

① 발생→ 성장 → 최대성장 → 분열 → 탈락 과정을 반복한다.
② 경사각을 작게 하면 줄일 수 있다.
③ 절삭 깊이를 작게 하면 줄일 수 있다.
④ 절삭 속도를 크게 하면 줄일 수 있다.

**73** 다음 중 치핑에 의한 공구 마모를 감소시키려면 어떻게 해야 하는가?

① 경사각을 크게 한다.
② 절삭 깊이를 적게 한다.
③ 절삭 속도를 빠르게 한다.
④ 유동형 칩이 되게 절삭속도를 결정한다.

> **해설** 바이트 공구 마모를 감소시키는 방법 3가지
> ① **치핑** : 절삭날의 일부분이 파괴되어 무딘 날이 되는 것으로 낮은 절삭 속도에서 치핑이 잘 일어나며, 절삭 속도가 빠르면 감소된다. 절삭 시작 시 많이 발생한다.
> ② **브레이킹** : 날끝이 크게 깨지는 것으로 흑피 절삭이나 단속 절삭에서 생기기 쉽다.
> ③ **균열** : 납땜 방법이나 연마 방법의 불량이 주 원인이 된다.

**74** 다음 비수용성 절삭유의 종류에 해당하지 않는 것은?

① 광물유          ② 혼성유
③ 혼합유          ④ 극압유

**75** 절삭가공에서 절삭유의 역할이 아닌 것은?

① 공구 경사면과 마찰을 감소시켜 발열에 의한 공구 마모와 구성인성의 생성을 방지한다.
② 공구와 공작물을 냉각하여 절삭점의 온도

를 저하시켜 공구의 수명을 연장하고 열팽창에 의해 정밀도가 떨어지도록 한다.
③ 절삭구역 내의 절삭칩을 씻어 내려 공구와 공작물 표면 사이에 칩이 끼어 절삭면이 손상되는 것을 막는다.
④ 절삭 가공된 면이 산화되는 것을 방지한다.

> **해설** 공구와 공작물을 냉각하여 절삭점의 온도를 저하시켜 공구의 수명을 연장하고 열팽창에 의해 정밀도가 떨어지는 것을 방지한다.

**76** 공구의 수명식(Taylor의 식)을 나타내는 $VT^n = C$ 식의 설명으로 틀린 것은?

① V는 절삭속도(m/min)이다.
② T는 공구의 수명으로 단위는 초(sec)이다.
③ n은 상수이며, 주로 1/10~1/5이 사용된다.
④ C는 상수이며, 공구, 공작물, 절삭조건에 따라 변하는 값이다.

**77** 바이트의 공구각 중 바이트와 공작물과의 접촉을 방지하기 위한 방안은?

① 경사각          ② 절삭각
③ 여유각          ④ 날끝각

**78** 다음 중 공구의 작용에 의한 마모 종류가 아닌 것은?

① 응착 마모          ② 연삭 마모
③ 확산 마모          ④ 크레이터 마모

> **해설** • 공구의 작용에 의한 마모 : 응착 마모, 연삭 마모, 확산 마모
> • 공구의 마모 형태 : 크레이터 마모, 플랭크 마모, 경계 마모

**79** 공구수명을 결정하기 위한 방법 중 테일러의 법칙을 활용하는데 수명을 결정하는 요인이 아닌 것은?

① 절삭 깊이
② 절삭 속도
③ 공작물과 공구의 재질 등에 따른 지수
④ 공구수명이 1분일 때의 절삭속도

**해설** 테일러의 **공구 수명식** $VT^n = C$
V : 절삭 속도(m/min)
T : 공구 수명(min)
n : 공작물과 공구의 재질 등에 따른 지수
C : 공작물과 공구의 재질, 절삭 깊이, 이송 및 절삭 유 등에 따른 정수로서 공구 수명이 1분일 때의 절삭 속도를 의미함

**80** 절삭 공구의 구비조건에 해당되지 않는 것은?

① 절삭 공구는 피삭재보다 훨씬 높은 경도가 요구된다.
② 공구의 빠른 마모는 공구 수명 단축, 치수 정밀도 저하 및 가공 표면의 손상 증대 등을 초래하기 때문에 내마모성이 커야 한다.
③ 절삭작용이 일어나는 동안의 높은 절삭온도 조건에 만족되어야 한다.
④ 공구에 작용하는 준정적하중이나 충격하중이 한계값에 도달하면 파괴로 이어지므로 높은 취성이 요구된다.

**해설** 공구에 작용하는 준정격하중이나 충격하중이 한계값에 도달하면 파괴로 이어지므로 높은 인성이 요구된다.

**81** 다음 설명에 해당되는 공구강은 무엇인가?

> 가. 0.8~1.5%의 탄소량에 약간의 Cr, W, V 등을 첨가한 강이다.
> 나. 절삭 성능이 좋으며 저속절삭용 및 총 형공구용으로 사용된다.

① 탄소공구강
② 합금공구강
③ 고속도강
④ 초경합금

**82** 풀리나 기어와 같이 중앙에 구멍이 있어 센터로 지지하여 가공할 수 없을 때 사용되는 선반의 부속장치로 가장 적합한 것은?

① 면판　　　　　② 돌리게
③ 척　　　　　　④ 맨드릴

**해설** • **면판** : 공작물의 형상이 불규칙하여 척을 이용할 수 없는 경우에 척 대신 면판을 사용한다.
• **돌리게** : 공작물을 양센터에 걸고 공작물을 주축과 함께 회전시키는 부속품
• **척** : 회전하는 바이스의 일종으로 주축에 설치하여 공작물을 고정하는데 사용하는 부품
• **심봉** : 공작물의 중앙에 구멍이 있어 센터로 직접 지지할 수 없을 때 끼우고 지지하여 사용하는 부품
• **방진구** : 지름이 작고 긴 공작물을 가공할 때 공구의 절삭력에 의해 공작물이 휘어져 일정한 지름의 가공을 할 수 없을 때 사용하며, 공작물이 휘어짐을 방지하고, 진동을 감소시키는 부품

**83** 절삭 가공 중 바이트 날 끝에 나타나는 구성 인선(built-up edge)의 주기를 가장 올바르게 나타낸 것은?

① 발생 → 성장 → 분열 → 탈락
② 발생 → 분열 → 성장 → 탈락
③ 발생 → 분열 → 탈락 → 성장
④ 발생 → 탈락 → 분열 → 성장

해설 구성인선의 주기는 발생 → 성장 → 분열 → 탈락 순서로 순환한다.

**84** 다음 중 구성인선 발생을 억제하기 위한 방법으로 틀린 것은?

① 윤활성이 좋은 절삭유를 사용할 것
② 공구 윗면 경사각을 크게 할 것
③ 절삭깊이를 작게 할 것
④ 절삭속도를 작게 할 것

**85** 보통선반에서 양 센터의 중심이 맞지 않을 때 검사방법 설명에서 ( )안에 알맞은 측정기는?

주축대와 심압대 사이에 테스트 바를 설치하고, 왕복대 위에 ( )를 설치한 후 테스트 바의 면을 좌우로 이동하며 측정한다.

① 스냅 게이지
② 다이얼 게이지
③ 센터 게이지
④ 포인트 마이크로미터

**86** 선반에서 테이퍼 절삭방법이 아닌 것은?

① 복식 공구대를 경사시키는 방법
② 심압대를 편위시키는 방법
③ 테이퍼 절삭장치를 사용하는 방법
④ 주축대를 편위시키는 방법

해설 테이퍼 작업
① 복식 공구대를 회전시키는 방법
② 심압대를 편위시키는 방법
③ 테이퍼 절삭 장치에 의한 방법

**87** 사용하는 절삭 공구를 바이트라고 하며 지름이 가늘고 긴 공작물을 절삭할 때는 방진구를 사용하는 공작기계는?

① 선반
② 다이스
③ 리머
④ 보링머신

**88** 공작기계의 안전사용법으로 올바르지 못한 것은?

① 드릴에서 상처나 균열이 있는 것은 사용하지 않는다.
② 선반작업 시 이송을 걸은 채 기계를 정지시켜야 한다.
③ 숫돌 교환은 지정된 사람만 하도록 한다.
④ 드릴 탈착은 회전이 완전히 정지한 후 행한다.

**89** 선반 작업 시 안전 조치사항으로 틀린 것은?

① 기계 위에 공구나 재료를 올려 놓는다.
② 가공물 절삭공구의 장착은 확실하게 한다.
③ 칩 제거는 브러쉬나 긁기봉으로 한다.
④ 기계 회전을 손으로 멈추지 않는다.

**90** 선반작업의 안전한 작업방법으로 잘못 설명된 것은?

① 정전 시 스위치를 끈다.
② 운전 중 장비 청소는 금지한다.
③ 장갑을 착용하지 않는다.
④ 절삭 작업할 때는 기계 곁에 떠나도 된다.

**91** 보통 선반의 규격으로 표시하는 것은 어느 것인가?

① 선반의 총 중량과 원동기의 출력
② 선반의 높이와 베드의 길이
③ 깎을 수 있는 공작물의 최대 지름과 길이
④ 주축대 구조와 베드의 길이

**92** 선반의 주축의 속도 변환에 대해 맞게 설명한 것은?

① 전동기와 차동장치를 이용하여 속도를 변환 시킨다.
② 전동기만으로 속도 변환을 시킨다.
③ 캠을 사용하여 속도 변환을 시킨다.
④ 기어나 단차로서 속도 변환을 시킨다.

> **해설** 주축의 회전수를 변환시키는 방법
> ① 단차와 기어에 의한 방법
> ② 기어의 조합을 바꾸는 방법
> ③ 원추차에 의해 무단 변속을 시키는 방법
> ④ 가변축 전동기를 사용하는 방법
> ⑤ 유압 구동에 의한 방법

**93** 다음 중 선반의 4대 주요부품이 아닌 것은?

① 베드
② 주축대
③ 이송대
④ 심압대

> **해설** 선반의 4대 주요부
> 보통선반의 구조 베드, 주축대, 왕복대, 심압대로 구성되어 있다.

**94** 회전하는 바이스의 일종으로 주축에 설치하여 공작물을 고정하는데 사용되는 부속품 장치는 무엇인가?

① 센터
② 척
③ 면판
④ 심봉

**95** 가늘고 긴 공작물을 가공하기 위하여, 자중으로 처짐을 방지하기 위해 사용하는 선반의 보조 장치는 무엇인가?

① 돌리개
② 돌림판
③ 심봉
④ 방진구

**96** 선반 작업에서 절삭 속도가 100m/min이고, 절삭 저항력이 306kg일 때 절삭 동력은 몇kW인가?

① 3
② 4
③ 5
④ 6

> **해설** 절삭동력$(kW) = \dfrac{절삭저항력 \times 절삭속도}{102 \times 60}$
> $= \dfrac{306 \times 60}{102 \times 60} = 3kW$

**97** 드릴링 머신을 이용한 작업 방법 중에서 가공 후 반드시 역회전을 해야 하는 작업방법은?

① 드릴링
② 보링
③ 탭핑
④ 리밍

> **해설** 탭핑은 암나사의 산을 만드는 작업이므로 정회전과 역회전을 반복하여 작업한다.

**98** 지름(D) 12mm 드릴로 가공하는 구멍의 깊이(t)가 60mm이고 절삭 속도(V)가 18 m/min, 피드(f)를 2mm로 할 때 드릴 끝 원추의 높이를 드릴지름의 1/3(h)로 하면 절삭시간은 약 몇 분(min) 인가?

① 0.38  　　② 0.45
③ 0.67  　　④ 0.75

> **해설** $T(\min) = \dfrac{t+h}{nf} = \dfrac{\pi D(t+h)}{1000\,Vf}$
> $\qquad = \dfrac{\pi \times 12(60+4)}{1000 \times 18 \times 0.2} = 0.67$
>
> 여기서, t = 드릴의 깊이(mm)
> 　　　　h = 드릴의 원뿔 높이(mm)
> 　　　　n = 드릴의 회전수(rpm)
> 　　　　D = 드릴의 지름(mm)
> 　　　　f = 드릴의 이송속도(mm/rev)

**99** 드릴링 머신으로는 작업이 불가능한 것은?

① 리밍(reaming)
② 태핑(taping)
③ 해로잉(harrowing)
④ 카운터 싱킹

> **해설** • 리밍 : 리머로 드릴로 구멍을 뚫은 곳을 다듬는 작업
> • 태핑 : 암나사에 나사산을 내는 작업
> • 카운터 싱킹 : 나사가 들어가는 입구에 테이퍼를 만드는 작업

**100** 드릴의 지름이 10mm이고 드릴의 회전수가 1000rpm이며 드릴의 절삭 속도는 약 몇 m/min 인가?

① 1000  　　② 100
③ 31.4  　　④ 3.14

> **해설** $V = \pi dN = 0.01 \times 1000 \times \pi$
> $\qquad = 31.4\,m/\min$

**101** 드릴 작업 시 안전 사항 중 틀린 것은?

① 구멍이 거의 뚫릴 때 공작물이 회전하므로 주의해야 한다.
② 작업부에 절삭유를 공급하여야 한다.
③ 공작물이 잘 깎이지 않으면 드릴날 끝을 뾰족하게 연삭하여 사용한다.
④ 구멍의 위치를 정확하게 뚫기 위하여 재료에 펀치로 표시한다.

**102** 드릴 작업 시 안전사항 중 틀린 것은?

① 옷깃이 척이나 드릴에 물리지 않게 한다.
② 재료가 움직일 염려가 있을 때는 재료 밑에 나무판으로 밀착한다.
③ 드릴링 중 회전을 정지하고자할 때는 손으로 약하게 잡는다.
④ 뚫린 구멍에는 손가락을 넣지 않는다.

**103** 드릴 작업에서 구멍이 완전히 관통되었는가의 확인하는 방법으로 맞지 않는 것은?

① 철사를 넣어본다.
② 막대기를 넣어본다.
③ 손가락을 넣어본다.
④ 빛에 비춰 본다.

**104** 전기드릴을 사용할 때 잘못된 작업방법은?

① 드릴의 착탈은 회전이 완전히 멈춘 다음 행한다.
② 균열이 있는 드릴은 사용하지 않는다.
③ 작업 중 쇳가루는 불면서 작업한다.
④ 구멍을 맨 처음 뚫을 때는 힘을 줄여 천천히 뚫는다.

---

**105** 가공물에 여러 개의 구멍을 뚫고자 할 때 가공물을 움직이지 않고 스핀들을 움직여 구멍을 뚫는 기계는?

① 드릴 프레스
② 레이디얼 드릴링 머신
③ 수평식 드릴링 머신
④ 수직 드릴링 머신

**106** 표준 드릴의 여유각은 얼마로 해야 하는가?

① 5~7°          ② 12~15°
③ 17°           ④ 19°

> **해설** 재료별 드릴날의 여유각
> ① 일반 재료 : 12~15°
> ② 스테인리스 강 : 10~12°
> ③ 주철 : 12°
> ④ 목재 15~20°
> ⑤ 경질 고무 : 15~20°
> ⑥ 구리 12°
> ⑦ 황동과 동합금 : 12~15°
> ⑧ 경강 : 7~10°

**107** 트위스트 드릴은 절삭날의 각도가 중심에 가까울수록 절삭 작용이 나쁘다. 이것을 보충하기 위해 하는 작업은?

① 드레싱          ② 시닝
③ 트루잉          ④ 그라인딩

**108** 드릴로 구멍을 뚫을 때 구멍이 불량하게 되는 원인으로 옳지 않은 것은?

① 가공물의 재질이 균일하지 않을 때
② 드릴링 머신의 스핀들이 테이블과 직각이 아닐 때
③ 스핀들의 테이퍼 부분과 슬리브의 테이퍼

가 맞지 않을 때
④ 드릴이 가늘어 드릴척을 사용하여 구멍을 뚫었을 때

**109** 다음 중 거스러미 제거용 공구로 가장 적합한 것은?

① 리머(reamer)
② 스크라이버(scriber)
③ 정반(surface plate)
④ 서피스 게이지(surface gauge)

> **해설** • 리머 : 드릴로 뚫은 구멍을 정확한 치수로 다듬는 작업
> • 스크라이버 : 수평을 맞추기 위한 공구
> • 정반 : 평탄한 정도를 측정하기 위한 도구
> • 서피스 게이지 : 공작물에 금을 긋거나 둥근 막대의 중심을 구할 때 사용하는 공구

**110** 밀링 커터 중 각종 기어, 커터, 리머, 탭 등의 가공뿐만 아니라 특수한 형상의 면을 가공할 때에도 사용되는 커터는 ?

① 엔드밀(end mill)
② 각형 커터(angular cutter)
③ 총형 커터(formed cutter)
④ 측면 커터(side milling cutter)

**111** 리머와 드릴의 관계를 설명한 것이다. 옳게 설명한 것은?

① 리머의 절삭 속도는 드릴의 절삭 속도보다 빠르다.
② 드릴의 절삭 속도는 리머의 절삭 속도와 같게 한다.
③ 리머의 절삭 속도는 드릴의 속도보다 느리게 한다.
④ 리모의 절삭 속도와 드릴 속도는 무관하다.

**112** 조립용 공구로 사용되는 탭(tap)의 용도는?

① 숫나사를 깎는 공구
② 암나사를 깎는 공구
③ 테이퍼를 내는 공구
④ 다듬질에 쓰는 공구

> **해설** 탭은 암나사를 깎는 공구이고, 다이스는 숫나사를 깎는 공구이다.

**113** 다음 중 탭(tap) 작업 시 탭 파손의 원인이 아닌 것은?

① 관통된 구멍을 모두 탭 가공하는 경우
② 구멍이 너무 작거나 구부러진 경우
③ 탭이 경사지게 들어간 경우
④ 너무 무리하게 힘을 가하거나 빨리 절삭할 경우

**114** 탭 작업 시 주의사항 중 틀린 것은?

① 반드시 작업물과 수직을 유지한다.
② 절삭 오일을 주유한다.
③ 압력을 느끼면서 천천히 계속적으로 탭 핸들을 돌린다.
④ 볼트의 깊이 보다 깊게 깎는다.

**115** 다음 중 탭이 파손되는 경우가 아닌 것은?

① 구멍이 너무 작아서 과대한 절삭저항을 가할 때
② 탭이 한쪽으로 기울어져 밀착 될 때
③ 절삭유제가 없어 탭이 구멍에 너무 밀착될 때
④ 칩을 제거하고 탭을 회전시킬 때

**116** 탭작업 중 탭의 종류에 해당하지 않는 것은?

① 등경 수동탭
② 증경탭
③ 단경탭
④ 기계탭

**117** 세이퍼로 가공할 수 없는 것은?

① 단면 가공
② 곡면 가공
③ 치형 가공
④ 나사 가공

> **해설** 세이퍼를 이용하여 단면 가공, 곡면가공, 치형가공 등이 할 수 있다.

**118** 세이퍼 램은 행정 기구에 대한 설명으로 맞는 것은?

① 램은 급속 귀환 운동을 한다.
② 램은 등가속도 운동을 한다.
③ 절삭 행정에서 빠르고 돌아오는 행정은 느리다.
④ 램은 등속운동을 한다.

**119** 슬로터로 가능한 작업은?

① 나사 절삭
② 드릴의 홈
③ 구멍의 내면 홈파기(키홈)
④ 환봉의 외경

> **해설** 슬로터는 보스에 키 홈을 절삭하기 위한 기계이다.

**120** 긴 평면을 절삭하는 기계 어느 것인가?

① 연삭기      ② 플레이너
③ 세이퍼      ④ 슬로터

**해설** 플레이너는 가공물을 왕복 직선운동하면서 절삭하고 긴 평면을 가공한다. 짧은 평면은 세이퍼를 이용한다.

**121** 밀링작업에서 하향 절삭의 장점이 아닌 것은?

① 동력 소비가 적다.
② 가공면이 깨끗하다.
③ 절삭날의 마모가 적다.
④ 절삭칩이 잘 빠져나와 절삭을 방해하지 않는다.

**해설** 하향 절삭의 장점
① 백래시를 완전히 제거하여야 한다.
② 작업 시 충격이 크기 때문에 높은 강성이 필요하다.
③ 힘이 아래로 작용하여 공작물을 누르는 형태이기 때문에 유리하다.
④ 상향에 비해 수명이 길다.
⑤ 구성인성의 피니시 면에 직접 영향을 미치는 경우가 있다.
⑥ 절입 시 마찰력은 적으나 아래쪽으로 큰 충격력이 작용한다.
⑦ 상향절삭보다 피니시 면에 좋다. 연질재의 경우 구성인선의 영향으로 피니스 면이 나쁘게 된다.
⑧ 상향절삭보다 절삭속도, 이송속도가 빠르고, 중복 절삭이 가능하다.
⑨ 동력소비가 적다.

**122** 다음 중 일반적인 밀링 작업에서의 분할법으로 사용하지 않는 방법은?

① 직접 분할법      ② 복식 분할법
③ 단식 분할법      ④ 차동 분할법

**해설** 밀링 작업의 분할법에는 직접분할법(면판분할법), 단식분할법, 차동분할법이 있다.

**123** 일반적으로 밀링에서 사용되는 3가지 분할 방법이 아닌 것은?

① 직접 분할법      ② 단식 분할법
③ 차동 분할법      ④ 고정 분할법

**해설** 밀링 작업의 분할법에는 직접분할법(면판분할법), 단식분할법, 차동분할법이 있다.

**124** 밀링 머신에 사용되는 일반적인 부속장치가 아닌 것은?

① 분할대      ② 슬로팅 장치
③ 면판      ④ 회전 테이블

**해설** 밀링 머신의 부속장치
① 아버      ② 어댑터와 콜릿
③ 밀링 바이스      ④ 회전 테이블
⑤ 분할대      ⑥ 수직축 장치
⑦ 슬로팅 장치      ⑧ 랙 절삭 장치
⑨ 만능 밀링 장치

**125** 다음 중 니형 밀링머신에 해당하지 않는 것은?

① 수평 밀링머신
② 수직 밀링머신
③ 캠 밀링머신
④ 만능형 밀링머신

**해설** 니형 밀링머신의 종류에는 수평 밀링머신과 수직 밀링머신이 있고 수평 밀링머신에는 평형, 만능형 밀링머신이 있다.

**126** 분할대의 테이블에 고정하고 공작물을 분할대의 축과 심압대의 센터 사이에 지지한다. 밀링작업의 분할방법이 아닌 것은?

① 직접 분할법      ② 복식 분할법
③ 단식 분할법      ④ 차동 분할법

**해설** 분할대의 분할 방법은 직접 분할법, 단식 분할법, 차동 분할법이 있다.

**정답** ··· 120.② 121.④ 122.② 123.④ 124.③ 125.③ 126.②

**127** 밀링머신의 부속장치가 아닌 것은?

① 슬로팅 장치
② 분할대
③ 회전테이블
④ 면판

**128** 다음 중 엔드밀을 사용하는 주목적은 무엇인가?

① 밀링머신에서 홈을 파거나 다듬질할 때
② 드릴로 뚫은 구멍을 다듬질할 때
③ 평면을 다듬질 할 때
④ 밀링머신에 평면 가공할 때

**129** 단식 분할대에서 분할 크랭크이 회전수를 n, 등분하려는 수를 N 이라고 하면 회전수를 구하는데 올바른 식은?

① $n = \dfrac{N}{40}$

② $N = \dfrac{40}{n}$

③ $n = \dfrac{40}{N}$

④ $40 = \dfrac{n}{N}$

**130** 밀링머신의 절삭속도를 잘 표한한 것은?

① $v = \dfrac{\pi D n}{1000}$

② $v = \dfrac{\pi D}{1000 n}$

③ $v = \dfrac{1000}{\pi D n}$

④ $v = \dfrac{\pi n}{1000 D}$

**131** 그라인더 작업 시 맞지 않는 것은?

① 작업 시 보호안경을 착용한다.
② 안전커버를 떼어내서는 안된다.
③ 숫돌의 균열상태를 확인 한다.
④ 이동식 그라인더를 고정식으로 사용한다.

**132** WA 60 L 8 V 라는 연삭숫돌 표시에서 60은 무엇을 의미하는가?

① 결합도
② 입도
③ 결합제
④ 지름

> **해설** WA : 연삭숫돌 재료
> 60 : 연도(황목, 중목, 세목, 극목, 미목으로 구분)
> L : 결합도
> 8 : 조직(밀, 중, 조로 구분)
> V : 결합제

**133** 연삭에서 칩이나 숫돌입자가 숫돌의 기공에 끼어서 절삭 성능이 저하되는 현상을 무엇이라고 하는가?

① 드레싱(dressing)
② 트루잉(truing)
③ 눈메움(loading)
④ 무딤(glazing)

> **해설** • 드레싱 : 숫돌의 입자가 무디어지거나 입자와 입자 사이에 칩이 끼어 눈메움이 생기기 때문에 연삭이 잘 되지 않을 때, 숫돌의 예리한 날이 다시 나타나도록 하는 작업
> • 트루잉 : 연삭작업 중 입자가 떨어져 나가며, 숫돌의 단면 형상이 처음과 달라지므로 단면을 깎아 다듬는 작업
> • 그레이징 : 숫돌 입자가 마모되어 숫돌면이 번들거리고 금속성의 소리를 내며 발열이 발생하여 절삭성이 떨어지는 현상

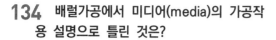

**134** 배럴가공에서 미디어(media)의 가공작용 설명으로 틀린 것은?

① 표면의 칫수 절미도와는 무관하다.
② 녹이나 스케일을 제거한다.
③ 거스러미를 제거한다.
④ 표면의 광택을 낸다.

**135** 연삭숫돌에서 눈 막힘의 원인이 아닌 것은?

① 숫돌입자가 너무 작다.
② 조직이 너무 치밀하다.
③ 연삭 깊이가 너무 크다.
④ 숫돌의 주속도가 너무 크다.

**136** 연삭 번(grinding burn)이란 용어 설명으로 가장 적합한 것은?

① 공작물 표면이 국부적으로 타는 현상
② 숫돌바퀴가 타는 현상
③ 절삭유가 타는 현상
④ 칩이 탄 상태

**137** 호닝 머신에서 내면 가공 시 공작물에 대해 호운은 어떤 운동을 하는가?

① 직선왕복 운동 만
② 회전운동 만
③ 회전 및 직선왕복 운동
④ 상하 운동 만

**138** 연삭숫돌 구성의 주요 3요소에 속하지 않는 것은?

① 기공
② 결합제
③ 입도
④ 숫돌입자

> **해설** 연삭숫돌의 구성 3요소 : 기공, 결합제, 숫돌입자

**139** 연삭 숫돌의 성능을 결정하는 5가지 요소인 것은?

① 칩, 기공, 결합도, 가공물, 입도
② 입자, 조직, 결합도, 가공물, 입도
③ 기공, 조직, 결합도, 가공물, 입도
④ 입자, 조직, 결합도, 결합제, 입도

**140** 연삭 숫돌 표면에 무디어진 입자나 가공물을 메우고 있는 칩을 제거하여 본래의 형태로 숫돌을 수정하는 방법은?

① 드레싱
② 채터링
③ 그레이징
④ 로딩

> **해설**
> • 드레싱 : 숫돌의 입자가 무디어지거나 입자와 입자 사이에 칩이 끼어 눈메움이 생기기 때문에 연삭이 잘 되지 않을 때, 숫돌의 예리한 날이 다시 나타나도록 하는 작업
> • 트루잉 : 연삭작업 중 입자가 떨어져 나가며, 숫돌의 단면 형상이 처음과 달라지므로 단면을 깎아 다듬는 작업
> • 그레이징 : 숫돌 입자가 마모되어 숫돌면이 번들거리고 금속성의 소리를 내며 발열이 발생하여 절삭성이 떨어지는 현상

**141** 연삭숫돌을 설치하기 전에 무엇을 검사하는가?

① 입도
② 크기
③ 기공
④ 균열

**142** 회전 중에 파괴될 위험이 있는 연마반의 숫돌은?

① 회전 방지 장치를 설치한다.
② 반발 예방장치를 설치한다.
③ 복개 장치를 하여야 한다.
④ 사용을 금지한다.

**143** 연삭숫돌 설치 시 주의사항이 아닌 것은?

① 연삭숫돌은 설치 전에 가볍게 두드려 균열 여부를 점검할 것
② 연삭숫돌은 축에 끼울 때 강재로 압인하지 말 것
③ 연삭숫돌의 중심은 중심선상에 있을 것
④ 보안경을 끼지 말고 작업할 것

**144** 연삭숫돌을 교환한 때에는 몇 분이상 시운전을 하고 당해 기계에 이상이 있는지의 여부를 확인해야 하는가?

① 1분       ② 2분
③ 3분       ④ 4분

**145** 연삭숫돌을 고정할 때 주의할 사항이 아닌 것은?

① 숫돌차는 정확히 평행하도록 끼운다.
② 나무해머로 숫돌차를 가볍게 두드려 상처의 유무를 확인한다.
③ 플랜지와 숫돌 사이에 종이나 고무를 끼운 후 숫돌을 고정한다.
④ 숫돌차에 붙어있는 두꺼운 종이를 떼어낸 후 고정한다.

**146** 회전중인 연삭숫돌이 근로자에게 위험을 미칠 우려가 있을 시 덮개를 설치해야 할 연삭숫돌의 최소 지름은?

① 5cm 이상       ② 10cm 이상
③ 15cm 이상       ④ 20cm 이상

해설 산업안전보건 기준에 관한 규칙 제 122조에 해당되며, 5cm로 규정하고 있다.

**147** 그라인더 숫돌차를 설치할 때 주의사항 중 틀린 것은?

① 숫돌차를 두들겨보아 맑은 소리가 나는 것을 사용한다.
② 그라인더 축과 숫돌차 구멍의 간극은 0.1~0.15mm이내이면 정상이다.
③ 설치 후 회전 균형이 맞지 않으면 투루밍을 실시한 후 사용한다.
④ 설치 후 1분정도 공회전 시켜 이상 유무를 확인한 다음 사용한다.

**148** 다음은 연삭숫돌의 검사종류와 검사방법에 대한 설명이다. 검사 방법이 바르지 못한 것은?

① 외관검사는 균열, 이물질, 수분 등의 유무를 육안으로 살펴본다.
② 균형검사는 회전 중 떨림을 조사하여 이상이 있을 시 균형추로 조절한다.
③ 음향검사는 볼핀 해머로 숫돌을 두들겨 울리는 소리로 이상 유무를 진단한다.
④ 회전검사는 사용속도의 1.5배로 3~5분간 회전 시켜 원심력에 의한 파괴여부를 검사한다.

**149** 연삭숫돌의 3요소가 아닌 것은?

① 숫돌입자　　② 결합제

③ 기공　　　　④ 조직

해설 연삭숫돌의 3요소는 숫돌입자, 결합제, 기공이다.

**150** 숫돌입자의 5대 구성 요소가 아닌 것은?

① 숫돌입자의 종류

② 입도

③ 기공

④ 결합도

해설 숫돌입자의 5대 구성요소는 숫돌입자의 종류, 입도, 결합도, 조직, 결합제이다.

**151** 연삭숫돌의 표시법이다. WA 60 Hm V(No.1 D × t × d)에서 W는 무엇을 의미하는가?

① 제조자 기호

② 연삭숫돌 재료

③ 결합도

④ 조직

**152** 연삭 숫돌을 사용 중 자동으로 닳아 떨어져 바이트나 커터와 같은 도구로 연삭하지 않아도 되는 현상은?

① 드레싱

② 자생작용

③ 트루잉

④ 글레이징

해설 연삭숫돌의 자생작용은 마멸 → 파쇄 → 탈락 → 생성 과정을 되풀이하는 현상이다.

**153** 연삭숫돌의 입자틈에 칩이 끼어 숫돌이 광택이 나며 잘 깎이지 않는 현상을 무엇이라고 하는가?

① 드레싱

② 트루잉

③ 글레이징

④ 로우딩

**154** 연삭숫돌의 입자가 탈락되지 않고 마모에 의하여 납작하게 되는 현상을 무엇이라고 하는가?

① 글레이징

② 로우딩

③ 트루잉

④ 드레싱

**155** 연삭숫돌의 입자틈에 칩이 끼어 숫돌이 광택이 나는 연삭숫돌을 정상적으로 표면 가공하는 작업을 엇이라고 하는가?

① 드레싱

② 트루잉

③ 글레이징

④ 로우딩

**156** 연삭 숫돌의 외형을 수정하여 규격에 맞는 제품으로 만드는 과정을 무엇이라고 하는가?

① 드레싱

② 트루잉

③ 글레이징

④ 로우딩

**157** 다음 중 연삭기의 안전작업 방법으로 틀린 것은?

① 연삭숫돌 설치 전 외관검사를 실시한다.
② 숫돌교환 후 사용 전에 3분 이상 시운전한다.
③ 정상 작업 전에는 최소한 1분 이상 시운전하여 이상 유무를 파악한다.
④ 작업자는 숫돌정면에 서서 작업한다.

**해설** 연삭기의 안전작업
① 안전커버를 떼고 작업해서는 안된다.
② 숫돌 바퀴에 균열이 있는지 확인한다.
③ 나무 해머로 가볍게 두드려 보고, 맑은 음이 나는지 확인한다.
④ 숫돌차의 과속 회전을 하지 않는다.
⑤ 숫돌차의 표면이 심하게 변형된 것은 반드시 드레싱하여 사용한다.
⑥ 받침대는 숫돌차의 중심선보다 낮게하지 않는다.
⑦ 숫돌차의 주면과 받침대와의 간격은 3mm 이내로 한다.
⑧ 숫돌차의 장치와 시운전은 숙련되고, 정해진 사람만 실시 한다.
⑨ 숫돌 바퀴가 안전하게 끼워졌는지 확인한다.
⑩ 연삭기의 커버는 충분한 감도를 가진 것으로 규정된 치수의 것을 사용한다.
⑪ 숫돌차의 측면에서 서서 연삭해야 하며 반드시 보호안경을 착용한다.
⑫ 숫돌 교환 후 사용 전에 3분 이상 시운전한다.

**158** 원통 연삭작업에서 숫돌이 회전 속도는 어느 정도가 적당한가?

① 1000 ~ 1800 rpm
② 1400 ~ 1700 rpm
③ 1500 ~ 1800rpm
④ 1600 ~ 2000rpm

**159** 다음 줄작업에 관한 설명 중 틀린 것은?

① 손의 힘은 물론 몸의 체중을 이용하여 작업한다.
② 줄은 황목, 중목, 세목의 순서로 바꾸어 작업한다.
③ 표면을 매끈하게 다듬기 위해 윤활 기름을 치면서 작업한다.
④ 직진법보다 사진법이 가공물을 깎아 내는 데 유리하다.

**160** 공작물을 줄로 가공할 때 일반적인 줄의 사용 순서로 다음 중 가장 적합한 것은?

① 황목 → 유목 → 중목 → 세목
② 세목 → 유목 → 중목 → 황목
③ 황목 → 중목 → 세목 → 유목
④ 세목 → 유목 → 황목 → 중목

**해설** 줄작업 시 거친 작업부터 고은 작업으로 진행해야 하므로 황목 → 중목 → 세목 → 유목 순서로 가공한다.

**161** 줄작업의 방법 중 틀린 것은?

① 사진법          ② 상하 직진법
③ 직진법          ④ 후진법

**162** 쇠톱을 사용함에 있어 가장 안전한 방법은?

① 절단이 끝날 무렵에는 천천히 작업한다.
② 한손으로 작업해도 무방하다.
③ 절단이 끝날 무렵에는 힘을 강하게 준다.
④ 공작물을 동료가 잡고 한다.

**163** 쇠톱을 사용할 때 주의해야 할 사항이 아닌 것은?

① 톱날은 전체를 사용한다.
② 톱날은 밀 때 절삭이 잘되도록 조립한다.
③ 톱날은 느슨한 상태에서 사용한다.
④ 공작물 재질이 강할수록 톱니수가 많은 것을 사용한다.

**164** 목형에 구배를 두는 가장 중요한 이유는?

① 주형으로부터 목형을 쉽게 뽑기 위하여
② 목형의 강도를 보강하기 위하여
③ 목형의 변형을 방지하기 위하여
④ 목형의 미관을 좋게하기 위하여

**해설** 목형에 구배를 두는 가장 중요한 이유는 주형으로부터 목형을 쉽게 뽑을 수 있도록 할 수 있고, 주물을 투입 시 형상에 기포가 발생하는 것을 예방할 수 있다.

**165** 주조 작업에 사용되는 주물사의 구비조건으로 틀린 것은?

① 화학적 변화가 생기지 않을 것
② 내화성이 작을 것
③ 통기성이 좋을 것
④ 강도가 좋을 것

**해설** 주물사의 구비조건
① 성형성이 좋을 것
② 내화성이 크고, 화학반응을 일으키지 않을 것
③ 통기성이 적당할 것
④ 적당한 강도를 가질 것
⑤ 열전도성이 적당하고 보온성이 있을 것

**166** 주물제품에 중공이 있어 이것을 해당하는 모래주형이 있는 목형은?

① 골조 목형          ② 고르게 목형

③ 코어 목형          ④ 현형 목형

**167** 주물의 제조 공정 순서로 옳은 것은?

① 모형 제작 → 주형 제작 → 열처리 → 주입
② 주형 제작 → 모형 제작 → 주입 → 열처리
③ 주조 방안 결정 → 모형 제작 → 주형 제작 → 용해 → 주입
④ 용해 → 주입 → 모형 제작 → 후처리

**168** 목재의 기계적 성질 중 가장 강도가 작은 것은?

① 압축강도          ② 굽힘강도
③ 인장강도          ④ 전단강도

**해설** 인장강도 〉 굽힘강도 〉 압축강도 〉 전단강도

**169** 목형에 구배를 만드는 이유는?

① 쇳물의주입이 잘 되게 하기 위하여
② 주형에서 목형을 쉽게 뽑기 위하여
③ 목형을 튼튼히 하기 위하여
④ 목형을 보기 좋게 하기 위하여

**170** 다음 목형의 제작 순서가 맞는 것은?

① 설계도 → 현도 → 도면 → 가공 → 조립 → 검사
② 설계도 → 도면 → 현도 → 가공 → 조립 → 검사
③ 설계도 → 가공 → 도면 → 현도 → 조립 → 검사
④ 설계도 → 도면 → 가공 → 현도 → 조립 → 검사

**171** 공작도에서 도면에 그려져 있지 않아도 되며, 중공부의 주물을 만들기 위해 사용되는 코어를 지지하는 부분은 무엇이라 하는가?

① 구배　　　　　② 가공여유

③ 코어 프린트　　④ 덧붙임

**172** 주물사가 갖춰야 할 조건이 아닌 것은?

① 성형성　　　　② 내화성

③ 통기성　　　　④ 용해성

> **해설** 주물사의 구비조건
> ① 내화성이 크고 화학적 변화가 생기지 않을 것
> ② 통기성이 좋을 것
> ③ 가격이 저렴하고 구입이 쉬울것
> ④ 적당한 강도를 가져 쉽게 파손되지 않을 것
> ⑤ 주형 제작이 쉬울 것

**173** 주물사의 강도시험에 해당하지 않은 것은?

① 압축 강도　　　② 굽힘 강도

③ 인장 강도　　　④ 피로 강도

> **해설** 주물사의 강도 시험은 압축강도, 인장강도, 굽힘 강도, 전단강도 등을 측정한다.

**174** 주강용 용해로는 어느 것인가?

① 도가니로

② 용광로

③ 전로

④ 반사로

> **해설** 주철용 : 큐우펄로, 전기로
> 주강용 : 전기로, 전로, 평로, 반사로
> 비철합금용 : 도가니로, 전기로

**175** 다음 중 용선로의 설명으로 옳은 것은?

① 쇳물의 1일 생산량

② 1회 용해할 수 있는 구리의 중량

③ 매시간당 용해할 수 있는 중량

④ 1회 용해할 수 있는 제강량

> **해설** 용광로 : 쇳물의 1일 생산량
> 도가니로 : 1회 용해할 수 있는 구리의 중량
> 용선로 : 매시간당 용해할 수 있는 중량
> 전기로, 평로 : 1회 용해할 수 있는 제강량

**176** 알루미늄 합금으로 정밀하며 다량 생산을 위한 목적으로 활용하는 주조방법은?

① 다이캐스팅

② 원심주조법

③ 셀 주조

④ 인베스트먼트 주조법

**177** 냉간가공과 열간 가공의 구분이 하는 기준은?

① 변태점　　　　② 융점

③ 재결정 온도　　④ 상온

**178** 주물에 균열이 생기는 원인이 아닌 것은?

① 주물을 급냉 시켰을 때

② 모서리가 각이 있을 때

③ 각 부분에 온도차가 클 때

④ 라운딩을 주었을 때

**179** 재료를 열간 또는 냉간 가공하기 위하여 회전하는 롤러 사이에 통과시켜 판, 봉, 형재를 만드는 소성 가공은 ?

① 단조 가공　　② 압출가공
③ 전조가공　　④ 압연가공

해설 **소성가공 방법**
① **단조 가공** : 금속재료를 소성유동이 잘 되는 상태 (가열하는 방법)에서 압축이나 충격을 가해 단련하는 방법이다.
② **압출 가공** : 램 또는 컨테이너가 움직여, 재료를 다이와 다이 사이로 뽑아내는 가공법
③ **압연 가공** : 롤럴 사이에 재료를 통과시켜 그 소성을 이용하여 판재, 형재, 관재를 만드는 가공법
④ **인발 가공** : 테어퍼 형상의 구멍을 가진 다잉에 소재를 통과시켜 구멍의 최소단면치수로 가공하는 방법
⑤ **전조 가공** : 소재나 공구 또는 그 양쪽을 회전시켜 공구 표면 형상과 동일한 형상을 소재에 각인하는 가공방법으로 원통 롤, 볼, 링, 나사, 치차 등을 만들 때 사용한다.

**180** 금속을 소성 가공할 때 열간 가공과 냉간 가공의 구별은 어떤 온도를 기준으로 하는가?

① 담금질 온도　　② 변태 온도
③ 재결정 온도　　④ 단조 온도

해설 재결정 온도보다 높은 온도에서 가공하면 열간 가공이며, 재결정 온도보다 낮은 온도에서 가공하면 냉간가공이라고 한다.

**181** 주철 중에 함유된 원소 중에서 쇳물에 유동성과 경도를 증가시키나 재질을 취약하게 하는 원소는?

① 탄소　　② 규소
③ 망간　　④ 인

해설 • **탄소** : 주철 중에서 화합 탄소 및 흑연 탄소의 형태로 존재하며 화합탄소는 단단하고, 흑연 탄소는 연하고 유동성이 좋다.
• **규소** : C를 흑연화 시키는 작용

• **망간** : C의 흑연화를 방지하고 조직을 치밀하게 하며 경도, 강도 및 내열성을 증가시킨다.
• **황** : 주조에 유해 작용을 주어 주철의 기계적 강도를 저하시킨다.

**182** 소성가공에 이용되는 성질이 아닌 것은?

① 가단성　　② 가소성
③ 취성　　④ 연성

해설 • **가단성** : 단련에 의하여 변형되는 성질(단조에 해당됨)
• **연성** : 선을 뽑을 때 길이 방향으로 늘어나는 성질
• **가소성** : 물체에 압력을 가하여 고체 상태에서 유동되는 성질로 탄성이 없는 성질
• **취성** : 경도가 높아 충격을 가하면 깨지는 성질

**183** 단조의 장점이 아닌 것은?

① 재료의 가격이 싸다.
② 금속 결정이 치밀하게 되며, 기계적 성질이 향상된다.
③ 재료가 연화되어 성형이 잘된다.
④ 사용 재료의 손실이 적다.

**184** 소성가공에 해당되지 않는 것은?

① 단조　　② 인발
③ 전조　　④ 브로우칭

해설 **소성가공 방법**
① **단조 가공** : 금속재료를 소성유동이 잘 되는 상태 (가열하는 방법)에서 압축이나 충격을 가해 단련하는 방법이다.
② **압출 가공** : 램 또는 컨테이너가 움직여 재료를 다이와 다이 사이로 뽑아내는 가공법
③ **전조 가공** : 소재나 공구 또는 그 양쪽을 회전시켜 공구 표면 형상과 동일한 형상을 소재에 각인하는 가공방법으로 원통 롤, 볼, 링, 나사, 치차 등을 만들 때 사용한다.
④ **압연 가공** : 롤럴 사이에 재료를 통과시켜 그 소성

을 이용하여 판재, 형재, 관재를 만드는 가공법
⑤ **인발 가공** : 테이퍼 형상의 구멍을 가진 다이에 소재를 통과시켜 구멍의 최소단면치수로 가공하는 방법

**185** 상온 또는 고온에서 회전하는 두 개의 롤러 사이에 재료를 통과시켜 성형하는 가공법은 어는 것인가?

① 압연 가공　　② 압출 가공
③ 인발 가공　　④ 단조 가공

**186** 테이퍼 형상의 구멍을 가진 다이에 소재를 통과시켜 구멍의 최소 단면치수로 가공하는 가공법은 어느 것인가?

① 압연 가공　　② 압출 가공
③ 인발 가공　　④ 전조 가공

**187** 소성이 큰 재료를 컨테이너에 넣고 강력한 압력으로 다이를 통하여 밀어내어 가공하는 가공법은?

① 압연 가공　　② 압출 가공
③ 인발 가공　　④ 전조 가공

**188** 소재나 공구 또는 그 양쪽을 회전시켜 공구 표면형상과 동일한 형상을 소재에 각인하는 가공법은?

① 압연 가공
② 압출 가공
③ 인발 가공
④ 전조 가공

**189** 프레스 가공 중 전단가공에 해당되지 않는 것은?

① 펀칭(punching)
② 블랭킹(blanking)
③ 슬로팅(sloting)
④ 드로잉(drawing)

해설 • **프레스 가공 중 전단가공** : 블랭킹, 펀칭, 전단, 분단, 노칭, 슬로팅, 트리밍, 셰이빙 가공, 브로칭, 브릿지
• **프레스의 가공 중 성형가공** : 굽힘가공, 교정작업, 드로잉가공, 박판성형가공
• **프레스의 가공 중 압축가공** : 압인가공, 부조가공, 스웨이징

**190** 스프링백(springback)의 설명으로 옳은 것은?

① 스프링의 탄성계수
② 소재에 외력을 가했다가 제거시키면 원래 상태로 돌아가려는 현상
③ 스프링의 외력을 받아 수측, 인장되었다가 정상으로 돌아가지 않는 현상
④ 소재에 외력을 가했을 때 성형되었다가 원하는 모형은 남고 미세하게 펴지는 현상

**191** 재료를 잡아 당겨 다이와 맨드릴(심봉)에 통과시켜 가공하는 소성가공법은?

① 인발
② 압출
③ 전조
④ 압연

정답 ◀ ···　185.①　186.③　187.②　188.④　189.④　190.②　191.①

**192** 서로 반대 방향으로 회전하는 두 개의 롤러 사이에 재료를 삽입하고, 그 단면적을 축소시켜 길이 방향으로 늘리는 소성가공법은?

① 압연가공　　② 압출가공
③ 인발가공　　④ 단조가공

해설 소성가공 방법
① **단조 가공** : 금속재료를 소성유동이 잘 되는 상태 (가열하는 방법)에서 압축이나 충격을 가해 단련하는 방법이다.
② **압출 가공** : 램 또는 컨테이너가 움직여 재료를 다이와 다이 사이로 뽑아내는 가공법
③ **전조 가공** : 소재나 공구 또는 그 양쪽을 회전시켜 공구 표면 형상과 동일한 형상을 소재에 각인하는 가공방법으로 원통 롤, 볼, 링, 나사, 치차 등을 만들 때 사용한다.
④ **압연 가공** : 롤럴 사이에 재료를 통과시켜 그 소성을 이용하여 판재, 형재, 관재를 만드는 가공법
⑤ **인발 가공** : 테어퍼 형상의 구멍을 가진 다이에 소재를 통과시켜 구멍의 최소단면치수로 가공하는 방법

**193** 프레스 가공을 전단작업, 성형작업, 압축작업으로 분류할 때 다음 중 성형작업인 것은?

① 펀칭(punching)
② 시밍(seaming)
③ 블랭킹(blanking)
④ 브로칭(broaching)

해설 • **펀칭** : 소재에서 오려내고 남은 부분을 제품으로 사용
• **블랭킹** : 소재에서 오려내는 부분을 제품으로 사용
• **브로칭** : 절삭가공한 후 홈이나 외형의 다듬질할 때 사용
• **시밍** : 판과 판을 잇는 가공방법

**194** 원통형 용기의 가장자리를 둥글게 말아 강도의 보강이나 장식을 하는 가공법은?

① 커링　　② 바포울더
③ 그루우빙　　④ 포밍 머신

해설 판재 성형가공 방법
① **비딩** : 드로잉된 용기에 홈을 내는 가공으로 보강이나 장식이 목적이다.
② **커링** : 용기의 가장자리를 둥글게 말아 붙이는 가공방법으로 보강이나 장식이 목적이다.
③ **시밍** : 판과 판을 잇는 가공방법이다.
④ **벌징** : 최소 지름으로 드로잉한 용기에 고무를 넣거나 액체를 넣어 가공 방법
⑤ **스피닝** : 선반의 주축에 다이를 고정하고, 다이에 블랭크를 심압대로 눌러 블랭크를 다이와 함께 회전시켜 막대기나 롤로 가공하여 성형하는 방법

**195** 판금 제품의 모서리 부분을 둥글게 말아서 판재의 강도를 높이고 외관 접촉을 부드럽게 하는 작업은?

① 비딩(beading)
② 커링(curling)
③ 시밍(seaming)
④ 벌징(bulging)

**196** 프레스 가공방법에서의 전단가공 종류가 아닌 것은?

① 블랭킹(blanking)
② 트리밍(trimming)
③ 시밍(seaming)
④ 세이빙(shaving)

해설 **프레스 전단 가공의 종류** : 블랭킹, 펀칭, 전단, 분단, 노칭, 트리밍, 세이빙, 브로칭이 있다.

**197** 금속으로 제조된 금형 속에 용융점이 낮은 비철금속을 용융상태에서 가압하여 정밀도가 높고 치밀한 제품을 만들 수 있는 특수 주조법은?

① 원심 주조법

② 다이캐스팅 주조법

③ 인베스트먼트 주조법

④ 칠드 주조법

**해설** **특수 주조법**

① **칠드 주조법** : 주철이 급냉되면 표면이 단단한 탄화철이 되어 칠드층을 이루며, 내부는 서서히 냉각되어 연한 주물이 되게 하는 방법

② **다이캐스팅 주조법** : 용해된 금속을 금형에 고압으로 주입하는 방법으로 주물의 정밀도가 높고, 표면이 아름답고 기계 다듬질이 필요 없는 주조 방법

③ **원심 주조법** : 고속으로 회전하는 원통형의 주형 내부에 용융된 쇳물을 주입하면 원심력에 의해 쇳물은 원통 내면에 균일하게 붙게 되며 이 때 그대로 냉각시키면 중공의 주물을 만들게 되는데 이런 주조방법을 원심 주조법이라고 한다.

④ **인베스트먼트 주조법** : 내화물질을 칠하고, 용융된 내화성 주형재를 부착시켜 굳힌 다음 가열하면 왁스가 녹아 유출되고, 왁스가 있던 자리가 중공이 되므로 주형이 되도록 하는 주조 방법

⑤ **셀 주조법** : 주형을 신속히 다량 생산할 수 있으며, 주물의 표면이 아름답고, 정밀도가 높으며, 기계 가공을 하지 않아도 사용할 수 있는 주조방법

**198** 기계가공에 의한 내부응력과 용접의 잔류응력을 제거하기 열처리로 가장 적합한 것은?

① 불림          ② 풀림

③ 뜨임          ④ 담금질

**해설** **열처리 방법**

① **불림** : 강을 표준상태로 하기 위한 열처리 조직이며 가공으로 인한 조직의 불균일을 제거하고 결정립을 미세화 시켜 기계적 성질을 향상시킨다.

② **풀림** : 강을 일정온도에서 일정시간 가열한 후 서서히 냉각시키는 방법으로 연화하고 조직을 균일화, 미세화, 표준화 한다. 내부응력을 제거하는 효

과가 있다.

③ **뜨임** : 다소 경도가 떨어져도 인성이 필요한 기계부품은 담금질한 강을 재가열하여 인성을 증가시킨다.

④ **담금질** : 강을 임계온도 이상의 상태에서 물, 기름 등에 넣어 급냉 시키는 방법으로 조직이 경화된다.

**199** 다음 열처리 방법 중 담금질한 것에 $A_1$ 변태점 이하로 가열하여 인성을 부여하는 것이 목적인 방법은?

① 퀜칭(quenching)

② 노멀라이징(normalizing)

③ 어닐링(annealing)

④ 템퍼링(tempering)

**200** 강을 $A_3$ 변태점보다 20~50℃ 높은 온도로 가여한 후 급냉시켜 경도를 증가시키는 열처리 방법은?

① 템퍼링(tempering)

② 어닐링(annealing)

③ 담금질(quenching)

④ 노말라이징(normalizing)

**해설**

| 구분 | 종류 |
|---|---|
| $A_1$ 변태점 이상 | 어닐링, 노멀라이징, 담금질 |
| $A_1$ 변태점 이하 | 저온 어닐링, 템퍼링, 시효 |

**201** 재료의 표면 열처리 방법이 아닌 것은?

① 질화법          ② 침탄법

③ 청화법          ④ 침투법

**202** 강을 임계온도(A₁ 변태점) 이상의 상태로부터 물, 기름에 급냉 시키는 방법의 열처리는?

① tempering  ② annealing
③ quenching  ④ normalizing

- tempering(뜨임) : 열처리 후 인성을 부여하는 열처리
- annealing(풀림) : 강을 일정온도에서 일정시간 가열한 후 서서히 냉각시켜 연화하고 조직의 균일화 미세화, 표준화, 내부응력 저하하는 열처리
- quenching(담금질) : 강을 임계온도 이상의 상태에 급냉시키는 열처리 방법
- normalizing(불림) : 강재의 조직의 불균일을 제거하고 결정립을 미세화시키는 열처리

**203** 슈퍼피니싱(super finishing)의 특징이 아닌 것은?

① 방향성이 없다.
② 가공면이 매끈하다.
③ 가공에 따른 표면의 변질부가 아주 적다.
④ 공작물의 전면에 균일한 단방향 운동을 준다.

**204** 회전하는 상자에 숫돌입자, 공작액, 콤파운드 등을 함께 넣어 공작물이 입자와 충돌하는 동안에 표면의 요철 등을 제거하는 가공방법은?

① 배럴(barrel) 다듬질
② 숏 피닝(shot-peening)
③ 버니싱 다듬질(burnishing)
④ 롤러 다듬질

**해설**
- 숏 피닝 : 경화된 작은 쇠구슬을 피가공물에 고압으로 분사시켜 표면의 강도를 증가시키는 가공방법
- 버니싱 다듬질 : 가공품 표면에 공구를 대고 문질러 표면을 평활하게 다듬는 가공법

- 롤러 다듬질 : 회전하는 롤을 압착함으로써 표면을 평활하게 다듬질함과 동시에 피로강도를 향상시키는 가공법

**205** 크랭크 샤프트, 흡배기 밸브 등의 부품에 가장 적합한 열처리 방법은?

① 청화법(cyaniding)
② 질화법(nitriding)
③ 고주파 경화법(induction hardening)
④ 화염경화법(flame hardening)

**해설** 표면경화 열처리 방법
① **청화법** : 탄소, 질소가 철과 작용하여 침탄과 질화가 동시에 일어나게 하는 방법
② **질화법** : 합금강을 암모니아가스와 같이 질소를 포함하고 있는 물질로 강의 표면을 경화하는 방법
③ **고주파 경화법** : 표면경화할 재료의 표면에 코일을 감고 고주파, 고전압의 전류를 흐르게 하면 내부까지 적열되지 않고 표면만 급속히 가열되어 적열되며 이후 냉각액으로 급냉시켜 표면을 경화하는 방법
④ **화염경화법** : 산소-아세틸렌 화염으로 제품의 표면을 외부로부터 가열하여 담금질하는 방법
⑤ **침탄법** : 고체 침탄법, 액체 침탄법, 기체 침탄법이 있다. 침탄제 속에 저탄소강을 넣어 밀폐시켜 900~950℃의 온도로 가열하면 재료의 표면에 1mm정도 침투하여 표면을 경화하는 방법

**206** 침탄법에 이용되는 침탄제는 무엇인가?

① 수소  ② 탄소
③ 질소  ④ 산소

**207** 표면열처리 방법 중 청화법의 장점으로 틀린 것은?

① 균일한 가열이 이루어지므로 변형이 적다.
② 침탄층이 얇다.
③ 산화가 방지된다.
④ 온도 조절이 용이하다.

**해설** 청화법의 장점
① 균일한 가열이 이루어지므로 변형이 적다.
② 산화가 방지된다.
③ 온도 조절이 용이하다.

**208** 금속침투법에 해당하지 않는 것은?

① 크로마이징
② 브로칭
③ 카로라이징
④ 실리콘나이징

**해설** 금속침투법에는 크로마이징, 카로라이징, 실리콘나이징, 보론나이징이 있다.

**209** 용접봉의 기호가 E4301 일 경우 E가 의미하는 것은?

① 전기용접봉
② 용접 자세
③ 피복제의 종류
④ 용착금속의 최소 인장강도

**해설** E : 전극봉의 첫 글자(전기 용접봉)
43 : 용착 금속의 최저 인장강도(kgf/mm²)
0 : 용접자세(0~4)
1 : 피복제의 종류

**210** 10mm 두께의 연강재료를 가스 용접하려 할 때 용접봉의 지름으로 다음 중 가장 적합한 것은?

① 14mm
② 10mm
③ 6mm
④ 3mm

**211** 동력경운기의 주풀리 커버를 접합하는 저항 용접은 무엇인가?

① 납땜법
② 가스 용접
③ 점(스폿) 용접
④ 리벳 접합

**212** 가스용접 시 역화의 원인이 아닌 것은?

① 산소 압력이 아세틸렌 압력보다 높을 때
② 조정기의 작용이 불량할 때
③ 토치가 막혔을 때
④ 산소압력과 아세틸렌 압력이 불균일할 때

**해설** 가스 용접 시 역화의 원인
① 작업물에 팁의 끝이 닿았을 때
② 팁의 끝이 과열되었을 때
③ 가스 압력이 적당하지 않을 때
④ 팁의 죔이 완전하지 않았을 때

**213** 다음 중에서 인화성 물질이 아닌 것은?

① 질소 가스
② 프로판 가스
③ 메탄가스
④ 아세틸렌 가스

**해설** 인화성 가스를 가연성 가스라고도하며 수소, 아세틸렌, 에틸렌, 메탄, 에탄, 프로판, 부탄 등이 있다.

**214** 다음 작업 중 반드시 앞치마를 사용하여야 하는 작업은?

① 용접작업
② 절삭작업
③ 목공작업
④ 헤머작업

**215** 산소 누설을 점검하는데 가장 적합한 것은?

① 성냥불
② 석유
③ 물
④ 비눗물

**216** 산소용접기 취급 주의에 위배되는 것은?

① 산소 사용 후 용기가 비어있을 때는 반드시 밸브를 잠궈 둘 것
② 항상 기름을 칠하여 밸브조작이 잘 되도록 할 것
③ 밸브의 개폐는 조용히 할 것
④ 용기는 항상 40℃ 이하로 유지할 것

**217** 연소이론에 맞지 않는 것은?

① 인화점이 낮을수록 착화점이 낮다.
② 인화점이 높을수록 위험성이 크다.
③ 연소 범위가 넓을수록 위험성이 크다.
④ 착화온도가 낮을수록 위험성이 크다.

**218** 산소 용접 시 필요한 조치사항 중 틀린 것은?

① 용접 시작 전에 소화기를 준비한다.
② 산소와 아세틸렌비율을 4:2로 열고 불을 붙인다.
③ 역화 시 산소밸브를 먼저 잠근다.
④ 용기는 작업장에서 일정 거리를 유지한다.

**해설** 산소와 아세틸렌비율은 1:1로 한다.

**219** 가스화재를 일으키는 가연물질로만 되어 있는 것은?

① 에탄, 프로판, 부탄, 등유, 가솔린
② 에탄, 메탄, 부탄, 가솔린, 경유
③ 메탄, 에탄, 프로판, 부탄, 수소
④ 에탄, 프로판, 부탄, 펜탄, 가솔린

**해설** 가연물질로는 아세틸렌, 에틸렌, 메탄, 에탄, 프로판, 부탄, 펜탄, 가솔린 등이 있다.

**220** 다음 중 연소의 3요소가 아닌 것은?

① 가연물        ② 물
③ 산소          ④ 점화원

**221** 아세틸렌 용기에 대한 설명이다. 맞는 것은?

① 용기의 색상은 황색이다.
② 용기를 운반 시에는 보호 캡을 하지 않아도 무방하다.
③ 용기의 보관온도는 60℃ 이하로 유지한다.
④ 용기의 누설검사는 그리스로 하는 것이 가장 좋다.

**해설** 아세틸렌 용기의 색은 황색이며, 아세틸렌 용기는 40℃이하를 유지한다. 보호캡을 사용하고 누설검사는 비눗물을 사용하는 것이 가장 좋다.

**222** 가스용기를 보관하는 방법 중 틀린 것은?

① 산소용기 밸브, 조정기는 기름이 묻지 않게 한다.
② 산소용기 속에 다른 가스를 혼합해서는 안된다.
③ 산소와 아세틸렌용기는 같이 보관한다.
④ 가스용기의 온도는 40℃이하로 보관한다.

**223** 가스용접에서 산소통은 직사광선을 피하여 몇 ℃이하에서 보관해야 하는가?

① 20          ② 40
③ 60          ④ 80

**224** 용접 작업 시 안전수칙으로 올바르지 못한 것은?

① 가스용접 작업 시 적당한 보호안경을 반드시 착용한다.

② 가스용접 시 소화기 준비, 환기에 주의하고 토치를 과열토록 한다.

③ 아크용접작업 시 먼지, 습도, 고온에 주의한다.

④ 가스용접 시 그리스나 기름이 묻은 복장은 불이 붙을 위험이 있어 절대 착용하지 않는다.

**225** 가스 화재는 어떠한 화재에 포함시켜 취급하고 있는가?

① 일반화재          ② 유류화재

③ 전기화재          ④ 금속화재

> **해설** A급 : 일반 가연물의 화재
> B급 : 유류에 의한 화재
> C급 : 전기 화재
> D급 : 금속 화재

**226** 아세틸렌 접촉부분에 구리의 함유량이 70% 이상의 구리합금을 사용하면 안되는 이유는?

① 아세틸렌이 부식되므로

② 아세틸렌이 구리를 부식시키므로

③ 폭발성이 있는 화합물을 생산하므로

④ 구리가 가열되므로

**227** 다음 중 유류 화재에 해당하는 것은?

① A급 화재          ② B급 화재

③ C급 화재          ④ D급 화재

> **해설** A급 : 일반 가연물의 화재
> B급 : 유류에 의한 화재
> C급 : 전기 화재
> D급 : 금속 화재

**228** 전기아크용접 시 적절한 보호구를 모두 고른 것은?

> 가. 용접 헬멧          나. 가죽장갑
> 다. 가죽 웃옷          라. 안전화
> 마. 토치 라이터

① 가, 나, 마

② 가, 나, 다

③ 나, 다, 라, 마

④ 가, 나, 다, 라

**229** 납땜 작업도중 염산이 몸에 묻으면 어떻게 응급조치를 해야 하는가?

① 황산을 바른다.

② 물로 빨리 세척한다.

③ 손으로 문지른다.

④ 그냥 두어도 상관없다.

**230** 일반적으로 가스 용접 시 아세틸렌 용접기에서 사용하는 아세틸렌 고무호스의 색깔은?

① 백색          ② 적색

③ 노란색        ④ 청색

> **해설** 산소호스는 청색, 아세틸렌 호스는 적색이다.

**231** 다음은 용접의 장점에 대한 설명이다. 옳지 않은 것은?

① 리벳 접합에 비하여 강도가 크다.
② 기밀을 쉽게 할 수 있다.
③ 사용 재료가 겹쳐지므로 경비가 드는 것이 결점이다.
④ 구조물의 각 부분의 성능에 적합한 재료를 자유로이 선택할 수 있다.

**232** 용접작업의 순서를 바르게 설명한 것은?

① 용접모재 준비 → 청결유지 → 예열 → 용접 → 검사
② 용접모재 준비 → 검사 → 용접 → 예열 → 청결유지
③ 용접모재 준비 → 예열 → 용접 → 검사 → 청결유지
④ 용접모재 준비 → 용접 → 예열 → 검사 → 청결유지

**233** 이론적으로 아세틸렌을 완전 연소시키려면 산소와 아세틸렌의 비율이 얼마이면 되는가?

① 2 : 1          ② 1 : 1
③ 2 : 5          ④ 2 : 3

**234** 가스용접 시 역화가 발생한다. 역화의 발생 원인이 아닌 것은?

① 팁 끝이 모재가 부딪혔을 때
② 스패터가 팁의 끝부분에 덮혔을 때
③ 아세틸렌의 압력이 높을 때
④ 토치에 먼지나 물방울이 들어갔을 때

**235** 공업용 가스의 도색 표시가 틀린 것은?

① 액화암모니아 - 청색
② 아세틸렌 - 황색
③ 수소 - 주황색
④ 액화염소 - 갈색

**해설** 가연성 가스 및 독성가스의 용기
• 액화암모니아 : 백색
• 아세틸렌 : 황색
• 수소 : 주황색
• 액화염소 : 갈색
• 액화석유가스 : 회색

**236** 용접의 장점이 아닌 것은?

① 자재가 절약된다.
② 공정수를 줄일 수 있다.
③ 응력 집중이 대해 민감하다.
④ 이음 효율이 향상된다.

**237** 용접법을 대분류하여 3종류로 나뉜다. 3종류에 해당하지 않는 것은?

① 아크용접          ② 융접
③ 압접             ④ 납땜

**238** 아크용접의 주된 결함에 해당하지 않는 것은?

① 오버랩            ② 기공
③ 언더랩            ④ 슬래그 썩임

**해설** • 오버랩 : 용융금속이 모재와 융합되어 모재의 위에 겹쳐지는 상태
• 기공 : 용착금속 속에 남아 있는 가스로 인한 작은 구멍
• 슬래그 섞임 : 놓은 피복제가 용착금속 표면에 떠 있거나 용착금속 속에 남아 있는 것
• 언더컷 : 용접선 끝에 생기는 작은 홈

**239** 아크 용접봉의 피복제 역할로 틀린 것은?

① 산소와 질소의 침입을 방지하고 용융금속을 보호한다.

② 용접금속의 탈산 및 정련작용을 한다.

③ 용적을 미세화하고 용착효율을 높인다.

④ 전기 통전 작용을 한다.

**해설** ① 산소와 질수의 침입을 방지하고 용융금속을 보호한다.
② 아크를 안정되게 한다.
③ 용융점이 낮은 가벼운 슬래그를 만든다.
④ 용접금속의 탈산 및 정련작용을 한다.
⑤ 용접금속에 적당한 합금원소를 첨가한다.
⑥ 용적을 미세화하고 용착 효율을 높인다.
⑦ 용융금속의 응고와 냉각속도를 지연시켜 준다.
⑧ 모든 자세의 용접을 가능케 한다.
⑨ 슬래그의 제거가 쉽고 파형이 고운 비이드를 만든다.
⑩ 모재 표면의 산화물을 제거하여 완전한 용접이 되게 한다.
⑪ 전기 절연 작용을 한다.

**240** 용접부에 잔류응력이 발생한다. 잔류응력을 제거하기 위한 열처리는?

① 뜨임　　② 풀림
③ 담금질　　④ 불림

**241** 비드의 표면을 덮어 대기의 접촉에 의한 급냉을 차단하고 산소와 질소를 막아줌으로써 용접 금속을 보호하는 기능을 하는 것은?

① 스패터　　② 슬래그
③ 용제　　④ 아크

**242** 다음 중 용접에 해당하지 않는 것은?

① 가스용접　　② 테르밋 용접
③ 아크용접　　④ 전기저항용접

**243** 전기저항 용접은 압접에 해당된다. 전기저항 용접의 종류가 아닌 것은?

① 스폿용접
② 원자 수소 용접
③ 프로젝션 용접
④ 심용접

**244** 다음은 용접자세에 대한 기호를 설명한 것이다. 바르게 연결된 것은?

① H - 수평자세
② OH - 수평
③ V- 위보기
④ F - 하향

**해설** 용접의 자세
• F : 아래보기　　• V : 수직
• OH : 위 보기　　• H : 수평
• H-Fil : 수평 자세 필릿

**245** 아세틸렌($C_2H_2$) 가스로 용접이나 절단을 위한 조건으로 틀린 것은?

① 불꽃의 온도가 높을 것
② 연소속도가 빠를 것
③ 용융금속과 화학 반응을 일으키지 않을 것
④ 발열량이 작을 것

**246** 아세틸렌 가스를 대신할 수 없는 가스는?

① 수소
② 산소
③ 도시가스
④ LPG

**247** 아세틸렌은 탄화수소 중 가장 불완전한 가스이므로 위험성을 내포하고 있다. 주의사항이 아닌 것은?

① 2기압 이상으로 압축하면 폭발을 일으킬 수 있다.
② 공기, 산소와 혼합된 경우에는 불꽃 또는 불티 등에 의해 착화 폭발할 수 있다.
③ 아세틸렌 용기 및 배관을 만드는 경우 구리 및 구리합금을 사용해서 안된다.
④ 공기 중에서 가열하여 500℃ 부근에서 자연 발화한다.

해설 아세틸렌 구리, 아세틸렌 은, 아세틸렌 수은 등이 되면 건조 상태의 120℃ 부근에서 맹렬한 폭발성을 가지게 되므로 아세틸렌 용기 및 배관을 구리 및 구리 합금을 사용하면 안되며, 공기 중에서 가열하여 406~408℃ 부근에 도달하면 자연 발화를 하고 505~515℃가 되면 폭발이 일어난다.

**248** 가스용접에서 용접토치의 팁이 막히면 산소가 아세틸렌 도관 내에서 흘러들어가 수봉식 안전기로 들어가게 되는 현상은?

① 역화          ② 역류
③ 역전          ④ 인화

**249** 토치의 취급을 잘못될 때 순간적으로 불꽃이 토치의 팁 끝에서 "빵" 소리를 내며 불길이 기어들어갔다가 곧 정상이 되거나, 완전히 불길이 꺼지는 현상은?

① 역화
② 역류
③ 역전
④ 인화

**250** 다음 중 역화의 원인이 아닌 것은?

① 팁 끝이 모재에 부딪혔을 때
② 스패터가 팁의 끝부분에 덮혔을 때
③ 아세틸렌의 압력이 높을 때
④ 토치에 먼지나 물방울이 들어갔을 때

**251** 다음은 무슨 현상인가?

> 가. 불꽃이 혼합실까지 밀려 들어오는 것으로 다시 불완전한 안전기를 지나 발생기에까지 들어오면 폭발을 일으킨다.
> 나. 팁의 과열
> 다. 팁 끝의 막힘
> 라. 팁 죔의 불충분
> 마. 기구의 연결 불량 등

① 역화          ② 역류
③ 역전          ④ 인화

**252** 다음은 가스용접에 모재와 불꽃과의 거리로 적당한 것은?

① 0~1mm       ② 2~3mm
③ 5~7mm       ④ 10~15mm

**253** 다음 중 토치의 팁번호를 옳게 설명한 것은?

① A형이란 팁의 구멍 지름을 나타낸다.
② A형이란 팁의 순번을 나타낸 번호이다.
③ B형이란 1시간당 아세틸렌 소비량을 나타낸 것이다.
④ B형이란 1분간 산소 소비량을 나타낸 것이다.

**254** 직류 아크용접 방법 중 모재를 (+)극에, 용접봉을 (-)극에 연결하여 용접하는 방법은?

① 역극성　　　　② 정극성
③ 용극성　　　　④ 비용극성

해설 정극성은 모재에 +극을 용접봉을 -극에 연결하는 방법으로 두꺼운 판재의 용접에 쓰이며, 역극성은 극을 반대로 연결한다.

**255** 다음 E4301에서 43은 무엇을 표시하는가?

① 피복제의 종류
② 용착 금속의 최저 인장강도
③ 피복제의 종류와 용접 자세
④ 아크 용접시의 사용전류

**256** 다음 중 아크용접의 전류의 세기와 관계가 없는 것은?

① 스패터　　　　② 슬래그
③ 오버랩　　　　④ 언더컷

**257** 다음 중 용접봉의 피복제에 습기가 많을 때 용접결과물에 발생하는 현상은?

① 기공의 생긴다.
② 언더컷 발생한다.
③ 오버랩이 발생한다.
④ 크레이터가 생긴다.

**258** 다음 중 불활성 가스용접에서 불활성 가스로 사용되는 가스로 올바르게 짝지어진 것은?

① 수소, 아세틸렌

② 수소, 네온
③ 아르곤, 헬륨
④ 헬륨, 수소

**259** 다음 중 아르곤, 헬륨 등의 불활성 가스에 텅스텐 용접봉을 사용하는 용접방법은?

① CO₂ 용접　　② 서브머지드 용접
③ MIG 용접　　④ TIG 용접

**260** 다음 중 용접의 고속화와 자동화를 위해 입상의 용제를 사용하는 용접법은?

① 시임 용접
② 버트 용접
③ 서브머지드 아크용접
④ 불활성 가스 아크용접

**261** 점용접의 3대 요소가 아닌 것은?

① 도전율　　　　② 가압율
③ 용접 전류　　　④ 통전시간

해설 $Q = 0.24I^2RT$
여기서, Q : 저항열(cal)　I : 전류(A)
　　　　R : 저항(Ω)
　　　　T : 통전시간(sec)
※ 점용접의 3대 요소 : 용접 전류, 가압력, 통전시간

**262** 다음 중 경납에 해당되지 않는 재료 무엇인가?

① 은납　　　　② 황동납
③ 연납　　　　④ 인동납

해설 납땜에는 연납과 경납으로 구분되며 경납의 재료는 은납, 동납과 황동납, 인동납, 알루미늄납이 있다. 연납의 용점은 450℃이하, 경납은 450℃ 이상에서 이루어진다.

**263** 다음 중 연납과 경납을 구분하는 온도는?

① 400℃      ② 425℃

③ 450℃      ④ 500℃

**264** 다음 중 연납용 용제로 사용하지 않는 것은?

① 붕사      ② 붕산

③ 염화구리      ④ 염화나트륨

**265** 기계작업에서 적당하지 않은 것은?

① 구멍깎기 작업 시에는 기계 운전중에도 구멍 속을 청소해야 한다.

② 운전 중에는 다듬면을 검사하지 말 것

③ 칫수 측정은 운전 중에 하지 말 것

④ 베드 및 테이블의 면을 공구대 대용으로 쓰지 말 것

**266** 다음 중 공구 재해를 막기 위한 방법이 아닌 것은?

① 결합이 없는 공구를 사용

② 작업에 적당한 공구를 선택하여 사용

③ 공구의 올바른 취급과 사용

④ 공구는 임의의 편리한 장소에 보관 사용

**267** 공기 공구를 사용할 때의 주의사항이다. 거리가 먼 것은?

① 공기공구 사용 시 차광안경을 착용한다.

② 호스는 공기압력을 견딜 수 있는 것을 사용한다.

③ 사용 중 고무호스가 꺾이지 않도록 주의한다.

④ 공기 압축기의 활동부는 윤활유 상태를 점검한다.

**268** 전기에 의한 화재의 진화 작업 시 사용해야할 소화기는?

① 탄산가스 소화기

② 산, 알카리 소화기

③ 포말 소화기

④ 물소화기

**269** 다음은 공기 압축기의 설치 장소에 대한 설명이다. 틀린 것은?

① 급유 및 점검 등이 용이한 장소일 것

② 습기와 도료가 많은 곳은 통풍이 안되게 설치할 것

③ 실온이 40℃이상 되는 고온장소에서 설치하지 말 것

④ 타 기계 설비와의 이격거리는 최소 1.5m 이상 유지될 것

**270** 다음 중 장갑을 착용해도 좋은 작업은?

① 선반작업

② 해머작업

③ 분해 · 조립작업

④ 그라인더작업

**해설** 선반작업은 회전하는 물체를 가까이 가공해야하므로 장갑을 착용해서는 안되며, 해머작업 시 장갑을 착용하면 해머가 미끄러져 사고가 발생할 수 있다. 분해 · 조립을 할 때에는 장갑의 이물질이 조립단계에서 영향을 미칠 수 있으므로 착용하지 않는다.

PART

# 2

# 농업기계 요소

# 농업기계 요소란

농\업\기\계\요\소

농업기계 요소(Agriculture Machine Design)는 설계를 말한다. 기계의 구조와 기구 등을 기획하고 적절한 재료와 모양, 치수 등을 고려하여 제작 전 시뮬레이션 하는 작업이다.

## ❶ 농업기계 요소의 종류

대표적인 농업기계 요소로는 볼트, 너트, 키, 핀, 축 및 축이음, 베어링, 벨트, 기어 스프링, 브레이크, 코터 등과 같은 다양한 부품을 농업기계 요소가 될 것이다.

**(1) 체결용 요소** : 부품 2개 이상을 하나로 결합할 때 필요한 요소

※ 볼트와 너트, 와셔, 키, 핀, 코터, 리벳, 용접 등

**(2) 동력 전달용 요소** : 동력을 전달하는 기계요소

※ 축, 축이음, 베어링, 기어, 벨트, 체인, 로프 등

**(3) 동력 제어용 요소** : 동력을 제어, 제동하는 기계요소

※ 클러치, 브레이크, 플라이 휠, 스프링 등

**(4) 관계용 요소** : 유체, 기체가 유동할 수 있도록 구성된 기계요소

※ 유체, 기름, 공기(압축공기 포함), 수송관, 관이음, 밸브 등

## ❷ 단위계

### (1) 기본단위

기본단위란 독립된 차원을 갖는 것으로 간주되는 7가지의 단위를 말한다.

※ 길이(m), 질량(kg), 시간(S), 전류(A), 온도(K), 물질량(mol), 광도(cd)

**[표] SI단위**

| 구분 | 명칭 | 기호 |
|------|------|------|
| 길이 | 미터 | m |
| 질량 | 킬로그램 | kg |
| 시간 | 초 | S |
| 전류 | 암페어 | A |
| 온도 | 켈빈 | K |
| 물질량 | 몰 | mol |
| 광도 | 칸델라 | cd |

※ SI단위계는 측정단위를 국제적으로 통일한 체계를 말한다.

## (2) 유도단위

서로 관련된 양들을 연결시키는 대수 관계에 따라 단위 등을 조합하여 이루어진 단위를 말한다.

※ N(힘), 압력 또는 응력(Pa), 에너지, 일, 열량(J), 주파수(Hz) 등이 있다.

## (3) 보조단위

평면각, 입체각 등 기하학적으로 정의된 2개의 단위만이 보조 단위로 인정되어 있다.

※ 평면각의 단위 : 라디안(rad, radian), 입체각의 단위 : 스테라디안(sr, steraian)

## (4) 조립단위

기본단위와 보조단위를 사용하여 대수적인 관계로 구성된 것을 조립단위라고 한다.

[표] 조립 단위

| 구분 | 명칭 | 기호 | 정의 |
|---|---|---|---|
| 주파수 | 헤르츠 | Hz | $s^{-1}$ |
| 힘 | 뉴턴 | N | $kg \cdot m/s^2$ |
| 압력, 응력 | 파스칼 | Pa | $N/m^2$ |
| 에너지, 일량, 열량 | 줄 | J | $N \cdot m$ |
| 작업률(공률) | 와트 | W | J/s |
| 전기량, 전하량 | 쿨롱 | C | $A \cdot s$ |
| 전압, 전위차 | 볼트 | V | J/c |
| 정전 용량 | 패럿 | F | C/A |
| 자속밀도 | 테슬라 | T | $Wb/m^2$ |
| 전기저항 | 옴 | Ω | V/A |
| 온도 | 셀시우스도 | ℃ | $t℃ = (t + 273.15)K$ |
| 조도 | 럭스 | lx | $lm/m^2$ |

※ 주파수, 힘, 압력 및 응력, 에너지, 작업률은 기계설계에 필수적인 사항이므로 꼭 기억해야 합니다.

## (5) 하중

농업기계가 작동하여 에너지의 흡수, 전달, 변화 등을 위해 각 요소(부품)에 다양한 종류의 힘이 작용하게 되는데 이와 같은 힘을 하중이라고 한다.

### 가) 방향에 따른 하중의 종류

① **인장 하중**(tension load) : 재료를 축 방향으로 늘어나게 작용하는 하중

② **압축 하중**(compression load) : 재료를 축방향으로 누르는 하중

③ **전단 하중**(shear load) : 재료를 가로 방향으로 자르는 하중(가위로 종이를 자르는 형태로 생각하면 된다.)

④ **굽힘 하중**(bending load): 재료를 구부려 휘어지도록 작용하는 하중

⑤ **비틀림 하중**(torsion load) : 재료가 비틀어지도록 하게 작용하는 하중

## 나) 속도에 따른 하중의 종류

① **정하중**(static load) : 일정한 속도로 매우 느리게 가해지는 하중 또는 가벼운 상태에서 정지하고 있는 하중

② **동하중**(dynamic load) : 하중이 가해지는 속도가 빠르고, 시간에 따라 하중의 크기와 방향이 변하거나 작용점이 변하는 하중

- 변동하중 : 불규칙한 작용을 하는 하중으로 진폭 주기가 모두 변화하는 하중
- 반복하중 : 힘의 방향은 변하지 않고, 연속 반복 작용하는 하중으로서 진폭과 주기가 일정한 하중
- 교번하중 : 하중의 크기와 그 방향이 충격 없이 주기적으로 변화하는 하중
- 충격하중 : 비교적 단시간에 충격적으로 작용하는 하중
- 이동 하중 : 물체 위를 이동하며 작용하는 하중

## (6) 응력(Stress)

하중이 어떤 물체에 걸리면 그 재료의 내부에는 이에 대항하는 힘이 생겨 균형을 이루게 된다. 이 저항력을 응력이라고 한다.

### 가) 응력의 종류

① **인장응력**(tensile stress) : 재료를 서로 당길 때 내부에서 대항하는 힘은 면적에 반비례한다.

$$\sigma_t \,(\mathrm{N/cm^2}) = \frac{W_t}{A}$$

$W_t(\mathrm{N})$ : 인장력(당기는 힘)   $A(\mathrm{cm^2})$ : 단면적

② **압축응력**(compression stress) : 재료가 압축력이 작용할 때 내부에서 대항하는 힘 또한 면적에 반비례한다.

$$\sigma_c \,(\mathrm{N/cm^2}) = \frac{W_c}{A}$$

$W_c(\mathrm{N})$ : 압축력(누르는 힘)   $A(\mathrm{cm^2})$ : 단면적

③ **전단응력**(shearing stress) : 재료의 접선방향으로 외력을 받을 때 내부에서 대항하는 힘 또한 면적에 반비례 한다.

$$\sigma_s \,(\mathrm{N/cm^2}) = \frac{W_s}{A}$$

$W_s(\mathrm{N})$ : 외력력(접선방향의 힘)   $A(\mathrm{cm^2})$ : 단면적

### ❸ 응력과 변형률

재료를 시험하여 얻어질 결과로 재료에 작용하는 응력과 변형률의 관계를 선도로 나타낸 것을 응력·변형률 선도라고 한다. 재료에 따라 변형량은 다르지만 전체적인 그래프의 형상은 비슷하게 나타나는 것을 알 수 있다.

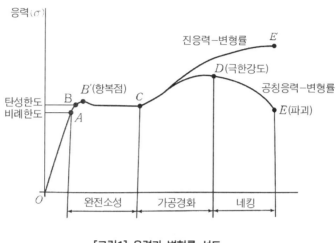

[그림1] 응력과 변형률 선도

① **비례한도(OA)** : 응력과 변형이 비례적으로 증가하거나 감소하는 부분
② **탄성한도(OB)** : 응력을 제거할 때 변형이 없어지는 성질이 탄성이고, 그 한계의 응력을 탄성한도라고 한다.
③ **소성변형(B ~ C)** : 응력이 크면 응력을 제거하여도 변형이 완전히 없어지지 않고 그대로 남아 있는 상태의 변형을 소성변형이라고 한다.
④ **항복점(B′)** : 응력을 증가시키지 않아도 변형이 연속적으로 갑자기 커지는 상태의 응력을 말한다.
⑤ **극한 강도(D)** : 재료가 견딜 수 있는 최대의 응력을 말한다.

### ❹ 훅의 법칙(Hook's law)

재료 시험에서 비례한도 이내에서 응력과 변형률은 비례하다는 것에 대한 법칙이다. 비례 상수를 탄성률이라 하고 재료에 따라 각각 일정한 값을 갖는다.

$$\frac{응력(\sigma)}{변형률(\epsilon)} = E(탄성률)$$

## (1) 세로 탄성 계수

인장 또는 압축의 경우, 수직응력 σ와 그 방향의 세로변형을 ε과의 비를 세로탄성계수(E), 세로 탄성률 또는 영률(young's modulus)이라고 한다.

$l$ : 길이(mm), $\lambda$ : 늘음 또는 줄음(mm), $W$ : 단면적 A의 재료에 축하중(N)일 때

$$E = \frac{\sigma}{\epsilon} = \frac{Wl}{A\lambda}$$

$$\lambda = \frac{Wl}{AE} = \frac{\sigma l}{E}$$

## (2) 가로 탄성 계수

전단 응력 τ와 전단 변형률 γ와의 사이 비례상수(G)를 가로 탄성 계수, 전단 탄성 계수, 가로 탄성률 이라고 한다.

$l$ : 떨어진 거리, $A$ : 재료의 단면적, $W_s$ : 전단하중, $\lambda_s$ : 미끄럼 변형량, $\varnothing$ : 전단각

$$\tau = \frac{W_s}{A}, \gamma = \frac{\lambda_s}{l} = \varnothing$$

$$G = \frac{\tau}{\gamma} = \frac{W_s l}{A\lambda_s} = \frac{W_s}{A\varnothing}$$

$$\lambda_s = \frac{W_s l}{AG} = \frac{\gamma l}{G}, \varnothing = \frac{W_s}{AG}$$

## (3) 프와송비

탄성한도 내에서 가로와 세로의 변형률 비는 재료에 따라 일정한 값을 갖는다. 이것을 프와송 비 (Poisson's ratio)라고 한다. 아래 식에서 m은 프와송 수라고 한다.

$$\frac{\text{가로변형률}(\epsilon')}{\text{세로 변형률}(\epsilon)} = \frac{1}{m} (\text{프와송비})$$

$$E = \frac{2G(m+1)}{m}$$

$$G = \frac{mE}{2(m+1)}$$

$$m = \frac{2G}{E-2G}$$

# Chapter : 2

# 농업기계 재료

농\업\기\계\요\소

농업기계의 재료에는 철, 강, 주철, 합금강, 비철 금속, 합금, 비금속 재료 등 종류가 다양하다. 최근에는 신소재로 탄소섬유, 유리섬유, 기능성 고분자 플라스틱 등을 사용하고 있으므로 재료에 대한 특성과 기능에 적합하게 선택 활용, 응용해야 사용할 수 있다.

농업기계의 재료에는 기계적 성질, 물리, 화학적 성질, 가공법, 내식성, 열처리법, 가공성과 경제성에 대해 충분히 파악하고, 경우에 따라 진동에 대한, 방청에 대한, 전자적 성질, 외관 등을 고려하여 재료를 선택해야 한다.

## ❶ 재료의 피로

재료 내의 응력은 일정함에도 변형률이 시간의 경과에 재료가 변형되거나 파괴로 가는 과정을 크리프(Creeep)라고 하고, 응력이 시간에 따라 변하는 동하중에 재료가 파괴되는 것을 피로 파괴라고 한다.

> **TIP | 중요용어**
>
> ● 크리프 : 재료 내의 응력은 일정함에도 변형률이 시간의 경과에 재료가 변형되거나 파괴로 가는 과정
> ● 노치 효과 : 재료의 피로한도에 영향을 미치는 요소에는 단면의 형상이 급격히 변화하는 부분에 응력집중이 일어나므로 피로한도도 떨어지는 효과
> ● 치수 효과 : 동일한 재료일지라도 부재의 치수가 크게 되어 피로한도가 낮아지는 현상

## ❷ 피로하중의 종류

**가) 정하중** : 시간적으로나 공간적으로도 변화없이 정지한 하중

**나) 동하중**

① 일반 반복하중 : 반복적인 하중
② 편진하중 : 압축 또는 인장 어느 한쪽만 작용하는 반복하중
③ 양진하중 : 크기와 방향이 바뀌는 하중

## ❸ 치수공차와 끼워 맞춤

### (1) 치수 공차

치수에는 실제치수, 한계치수, 최대치수, 최소치수가 있다.

측정한 최대치수와 최소치수를 뺀 값을 공차라고 한다.

> 공차 = 최대 치수 − 최소 치수

### (2) 끼워 맞춤

기계부품이 서로 끼워 맞춰지는 관계를 끼워 맞춤이라고 한다.

#### 가) 끼워 맞춤의 종류

① **헐거운 끼워 맞춤** : b, c, d, e, f, g로 표시한다.

② **중간 끼워 맞춤** : j, k, m으로 표시한다.

③ **억지 끼워 맞춤** : n, p, r, s, t, u, x로 표시한다.

# Chapter : 3

# 체결용 요소설계

## ① 나사와 볼트, 너트

나선의 방향에 따라 오른나사와 왼나사가 있다. 오른나사는 축방향을 보고 시계 방향으로 돌렸을
때 전진하게 되며, 왼나사는 반시계방향으로 돌렸을 때 전진한다.

또한 나사에 한 줄의 나선에 의해 만들어진 나사와 여러 줄의 나선이 이는 여러 줄 나사도 있다.

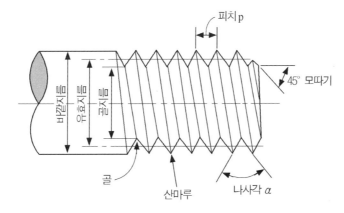

[그림2] 나사의 형상과 용어

## (1) 나사의 용어

### 가) 나사의 지름

① **바깥지름(d)** : 나사의 축에 직각으로 측정한 지름($d$)을 말하고, 나사의 크기는 나사의 바깥지름
으로 표시한다.

② **골지름(d₁)** : 수나사의 최소 지름이 되고, 암나사에 있어서는 최대의 지름이 된다.

③ **안지름** : 암나사의 최소지름을 말한다.

④ **유효지름(d₂)** : 바깥지름($d$)과 골지름($d_1$)의 평균지름이고 피치지름이라고도 한다.

$$d = \frac{d + d_1}{2}$$

여기서,  $d_2$ : 유효지름(mm)    $d$ : 바깥지름(mm)    $d_1$ : 골지름(mm)

**나) 나선곡선** : 원통 또는 원추의 표면에 따라 축방향의 평행한 운동과 축선 주위의 회전각의 비가 일정하게 된 점이 그리는 궤적

**다) 리드($l$)** : 나선곡선에 따라 원통의 둘레를 1회전하였을 때 축방향으로 이동한 거리

$$L = np$$

여기서, $L$ : 리드    $n$ : 나사의 줄 수    $p$ : 피치

※ 한줄 나사는 피치와 리드가 같다.

$$\tan\lambda = \frac{L}{\pi d_2}$$

여기서, $\lambda$ : 리드각(°)    $L$ : 리드(mm)    $d_2$ : 유효지름(mm)

**라) 피치($p$)** : 나사의 축선을 포함한 단면에서 서로 이웃한 나사산에 대응하는 2점 사이의 거리

**마) 비틀림각($\beta$)** : 나선 곡선상의 1점에서 나선곡선에 그린 접선과 나사축에 직각인 평면과 이루는 각도를 말하며, 나선각, 전진각 이라고도 한다.

$$\beta + \lambda = 90°$$

**바) 플랭크** : 나사산의 봉우리와 골밑을 연결하는 면을 말하며, 사면이 된다.

**사) 나사산의 각** : 나사의 축선을 포함한 단면형에 있어서 측정한 2개의 플랭크가 이루는 각

**아) 나사의 높이** : 나사의 축선을 포함한 단면형에 있어 산봉우리를 연결하는 직선과 골밑을 연결하는 직선과의 사이를 축선에 직각으로 측정한 거리

$$h = \frac{d - d_1}{2}$$

**자) 나사의 유효면적** : 유효지름과 수나사의 골지름과 평균값을 지름으로 하는 원통의 단면적을 나사의 유효면적이라고 한다.

$$유효단면적 = \frac{\pi}{4}\left(\frac{d_1 + d_2}{2}\right)^2 = \frac{\pi}{16}(d_1 + d_2)^2$$

## (2) 나사의 종류

나사는 형상, 지름, 피치 등은 표준화되어 있다. 삼각나사는 일반적으로 체결용으로 사용되며, 사다리꼴나사는 운동전달용, 톱니나사는 한 방향으로 강한 힘이 작용하는 경우 사용된다. 둥근나사는 큰 힘이 작용하는 경우에 사용된다.

### 가) 체결용 나사

#### □ 삼각나사

기계부품의 접합 또는 위치의 조정에 사용되는 나사로 체결용으로 주로 사용된다.

① **미터 나사** : 나사산의 각도는 60°이고 지름과 피치는 mm로 표시한다. 보통나사와 가는 나사로 구분된다.

② **유니파이 나사** : 나사산의 각도는 60°로 지름은 인치, 피치는 1인치에 대한 산의 수로 표한다. 보통나사, 가는나사, 아주 가는 나사로 구분한다.

③ **휘트워드 나사** : 나사산 각도는 55°로 지름은 인치, 피치는 1인치당 나사산 수로 표시한다.

④ **관용 나사** : 나사산의 각도는 55°이며, 관, 관용부품, 유체기계 등의 접촉에 사용하는 나사이며, 평형나사와 테이퍼나사가 있다.

⑤ **셀러 나사** : 나사산의 각도는 60°로, 산마루와 골의 각각 $p/8$로 평평하게 깎여 있으며, 미국 표준나사이다. 가는눈 나사, 초가는눈 나사, 8산 나사, 12산 나사, 16산 나사로 1인치 당 산의 수로 표시한다.

⑥ **BA나사** : 나사산의 각도는 47.5°로서 전기기구, 시계, 광학기계, 계기류 등에 쓰이는 나사이다.

⑦ **뢰벤헬츠나사** : 나사산의 각도는 53.8°로 계기류 등에 이용된다.

### 나) 운동용 나사

① **사각나사** : 바이스, 프레스 등 스러스트(추력)를 전달하는 강력한 운동전달용 나사이다.

② **사다리꼴나사** : 사각나사는 운동 전달용은 좋지만 생산기술이 어려워 이에 대한 대안으로 사다리꼴 나사를 많이 사용된다.

③ **톱니나사** : 나사산의 각도는 30°와 45°가 있으며, 착암기, 바이스, 압축기 등과 같이 힘의 방향이 항상 일정할 때 이용한다.

④ **둥근나사** : 나사산의 각도는 30°로 산마루와 골은 둥글게 되어 있으며, 먼지, 모래, 녹가루 등이 들어갈 염려가 있는 곳 또는 격동부분에 이용된다. 너클 나사, 원형 나사라고도 한다.

⑤ **볼나사** : 수나사와 너트의 헬릭스강 홈에 많은 볼을 배치한 나사로 수나사와 너트는 직선운동과 회전운동을 행한다. 보통나사에 비해 마찰계수가 작고, 전동효율은 90%이상이며, 수치제어 공작기계의 이송나사로 이용한다.

## (3) 나사설계 역학

### 가) 마찰계수와 자립조건

나사의 자립조건은 결합용 나사에서 나사를 조인 후에 힘을 제거하더라도 풀리지 않는 조건을 말한다. 나사의 설계 역학문제는 수직력과 평행력으로 나누어 생각할 수 있다.

#### ① 사각나사를 조일 때

힘의 평형법칙에 의하여 경사면의 평행법칙에 의하여 경사면의 평행력은 수직력에 의한 마찰력과 같으므로 다음과 같이 표현한다.

$$P\cos\lambda - Q\sin\lambda = \mu(P\sin\lambda + Q\cos\lambda)$$

$$P(\cos\lambda - \mu\sin\lambda) = Q(\sin\lambda + \mu\cos\lambda)$$

$$P = Q\frac{\sin\lambda + \mu\cos\lambda}{\cos\lambda - \mu\sin\lambda} = Q\frac{\tan\rho + \tan\lambda}{1 - \tan\rho\tan\lambda} = Q\tan(\rho + \lambda)$$

$$\tan\lambda = \frac{P}{\pi d_2}, \ \tan\rho = \mu$$

$$\therefore P = Q\frac{\mu\pi d_2 + p}{\pi d_2 - \mu p}$$

여기서, $Q$ : 축방향의 하중
$\mu$ : 나사면의 마찰계수($= \tan\rho$)
$P$ : 유효지름의 접선방향에 가해지는 나사의 회전력
$T$ : 회전토크

$$T = P \cdot r = Q \cdot \frac{\mu\pi d_2 + p}{\pi d_2 - \mu p}d$$

#### ② 사각 나사를 풀 때

하중을 밀어내릴 때는 나사를 죌 때와 같은 방향으로 마찰력을 고려하여

$$P'\cos\lambda + Q\sin\lambda = \mu(Q\cos\lambda - P'\sin\lambda)$$

$$\therefore P' = Q\tan(\rho - \lambda) = Q\frac{\mu\pi d_2 - p}{\pi d_2 + \mu p}$$

여기서, $Q$ : 축방향의 하중
$\mu$ : 나사면의 마찰계수($= \tan\rho$)
$P$ : 유효지름의 접선방향에 가해지는 나사의 회전력
$T$ : 회전토크

$$T = P' \cdot r = Q \cdot \frac{\mu\pi d_2 - p}{\pi d_2 + \mu p}$$

### ③ 삼각 나사의 경우

나사면에 작용하는 수직력은 $\dfrac{Q}{\cos\alpha}$가 되며, 삼각 나사의 경우에는 사각나사의 마찰계수 $\mu$ 대신 상당마찰계수 $\mu'(\mu\triangle)$를 사용한다. 마착각 $\rho$대신에 상당마찰각 $\rho'(=\triangle\rho)$을 사용한다.

$$\mu' = \frac{\mu}{\cos\alpha} = \tan\rho'$$

삼각 나사의 회전력은 다음과 같다.

$$P = Q\tan(\lambda + \rho') = Q\frac{\mu'\pi d_2 + p}{\pi d_2 - \mu' p}$$

## 나) 비틀림 모멘트

축 하중($Q$)에 저장하여 나사를 비트는 데 필요한 비틀림모멘트($T$)는 유효지름의 원둘레에 작용하므로 사각나사의 경우와 삼각나사의 경우 비틀림 모멘트는 다음과 같다.

① **사각나사의 경우** : $T = P\dfrac{d_2}{2} = Q\dfrac{d_2}{2}\tan(\rho + \lambda)$

② **삼각나사의 경우** : $T = P'\dfrac{d^2}{2} = Q\dfrac{d_2}{2}\tan(\rho' + \lambda)$

## 다) 나사의 효율

나사가 일회전하는 동안 실제로 행한 일량 중 몇 %가 유효한 일을 하였는가의 비율을 말한다.

$$\eta = \frac{\text{마찰이 없을때의 회전일량(유효한 일량)}}{\text{마찰이 있을 때의 회전일량(실제로 행한 일량)}}$$

### ① 사각나사의 효율

자립상태에서의 나사 효율은 $\lambda = \rho$인 상태이다.

$$\eta = \frac{\tan\lambda}{\tan(\lambda + \rho)} = \frac{\tan\rho}{\tan 2\rho} = \frac{1}{2}(1 - \tan^2\rho) < 0.5$$

### ② 삼각나사의 효율

결합용으로 주로 사용되는 삼각나사의 효율

$$\eta' = \frac{\tan\lambda}{\tan(\rho' + \lambda)} = \frac{p(\pi d_2 - \mu' p)}{\pi d_2(p + \mu'\pi d_2)}$$

## 라) 삼각나사와 사각나사의 특성

### ① 사각나사의 특성

- 운동용 나사로 사용한다.
- $\lambda$(리드각) > $\rho$(마찰각)가 되면 나사가 잘 풀어진다.

- 나사를 풀기 위해서 힘은 P < 0이 된다.
- 하중에 의해 자연스럽게 돌아가고, 잘 풀린다.
- 최대 효율은 50%이다.

② **삼각나사의 특성**
- 결합용 나사로 사용한다.
- λ(리드각) < ρ(마찰각)의 경우 P < 0으로 되고 하중을 하강시키기 위해서는 힘이 필요하다.
- 삼각나사는 자립의 상태를 유지하게 되므로 죔 볼트에 적합하다.

## (4) 나사설계

### 가) 볼트 설계 세가지 하중이 작용하는 경우 고려사항

① 축방향의 인장하중만을 받는 경우

② 축방향에 직각인 하중을 받아 전단하중을 발생시키는 경우

③ 축방향의 인장 또는 압축하중을 받으며 동시에 비틀림 모멘트를 받는 경우

### 나) 작용하는 하중에 따른 볼트 설계

① **축하중의 인장하중만을 받는 경우**

나사의 지름은 바깥지름으로 호칭으로 하고, 인장하중만 받기 때문에 이때 허용인장응력을 $\sigma_a$로 한다. 하중은 W로 하고 가장 약한 단면은 골단면이며, 응력집중이 생기므로 단면에 생기는 응력이 허용값 이하가 되도록 굵기를 결정하여 호칭크기를 선정해야 한다.

단면은 $A = \dfrac{\pi d_1^2}{4}$ ($d_1$ : 최소 단면적 계산)  $W = \dfrac{\pi d_1^2 \sigma_a}{4}$

$d_1 = \sqrt{\dfrac{4W}{\pi \sigma_a}}$ 따라서  $W = \dfrac{\pi}{4} d^2 \left(\dfrac{d_1}{d}\right)^2 \cdot \sigma_a$

여기서, $\left(\dfrac{d_1}{d}\right)^2$ 의 최소치는 보통 0.63으로 계산하므로  $W = \dfrac{1}{2} d^2 \sigma_a$가 된다.

$\therefore d = \sqrt{\dfrac{2W}{\sigma_a}}$

② **축하중에 직각인 하중을 받아 전단하중을 발생시키는 경우**

서로 미끄러지는 판을 체결하는 리머볼트는 축하중의 힘(체결력) $W$와 전단하중 $W_s$를 받는다. 물체의 두면 사이의 마찰계수를 $\mu$라 하면, 볼트에 작용하는 전단력 $F$는 $F = W_s - \mu W$가 된다.

$\tau_a = \dfrac{F}{A} = \dfrac{4(W_s - \mu W)}{\pi d_1^2}$

$\therefore d_1 = \sqrt{\dfrac{4(W_s - \mu W)}{\pi \tau_a}} \fallingdotseq \sqrt{\dfrac{4W_s}{\pi \tau_a}}$ (마찰을 무시할 때)

### ③ 축하중 W와 비틀림 모멘트 T를 동시에 받는 경우

축하중을 받고 있는 수나사에 끼워 맞춤되어 있는 암나사를 비트는 경우 축하중과 비틀림

모멘트를 동시에 받게 된다. 이때 축하중 W에 의한 볼트의 인장응력 $\sigma = \dfrac{W}{\dfrac{\pi}{4}d_1^2}$ 가 되고, 토크

T에 의한 볼트의 전단응력($T = \tau \cdot Z_p$)은 다음과 같다.

일반적으로  $T = 0.1\,Wd = 0.13\,Wd_1$

$$\tau = \frac{T}{\dfrac{\pi d_1^3}{16}} = \frac{0.13\,Wd_1}{\dfrac{\pi d_1^3}{16}} = 0.52\frac{W}{\dfrac{\pi d_1^2}{4}} = 0.52\sigma$$

$$\text{사각나사} : \tau = \frac{T}{\dfrac{\pi d_1^3}{16}} = \frac{W\tan(\lambda+\rho)\dfrac{d_2}{2}}{\dfrac{\pi d_1^3}{16}}$$

$$\text{삼각나사} : \tau' = \frac{W\tan(\lambda+\rho')\dfrac{d_2}{2}}{\dfrac{\pi d_1^3}{16}}$$

### ④ 압축응력과 전단력을 동시에 작용하는 파손이론

- 최대 주응력설 : $\sigma_{\max} = \dfrac{1}{2}\sigma + \dfrac{1}{2}\sqrt{\sigma^2 + 4\tau^2} \leqq \sigma_a$

- 최대 전단응력설 : $\tau_{\max} = \dfrac{1}{2}\sqrt{\sigma^2 + 4\tau^2} \leqq \tau_a$

- 전단 변형 에너지설 : $\tau_{\max} = \sqrt{\sigma^2 + 3\tau^2} \leqq \tau_a$

- 최대 주변형률설 : $\sigma_{\max} = 0.35\sigma + 0.65\sqrt{\sigma^2 + 4(\alpha_0\tau)^2} \leqq \sigma_a$

  여기서, $\alpha_0 = \dfrac{\sigma_{\max}}{1.3\tau_a}$ 이다.

∴ 최대주응력설을 적용할 경우 최대주변형률설은 응력이 30% 증가한다.

$$d = \sqrt{\frac{2\left(1+\dfrac{1}{3}\right)W}{\sigma_a}} = \sqrt{\frac{8W}{3\sigma_a}}$$

## ② 너트

### (1) 너트면의 허용 면압력

사각나사 등 운동나사에서는 나사의 접촉면 압력에 의해 너트의 높이를 결정한다. 그러므로 나사의 허용 면압력을 결정해야 한다.

$$q_m = \frac{Q}{n\frac{\pi}{4}(d^2 - d_1^2)} = \frac{Q}{n\frac{\pi}{4}(d+d_1)(d-d_1)}$$
$$= \frac{Q}{n\pi d_2 h} = \frac{W}{n\pi d_2 h}$$

여기서, $q_m$ : 평균압력($q_a$ : 허용면압력)

$n$ : 나사산의 수     $d_2$ : 유효지름

### (2) 너트의 높이

$$H = np = \frac{Qp}{\pi d_2 hq} = \frac{Wp}{\pi d_2 hq}$$

여기서, $p$ : 피치     $H$ : 너트의 높이

### (3) 나사의 부품

① **일반용 볼트** : 관통 볼트, 탭 볼트, 스터드 볼트, 양너트 볼트
② **특수용 볼트** : 전단 볼트(리머 볼트, 테이퍼 볼트, 링과 핀을 이용한 방법), 기초용 볼트, 스테이 볼트, 아이 볼트, 홈 볼트, 충격 볼트)
③ **특수용 너트**
④ **작은 나사 및 세트 스크류**

### (4) 너트의 풀림 방지법

① 탄성력이 있는 와셔를 사용하는 방법
② 로크 너트(잠금 너트)를 사용하는 방법
③ 세트스크루, 작은 나사 및 핀을 사용하는 방법
④ 클로 또는 철사를 사용하는 방법
⑤ 와셔의 일부를 접어 굽히거나 코킹하는 방법

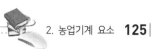

⑥ 너트의 측면에 금속편을 맞대는 방법

⑦ 분할핀을 사용하는 방법

⑧ 자리면에 가하는 힘을 이용하는 방법

⑨ 자동죔 너트에 의한 방법

## (5) 와셔

와셔는 너트 아랫면에 끼워 사용하는 부품이다.

① 볼트의 구멍이 클 때

② 내압이 작은 목재, 고무, 경합금 등에 볼트를 사용할 때

③ 볼트머리 및 너트를 바치는 면에 요철이 심할 때

④ 가스켓을 조일 때

⑤ 나사의 풀림방지를 시키고자 할 때

# Chapter 4

# 리벳이음

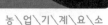

반영구적인 체결법으로 볼트, 너트 등의 체결법에 비하여 기계요소를 저렴한 비용으로 간단하게 결합시킬 수 있다. 리벳이음은 주로 힘의 전달과 강도만을 목적으로 하는 것과 기밀을 요하는 곳에 사용하는 것으로 나누어진다. 리벳팅 작업 후 코킹작업 또는 풀러링을 하여 기밀을 유지하게 하는 경우도 있다.

※ **리벳이 사용되는 예** : 가스탱크, 보일러 본체, 철근 구조물, 철교, 항공기, 선체 등

## ❶ 리벳의 분류

### (1) 모양에 의한 분류

① **열간 성형리벳** : 둥근머리 리벳, 접시머리 리벳, 둥근 접시머리 리벳, 납작머리 리벳, 보일러용 둥근 접시머리 리벳, 보일러용 둥근머리 리벳, 선박용 둥근 접시머리 리벳 등이 있다.

② **냉간 성형리벳** : 호칭지름 1~13mm에는 둥근머리 리벳, 작은 둥근머리 리벳, 접시머리리벳, 얇은 납작머리 리벳, 냄비머리 리벳이 있다.

### (2) 용도에 의한 분류

① **보일러용 리벳** : 고압용기에 사용하는 리벳으로 승압이나 공기압에 대한 강도 및 기밀을 필요로 한다.

② **용기용 리벳** : 물탱크, 굴뚝 등 비교적 저압용기에 주로 사용되는 리벳으로 기밀 또는 수밀을 필요로 한다.

③ **구조용 리벳** : 구조물, 교량, 크레인, 차량 등 구조용으로 사용되는 리벳으로 높은 강도를 필요로 하는 곳에 사용한다.

## ❷ 리베팅 작업

연결하고자 하는 두 물체에 구멍을 내고 그 사이에 리벳을 끼워 넣어 양쪽에 힘을 가해 양끝을 압착하여 고정하는 작업을 리베팅이라고 한다. 리베팅 후 기밀을 유지해야하는 부분에 리벳머리 주위와 연결한 판의 가장자리를 공구로 쳐서 기밀을 유지하는 작업을 코킹작업이라고 한다.

## ③ 리베팅의 종류

### (1) 이음형식에 의한 종류

① **겹치기 리벳이음** : 서로 겹쳐놓고 리베팅하는 경우로 한줄, 두줄, 세줄 겹치기 이음을 한다.

② **맞대기 리벳이음** : 강판을 맞대어 놓고, 아래위로 덮개판을 붙이고 리벳 이음하는 방식이다.

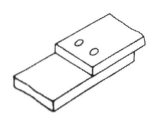

[그림3] 겹치기 리벳이음

덮개판

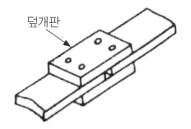

[그림4] 맞대기 리벳이음

### (2) 리벳 배열형상에 의한 종류

① 평행형 리벳이음        ② 지그 재그형 리벳이음

## ④ 리벳이음의 강도

① 리벳이 전단되는 경우 : $W = \dfrac{\pi d_2}{4} \tau n$

② 리벳구멍 사이의 강판이 절단되는 경우 : $W = \sigma_t (p - d) t$

③ 강판의 가장자리 전단에 의해 갈라지는 경우

$$W = 2et\tau' \text{ 안전을 고려하면 } W = 4\left(e - \frac{d}{2}\right)t\tau'$$

④ 리벳 또는 리벳구멍이 압축 파괴되는 경우 : $W = td\sigma_c$

⑤ 강판의 가장자리에 굽힘에 의해 절개되는 경우

$$M = \frac{Wd}{8} = \sigma_b \qquad Z = \sigma_b \frac{1}{6} t \left(e - \frac{d}{2}\right)^2$$

$$W = \frac{(2e - d)^2 t\sigma_b}{3d}$$

위 수식에 대한 항목

    $W$ : 인장하중            $p$ : 리벳의 피치               $t$ : 강판의 두께

    $d$ : 리벳의 지름 또는 구멍지름     $e$ : 리벳의 중심에서 강판의 가장자리까지의 거리

    $\tau$ : 리벳의 전단응력       $\tau'$ : 강판의 전단응력         $\sigma_b$ : 굽힘 응력

    $\sigma_t$ : 강판의 인장응력     $\sigma_c$ : 리벳 또는 강판의 압축응력      $n$ : 리벳의 수

## ⑤ 리벳효율

리벳이음의 파괴강도와 리벳이음이 없는 강판의 파괴강도와의 비를 나타낸다.

### (1) 리벳이 전단되는 경우 리벳의 효율

$$\eta_1 = \frac{\text{리벳의 전단강도}}{\text{리벳구멍이 없는 강판의 인장강도}}$$

$$\eta_1 = \frac{\frac{1}{4}d^2\tau z}{pt\sigma_t} (\text{단열 단일 전단면의 경우})$$
$$\because (z : 1\text{피치 내에 있는 리벳의 전단되는 면의 수})$$

$$\eta_1 = \frac{1.8\frac{\pi}{4}d^2\tau z}{pt\sigma_t} (\text{단열 복전단면의 경우})$$

### (2) 리벳구멍 사이의 강판이 절단되는 경우(강판의 효율)

$$\eta_2 = \frac{\text{리벳구멍이 있는 강판의 인장강도}}{\text{리벳구멍이 없는 강판의 인장강도}}$$

$$\eta_2 = \frac{(p-d)t\sigma_t}{pt\sigma_t} = \frac{(p-d)}{p} = 1 - \frac{d}{p}$$

### (3) 강판의 가장자리가 갈라지는 경우

$$\eta_3 = \frac{2et\tau'}{pt\sigma_t} = \frac{2e\tau'}{p\sigma_t}$$

$(e \geqq 1.5d$일 때는 파괴가 일어나지 않는다)

### (4) 리벳 또는 리벳구멍이 압축파괴 되는 경우

$$\eta_4 = \frac{dt\sigma_c}{pt\sigma_t} = \frac{d\sigma_c}{p\sigma_t}$$

### (5) 강판의 가장자리에 굽힘에 의해 절개되는 경우

$$\eta_5 = \frac{(2e-d)^2\sigma_t}{3dp\sigma_t} = \frac{(2e-d)^2}{3dp}$$

## (6) 연합 효율

2줄 또는 3줄의 양덮개판 맞대기 이음과 같이 가장 바깥쪽의 전단과 2줄의 리벳 사이의 강판과 절단이 동기에 일어나는 효율을 연합 효율이라고 한다.

$$\eta_6 = \frac{\frac{\pi}{4}d^2\tau + (p - zd)t\sigma_t}{pt\sigma_t} = \frac{\frac{\pi}{4}d^2\tau}{pt\sigma_t} + \frac{p - zd}{p} = \eta_1 + \eta_2$$

## 6 기밀과 강도를 필요로 하는 리벳이음

보일러와 압력용기의 리벳이음처럼 기밀이나 수밀이 필요로 하는 리벳 이음은 리벳팅 후 코킹 작업을 해야 한다.

## (1) 원통형 동체의 설계 중 세로이음의 강도

원통형 동체가 내부압력을 받을 때, 파괴는 세로 단면에서 일어나는 경우

$$\sigma_t = \frac{pD}{2t} = \frac{pr}{t}$$

여기서, $\sigma_t$ : 강판의 인장강도(kgf/㎠)

$p$ : 증기의 사용압력(kgf/㎠)

$D$ : 보일러 동체의 안지름(cm)

$t$ : 강판의 두께(cm)

$l$ : 보일러 동체의 길이(cm)

【참고】 종방향의 응력(원주응력, 후프응력) : $\sigma_t(=\sigma_\theta)$

원통의 내압으로 인해 상하로 분리하려는 힘 : $Dlp$

강판의 저항력 : $2tl\sigma_t$

## (2) 원통형 동체의 설계 중 가로이음의 강도

원통형 동체가 내부압력을 받을 때, 파괴 시 가로 단면에서 일어나는 경우

$$\frac{\pi}{4}D^2 p = \pi Dt\sigma_z$$

$$\sigma_z = \frac{pD}{4t} = \frac{pr}{2t}$$

$$\sigma_t = 2\sigma_z$$

보일러 동체 강판의 두께 $t$는

$$t = \frac{pDS}{2\sigma_t\eta} + C(cm), \; (S=1일 \; 때, \; t = \frac{pD}{2\sigma_a\eta} + C(cm)이다.)$$

여기서, $S$ : 안전율

$C$ : 부식에 대한 상수(1mm 정도)

【참고】 원주이음에 걸리는 축방향의 힘 : $\frac{\pi}{4}D^2p$

강판의 저항력 : $\pi Dt\sigma_z$

## ❼ 구조용 리벳이음

### (1) 리벳의 지름 설계

리벳이 전단되는 경우와 압축 파괴되는 경우(전단저항=압축저항)

$$\frac{\pi d^2}{4}\tau = dt\sigma_c$$

$$\therefore d = \frac{4t\sigma_c}{\pi\tau}$$

### (2) 리벳의 피치 설계

$$\frac{\pi d^2}{4}\tau n = (p-d)t\sigma_t$$

$$\therefore p = d + \frac{n\pi d^2\tau}{4t\sigma_t}$$

Chapter **5**

# 용접이음

농\업\기\계\요\소

금속과 금속을 녹여 붙이거나 거의 녹은 상태에서 큰 압력을 가해 붙이는 작업을 용접이음이라고 한다. 용접이음의 종류에는 용접, 압접, 납땜이 있다.

## ❶ 용접의 장점과 단점

| 용접의 장점 | 용접이 단점 |
|---|---|
| ① 재료가 절약된다.<br>② 공정수가 감소한다.<br>③ 기밀이 유지된다.<br>④ 이음효율이 향상된다.<br>⑤ 이음구조가 간단하다.<br>⑥ 비교적 두께가 두꺼운 판도 이음이 가능하다. | ① 응력집중에 대해 민감하다.<br>② 용접부의 비파괴검사가 어렵다.<br>③ 용접모재의 재질에 대한 영향이 크다. |

## ❷ 용접이음의 종류

가) 맞대기 용접이음

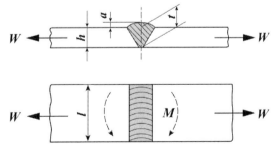

[그림5] 맞대기 용접이음

나) 한쪽 덮개판 맞대기 용접이음

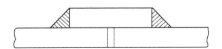

[그림6] 한쪽덮개판 맞대기 용접이음

### 다) 양쪽 덮개판 맞대기 용접이음

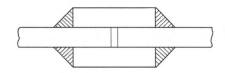

[그림7] 양쪽 덮개판 맞대기 용접이음

### 라) 겹치기 용접이음

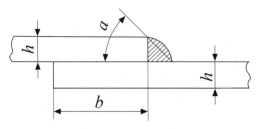

[그림8] 겹치기 용접이음

### 마) T형 용접이음

T형 용접이음에는 평절형, 편절형, 양절형의 세 가지 이음법이 있다.

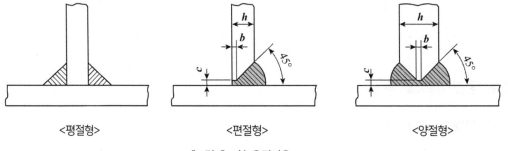

<평절형>　　　　　　<편절형>　　　　　　<양절형>

[그림9] T형 용접이음

### 바) 모서리 용접이음

모서리 용접이음에는 평절형, 편절형, 양절형 세 가지 이음법이 있다.

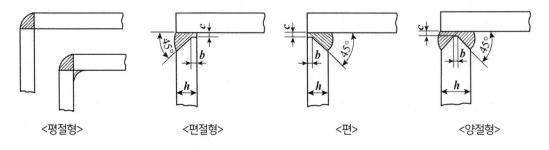

<평절형>　　　　<편절형>　　　　<편>　　　　<양절형>

[그림10] 모서리 용접이음

# ③ 용접이음의 강도 설계

## 가) 맞대기 용접이음

$$\sigma_t = \frac{W}{tl}, \ \tau = \frac{P}{tl}$$

용접의 비드높이($h$)와 두께 $t$는 같으므로  $\sigma_t = \frac{W}{hl}, \ \tau = \frac{P}{hl}$

굽힘모멘트 $M$은  $M = \sigma_b Z, \ \ M = \sigma_b \frac{1}{6} tl^2$

## 나) 필릿 용접이음

### ① 전면필릿 용접이음(하중과 용접선이 수직인 경우, 최대수직응력)

최대수직응력과 최대전단응력은 같은 조건으로 한다.

$$\sigma_{\max} = \tau_{\max} = \frac{W}{2tl} = \frac{W}{\sqrt{2}\,fl}$$
$$= \frac{W}{\sqrt{2}\,hl} = \frac{0.707\,W}{hl}$$

여기서, 필릿의 다리길이 $f(=h)$,
    목 두께를 $t$ 로 한다.

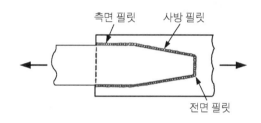

[그림11] 전면 필릿 용접이음

### ② 측면 필릿 이음(하중과 용접선이 평행인 경우, 최대전단응력)

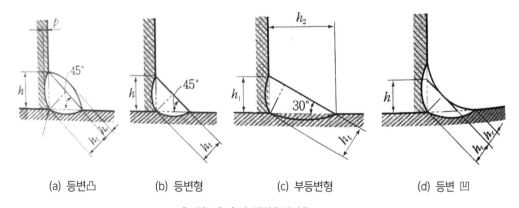

(a) 등변凸        (b) 등변형        (c) 부등변형        (d) 등변 凹

[그림12] 측면 필릿용접이음

$$\sigma_{\max} = \frac{4.24\,Wa}{fl^2}(a : 팔의 길이)$$

$$\tau_{\max} = \frac{W}{2tl} = \frac{W}{\sqrt{2}\,fl} = \frac{W}{\sqrt{2}\,hl} = \frac{0.707\,W}{hl} = \frac{0.707\,W}{fl}$$

# Chapter : 6

# 키, 코터, 핀, 스플라인 설계

농\업\기\계\요\소

## ❶ 키와 보스

회전축에 끼워 치차, 벨트, 풀리 등 기계부품을 고정하여 회전력을 전달하는 결합용 기계요소이다. 보스는 축이 끼워지는 구멍 가장자리에 보강하기 위해 마련된 두껍게 돌출된 부분을 말한다.

### (1) 키의 종류

① **새들키(안장키)** : 축에 홈을 파지 않고 보스에만 1/100정도 기울기로 키를 박으면 축이 키면에 접촉압력이 발생하고, 원주에 작용하는 힘을 전달하는 키이다.

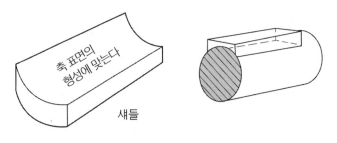

[그림13] 새들키(안장키)

② **평키** : 납작키라고도 하며, 축을 키의 폭만큼 평평하게 깎은 키로 1/100의 기울기를 가지고, 안장키보다 큰힘을 전달시키는데 사용한다.

③ **묻힘키** : 축과 보스의 양쪽에 모두 홈을 내어 사용하는 키로 가장 많이 사용한다.

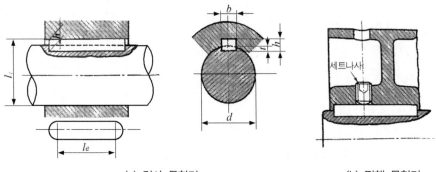

(a) 경사 묻힘키          (b) 평행 묻힘키

[그림14] **경사 묻힘키와 평행 묻힘키**

④ **접선키** : 축의 바깥둘레에 접선방향으로 작용하며, 아주 큰 회전력과 충격이 가해지는 곳에 사용한다.

⑤ **페더키(안내키)** : 축과 보스가 같이 회전하고, 동시에 축방향으로 이동시킬 필요가 있을 때 사용하는 키이다. 축에 미끄럼키를 고정하는 방법과 미끄럼키를 보스에 고정하는 두 가지 방식이 있다.

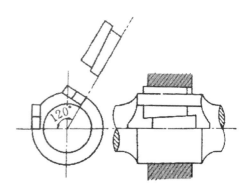

[그림15] 접선키의 형태

⑥ **반달키** : 반달모양의 키로 축에 반달모양의 홈을 깊게 파서, 홈에 반달모양의 키를 넣어 활용되는 키로, 깊은 홈으로 인하여 축의 강도가 약해질 수 있다. 공작이 용이하고 키가 자동적으로 조정되는 장점이 있다. 자동차, 공작기계에 많이 사용된다.

⑦ **둥근키(핀키)** : 토크나 하중이 작은 곳을 고정할 때 사용하는 키이다.

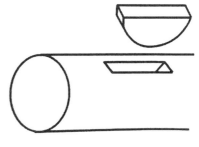

[그림16] 반달키

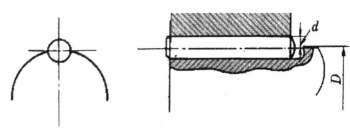

[그림17] 둥근키

⑧ **스플라인** : 축과 평행한 키 모양의 톱니를 여러 개(4~20개) 같은 간격으로 깎은 것으로 큰 회전력을 전달할 때 사용한다. 트랙터의 PTO축, 발전용 터빈에 사용한다.

⑨ **원추키** : 축구멍에 한쪽을 갈라 원추통을 끼워 마찰만으로 고정시키는 키이다.

## (2) 묻힘키 강도 설계

묻힘키는 축에 회전력이 작용하기 때문에 전단파괴가 되는 경우와 압축파괴가 되는 경우를 고려해 야한다.

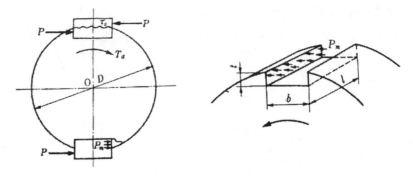

[그림18] 묻힘키에 작용하는 힘과 압축압력

$$T = P\frac{d}{2} = W\frac{d}{2} = tlq\frac{d}{2} = bl\tau\frac{d}{2} : 전단저항 = 압축저항$$

$$\tau = \frac{2T}{bld} , \ \sigma_c = \frac{4T}{hld}$$

여기서, $P(=W)$ : 키의 측면에 작용하는 하중($\mathrm{kg_f}$)

$t$ : 홈의 깊이 ($t = \frac{h}{2}$, mm)

$l$ : 키의 길이, $q(= p_m, mm)$ : 키 홈의 측압력

$b$ : 키의 폭(mm)

$\sigma_c$ : 키에 작용하는 압축응력($\mathrm{kg_f/mm^2}$)

$\tau$ : 키에 작용하는 전단응력($\mathrm{kg_f/mm^2}$)

$T$ : 회전축의 토크($\mathrm{kg_f \cdot m}$)

### 가) 묻힘키의 가로(b와 l) 설계방법

$$T = \tau Z_p = \tau_s \frac{\pi d^3}{16} = bl\tau\frac{d}{2}$$

$(\tau_s = \tau_d)$ : 축에 생기는 전단응력

$$\therefore \tau = \frac{2T}{bld} = \frac{W}{bl}$$

이때 축과 키의 재료가 동일하면 $\tau = \tau_s$이고,

$$bl\tau\frac{d}{2} = \frac{\pi d^3}{16}\tau_s \quad \therefore b = \frac{\pi d^2}{8l}$$

※ 키의 길이 $l$은 키가 축에 끼워지면 $l \geqq 1.5d$ 이어야 하기 때문에 $l = 1.5d$로 하면

$$\therefore b \fallingdotseq \frac{d}{4}$$

### 나) 묻힘키의 두께와 높이(t와 h) 설계방법

$$\sigma_c = \frac{W}{A} = \frac{W}{tl} = \frac{2W}{hl} = \frac{\dfrac{2T}{d}}{tl} = \frac{2T}{dtl}$$

따라서 $\sigma_c = \dfrac{4T}{hld}$

키의 측압력 $q$를 계산하면

$$T = \frac{\pi d^3}{16}\tau_s = tlq\frac{d}{2}$$

$$\therefore q = \frac{\pi d^2}{8tl}\tau_s, \quad t = \frac{\pi d^2}{8ql}$$

$$\frac{1}{2}bld\tau = \frac{1}{4}hld\sigma_c$$

$$\therefore h = b\frac{2\tau}{\sigma_c}$$

## ❷ 코터

### (1) 코터의 형상

축방향에서 힘을 받는 봉에 로드와 소켓을 만들어 인장력과 압축력에 견디는 코터를 삽입하여 두축을 연결하는데 사용한다. 코터는 타격에 의해 고정시키고, 테이퍼면의 마찰력에 의해 자립상태를 유지한다.

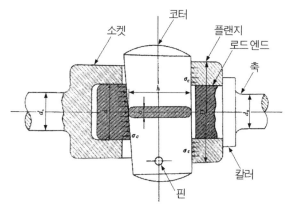

[그림19] 코터의 형상

## ❸ 핀

2개 이상의 기계부품의 결합용 또는 보조용, 풀림 및 이탈 방지용으로 풀리, 기어 등에 작용하는 하중이 작을 때 키의 대신하여 사용한다.

### (1) 핀의 종류

① **테이퍼 핀** : 작은 핸들이나 축이음 등에 사용

② **평행 핀** : 지그판과 같이 수시로 결합하고 해체할 수 있는 위치에 사용

③ **스플릿 핀(분할핀)** : 너트가 풀어지는 것을 방지하거나 핀이 빠지는 것을 예방하는데 사용

④ **너클 핀** : 2개 막대에 둥근 구멍1개의 이음핀을 집어넣고, 2개의 막대가 상대적으로 각각 운동할 수 있게 연결한 곳으로 인장하중을 받는 2개의 축 연결부에 사용

⑤ **스프링 핀** : 세로방향으로 쪼개져 있으므로 작은 구멍에 때려 박아 사용

### (2) 너클 핀

① **Pin의 지름(면압강도)**

$$d_1 = \sqrt{\frac{P}{mq}}, \ b' = \frac{b}{2} \geqq \frac{d_1}{2}$$

여기서, $a = b$가 된다.

$$P = bd_1 q = md_1^2 q, \ a = md_1 = b, \ q = \frac{P}{d_1 a}$$

> $P$ : 하중　　　　$d_1$ : 핀의 지름
>
> $b$ : 링크와의 접촉길이($= 2b'$)
>
> $b'$ : 두 갈래의 두께 $p(= q)$투영면적에서의 면압력
>
> $m$ : $(1 \sim 1.5)$이고 보통 1.5로 한다.
>
> $a$ : 핀과 아이부분의 접촉 길이
>
> $q$ : 투영면적압력

② **핀의 전단 및 굽힘**

- 전단강도 : $P = 2 \times \dfrac{\pi}{4} d_1^2 \tau = \dfrac{\pi d_1}{2} \tau$

- 굽힘강도 : $\dfrac{Pl}{8} = \dfrac{\pi}{32} d_1^3 \sigma_b (l = 1.5md), \quad P = 0.52 \dfrac{d_1^2 \sigma_b}{m}$

# Chapter 7

# 전동용 요소

## ❶ 축 설계

막대모양의 기계요소로 단면은 주로 원형이며, 중실축과 중공축으로 구분할 수 있다.

### (1) 축의 분류

#### 가) 작용하중에 의한 분류

① **차축** : 정지차축과 회전차축이 있으면 주로 굽힘 하중을 받는다.

② **동력축** : 비틀림, 굽힘, 축력 등을 동시에 받으면서 동력을 전달하는 축으로 전동축과 스핀들 축으로 나눈다.

- **전동축** : 모터에서 회전하는 힘을 전달하는 축 또는 벨트 차, 기어 등으로 동력을 전달하는 형태로 비틀림과 굽힘을 동시에 받는 축이다.
  - 주축 : 원동기에서 직접 동력을 받는 축을 말하며 제1축이라고도 한다.
  - 선축 : 주축에서 동력을 받아 각 장치로 분배하는 역할을 하는 축이다.
  - 중간축 : 선축에서 동력을 받아 각각의 기계 장치에 필요한 속도와 방향을 조절하여 동력을 전달하는 축
- **스핀들 축** : 기계 내부에 설치된 작은 회전축으로 형상치수가 정밀하며 비틀림 작용을 받고 동력을 전달하는 기능을 하는 축이다. 공작기계의 주축으로 많이 활용된다.

#### 나) 형상에 의한 분류

① **직선축** : 가장 많이 사용하는 축

② **크랭크 축** : 직선운동을 회전운동으로 바꿔주는 회전축

③ **플렉시블 축** : 굴곡부를 자유롭게 회전할 수 있는 축으로 작은 회전토크를 전달

### (2) 축의 설계요소

축을 설계할 때에는 강도, 변형, 진동, 열응력, 부식, 회전에 의한 토크 특성, 하중 조건 등 파손되지 않도록 충분한 강도를 갖아야 한다. 긴축의 경우 처짐과 비틀림, 진동과 전기적, 화학적 등 복합적인 환경에 의한 변형 등을 고려하여 설계해야 한다.

## (3) 축 지름 설계

□ 정하중을 받는 직선축의 강도

**가) 굽힘모멘트 M만 받는 경우**

① 중실축

$$M = \sigma_a \qquad Z = \sigma_a \frac{\pi d^3}{32}$$

$$\therefore d = \sqrt[3]{\frac{32M}{\pi \sigma_a}} = 2.17 \sqrt[3]{\frac{M}{\sigma_a}}$$

여기서, $\sigma_a$ : 축의 허용굽힘응력   $Z$ : 단면계수

② **중공축**((안지름 : $d_1$, 바깥지름 $d_2$)

$$M = \sigma_a Z = \sigma_a \frac{\pi}{32} \left( \frac{d_2^4 - d_1^4}{d_2} \right) = \sigma_a \frac{\pi}{32} d_2^3 \left( \frac{d_2^4 - d_1^4}{d_2^4} \right)$$

$$= \sigma_a \frac{\pi d_2^3}{32} \left[ 1 - \left( \frac{d_1}{d_2} \right)^4 \right]$$

여기서, $x = \dfrac{d_1}{d_2} \ (d_1 = x d_2)$

$$M = \sigma_a \frac{\pi d_2^3}{32} [1 - x^4]$$

$$\therefore d_2 = \sqrt[3]{\frac{32M}{\pi \sigma_a (1 - x^4)}} = 2.17 \sqrt[3]{\frac{M}{(1 - x^4) \sigma_a}} \ [cm]$$

**나) 비틀림모멘트 T만 받는 경우**

① 중실축

$$T = \tau_a Z_p = \tau_a \frac{\pi d^3}{16}$$

$$\therefore d = \sqrt[3]{\frac{16T}{\pi \tau_a}} = 1.72 \sqrt[3]{\frac{T}{\tau_a}} \ [cm]$$

여기서, $\tau_a$ : 축의 허용비틀림응력   $Z_p$ : 극단면계수

② 중공축

$$T = \tau_a Z_p = \tau_a \frac{\pi}{16} \left( \frac{d_2^4 - d_1^4}{d_2} \right) = \tau_a \frac{\pi d_2^3 (1 - x^4)}{16}$$

$$\therefore d = \sqrt[3]{\frac{16T}{\pi \tau_a (1 - x^4)}} \; [cm]$$

여기서, $\tau_a$ : 축의 허용비틀림응력  $Z_p$ : 극단면계수

## 다) 굽힘모멘트와 비틀림모멘트를 동시에 받는 경우

### ① 굽힘 모멘트 작용

$$\sigma_{\max} = \frac{1}{2}\sigma + \frac{1}{2}\sqrt{\sigma^2 + 4\tau^2}, \quad \text{전단 모멘트 작용} : \tau_{\max} = \frac{1}{2}\sqrt{\sigma^2 + \tau^2}$$

### ② 최대 주응력설 : 굽힘모멘트 M 대신 상당굽힘모멘트 Me를 사용한다.

$$M_e = \frac{1}{2}(M + \sqrt{M^2 + T^2} = \frac{1}{2}(M + T_e)$$

$$\text{중실축} : d = \sqrt[3]{\frac{32 M_e}{\pi \sigma_a}}, \quad \text{중공축} : \sqrt[3]{\frac{32 M_e}{\pi \sigma (1 - x^4)}}$$

### ③ 최대 전단응력설 : 비틀림 모멘트 T 대신 상당 굽힘모멘트 Te를 사용한다.

$$T_e = \sqrt{M^2 + T^2}$$

$$\text{중실축} : d = \sqrt[3]{\frac{16 T_e}{\pi \tau_a}}, \quad \text{중공축} : d_2 = \sqrt[3]{\frac{16 T_e}{\pi \tau_a (1 - x^4)}}$$

### ④ 최대 변형설 :

$$M_e = 0.35M + 0.65\sqrt{M^2 + (\alpha_0 T)^2}$$

$$(\because \alpha_0 = \frac{\sigma_a}{1.3 \tau_a} : 0.47 \sim 1.0) : \text{연강일 경우} 0.47$$

$$\therefore \text{중실축} : d = \sqrt[3]{\frac{32 M_e}{\pi \sigma_a}}, \; d_2 = \sqrt[3]{\frac{32 M_e}{\pi \sigma_a (1 - x^4)}}$$

**라) 회전수 N, 동력 H 및 비틀림모멘트 T가 주어졌을 때 축지름**

$$T_1 = 716,200 \frac{H_{PS}}{N}, \quad T_2 = \tau_a Z_p = \tau_a \frac{\pi d^3}{16}$$
$$\therefore T_1 = T_2$$

$$\therefore d = \sqrt[3]{716,200 \frac{H_{PS}}{\tau_a N}}$$

$$T_1 = 974,000 \frac{H_{kW}}{N}, \quad T_2 = \tau_a Z_p = \tau_a \frac{\pi d^3}{16}$$
$$\therefore T_1 = T_2$$

$$\therefore d = \sqrt[3]{974,000 \frac{H_{kW}}{\tau_a N}}$$

## (4) 축 길이의 설계

### 가) 축 길이의 설계 기준

최대 처짐량($\alpha$)에 대한 축길이의 설계기준과 최대 처짐각($\beta$)에 의한 축길이의 설계 기준이 있다.

### 나) 강도에 의한 축 길이의 설계

강도에 의한 축길이의 설계는 굽힘강도에 의해 베어링의 간격을 설계할 수 있는 기준이 된다.

① **단순보의 경우** : $l = 100 \sqrt{d} \, (cm)$

② **연속보의 경우** : 양끝쪽 : $l_1 = 100 \sqrt{d} \, (cm)$, 중앙 : $l_2 = 125 \sqrt{d} \, (cm)$

### 다) 강성도에 의한 축길이의 설계

굽힘 강성에 의한 베어링 간격을 설계할 때 적용한다.

## ❷ 축이음 설계

원동축과 종동축을 연결하여 동력을 전달하는 부품이다. 반영구적 고정하는 축이음, 운전중에 필요에 따라 동력을 제어하는 형태를 클러치라고 한다.

## (1) 클러치

운전중 필요에 따라 동력을 제어하는 형태의 동력장치 또는 축이음을 클러치라고 한다.

### 가) 확동 클러치

확동 클러치는 클로(집게발) 또는 이빨로 맞물려 연결하는 클러치로 저속, 작은 하중의 경우에 사용한다. 클로 클러치와 세레이션 클러치가 있다.

## 나) 마찰 클러치

주로 면으로 제어하는 클러치로 축방향, 원주, 자기 클러치가 있다. 경운기, 트랙터 등 대부분 농업기계에서의 동력을 제어하는 방법이다. 경운기는 작은 클러치를 활용하기 때문에 마찰력을 증대시키기 위해 다판 클러치를 활용한다.

### ① 마찰클러치의 기능

- 일직선상에서 회전축을 가지고 있는 원동축에서 종동축으로 동력을 접촉면의 마찰력으로 전달한다.
- 처음에는 약간의 슬립이 발생할 수 있지만, 큰 비틀림 모멘트를 전달할 수 있다.
- 종동축에 너무 큰 부하가 발생하면 마찰부가 미끄러져 원동축엔 회전력이 작용하지 않아 안전하게 활용이 가능하다. 하지만 마찰에 의한 마멸과 가열로 인한 파손이 발생할 수 있다.

### ② 마찰클러치의 설계 시 고려사항

- 마찰계수를 고려한 마찰재료, 마찰면의 다듬질 상태, 슬립율 등 고려한다.
- 관성을 작게 하기 위해 소형이며 가벼워야 한다.
- 마찰에 의해 생긴 열을 충분히 제거해야 하며, 눌러붙는 등의 현상이 발생하지 않아야 한다.
- 원활하게 단속할 수 있어야 한다.
- 단속 시 큰 외력을 필요하지 않도록 해야 한다.
- 균형상태가 좋아야 한다.

### ③ 마찰 재료

- 마찰 재료의 구비조건
  - 적당한 마찰계수를 가질 것
  - 내마모성이 좋을 것
  - 마찰열에 의한 온도상승에 대해 내열성이 클 것
  - 냉각에 의한 열전도도가 클 것
  - 내유성이 크고, 기름이 묻더라도 특성이 변화하지 않을 것
  - 강도가 클 것
  - 공작이 용이할 것
- 마찰재료의 종류
  - 경질재료 : 가벼운 하중, 낮은 회전력에 사용
  ※ 마찰계수는 크나 내열성이 작다.
  - 우피혁 : 마찰계수는 크나 내열성이 작고, 견고한 것에 부적당하다.

### ④ 축방향 마찰클러치

- 특징
  - 마찰면이 축방향이다.
  - 전동력이 작고, 경부하 고속에 이용한다.

※ **원판 클러치**(Disk Clutch) : 원동축과 종동축에 각각 1개 또는 몇 개의 원판을 접촉시켜 그 사이의 마찰에 의해 회전 토크를 전달하는 방식이다. 단판 클러치와 다판 클러치가 있다. 트랙터는 단판 클러치, 경운기처럼 소형에는 다판 클러치를 사용한다.

- **접촉면이 단면일 때**

$$T = \frac{\mu PD}{2} \qquad \frac{\mu PD}{2} = 71620 \frac{H_{PS}}{N}$$

$$H_{PS} = \frac{\mu PDN}{2 \times 71620}$$

- **접촉면이 다수일 때**

$$T = \frac{\mu zPD}{2} \qquad\qquad H_{PS} = \frac{\mu zPDN}{2 \times 71620}$$

$$P = \pi(R_2^2 - R_1^2)p = \pi(R_1 + R_2)(R_2 - R_1)p$$

$$b = R_2 - R_1 : 접촉면의 폭 \qquad D = R_1 + R_2 : 평균지름$$

$$\therefore P = \pi Dbp$$

$$\therefore H = \frac{\mu z\pi bpND^2}{2 \times 71620}$$

여기서, $T$ : 회전토크,  $P$ : 축방향의 힘,  $\mu$ : 마찰계수,  $D_1$ : 원판의 안지름(2R)

## (2) 한방향 클러치 또는 비역전 클러치

한 방향으로만 동력을 전달하는 형태로 역방향으로는 동력을 전달하지 못하는 클러치 이다.

## (3) 원심 클러치

입력축의 회전에 의해 원심력으로 클러치의 결합이 이루어진다. 유체 클러치, 롤링 클러치, 접촉편 클러치 등이 있다. 농업기계에는 배부식 예초기에 사용한다.

## (4) 커플링 설계

### 가) 커플링 설계 시 고려사항

① 중심 맞추기와 회전균형 맞추기

② 조립과 분해가 용이할 것

③ 회전부에 돌기가 없을 것

④ 기계의 진동에 의한 이완이 없을 것

⑤ 회전 토크에 충분히 고려할 것

⑥ 경량이며 가격이 저렴할 것

## 나) 커플링의 종류

① **원통 커플링** : 두축의 끝을 맞대어 접촉면을 중앙으로 원통의 보스를 끼워 키 또는 마찰력으로 동력을 전달하는 축이음이다.
   - 머프 커플링 : 주철제의 원통 속에서 두축을 맞대어 맞추고 키로 고정한 형태의 커플링
   - 반중첩 커플링 : 축단을 약간 크게 하여 경사지게 중첩시켜 공통의 키로 고정한 커플링
   - 마찰 원통커플링 : 외주를 원추형으로 다듬질한 조철제 분할통으로, 두 축의 연결단에 덮어 씌우고, 이것을 연강제 환륜으로 양단에 고정하는 커플링
   - 분할 원통커플링 : 2개의 원통을 여러 개의 볼트로 나누어 고정하고 테이퍼가 없는 키로 고정하는 커플링으로 클램프 커플링이라고도 한다.
   - 셀러 커플링 : 머프 커플링의 단점을 보완하기 위해 볼트의 머리와 너트가 외부에 나타나지 않도록 하고, 외통을 겸할 수 있도록 설계된 커플링

② **플랜지 커플링** : 큰축과 고속 회전축에 적용이 가능하고 가장 널리 사용되는 고정형 커플링이다.

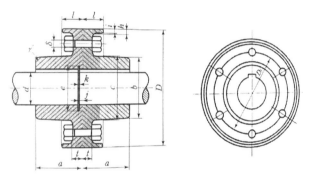

[그림20] 플랜지 커플링

③ **플랙시블 커플링** : 회전축이 자유롭게 이동할 수 있게 한 커플링이다. 기계 축에 직접 연결할 때 쌍방의 축선을 정확하게 일직선으로 설치하게 되면 베어링이 무리가 발생한다. 베어링에 발생하는 소음과 부하를 감소시키기고자할 때 사용한다.

④ **올드햄 커플링** : 2개의 축이 평행하고, 그 축의 중심선에서 약간 어긋났을 때 각속도의 변화 없이 회전동력을 전달시키려고 할 때 사용한다. 경운기의 로타베이터를 연결할 때 P.T.O축과 로타베이터의 동력 전달에 활용한다.

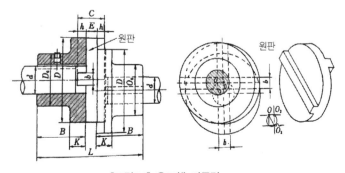

[그림21] 올드햄 커플링

⑤ **유니버셜 커플링** : 후크 조인트라고도하며, 2축이 같은 평면 내에 중심선이 서로 조금($\alpha \leq 30°$)
의 각으로 교차하고 있을 때 사용하는 축이음이다. 트랙터의 4륜 구동 시 동력전달장치, PTO
와 작업기의 동력 전달장치로 사용한다.

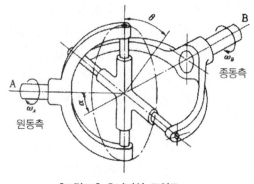

[그림22] 유니버셜 조인트

## ❸ 베어링 설계

축을 받쳐주어 회전과 왕복운동이 원활하게 이루어지도록 하는 기계 요소를 베어링이라고 한다.
베어링과 접촉하여 축을 받치고 있는 축부분을 저널이라고 한다.

### (1) 베어링

#### 가) 베어링의 종류

① **접촉방법에 의한 분류**
  - 미끄럼 베어링 : 저널과 베어링 면이 윤활유를 중간에 매개물로 직접 대면하여 미끄럼 접촉
    을 하는 베어링(엔진의 크랭크축을 잡아주는 대단부와 소단부에 활용된다.)
  - 구름 베어링 : 축과 베어링 사이에 볼 또는 롤러를 넣어 미끄럼 접촉을 구름 접촉으로 바꿔
    마찰이 미끄럼 베어링보다 작은 마찰을 하는 베어링

② **하중방향에 의한 분류**
  - 레이디얼 베어링 : 축에 직각방향으로 하중을 받는 형태로 저널 베어링이라고도 한다.
  - 스러스트 베어링 : 축방향으로 하중을 받는 형태의 베어링
  - 원뿔 베어링 : 축방향 및 축과 직각방향의 하중을 동시에 받는 베어링

#### 나) 베어링의 마찰 상태

① **고체마찰** : 2개의 고체 마찰면 사이에 윤활제가 존재하지 않는 상태에서 상대운동을 하는 마찰
② **유체마찰** : 2개의 고체 마찰면 사이에 유동성 윤활제를 넣어 고체면을 유막이 형상되어 완전히
  분리하여 상대운동을 할 수 있는 마찰
③ **경계마찰** : 2개의 고체면 사이에 윤활제가 존재하고 있지만, 정도가 낮거나 과중한 하중, 미끄
  럼 속도가 작을 때 점성유막이 매우 얇게 되어 고체면이 접촉되는 마찰로 혼성마찰, 한계마찰,
  불완전윤활 마찰이라고도 한다.

## 다) 베어링 설계 시 고려사항

① 마찰저항이 작고 손실동력을 극소화 시킬 것

② 마모가 적을 것

③ 과대한 열 발생으로 인해 베어링의 사용온도를 높이지 말 것

④ 구조가 간단하여 유지 보수가 용이할 것

⑤ 강도가 충분할 것

⑥ 소착 등으로 사용 불가능하지 않게 신뢰성이 좋을 것

⑦ 베어링의 간극에 정확히 맞을 것

⑧ 하중과 미끄럼속도 또는 구름 속도에 의하여 마찰면이 파괴되지 않을 것

⑨ 다양한 진동을 고려할 것

⑩ 마찰면 내에 물 또는 먼지 등이 침입되지 말 것

⑪ 윤활유 소비가 적고 열화되지 않을 것

⑫ 고속, 큰 하중에 열의 방산, 동력전달, 윤활제의 상태에 의해 냉각방법을 고려할 것

## (2) 미끄럼 베어링

### 가) 미끄럼 베어링의 종류

① **레이디얼 미끄럼 베어링**

- 부싱 베어링
- 분할 메탈
- 테이퍼 메탈
- 오일리스 베어링

② **스러스트 미끄럼 베어링**

- 세로형 스러스트 미끄럼 베어링 : 절구 베어링
- 가로형 스러스트 미끄럼 베어링 : 칼라 베어링
- 피벗 베어링 : 힘이 걸리지 않는 시계나 계기 등과 같은 소형베어링에 사용

### 나) 미끄럼 베어링의 재료

① 주철          ② 황동          ③ 포금          ④ 청동

⑤ 화이트 메탈          ⑥ 켈멧          ⑦ 은

⑧ 카드뮴 합금, 알루미늄 합금, 비금속 베어링 등

### 다) 레이디얼 미끄럼 베어링 및 저널의 설계

저널과 피벗은 강도, 강성, 베어링 수압력, 열전도의 관점에서 설계해야 한다.

① **베어링의 수압력** : 베어링에 부여되는 하중을 투상 면적으로 나눈 평면 압력을 수압력이라고 한다.

$$p_a = \frac{P}{A} = \frac{P}{dl}$$

여기서, $p_a$ : 허용수 압력　　　　$P$ : 축에 전해지는 하중
$A$ : 베어링의 투상면적　　$d$ : 축의 지름
$l$ : 하중을 받는 축의 길이

② 레이디얼 베어링의 강도

* 엔드 저널의 설계 : 하중 P가 작용하는 외팔보에서 최대모멘트가 발생하므로 굽힘모멘트를 이용한다.

　- 지름 : $M = \sigma_b \cdot Z$,　$\dfrac{Pl}{2} = \sigma_b \cdot \dfrac{\pi d^3}{32}$

$$\therefore d = \sqrt[3]{\frac{16Pl}{\pi\sigma_b}}$$

　- 폭경비 : $P = p_a dl$, $p_a dl \dfrac{l}{2} = \sigma_b \cdot \dfrac{\pi}{32} d^3$

$$\therefore \frac{l}{d} = \sqrt{\frac{\pi\sigma_b}{16p_a}}$$

* 중간저널의 설계 : 하중이 작용하는 단순보에서 최대굽힘모멘트는 저널의 중앙 단면에 발생하므로 외팔보로 해석한다.

　- 지름 : $M_{\max} = \dfrac{P}{2}\left(\dfrac{l}{2} + \dfrac{l_1}{2}\right) - \dfrac{P}{2} \cdot \dfrac{l}{4} = \dfrac{PL}{8}$

$$M_{\max} = \sigma_b \cdot Z \ , \ \frac{PL}{8} = \sigma_b \cdot \frac{\pi}{32}d^3$$

$$\therefore d = \sqrt[3]{\frac{4PL}{\pi\sigma_b}}$$

　- 폭경비 : $\dfrac{L}{l} = e$, $L = el = 1.5l$ (일반적인 기준)

$$\pi\sigma_b d^3 = 4PL = 4p_a dl(1.5l) = 6p_a l^2$$

$$\therefore \frac{l}{d} = \sqrt{\frac{\pi\sigma_b}{6p_a}}$$

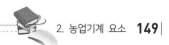 

- 열전도에서의 설계
  - 열발생 : 열은 저널과 베어링 사이에서의 미끄럼 속도와 하중에 비례한다.
  - 열의 소산 : 단위면적당 마찰 손실 작업량으로 마찰, 하중, 속도에는 비례하고 투영면적에는 반비례한다.
  - 열관계를 고려한 압력속도계수와 베어링 길이 : 압력속도계수는 투영면적에 반비례하고 하중에 비례한다. 베어링 길이는 하중과 회전수에 비례하고 압력속도계수에는 반비례한다.

## (3) 구름 베어링

　내륜, 외륜, 리테이너, 전동체의 4가지를 주요성분으로 구성되며, 리테이너는 강구를 전 원주에 고르게 배치하여 상호간의 접촉을 피하고 마모와 소음을 방지하는 역할을 한다.

### 가) 구름 베어링의 장점과 단점

| 구름 베어링의 장점 | 구름 베어링의 단점 |
| --- | --- |
| ① 동력 손실이 적다.<br>② 기동저항이 작다.<br>③ 윤활유가 절약된다.<br>④ 신뢰성이 높고, 유지비가 적다.<br>⑤ 기계의 정밀도가 유지 된다.<br>⑥ 고속회전이 가능하다. | ① 가격이 비교적 비싸다.<br>② 소음이 생기기 쉽다.<br>③ 바깥지름이 크게 된다.<br>④ 충격에 약하다. |

### 나) 구름 베어링의 호칭 및 주요치수

□ **형식번호(첫번째 숫자)**

① 1 : 복렬 자동조심형　　② 2, 3 : 복렬 자동조심형(큰 너비)

③ 6 : 단열 깊은 홈평　　　④ 7 : 단열 앵귤러 콘텍트형

⑤ N : 원통 롤러형

□ **지름기호(두번째 숫자)**

① 0, 1 : 특별 경하중형　　② 2 : 경하중형

③ 3 : 중하중형　　　　　　④ 4 : 고하중형

□ **안지름 번호(세 번째, 네 번째 숫자)**

① 00 : 안지름 10mm　　　② 01 : 안지름 12mm

③ 02 : 안지름 15mm　　　④ 03 : 안지름 17mm

⑤ 기타 계산법 안지름(04 ~ 16 × 5 = 20) 20 ~ 80mm

□ **등급기호(다섯째 이후의 기호)**

① 기호 없음 : 보통급　　　② H : 상급

③ P : 정밀급　　　　　　　④ SP : 초정밀급

> ※ 예 : 6312 ZZ
>
>     **63** : 베어링 계열번호(단열 깊은 홈 볼 베어링, 치수계열 03)
>
>     **12** : 안지름 번호 12 × 5 = 60mm
>
>     **ZZ** : 실드기호(양쪽 실드)

## 다) 구름베어링의 종류와 특성

□ 레이디얼 볼 베어링

① 단열 깊은 홈형　　　② 단열 마그네틱형

③ 단열 앵귤러형　　　④ 복렬 앵귤러형

⑤ 복렬 자동조심형

□ 레이디얼 롤러 베어링

① 원통형　　　　　　② 원추형

③ 구면형　　　　　　④ 니들형

□ 스러스트 볼 베어링

① 단식평면좌형　　　② 단식구면좌형

③ 복식평면좌형　　　④ 복식구면좌형

□ 스러스트 롤러 베어링

① 원통형　　　　　　② 원추형

③ 구면형　　　　　　④ 니들형

## 라) 구름베어링의 수명

### ① 구름베어링의 수명

베어링의 계산수명은 100만 회전 단위로 계산한다. (볼베어링 : 3, 롤러 베어링 : $\dfrac{10}{3}$)

$$L = \left(\frac{C}{P}\right)^r \times 10^6 \, [rev]$$

     여기서, $L$ : 계산수명(rev)　$C$ : 기본동정격하중(kg)

     　　　 $P$ : 베어링의 하중(kg)

     　　　 $r$ : 베어링의 내외륜과 전동체의 접촉상태에 결정되는 상수

### ② 시간 수명

$N$ (rpm)으로 회전하는 베어링의 수명을 시간 수($L_h$)로 나타낸다.

$$L_h = \frac{L}{60N} = \left(\frac{C}{P}\right)^r \frac{10^6}{60N} \ (시간, \ h)$$

## ❹ 벨트 설계

벨트와 벨트 풀리의 접촉면의 마찰로 운동을 전달하는 기계 요소이다.

## (1) 벨트의 장점과 단점

### 가) 벨트의 장점

① 양축간의 거리가 비교적 길 때 사용한다. (2~10m)

② 부하가 커지면 미끄러지므로 기계에 부하를 적게 하고, 비교적 정숙한 운전이 가능하다.

③ 풀리의 지름을 이용하여 변속이 가능하다.

④ 전동효율이 높다.

⑤ 가격이 저렴하다.

### 나) 벨트의 단점

① 슬립으로 인하여 회전이 부정확하다.

② 고속에서 운전 시 진동이 발생할 수 있다.

③ 회전비는 1 : 6이하, 주속도는 10~30m/s 이내로 하며 최고속도는 50m/s로 제한된다.

## (2) 벨트의 연결

### 가) 두 축이 평행할 때의 연결

① **평행 걸기(바로 걸기)** : 두 축의 회전방향이 같을 때 사용하는 방법으로, 축간거리가 짧고 속도비가 클 때는 사용이 어렵다.

② **십자걸이(엇걸기)** : 두 축의 회전방향이 반대일 때 사용하며, 접촉각이 크므로 큰 동력을 전달할 때 유용하다.

### 나) 두 축이 수직일 때의 연결

벨트의 자중과 원심력 때문에 종동차의 아래쪽에 간격이 생겨 미끄럼이 증가하며, 반대방향의 역전이 불가능하다. 역전을 시킬 경우에는 안내 풀리를 사용한다.

## (3) 벨트의 속도와 회전비

① **벨트의 속도**

$$v = \frac{\pi D_1 N_1}{1,000 \times 60} = \frac{\pi D_2 N_2}{1,000 \times 60} [m/s]$$

② **속도비**

$$i = \frac{N_2}{N_1} = \frac{\omega_2}{\omega_1} = \frac{D_1 + t}{D_2 + t} \doteqdot \frac{D_1}{D_2}$$

여기서, $t$ : 벨트의 두께

## (4) 벨트의 길이와 접촉 중심각

### 가) 평행 걸기(바로 걸기)

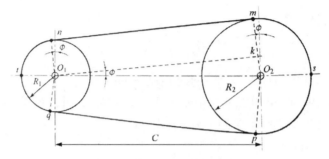

[그림23] 평행 걸기(바로 걸기)

$$L = 2C + \frac{\pi}{2}(D_1 + D_2) + \frac{(D_2 - D_1)^2}{4C} \ [mm]$$

$$\theta_1 = 180° - 2\varnothing = 180° - 2\sin^{-1}\left(\frac{D_2 - D_1}{2C}\right)$$

$$\theta_2 = \theta_1 = 180° + 2\varnothing = 180° + 2\sin^{-1}\left(\frac{D_2 - D_1}{2C}\right)$$

### 나) 십자 걸기(엇 걸기)

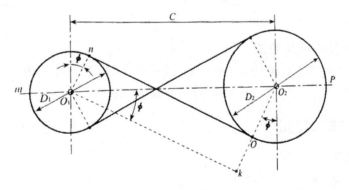

[그림24] 십자 걸기

$$L = 2C + \frac{\pi}{2}(D_1 + D_2) + \frac{(D_2 + D_1)^2}{4C} [mm]$$

$$\theta = \theta_1 = \theta_2 = 180° + 2\varnothing = 180° + 2\sin^{-1}\left(\frac{D_2 + D_1}{2C}\right)$$

## (5) 벨트의 장력과 전달 마력

### 가) 벨트의 장력

① 초장력

$$T_0 = \frac{T_t + T_s}{2}$$

여기서, $T_0$ : 초장력  $T_t$ : 긴장측의 장력  $T_s$ : 이완측의 장력

② 유효장력(회전력) : $T_e = P_e$

$$T_e = T_t - T_s$$

### 나) 벨트의 전달마력

① 원심력을 무시하는 경우

$$H_{kW} = \frac{T_e v}{102} = \frac{T_t v}{102} \cdot \frac{e^{\mu\theta} - 1}{e^{\mu\theta}}$$

② 원심력을 고려할 경우

$$H_{kW} = \frac{v}{102}\left(T_t - \frac{\omega v^2}{g}\right) \cdot \frac{e^{\mu\theta} - 1}{e^{\mu\theta}}$$

### 다) 벨트에 장력을 가하는 방법

① 자중에 의한 방법

② 탄성변형에 의한 방법

③ 스냅 풀리로서 벨트를 잡아당기는 방법

④ 보조 풀리를 이용하는 방법

⑤ 가동전동기계를 이용하는 방법

⑥ 유성기어를 이용하는 방법

⑦ 래킹 풀리를 이용하는 방법

### 라) 벨트의 폭설계

$$T_t = \sigma b t \eta \qquad \therefore b = \frac{T_t}{\sigma t \eta}$$

여기서, $b$ : 벨트의 폭  $T_t$ : 긴장축의 장력

$\sigma$ : 벨트에 생기는 응력  $t$ : 벨트의 두께

$\eta$ : 전동효율

### 마) V 벨트의 특성

① V 벨트의 특성

- 고무의 굴곡성과 마찰 전동력이 커서 작은 장력으로 큰 회전력을 얻을 수 있다.
- 운전 중 진동, 소음이 적고 충격을 완화시킨다.
- 미끄럼이 적고 큰 속도비를 얻을 수 있다.

- 고속운전이 가능하다.
- 전동효율이 높다.
- 베어링의 부담하중이 적다.
- 양축 간의 거리는 2~5m 정도까지 사용되며, 회전방향이 같아야 한다.
- 설치면적이 협소해도 설치가 가능하다.

② V 벨트의 규격
- 단면 형상에 따른 분류 : A, B, C, D, E
- 홈의 각도는 40°로 규정한다.
- 길이(평행걸기, 바로걸기)

$$L = 2C + \frac{\pi}{2}(D_1 + D_2) + \frac{(D_2 - D_1)^2}{4C}$$

- 접촉중심각

$$\theta = 180° - 2\sin^{-1}\left(\frac{D_2 - D_1}{2C}\right)$$

## ❺ 체인 설계

롤러체인, 블록, 사일런트 체인이 있으며, 체인은 저속에는 롤러 체인, 고속에는 사일런트 체인을 주로 사용한다.

### (1) 체인의 특징

① 동력전달이 확실하고, 속도비가 일정하다.
② 초기장력이 필요치 않으며, 베어링의 마멸이 적다.
③ 큰 동력전달에 용이하고, 효율이 좋다.
④ 유지 및 수리가 용이하다.
⑤ 회전각이 작을 경우 전달의 정확도가 나쁘며, 윤활이 필요하다.

## ❻ 스프로켓

기준 치형에는 S치형과 U치형이 있으며, 일반적으로 잇수는 10 ~ 70개가 사용된다. 저속의 경우는 6개를 사용한다.

### (1) 스프로켓의 피치원의 지름($D_p$) 설계

$$\frac{D_p}{2}\sin\frac{\pi}{Z} = \frac{p}{2} \qquad\qquad \therefore D_p = \frac{p}{\sin\frac{\pi}{Z}}$$

### (2) 이 높이($h$) 설계

$$h = 0.3p$$

### (3) 바깥지름($D_0$) 설계

$$D_0 = D + d(\text{롤러 체인의 지름})$$

$$d = h$$

$$h = 0.3p$$

$$\frac{D_0}{2} = 0.3p + \frac{p}{2} \cdot \cot \frac{\pi}{Z}$$

$$\therefore D_0 = \left(0.6 + \cot \frac{\pi}{Z}\right)p$$

## ❼ 기어 설계

서로 물리는 한쌍의 기어가 접촉면에 서로 미끄럼 운동을 하면서 회전동력을 전달하는 기계요소이다.

### (1) 기어의 특징

① 두축 간의 거리가 가깝고, 전동이 확실하여 큰 동력의 전달이 가능하다.
② 회전비가 정확하고, 큰 감속을 얻을 수 있다.
③ 축압력이 작으며, 전동효율이 높다.
④ 충격 흡수력이 약하고, 소음과 진동을 발생한다.

### (2) 기어의 분류

#### 가) 두축의 상대위치와 형상에 의한 기어의 분류

#### ① 두축이 서로 평행한 기어

- 스퍼 기어 : 이가 축에 나란한 원통기어이며, 나란한 두 축 사이의 동력을 전달할 때 사용한다.
- 내접기어 : 원통 또는 원추의 안쪽에 이가 있는 기어로서 두 축의 회전방향이 같고 감속비가 큰 경우에 사용한다.
- 헬리컬 기어 : 이가 헬리컬 곡선으로 된 원통기어이며, 스퍼기어에 비하여 이의 물림이 원활하고, 진동과 소음이 적다. 큰 하중과 고속의 동력전달에 사용한다.
- 더블 헬리컬 기어 : 양쪽으로 방향이 반대인 헬리컬 기어를 동일 축에 조합시킨 형태

- 래크와 피니언 : 이가 직선상에 파져 있고, 피니언의 회전운동을 래크에 의해 직선운동으로 바꾸며, 역방향으로 동작도 가능하다.
- 헬리컬 랙 : 헬리컬 기어의 피치원통의 반지름을 무한대로 하여 얻은 랙을 말한다.

② **두축이 서로 교차하는 기어**
- 직선 베벨 기어 : 원뿔면에 이를 깎은 것으로 보통 이가 원뿔 꼭지점의 방향을 향한다.
- 앵귤러 베벨 기어 : 직각이 아닌 둔각상태에서 두축 간에 운동을 전달하는 베벨 기어의 한쌍
- 스파이럴 베벨 기어 : 치형이 곡선으로 되어 있으면 동력전달이 조용하다.
- 제롤 베벨 기어 : 나선각이 0인 한쌍의 스파이럴 베벨기어
- 스큐 베벨 기어 : 이 끝이 직선이고, 꼭짓점에 향하지 않는 기어
- 헬리컬 베벨 기어 : 이가 원뿔면에 헬리컬 곡선으로 된 베벨기어
- 마이터 기어 : 피치 원추각이 90°이고 2개의 축이 수직으로 만나고 양 기어의 잇수가 같은 한쌍의 기어
- 크라운 기어 : 피치 원추각이 90°이고, 피치면이 평면으로 되어 있는 기어

③ **두축이 서로 교차하지도 평행하지도 않는 기어**
- 하이포이드 기어 : 치형이 쌍곡선으로 되어 있어 베벨 기어의 축을 엇갈리게 한 기어의 한쌍으로 되어 있다.
- 나사 기어 : 비틀림 각이 다른 헬리컬 기어의 한쌍에서 두축을 엇갈리게 한 기어
- 스큐 기어 : 교차하지도 평행하지도 않는 두 축 간에 운동을 전달하는 기어
- 페이스 기어 : 스퍼기어 또는 헬리컬 기어와 서로 물리는 한쌍의 원판상의 기어, 두축이 교차하는 형태도 있다.
- 웜과 웜기어 : 한 줄 또는 그 이상의 줄을 가지는 나사모양의 기어를 웜이라 하고 웜과 물리는 기어를 웜기어라고 한다.

**나) 기어 크기에 의한 분류**
① 극대형 기어 : 1000mm이상
② 대형 기어 : 250~1000mm미만
③ 중형 기어 : 40~250mm미만
④ 소형 기어 : 10~40mm미만
⑤ 극소형 기어 : 10mm이하

**다) 치형을 절삭 가공하는 방법에 의한 분류**
① **성형치절 기어** : 깎아 낸 기어로 밀링머신으로 깎아 낸 기어 또는 세이퍼와 같은 공작기계로 깎아 낸 기어를 말한다.
② **창성치절 기어** : 커터와 기어소재와의 관계적 운동에 의해 이를 깎아나가는 방법이다. 지선 베벨기어, 스파이럴 베벨 기어, 웜과 웜기어 등을 제작할 수 있다.

## (3) 기어 이의 각부 명칭

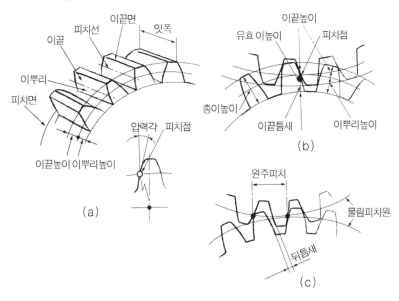

[그림25] 기어의 명칭

① **피치원** : 서로 접하는 마찰에 일정한 방식으로 요철을 낸 기어를 놓고 서로 회전하면서 구름 접촉한다고 가상한 원

② **이끝원** : 이의 끝을 지나는 원, 바깥지름과 같다.

③ **이뿌리원** : 이뿌리를 지나는 원

④ **기초원** : 인벌류트 곡선을 만드는데 기초가 되는 원

⑤ **압력각** : 잇면의 한 점에서 그 반지름과 이 모양의 접선이 되는 각

⑥ **원주피치** : 피치원상에서 측정한 인접하는 이에 대응하는 부분 사이의 거리

(이두께 + 이폭 = 피치)

⑦ **이두께** : 피치원에서 측정한 이의 두께

⑧ **이뿌리 높이** : 피치원과 이뿌리원의 반지름 차

⑨ **유효 이높이** : 한쌍의 기어가 서로 물고 있는 이끝 이의 합

⑩ **총 이높이** : 이 전체의 높이

⑪ **이 폭** : 기어의 축선방향에 따라 측정한 폭

⑫ **이 끝면(잇면)** : 기어의 이가 물려서 닿는 면

## (4) 기어의 설계 이론

### 가) 기어의 조건

① **기어의 회전형태** : 기어가 서로 물려 돌아갈 때, 항상 일정한 회전운동을 연속적으로 전달할 때 인벌류트 곡선과 사이클로이드 곡선을 그리며 회전한다.

② **치형 곡선** : 기어가 서로 물려 돌아가는 2개의 기어가 일정한 속도비로 회전하려면 접촉점의 공통법선은 일정한 점을 통과해야 한다. 반대로 접촉점의 법선이 일정한 점을 통과하는 곡선을 치형 곡선으로 한다.

### 나) 기어의 치형 곡선

① **인벌류트 곡선** : 기초원에 감은 실을 잡아당기면서 풀어나갈 때 실의 한 점이 그리는 곡선이다.

- 치형을 정확하게 공작하기 쉽고, 값이 싸다.
- 호환성이 우수하다.
- 두축의 축심거리에 다소 오차가 있어도 물림에 영향이 적어 속도비가 확실하다.
- 압력각은 항상 일정하며 14.5°, 20°가 있다.
- 치형은 하나의 곡선으로 이루어져 있다.
- 미끄럼은 피치점에서 최소이고, 이도 이 뿌리쪽에서 최대가 된다.

② **사이클로이드 곡선** : 1개의 기초원 위에 구름 원을 놓고 구름 원을 구렸을 때 구름원의 한 점이 그리는 곡선으로 피치원의 경계로 하여 그려지는 곡선, 에피사이클로이드 곡선과 하이포 사이클로이드 곡선이 있다.

- 2개의 중심거리가 정확하지 않으면, 운동전달이 어렵다.
- 접촉점에서 미끄럼이 항상 일정하므로 마모나 소음이 적다.
- 효율이 높으나 이뿌리가 약하다.
- 동력전달이 원활하며, 압력각은 변한다.
- 치형은 2개의 곡선으로 이루어져 있다.

### 다) 이의 크기

① **원주 피치** : 피치원의 둘레를 잇수로 나눈 값

$$p = \frac{피치원의\ 둘레}{잇수} = \frac{\pi D}{Z} = \pi m (mm)$$

② **모듈** : 피치원의 지름을 잇수로 나눈 값

$$m = \frac{피치원의\ 지름}{잇수} = \frac{D}{Z} = \frac{p}{\pi} (mm)$$

③ **지름피치** : 잇수를 피치원의 지름(인치)으로 나눈 값

$$D.P. = P_d = \frac{잇수}{피치원의\ 지름(\in)} = \frac{Z}{D(\in)} = \frac{\pi}{p}$$

## 라) 스퍼 기어(표준 기어)의 설계

① **회전비** : $i = \dfrac{N_2}{N_1} = \dfrac{D_1}{D_2} = \dfrac{mZ_1}{mZ_2} = \dfrac{Z_1}{Z_2}$

② **기초원의 지름** : $D_g = Zm\cos\alpha \,(\alpha : 압력각)$

$$D_{g1} = Z_1 m\cos\alpha, \ D_{g2} = Z_2 m\cos\alpha = D_2\cos\alpha$$

③ **기초원의 피치** : $p_g = \dfrac{\pi D_g}{Z} = \dfrac{\pi D}{Z}\cos\alpha = \pi m\cos\alpha = p\cos\alpha$

④ **법선피치** : $p_n = \dfrac{기초원지름의 \ 원주}{잇수} = \dfrac{\pi D_g}{Z} = p_g = \dfrac{\pi D}{Z}\cos\alpha = \pi m\cos\alpha = p\cos\alpha$

⑤ **바깥지름** : $D_0 = m(Z+2) = D + 2a = \dfrac{2+Z}{p_d(=D.P.)}$

$$m = \dfrac{D_0}{Z+2}(mm), \ D.P. = \dfrac{Z+2}{D_0}(in)$$

여기서, $a$ : 이끝 높이(모듈)
$D.P.$ : 지름피치

⑥ **중심거리** : $C = \dfrac{D_1 + D_2}{2} = \dfrac{(Z_1 + Z_2)m}{2}$

⑦ **압력각** : 공통법선과 입력 작용선이 이루는 각으로 보통 14.5°, 20°를 사용한다.

⑧ **피치원의 지름** : $D = mZ = \dfrac{pZ}{\pi} = \dfrac{D_0 Z}{Z+2} = \dfrac{Z}{D.P.}$

## 마) 이의 간섭

한쌍의 기어를 물려 회전시킬 때, 한쪽 기어의 이 끝이 상대쪽의 이뿌리에 부딪혀서 회전할 수 없게 되는 현상으로 사이클로이드 치형보다 인벌류트 치형에서 더 많이 발생한다.

① **이의 간섭 원인**
- 피니언의 잇수가 극히 적을 때
- 치수비가 클 때
- 압력각이 작을 때
- 유효 이 높이가 높을 때

② **이의 간섭을 막는 방법**
- 이의 높이를 줄인다.
- 압력각을 증가시킨다.

- 치형의 이 끝면을 둥글게 깎아낸다.
- 피니언의 반지름 방향의 이 뿌리면을 파낸다.

③ **이의 언더컷** : 이의 간섭이 일어나면 이 뿌리면을 상대편 기어의 이 끝이 깎아내는 현상으로 이뿌리가 약화되고 접촉 면적이 작아져 기어가 회전할 수 없게 된다.

④ **언더컷의 방지**

- 이의 높이를 낮게 한다.
- 언더컷이 발생하지 않는 한계 잇수 이상으로 한다.
- 이 끝과 이 뿌리의 높이를 수정한다. (전위기어로 한다.)
- 압력각을 크게 한다.
- 이 끝을 낮게 한다.

## ❽ 마찰차 설계

원동차와 종동차, 2개의 바퀴를 직접 접촉하여 생기는 마찰력으로 동력을 전달하는 기계요소이다.

### (1) 마찰차

#### 가) 마찰차의 사용

① 전달동력이 적고, 속도비를 중요시 하지 않을 때 사용한다.

② 회전속도가 클 때 사용한다.

③ 양축의 사이를 자주 단속할 필요가 있을 경우 사용한다.

④ 무단변속을 할 경우 사용한다.

#### 나) 마찰차의 종류

① **원통 마찰차** : 두 축이 평행하고 바퀴는 원통형으로 평마찰차와 V 홈 마찰차가 있다.

② **원추 마찰차** : 두 축이 서로 교차하고 바퀴는 원추형으로 속도비가 일정하다.

③ **구 마찰차** : 두 축이 평행 또는 교차하며, 속도비가 일정하다.

④ **변속 마찰차** : 속도비를 일정한 범위에서는 자유롭게 변화가 가능하다.
   구면마찰차, 이반스마찰차, 원추와 원판마찰차, 크라운 마찰차가 있다.

#### 다) 마찰차의 특성

① 운전이 정숙하다.

② 동력전달의 단속이 가능하다.

③ 접촉표면의 표면 속도는 항상 같다.

④ 무단변속이 쉬운 구조이다.

⑤ 슬립이 존재하므로 정확한 동력을 전달하기는 어렵다.

⑥ 동력 전달 효율이 좋지는 않다.

## (2) 원통 마찰차

### 가) 회전비

슬립이 없을 경우 표면속도가 같으므로 접촉면이 선속도가 일정하다.

$$i = \frac{\omega_2}{\omega_1} = \frac{N_2}{N_1} = \frac{r_1}{r_2} = \frac{D_1}{D_2}$$

여기서, $r_1, r_2$ : 마찰차의 반지름    $w_1, w_2$ : 마찰차의 각속도

$N_1, N_2$ : 마찰차의 회전수    $D_1, D_2$ : 마찰차의 지름

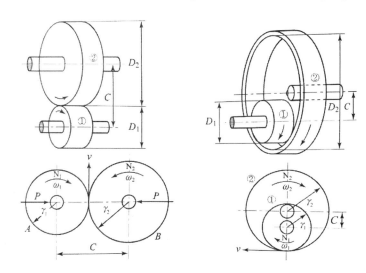

[그림26] 원통 마찰차

### 나) 중심거리

내접 마찰차, 외접 마찰차의 중심거리는 다르다.

$$C = \frac{D_1 + D_2}{2}(외접), \quad C = \frac{D_2 - D_1}{2}(내접)$$

### 다) 지름과 속도비의 관계

속도비 또한 내접 마찰차와 외접 마찰차의 차이가 있다.

① **외접일 때의 지름** : $D_1 = \dfrac{2C}{\dfrac{N_1}{N_2}+1} = \dfrac{2C}{1+\dfrac{1}{i}}$

$$D_2 = \frac{2C}{\dfrac{N_2}{N_1}+1} = \frac{2C}{i+1}$$

② 내접일 때의 지름 : $D_1 = \dfrac{2C}{1 - \dfrac{N_1}{N_2}} = \dfrac{2C}{1 - \dfrac{1}{i}}$

$$D_2 = \dfrac{2C}{\dfrac{N_1}{N_2} - 1} = \dfrac{2C}{i - 1}$$

### 라) 마찰에 의한 전동마력과 토크

$$H_{kW} = \dfrac{Qv}{102} = \dfrac{\mu pv}{102}\,[\text{kW}]$$

여기서, $Q = \mu P$ : 마찰력(kg)  $\mu$ : 마찰계수

$P$ : 마찰차를 누르는 힘(kg)  $D_A, D_B$ : 마찰차의 지름(mm)

$v$ : 회전속도(m/s)

$$T = Q\dfrac{D_B}{2} = \mu P\dfrac{D_B}{2}$$

### 마) 마찰차의 폭

$$P \leqq q_a b$$
$$\therefore b \geqq \dfrac{P}{q_a}\,(cm)$$

## (3) 홈 마찰차

큰 동력을 전달하기 위해 두 바퀴를 큰 힘으로 밀어 붙이면 힘은 베어링을 통해 주어지므로, 이것은 베어링에 큰 마찰손실이 발생한다. 이런 마찰손실을 감소시키기 위해 개선된 것이 홈 마찰차이다. 마찰면을 넓게 하기 위해 홈과 홈이 맞물려 동력을 전달하는 방식이다.

### 가) 홈 마찰차를 미는 힘

$$P = P_1 + P_2 = F\sin\alpha + \mu F\cos\alpha$$

$$= F(\sin\alpha + \mu\cos\alpha)$$

### 나) 마찰면에 작용하는 수직력

$$F = \dfrac{P}{(\sin\alpha + \mu\cos\alpha)}$$

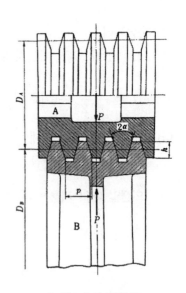

[그림27] 홈 마찰차

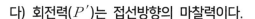 

**다)** 회전력($P'$)는 접선방향의 마찰력이다.

$$P' = \mu F = \frac{\mu P}{\sin\alpha + \mu\cos\alpha} = \mu' P$$

$$\mu' = \frac{\mu}{\sin\alpha + \mu\cos\alpha}$$

여기서, $\mu'$: 동기마찰계수, 유효마찰계수, 수정마찰계수, 외관마찰계수
$$Q = \mu P, \ \ Q' = \mu' P, \ \ Q' : Q = \mu' : \mu$$

## (4) 원추 마찰차

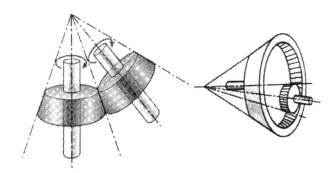

[그림28] 원추마찰차

**가)** 회전비

① **외접 원추마찰차**(축과 축의 각도가 90° 일 때)

$$\tan\alpha = \frac{N_B}{N_A} = i, \ \ \tan\beta = \frac{N_A}{N_B} = \frac{1}{i}$$

② **내접 원추마찰차**(축과 축의 각도가 90° 일 때)

$$\tan\alpha = \frac{N_B}{N_A} = i, \ \ \tan\beta = \frac{N_A}{N_B} = \frac{1}{i}$$

**나)** 마찰에 의한 전달 동력

$$H_{kW} = \frac{\mu P v_m}{102} = \frac{\mu Q_A\, v_{Am}}{102\sin\alpha}(\text{kW}) = \frac{\mu Q_B\, v_{Bm}}{102\sin\beta}(\text{kW})$$

**다)** 원추 마찰차의 나비

$$b = \frac{P}{q_a} \ \ \ \therefore b = \frac{Q_A}{q_a\sin\alpha} = \frac{Q_B}{q_b\sin\alpha}$$

# Chapter 8

# 제어용 요소 및 기타 기계요소

## ❶ 브레이크 설계

회전운동 부분의 에너지를 흡수하여 운동속도를 감소시키거나, 정지시키는 기계요소이다.

### (1) 브레이크의 종류

① **원주 브레이크** : 반지름 방향으로 밀어 마찰력으로 제동하는 브레이크

※ 블록 브레이크, 밴드 브레이크, 내부 확장 브레이크 등

② **축향 브레이크** : 축방향으로 압력이 작용하는 브레이크

※ 원판 브레이크, 원추 브레이크 등

③ **자동하중 브레이크** : 웜 브레이크, 나사 브레이크, 캠 브레이크, 코일 브레이크, 로프 브레이크, 원심 브레이크 등

④ **래칫 브레이크**

⑤ **전자 브레이크** : 공작기계 등에 사용한다.

### (2) 블록 브레이크

#### 가) 단식블록 브레이크

브레이크륜의 위에 브레이크 블록을 레버에 힘을 가해 마찰로 제동을 행하는 브레이크를 블록 브레이크라고 한다.

① 내 작용선(작용선 c > 0)

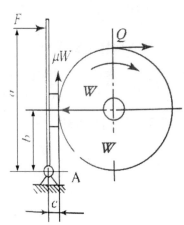

- 우회전 시 : $Fa - Wb - \mu Wc = 0$

$$\therefore F = \frac{W}{a}(b + \mu c) = \frac{Q}{\mu a}(b + \mu c)$$

- 좌회전 시 : $Fa - Wb + \mu Wc = 0$

$$\therefore F = \frac{W}{a}(b - \mu c) = \frac{Q}{\mu a}(b - \mu c)$$

[그림29] 내작용선 블록 브레이크

② 중작용선 (작용선 c=0)

- 우회전, 좌회전 동일함 : $Fa - Wb = 0$

$$\therefore F = \frac{Wb}{a} = \frac{Qb}{\mu a}$$

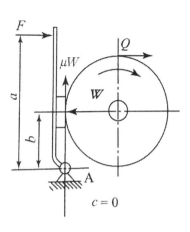

③ 외작용선 (작용선 c ⟨ 0)

• 우회전 시 : $Fa - Wb + \mu Wc = 0$

$$\therefore F = \frac{W}{a}(b - \mu c) = \frac{Q}{\mu a}(b - \mu c)$$

[그림30] 중작용선 블록 브레이크

• 좌회전 시 : $Fa - Wb - \mu Wc = 0$

$$\therefore F = \frac{W}{a}(b + \mu c) = \frac{Q}{\mu a}(b + \mu c)$$

여기서, $Q$ : 브레이크 제동력

$W$ : 브레이크 드럼과 브레이크 블록 사이에
    작용하는 힘

$F$ : 브레이크 레버에 가하는 조작력

$\mu$ : 브레이크 드럼과 블록 사이의 마찰계수

$a, b$ : 브레이크 레버의 길이

$c$ : 히치 지점

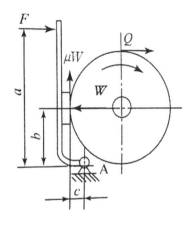

[그림31] 외작용선 블록 브레이크

※ 내작용선의 우회전과 외작용선의 좌회전은 동일한 방식으로 작용하는 힘을 계산하고, 내작용선의 좌회전과 외작용선의 우회전의 동일한 방식으로 작용하는 힘을 계산한다.

## 나) 블록 브레이크 용량

① **블록 브레이크 용량** = 마찰계수 × 브레이크 압력 × 속도 = $\mu qv$

② **블록 브레이크 제동 동력** $H_{kW} = \dfrac{\mu Pv}{102} \, (\text{kW})$

## (3) 내부 확장 브레이크

2개의 브레이크 블록이 바깥쪽으로 확장하여, 브레이크 드럼에 접촉하면서 제동하는 형태의 브레이크이다. 내부 확장 브레이크는 경운기 제동장치에 사용된다.

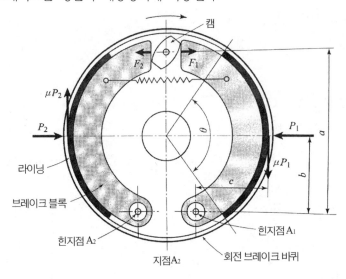

[그림32] 내부 확장 브레이크

### 가) 우회전의 경우

$$F_1 = \frac{P_1}{a}(b - \mu c), \ \ F_2 = \frac{P_2}{a}(b + \mu c)$$

여기서, $P_1, P_2$ : 마찰면에 작용하는 수직력

$F_1, F_2$ : 브레이크 블록을 넓히는데 필요한 힘

$\mu$ : 마찰계수

$a, b, c$ : 브레이크 블록의 치수

### 나) 좌회전의 경우

$$F_1 = \frac{P_1}{a}(b + \mu c), \ \ F_2 = \frac{P_2}{a}(b - \mu c)$$

### 다) 제동토크

$$T = (Q_1 + Q_2)\frac{D}{2} = (\mu P_1 + \mu P_2)\frac{D}{2}$$

$$= \left(\frac{F_1 a}{b - \mu c} + \frac{F_2 a}{b + \mu c}\right)\frac{D}{2}$$

## (4) 밴드 브레이크

브레이크 드럼에 강철밴드를 감고 밴드에 장력을 주어, 밴드와 브레이크 드럼 사이의 마찰에 의해 제동하는 형태의 브레이크이다.

### 가) 밴드 브레이크의 제동력

$$T_1 - T_2 = Q$$

$$T_1 = Q\frac{e^{\mu\theta}}{e^{\mu\theta}-1}, \quad T_2 = Q\frac{1}{e^{\mu\theta}-1}$$

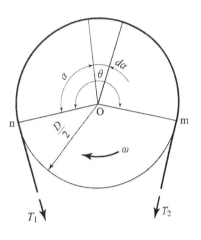

[그림33] 밴드 브레이크의 형태

#### ① 단동식 밴드 브레이크

- 우회전 시 : $Fl = T_2a$

$$\therefore F = \frac{T_2}{l}a = Q\frac{a}{l}\frac{1}{e^{\mu\theta}-1}$$

- 좌회전 시 : $Fl = T_2a$

$$\therefore F = \frac{T_1}{l}a = Q\frac{a}{l}\frac{e^{\mu\theta}}{e^{\mu\theta}-1}$$

#### ② 차동 밴드 브레이크

- 우회전 시 : $Fl = T_2b - T_1a$

$$\therefore F = \frac{Q}{l}\left(\frac{b-ae^{\mu\theta}}{e^{\mu\theta}-1}\right)$$

- 좌회전 시 : $Fl = T_1b - T_2a$

$$\therefore F = \frac{Q}{l}\left(\frac{ae^{\mu\theta}-b}{e^{\mu\theta}-1}\right)$$

#### ③ 합동 밴드 브레이크

- 합동 밴드 브레이크의 제동력　$Fl = T_1a + T_2a$

$$\therefore F = \frac{a}{l}Q\frac{e^{\mu\theta}+1}{e^{\mu\theta}-1}$$

- 밴드브레이크의 마력

$$H_{kW} = \frac{\mu qAv}{102}(\text{kW})$$

## (5) 축방향 브레이크

### 가) 원판 브레이크

#### ① 단판 브레이크

$$Q = \mu P, \quad T = QR = \mu PR = \frac{\mu PD}{2}$$

여기서, $P$ : 축방향에 가해지는 힘

$R$ : 평균 반지름

$T$ : 제동토크

$Q$ : 평균지름에 있어 브레이크 제동력

#### ② 다판 브레이크

$$Q = z\mu P, \quad T = QR = z\mu PR = \frac{z\mu PD}{2}$$

## ❷ 래칫과 폴

### (1) 래칫

#### 가) 래칫의 역할

① 축의 역전방지

② 토크 및 힘의 전달

③ 조속 작용

#### 나) 래칫의 종류

① 외측 래칫

② 내측 래칫

③ 마찰 래칫

#### 다) 래칫의 설계

래칫에 가하는 하중 $\quad W = \dfrac{T}{\dfrac{D}{2}} = \dfrac{2T}{D} = \dfrac{2\pi T}{Z_p}$

이 뿌리의 굽힘 $\quad M = Wh = \dfrac{be^2}{6}\sigma_a$

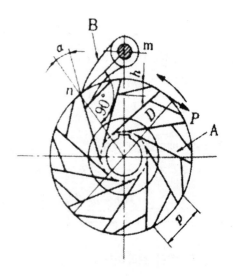

[그림34] 래칫

일반적인 설계에서　$h = 0.35p,\ \ e = 0.5p,\ \ c = 0.25p$

$$0.35p\ \ W = \frac{bp^2}{24}\sigma_a$$

$$Wh = 0.35p\ \ \ \ W = \frac{bp^2}{24}\sigma_a = \frac{2\pi T}{pZ}h$$

여기서, $W$ : 래칫에 가하는 힘　　$T$ : 래칫에 작용하는 회전모멘트

　　　　$Z$ : 래칫 휠의 수　　　　$b$ : 래칫의 나비

　　　　$p$ : 래칫 휠 이의 피치　　$c$ : 이 끝의 두께

　　　　$h$ : 이의 높이　　　　　$e$ : 이뿌리의 두께

　　　　$q$ : 잇면에 생기는 면압력

## 라) 래칫 휠의 면압력 : $q = \dfrac{F}{bh}$

면압력은 래칫의 성분에 따라 다르다.

# ③ 스프링 설계

## (1) 스프링

외력을 흡수하고 에너지를 축척하여 축적한 에너지를 외부로 작동하기 위해 사용하는 기계요소이다.

### 가) 스프링의 기능

① 스프링의 변위량으로, 정적인 크기를 표시한다.

② 진동이나 충격 등의 동적인 외력을 흡수한다.

③ 스프링의 변형률에 비례한 힘을 외부에 작용한다.

④ 축적한 탄성에너지로 외부에 일을 한다.

### 나) 스프링의 휨과 하중

#### ① 인장 또는 압축하중이 작용하는 경우

스프링에 하중이 작용하면 변형이 생기고, 탄성한계 내에는 아래 식이 성립한다.

$$P = k \cdot \delta$$

　　　　여기서, $P$ : 스프링에 작용하는 하중

　　　　　　　$k$ : 스프링 상수

　　　　　　　$\delta$ : 변형량

• 스프링 상수 k는 비례상수로 스프링의 강도를 나타낸다.

- 탄성에너지의 흡수, 방출은 하중에 의해 이루어지는 일을 U로 표시한다.

$$U = \frac{1}{2} P\delta = \frac{1}{2} k\delta^2$$

- 충격량 : 일정한 하중($P$)의 물체가 일정한 속도($v$)로 스프링상수($k$)의 스프링에 충동할 때 스프링의 반력 또는 충격량이라고 한다.

$$P_{\max} = \sqrt{\frac{P}{g}} k \cdot v \quad (g : 중력 가속도)$$

- 진동의 절선

$$f = \frac{1}{2\pi} \sqrt{\frac{kg}{P}} \quad (f : 고유 진동수(c/s))$$

② 스프링 상수 $k_1, k_2$의 두 스프링을 연결하는 경우

- 병렬 연결

$$k = k_1 + k_2, \quad 즉 \ k = \sum_i k_i$$

- 직렬 연결

$$k = \cfrac{1}{\cfrac{1}{k_1} + \cfrac{1}{k_2}}, \quad \frac{1}{k} = \frac{1}{k_1} + \frac{1}{k_2}, \quad \frac{1}{k} = \sum_i \frac{1}{k_i}$$

- 비틀림 모멘트가 작용하는 경우

$$T = k \cdot \theta, \quad U = \frac{1}{2} T\theta = \frac{1}{2} k\theta^2$$

여기서, $T$ : 비틀림 모멘트  $\theta$ : 비틀림 각(rad)

## (2) 스프링의 종류

### 가) 형상에 의한 분류
① 코일 스프링   ② 겹판 스프링   ③ 벌류트 스프링   ④ 링 스프링
⑤ 태엽 스프링   ⑥ 접시 스프링   ⑦ 와셔 스프링   ⑧ 스냅 스프링
⑨ 지그재그 스프링   ⑩ 토션바

### 나) 용도에 의한 분류
① 완충 스프링 : 진동 또는 충격에너지 흡수
② 동력 스프링 : 태엽 스프링
③ 가압 스프링 : 스프링 와셔

④ 측정용 스프링 : 저울용 스프링

## 다) 압축코일 스프링

### ① 압축코일 스프링의 특징

나선형으로 감은 스프링이다. 하중에 따라 압축, 인장, 비틀림 코일 스프링이 있다.

- 제작비가 저렴하다.
- 기능이 유효하다.
- 경량, 소형으로 제조할 수 있다.

### ② 압축 코일의 종류

- 봉재의 단면형상에 의해 원형, 정방형, 구형이 있다.
- 감은 모양에 따라 원통, 원추, 통형, 장구형, 포물선형 등이 있다.

## 라) 압축코일 스프링의 설계

### ① 비틀림 모멘트(T)를 가했을 때의 전단력

$$T = PR = P\frac{D}{2} = \tau Z_p = \frac{\pi d^3}{16}\tau$$

$$\tau = \frac{16PR}{\pi d^3} = \frac{8D}{\pi d^3}P = \frac{8C^3}{\pi D^2}P \; (\text{스프링 지수} \; C = \frac{D}{d})$$

여기서, $\tau$ : 전단응력　　$P$ : 하중
　　　　$R$ : 코일의 반지름　$D$ : 코일의 평균지름
　　　　$d$ : 소선의 지름

### ② 하중 P를 가했을 때 소선의 비틀림각 : $\theta$

$$\theta = \frac{Tl}{GI_p}\left(l = 2\pi Rn, \; I_p : \frac{\pi d^4}{32}\right)$$

$$\therefore \; \theta = \frac{32PR \times 2\pi Rn}{\pi d^4 G} = \frac{64PR^2 n}{Gd^4}$$

여기서, $G$ : 횡탄성 계수　　　　$I_p$ : 단면 2차 극모멘트
　　　　$l$ : 코일의 전체길이　　　$n$ : 유효감김 수

### ③ 비틀림 탄성 에너지 : $U_1$

$$U_1 = \frac{1}{2}T\theta = \frac{1}{2}PR\frac{64PR^2 n}{Gd^4} = \frac{32P^2 R^3 n}{Gd^4}$$

④ 하중 P를 가했을 때 축방향 처짐 : $\delta$

$$U_1 = U_2 = \frac{1}{2}P\delta = \frac{32P^2R^3n}{Gd^4}$$

$$\delta = \frac{8PD^3n}{Gd^4}$$

여기서, $\delta$ : 코일의 처짐

### 마) 스프링의 기타 정보

① **스프링 지수**(C는 4 < C < 12)

$$C = \frac{2R}{d} = \frac{D}{d} = \frac{코일의 평균지름}{소선의 지름}$$

② **스프링의 종횡비**( $\lambda$는 0.8~4 )

$$\lambda = \frac{자유높이(하중을 가하지 않은 높이)}{코일의 평균지름}$$

③ **스프링 상수**( $k$ )

$$k = \frac{P}{\delta}$$

④ **응력수정계수**( K )

$$K = \frac{4C-1}{4C-4} + \frac{0.615}{C} = \frac{C}{C-1} + \frac{1}{4C}$$

### 바) 인장코일 스프링

① **특징**

- 스프링에 고리를 만들어 당겨지는 힘에 작용되며 굽힘모멘트가 작용한다.
- 허용응력은 압축스프링보다 작게 설정해야한다.
- 제작비가 비싸다.

② **초기장력**($P_0$)  $\quad P_0 = \frac{\pi d^3}{8D}\tau_0 \,(\tau_0 : 초기응력)$

③ **유효하중**($P'$)  $\quad P' = P - P_0$

### 사) 비틀림 스프링

① 굽힘응력 : $\sigma = K' \dfrac{32PR}{\pi d^3}$

② 응력수정계수 : $K' = \dfrac{4C^2 + C - 1}{4C(C-1)}$, $C = \dfrac{D}{d}$

③ 처짐각 : $\theta = K' \dfrac{64lPR}{\pi d^4 E}$

④ 스프링 상수 : $k = \dfrac{T}{\theta} = \dfrac{Ed^4}{64nD}$

⑤ 변형에너지 : $U = \dfrac{\sigma^2}{8E} V$  ($V = A \cdot l$, 스프링의 부피)

### 아) 토션바 스프링

봉을 비틀어 스프링 역할을 하는 형태이다.

① **토션바 스프링의 특징**
- 단위체적 당 저축되는 탄성에너지가 크다.
- 경량이며, 구조가 간단하다.
- 좁은 곳에도 설치가 가능하다.
- 스프링의 특성값과 일치한다.

② **토션바 스프링의 용도**
- 소형 차량의 현가장치
- 고속회전 엔진의 밸브 스프링

### 자) 판 스프링

판 모양 재료의 굽힘 탄성을 이용한 것으로 스프링 와셔와 같이 얇은 판을 하나 또는 두장 이상의 판을 겹쳐 만든 스프링이다.

① **판 스프링의 특징**
- 변위가 크고 응력이 작게 작용할 때 사용한다.
- 비선형 특성을 쉽게 얻을 수 있다.
- 대량 생산이 가능하다.

② **단일 스프링** : 스프링 와셔가 여기에 해당된다.

③ **다판 스프링** : 일반적으로 트럭의 적재함에서 적재물의 하중을 완화시켜주기 위한 장치로 활용된다.

### 차) 접시 스프링

중심에 구멍이 뚫린 원판을 원추 형상으로 가공하여, 압축하중을 받으면 스프링의 바깥둘레에 인장응력이 작용하는 형태의 스프링이다.

① **특징**
- 좁은 공간에서 큰 스프링의 힘을 얻을 수 있다.
- 자유높이 H와 스프링 판 두께 h를 조절하면 비선형 특성을 줄일 수 있다.
- 자유높이와 두께의 차이가 있어 높은 정도의 스프링 특성을 얻기 어렵다.

② **용도**
- 와셔
- 클러치 스프링
- 프레스의 완충 스프링

### 카) 고무 스프링 특징

① 스프링 수를 자유롭게 선택할 수 있다.
② 형상을 자유롭게 선택할 수 있다.
③ 금속에 접착이 쉽다.
④ 여러 개의 조합하여 활용이 가능하다.
⑤ 소형 경량이며 지지가 간단하다.
⑥ 서징의 염려가 없고, 진동 및 절연에 큰 효과가 있다.
⑦ 방음효과가 있다.

### 타) 스파이럴 스프링 특징

① 비틀림 각을 크게 취할 수 있다.
② 시계나 촬영기에 사용한다.
③ 마찰을 가짐으로 히스테리시스가 있다.
④ 윤활조건에 따라 마찰계수가 다르며, 출력에 변동성이 있다.

### 파) 링 스프링

외주면 및 내주면이 링으로 포개 올린 형태로 압축하중에 의해 링은 서로 팽창과 수축하여 축방향으로 접근한다. 단위체적당 변형률이 크고, 큰 히스테리시스 손실을 나타낸다.

## ❹ 플라이 휠

플라이 휠은 관성차라고도 부른다. 큰 관성모멘트에 의해 변동토크가 작용하면 운동에너지를 축적하였다 방출함으로써 역방향으로 작용하지 않고, 한방향으로 회전시키고자 할 때 활용하는 기계요소이다. 엔진의 4행정 중 폭발 시 에너지를 축적하였다가 배기, 압축 행정을 돕는다.

## ❺ 관 및 관이음

### (1) 관의 기능과 역할

① 관의 기능
- 유체(액체, 기체) 및 고체 분말의 수송 작용
- 압력의 전달
- 진공의 유지
- 열 교환 작용
- 물체의 보강, 보호

### (2) 관의 설계

① 관의 안지름

$$Q = A \cdot v_m = \frac{\pi}{4}\left(\frac{D}{1000}\right)^2 \cdot v_m$$

$$D = 2,000\frac{\sqrt{Q}}{\pi v_m}$$

여기서, $A$ : 파이프의 단면적($\mathrm{m}^2$)

$D$ : 파이프의 안지름(mm)

$Q$ : 유체의 유량($\mathrm{m}^3/\mathrm{s}$), 순간 유량

$v_m$ : 평균속도(m/s)

② 관의 유량

$$Q = \frac{\pi}{4}d^2\sqrt{\frac{2gh}{\mu(l/d) + \sum\lambda}}$$

여기서, $l$ : 관로의 길이 　　$\mu$ : 마찰계수

$h$ : 압력차 　　$\sum\lambda$ : 관로의 마찰이외의 손실

### (3) 관의 강도

① 내압을 받는 파이프
- 원주방향의 응력에 의한 두께 설계

$$pDl = 2tl\sigma_t$$

$$\sigma_t = \frac{pD}{2t} ,\ \ t = \frac{pD}{2\sigma_t}$$

여기서, $p$ : 내압($\mathrm{kg_f/mm^2}$) 　　$D$ : 파이프의 안지름(mm)

$\sigma_t$ : 허용응력($\mathrm{kg_f/mm^2}$) 　　$t$ : 파이프의 두께(mm)

• 축방향의 응력에 의한 두께 설계(내압을 받는 구형과 동일함)

$$\sigma_z = \frac{pD}{4t}, \quad t = \frac{pD}{4\sigma_z}$$

## (4) 관이음

### 가) 관이음의 기능

① 관로의 연장, 굴곡, 분기
② 관의 상호운동
③ 관접속의 탈착

### 나) 관이음의 설계

$$W = \frac{\pi}{4} D_m^2 p, \quad M = W, \quad l = \frac{D_b - (D + 2S)}{2}$$

$$M = \sigma_b \cdot Z = \frac{\pi D_f t^2}{6} \sigma_b$$

$$\therefore t = \sqrt{\frac{6W}{\pi D_f \sigma_b}}$$

여기서, $\sigma_b$ : 허용 굽힘응력     $Z$ : 단면계수
        $D_m$ : 가스켓의 평균지름     $D_f$ : 플랜지 보스의 지름 (D=2S),
        $t$ : 플랜지 두께     $S$ : 파이프의 두께 + 보스의 두께
        $W$ : 전하중     $M$ : 굽힘모멘트
        $D_b$ : 서로 대하는 플랜지 구멍 사이의 지름

### 다) 밸브

#### ① 밸브의 종류

• 사용목적에 의한 분류

- 스톱 밸브 : 리프트가 작고 개폐가 빨리 되며, 밸브와 밸브 시트의 깎아 맞춤이 쉬우며 값이 싸다.
- 체크 밸브 : 유체의 역류를 막고, 흐름을 한쪽 방향으로 제한하는 밸브이다.
- 안전 밸브 : 설정 압력 이상이 되면 작용하여 유체를 외부에 토출하므로 일정한 압력을 유지시켜 주는 밸브
- 감압 밸브 : 관로압을 일정하게 유지시키고자 할 때 사용하는 밸브
- 기타 밸브 : 조정밸브, 조름밸브(스로틀링 밸브), 분배밸브, 비상밸브 등

● 유체운동에 의한 분류

- 리프트 밸브 : 유체의 방향과 밸브 시트가 평행으로 움직이면서 관로의 간격을 조절하여 유량을 조절하는 밸브로, 스톱 밸브, 볼 밸브, 니들 밸브, 포펫 밸브가 있다.
- 슬라이딩 밸브 : 밸브판이 밸브시트에 움직이며 직선운동을 하며 개폐되는 밸브이다.
- 회전 밸브 : 원뿔면 또는 원통면 밸브 시트 안에서 밸브가 회전하고, 유체가 그 회전축에 직각으로 유동시켜 유량을 조절하는 밸브
- 버터플라이 밸브 : 원판상의 밸브를 흐름과 직각인 축의 둘레에 회전시켜 유량을 조절하는 밸브
- 특수 밸브 : 다이어프램 밸브, 안전밸브, 감압 밸브, 평형밸브 등이 있다.

## 라) 유체의 누설 방지

① 플랜지 이음에는 접촉면을 압착한다.
② 나사결합에서는 접합부에 나사를 만들어 페인트, 흑연 등을 발라 테이프론 테이프나, 마사로 감아주고 나사를 끼운다.
③ 가스켓을 사용한다.
④ 패킹을 이용한다.

**01** 다음 중 농업기계 요소 중 동력 전달용 요소가 아닌 것은?

① 축             ② 베어링
③ 플라이 휠       ④ 로프

해설 동력 전달용 요소 : 축, 축이음, 베어링, 기어, 벨트, 체인, 로프 등

**02** 다음 중 단위계에서 기본 단위가 아닌 것은?

① m             ② lux
③ mol           ④ A

해설 기본단위의 7가지 단위는 길이(m), 질량(kg), 시간(S), 전류(A), 온도(K), 물질량(mol), 광도(cd)이다.

**03** 다음 중 유도 단위가 아닌 것은?

① 힘(N)
② 압력 또는 응력(Pa)
③ 온도(K)
④ 일(J)

해설 유도단위는 서로 관련된 양들을 연결시키는 대수관계에 따라 단위 등을 조합하여 이루어진 단위를 말한다. 힘(N), 압력 또는 응력(Pa), 에너지, 일(J), 열량(kcal), 주파수(Hz) 등이 있다.

**04** 기계 재료에 작용하는 하중의 종류를 하중 속도에 의하여 분류할 때 힘의 크기와 방향이 동시에 주기적으로 변하는 하중을 의미하는 용어는?

① 정하중         ② 반복하중
③ 교번하중       ④ 충격하중

해설 동하중의 종류
① 변동하중 : 불규칙한 작용을 하는 하중으로 진폭 주기가 모두 변화하는 하중
② 반복하중 : 힘의 방향은 변하지 않고, 연속 반복 작용하는 하중으로서 진폭과 주기가 일정한 하중
③ 교번하중 : 하중의 크기와 그 방향이 충격 없이 주기적으로 변화하는 하중
④ 충격하중 : 비교적 단시간에 충격적으로 작용하는 하중
⑤ 이동 하중 : 물체 위를 이동하며 작용하는 하중

**05** 다음 중 방향에 따른 하중의 종류가 아닌 것은?

① 반복 하중
② 인장 하중
③ 압축 하중
④ 비틀림 하중

해설 방향에 따른 하중의 종류에는 인장 하중, 압축하중, 전단 하중, 굽힘 하중, 비틀림하중이 있다.

**06** 지름이 5cm인 원형 단면봉에 2000kgf의 인장하중이 작용할 때 이 봉에 생기는 인장력 kgf/cm²은 얼마인가?

① 509.30
② 101.85
③ 400.00
④ 80.00

해설 $\sigma = \dfrac{W}{A} = \dfrac{2000\mathrm{kg_f}}{\dfrac{25\pi}{4}} ≒ 101.85\mathrm{kg_f/cm^2}$

**07** 한변의 길이가 20mm인 정사각형 단면의 재료에 압축하중이 작용하고 있다. 이 때의 압축응력이 10kgf/mm² 이라고 하면 압축하중은 몇 kgf인가?

① 200  ② 400
③ 2000  ④ 4000

**해설** $\sigma = \dfrac{W}{A}$

$W = \sigma \cdot A = 10\text{kg}_f/\text{mm}^2 \times 400\text{mm}^2$
$= 4000\text{kg}_f$

**08** 농업기계 재료의 일반적인 안전율을 나타낸 식을 가장 적합한 것은?

① 안전율 $= \dfrac{\text{기초강도}}{\text{허용응력}}$

② 안전율 $= \dfrac{\text{탄성한도}}{\text{허용응력}}$

③ 안전율 $= \dfrac{\text{비례한도}}{\text{기초강도}}$

④ 안전율 $= \dfrac{\text{탄성한도}}{\text{기초강도}}$

**09** 기계설계를 위해 금속재료의 다양한 힘과 응력이 존재한다. 다음 중 응력의 크기를 옳게 표시한 것은?

① 사용응력 〈 허용응력 〈 극한강도
② 극한강도 〈 허용응력 〈 사용응력
③ 허용응력 〈 사용응력 〈 극한강도
④ 사용응력 〈 극한강도 〈 허용응력

**10** 기계요소에 하중을 일정하게 작용시킬 때 고온에서 재료내의 응력이 일정함에도 불구하고 시간의 경과와 더불어 변형량이 증대하는 현상을 무엇이라고 하는가?

① 크리프(creep)
② 후크의 법칙(Hook's law)
③ 피로 한도(fatigue limit)
④ 응력 집중(stress concentration)

**해설** • **후크의 법칙** : 고체에 힘을 가해 변행시키는 경우, 힘의 크기가 어떤 한도를 넘지 않는 한 변형의 양은 힘의 크기에 비례한다는 법칙
• **피로 한도** : 무한 반복하여 견디는 응력의 한계
• **응력 집중** : 단면형상에 급격한 변화가 있는 경우, 이곳에 외력이 작용하면 응력이 집중되는 현상

**11** 인장하중 200kgf을 받는 연강봉에 인장응력이 4,200kg/cm²이 발생했다. 안전율 S=6으로 할 때 안전하게 사용하기 위한 지름은 몇 mm인가?

① 5  ② 6
③ 7  ④ 8

**해설**

$S = \dfrac{\sigma_s}{\sigma_a},$

$\sigma_a = \dfrac{\sigma_s}{S} = \dfrac{4200}{6} = 700\text{kgf/cm}^2$

$\sigma_a = \dfrac{P}{\dfrac{\pi d^2}{4}},$

$d = \sqrt{\dfrac{4P}{\pi \sigma_a}} = \sqrt{\dfrac{4 \times 200}{\pi \times 700}} = 0.6cm = 6mm$

**12** 크리프(creep) 현상에 관한 설명으로 올바른 것은?

① 일정한 온도하에서 일정한 하중이 작용할 때 변형률이 시간에 따라 증가하는 현상이다.

② 크리프 현상은 재료의 온도가 융점에 가까울수록 적게 나타난다.

③ 납(Pb)은 상온에서는 크리프 현상이 나타나지 않는다.

④ 응력이 클수록 크리프량이 적다.

**13** 헐거운 끼워맞춤에서 구멍의 최대치수가 50.025mm이고, 최소치수는 50.00mm이며, 축의 최대치수가 49.975mm, 최소 치수는 49.950mm일 때 최소 틈새는 몇 mm인가?

① 0.025

② 0.05

③ 0.075

④ 0.100

> **해설** 최대 틈새 = 구멍의 최대치수 − 축의 최소 치수
> = 50.025 − 49.950
> = 0.075
> 최소 틈새 = 구멍의 최소치수 − 축의 최대치수
> = 50.00 − 49.975
> = 0.025

**14** 축과 구멍의 틈새와 죔새를 기준으로 한 끼워맞춤에서 항상 틈새가 있는 것은?

① 상용 끼워맞춤

② 중간 끼워맞춤

③ 헐거운 끼워맞춤

④ 억지 끼워맞춤

**15** 축의 끼워맞춤 관련 용어 중 치수공차의 올바른 설명은?

① 기준 치수와 실제 치수와의 차

② 허용 한계치수와 기준치수와의 차

③ 최대 허용치수와 기준치수와의 차

④ 최대 허용치수와 최소 허용치수와의 차

**16** 구멍 지름의 치수가 $10^{+0.035}_{-0.012}$ 일 때 공차는?

① 0.012

② 0.023

③ 0.035

④ 0.047

**17** 다음 중 나사의 피치에 대한 설명으로 옳은 것은?

① 나선곡선에 따라 원통의 둘레를 1회전 하였을 때 축방향으로 이동한 거리

② 나사의 축선을 포함한 단면에서 서로 이웃한 나사산에 대응하는 2면 사이의 거리

③ 나사산의 봉우리오 골밑을 연결하는 면을 말한다.

④ 원통 또는 원추의 표면에 따라 축방향의 평행한 운동과 축선 주위의 회전각의 비가 일정하게 된 점이 그리는 궤적

> **해설**
> • 리드 : 나선곡선에 따라 원통의 둘레를 1회전 하였을 때 축방향으로 이동한 거리
> • 프랭크 : 나사산의 봉우리와 골밑을 연결하는 면을 말한다.
> • 나선곡선 : 원통 또는 원추의 표면에 따라 축방향의 평행한 운동과 축선 주위의 회전각의 비가 일정하게 된 점이 그리는 궤적

**18** 다음 중 응력과 변형률 선도에서 응력과 변형이 비례적으로 증가하거나 감소하는 부분은 어느 구간인가?

① 비례한도      ② 탄성한도

③ 소성변형      ④ 극한강도

> **해설** • 탄성한도 : 응력을 제거할 때 변형이 없어지는 성질이 탄성이고, 그 한계의 응력을 탄성한도 라고 한다.
> • 소성변형 : 응력이 크면 응력을 제거하여도 변형이 완전히 없어지지 않고, 그대로 남아 있는 상태의 변형을 소성변형이라고 한다.
> • 극한강도 : 재료가 견딜 수 있는 최대의 응력

**19** 동력 경운기의 연료 주입구와 냉각수 주입구 사이에 설치되어 있으면서 엔진과 같이 무거운 물체를 들어 올리는 곳에 가장 적합한 것은?

① T홈 볼트      ② 턴 버클

③ 나비 볼트      ④ 아이볼트

**20** 나사 호칭이 3/4 – 10UNC 인 경우 설명으로 틀린 것은?

① 나사 축선 1인치 안에 10개의 나사 산이 있다.

② 바깥 지름이 3/4인치이다.

③ 유니파이 가는 나사이다.

④ 피치는 2.54mm이다.

> **해설** 유니파이 보통 나사이다.

**21** 다음 중 특수용 볼트에 해당하지 않는 것은?

① 스테이볼트      ② 탭볼트

③ 아이볼트      ④ 홈볼트

> **해설** 특수용 볼트에는 리머볼트, 테이퍼볼트, 스테이볼트, 아이볼트, 홈볼트, 충격볼트가 있다.

**22** 주로 힘의 전달용으로 쓰이는 나사로 프레스, 잭, 바이스 등에 사용되는 나사로 가장 적합한 것은?

① 삼각나사

② 둥근나사

③ 사각나사

④ 사다리꼴 나사

**23** 다음 중 체결용 나사에 해당하지 않는 것은?

① 미터 나사

② 유니파이나사

③ 사다리꼴나사

④ 관용나사

> **해설** 체결용 나사는 삼각나사이며 삼각나사의 종류에는 미터나사, 유니파이나사, 휘트워드나사, 관용나사, 셀러나사가 있다. 사다리꼴나사는 운동용 나사에 사용한다.

**24** 다음 중 운동용 나사에 해당하지 않는 것은?

① 사각 나사

② 관용나사

③ 톱니나사

④ 볼나사

> **해설** 운동용 나사에는 사각나사, 사다리꼴나사, 톱니나사, 둥근나사, 볼나사 등이 있다.

**25** 다음 중 삼각나사의 수직력에 해당되는 것은?

① $\dfrac{Q}{\sin \alpha}$      ② $\dfrac{Q}{\cos \alpha}$

③ $\dfrac{\sin \alpha}{Q}$      ④ $\dfrac{\cos \alpha}{Q}$

**정답** ··· 18.①   19.④   20.③   21.②   22.③   23.③   24.②   25.②

**26** M20×2인 2줄 나사의 리드는 몇 mm인가?

① 2        ② 4

③ 20       ④ 40

> **해설** M20은 미터나사이며 바깥지름이 20mm이며, ×2는 피치가 2mm를 나타낸 것이다.
> 그러므로 $L = np = 2 \times 2mm = 4mm$

**27** 리드가 5.2mm 인 2중 나사를 5회전 시켰을 때의 이동거리는?

① 5.2mm      ② 10.4mm

③ 20.8mm     ④ 26mm

> **해설** $L = np$,   $L = 5.2$
> 이동거리 $= L \times N = 5.2 \times 5 = 26mm$

**28** 3줄 나사에서 피치가 3mm이면 리드는 몇 mm인가?

① 1        ② 3

③ 6        ④ 9

> **해설** $L = np = 3 \times 3 = 9mm$

**29** 다음 중 사각나사의 특성으로 틀린 것은?

① 하중에 의해 자연히 돌아가, 아래로 내려 가면서 잘 풀린다.

② 나사를 풀기 위해서 힘은 P < 0이 된다.

③ 리드각 < 마찰각 되면 나사가 잘 풀린다.

④ 운동용 나사로 사용된다.

> **해설** 사각나사의 특성
> ① 운동용 나사로 사용한다.
> ② $\lambda$ (리드각) > $\rho$ (마찰각)가 되면 나사가 잘 풀어진다.
> ③ 나사를 풀기 위해서 힘은 P < 0이 된다.
> ④ 하중에 의해 자연히 돌아가, 아래로 내려가 잘 풀어지게 된다.
> ⑤ 최대 효율은 50%이다.

**30** 다음 중 볼트 설계 시 고려해야할 사항이 아 닌 것은?

① 축방향의 인장하중만을 받는 경우

② 축방향에 직각인 하중을 받아 전단하중을 발생시키는 경우

③ 축방향의 인장 또는 압축하중을 받으며 동시에 비틀린 모멘트를 받는 경우

④ 나사산과 암나사의 틈 사이 이물질에 의 한 마찰력

**31** 다음 중 압축응력과 전단력을 동시에 작용하 는 파손이론 중 최대 전단응력설은 어느 것인 가?

① $\sigma_{max} = \dfrac{1}{2}\sigma + \dfrac{1}{2}\sqrt{\sigma^2 + 4\tau^2} \leq \sigma_a$

② $\tau_{max} = \dfrac{1}{2}\sqrt{\sigma^2 + 4\tau^2} \leq \tau_a$

③ $\tau_{max} = \sqrt{\sigma^2 + 3\tau^2} \leq \tau_a$

④ $\tau_{max} = \sqrt{\sigma^2 + 5\tau^2} \leq \tau_a$

**32** 직경 42mm인 강제 볼트의 머리가 50kN의 하중을 지지하고 있다. 이 볼트 머리의 최소 허용높이는 약 몇 mm인가? (단, 전단응력은 10.5N/mm²으로 한다.)

① 19        ② 36

③ 42       ④ 54

> **해설** $\tau = \dfrac{W}{hd\pi} = \dfrac{50,000}{42h\pi}$
> $\therefore h = \dfrac{50,000}{10.5 \times 42 \times \pi} = 36mm$

**33** 3각나사에서 수나사의 바깥지름이 22mm 이에 끼워지는 암나사의 안지름은 19.294 mm일 때 나사산의 높이는 얼마인가?

① 1.252      ② 1.353

③ 1.454      ④ 1.555

**해설** $h = \dfrac{1}{2}(d - d_1)$

$= \dfrac{1}{2}(22 - 19.294) = 1.353mm$

**34** 나사를 죌 때 회전력(P)을 구하는 적합한 식 은 어느 것인가?

① $Q\dfrac{\mu\pi d_2 + p}{\pi d_2 \mu p}$      ② $Q\dfrac{\mu\pi d_2 + p}{\pi d_2 + \mu p}$

③ $Q\dfrac{\pi d_2 \mu p}{\mu\pi d_2 + p}$      ④ $Q\dfrac{\mu\pi d_2 + p}{\pi d_2 - \mu p}$

**35** 볼트 설계 시 고려해야 하는 하중이 아닌 것 은?

① 축방향의 인장하중
② 축방향에 직각인 하중을 받은 전단하중
③ 축방향의 인장 또는 압축 하중을 받는 동시에 비틀림 모멘트를 받는 경우
④ 축방향에 의한 충격하중

**36** 너트의 풀림 방지법이 아닌 것은?

① 로크너트를 사용한다.
② 분할핀을 사용한다.
③ 이중 너트를 사용하면 안된다.
④ 스프링와셔, 이붙임와셔를 사용한다.

**37** 볼트와 너트를 체결할 때 와셔를 끼워서 사용 해야 하는 경우가 아닌 것은?

① 볼트 구멍이 작을 때
② 내압이 작은 목재, 고무, 경함금 등에 볼트 를 사용할 때
③ 볼트 머리 및 너트를 바치는 면에 요철이 심할 때
④ 가스켓을 조일 때

**해설** 와셔는 너트 아랫면에 끼워 사용하는 부품이다.
① 볼트의 구멍이 클 때
② 내압이 작은 목재, 고무, 경합금 등에 볼트를 사용 할 때
③ 볼트머리 및 너트를 바치는 면에 요철이 심할 때
④ 가스켓을 조일 때
⑤ 나사의 풀림장지를 시킬 때

**38** 고압탱크나 보일러의 같은 기밀용기의 코킹 작업 시 기밀을 더욱 완전하게 하기 위하여 끝이 넓은 끌로 때려 리벳과 판재의 안쪽 면을 완전히 밀착시키는 것을 의미하는 용어는?

① 오프셋      ② 맞물림
③ 오일링      ④ 풀러링

**39** 다음 중 리벳의 지름을 구하는 식은 어느 것 인가?(단, 전단저항과 압축저항은 같다.)

① $d = \dfrac{t\sigma_c}{\pi\tau}$      ② $d = \dfrac{2t\sigma_c}{\pi\tau}$

③ $d = \dfrac{t\sigma_c}{4\pi\tau}$      ④ $d = \dfrac{4t\sigma_c}{\pi\tau}$

**정답** ··· 33.②   34.④   35.④   36.③   37.①   38.④   39.④

**40** 강판의 두께가 20mm, 리벳구멍의 지름은 18mm, 피치 80mm 인 1줄 겹치기 이음에서 1피치마다 1000kgf의 하중이 작용할 때 강판의 효율은 약 몇 %인가?

① 62
② 67.7
③ 74
④ 77.5

**해설**

$$\sigma_c = \frac{W}{td} = \frac{1000 \text{kg}_f}{20 \text{mm} \times 18 \text{mm}} = 2.78 \text{kg}_f/\text{mm}^2$$

$$\sigma_t = \frac{W}{(p-d)t} = \frac{1000 \text{kg}_f}{(80-18)\text{mm} \times 20 \text{mm}} = 0.81 \text{kg}_f/\text{mm}^2$$

$$\eta = \frac{dt\sigma_c}{pt\sigma_t} \times 100 = \frac{d\sigma_c}{p\sigma_t} = \frac{18 \times 2.78}{80 \times 0.81} \times 100 = 77.22\% \fallingdotseq 77.5\%$$

**41** 다음 중 리벳의 피치를 구하는 식은 어느 것인가?(단, 전단저항과 인장저항은 같다.)

① $p = d + \dfrac{n\pi d^2 \tau}{4t\sigma_t}$

② $p = \dfrac{n\pi d^2 \tau}{4t\sigma_t}$

③ $p = d + \dfrac{n\pi d^2 \tau}{4t}$

④ $p = d + \dfrac{n\pi d\tau}{4t\sigma_t}$

**42** 용접의 장점이 아닌 것은?

① 공정수가 줄어든다.
② 이음 구조가 간단하고 효율이 좋다.
③ 응력집중에 대해 민감하다.
④ 기밀성이 좋다.

**해설** 용접의 단점
1) 응력집중에 대해 민감하다.

2) 용접부의 비파괴가 어렵다.
3) 용접모재의 재질에 대한 영향이 크다.

**43** 다음 중 T형 용접 이음법이 아닌 것은?

① 단절형
② 양절형
③ 평절형
④ 편절형

**해설** T형 용접이음에는 평절형. 편절형. 양절형의 세 가지 이음법이 있다.

**44** 100kN의 인장하중이 작용하는 두 개 12mm의 강판을 맞대기 용접하려고 한다. 목 두께를 약 몇 mm 이상으로 하여야 하는가? (단, 용접부 길이는 200mm, 용접효율은 85%, 용접부 허용 응력은 60MPa이다.)

① 6
② 8
③ 9
④ 10

**해설**

$$P = \sigma_t tl = \sigma_t al,$$
$$a(\text{목두께}) = \frac{P}{\sigma_t l} = \frac{100,000N}{60N/mm^2 \times 200} = 8.33$$

$a = 8.33$ 이며, 효율이 85%

$$\therefore a' = \frac{a}{\eta} = \frac{8.33}{0.85} = 9.8 \fallingdotseq 10$$

**45** 두께 10mm, 폭 50mm인 강판을 그림과 같이 맞대기 이음하여 인장하중 2ton을 가했을 때 용접부에 생기는 인장응력은 몇 kgf/mm²인가?

① 2
② 4
③ 40
④ 200

**해설**

$$\sigma_t = \frac{W}{tl} = \frac{2000 \text{kg}_f}{10 \text{mm} \times 50 \text{mm}} = 4 \text{kg}_f/\text{mm}^2$$

**46** 목 두께가 15mm이고, 용접길이가 35cm인 맞대기 용접부에 5500kgf의 인장하중이 작용할 때, 인장응력은 몇 kgf/mm²인가?(단, 용접의 높이는 무재의 두께보다 0.3배 높게 한다.)

① 0.64
② 0.79
③ 0.92
④ 1.05

**해설** $\sigma = \dfrac{W}{hl} = \dfrac{5500\mathrm{kg_f}}{15(1.3)\mathrm{mm} \times 350\mathrm{mm}}$
$= 0.81\mathrm{kg_f/mm^2}$

**47** 다음 용접법 중 압접에 해당하는 것은?

① 가스 용접법
② 마찰 용접법
③ 테르밋 용접법
④ 아크 용접법

**해설** 압접에는 가스 압접법, 마찰 용접법, 저항 용접법이 있다.

**48** 다음 중 용접부의 형상에 따른 분류이다. 그루브 용접에 해당하지 않는 형태는 무엇인가?

① H형 그루브
② I형 그루브
③ J형 그루브
④ W형 그루브

**해설** 그루브 형태 : H, I, J, K, L, U, V, X형이 있다.

**49** 플러그 용접을 옳게 설명한 것은?

① 접합하는 모재 사이 홈에 형상에 따라 용접하는 방법
② 직교하는 2개의 면을 결합하는 용접 방법
③ 일회의 용접작업으로 평면모양 그대로 그 위에 비드를 용착하는 용접 방법
④ 접합하는 모재의 한쪽에 구멍을 뚫고 판자의 표면까지 차게하는 용접 방법

**해설** ①은 그루브 용접, ②은 필릿 용접,③ 비드용접을 설명한 것이다.

**50** T형 용접이음 중 이음법에 해당하지 않는 것은?

① 편형
② 평절형
③ 편절형
④ 양절형

**51** 그림과 같은 겹치기 이음에서 모재의 두께가 10mm일 때 허용 전단응력($\mathrm{kg_f/mm^2}$)은 얼마인가?

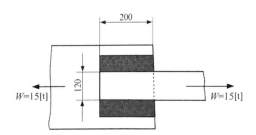

① 4.3
② 5.3
③ 6.3
④ 7.3

**해설** $\tau = \dfrac{W}{2tl} = \dfrac{W}{\sqrt{2}\,hl}$
$= \dfrac{15,000}{2 \times \sqrt{2} \times 10 \times 200}$
$= 5.3\mathrm{kg/mm^2}$

**52** 핸들과 같이 토크가 작은 곳의 고정에 가장 적합한 키로 핀키라고도 하는 것은?

① 반달키   ② 평키
③ 새들키   ④ 둥근키

해설 • **반달키** : 축의 강도가 약하나 공작이 용이하고, 축과 보스가 조정된다.
• **평키** : 축을 키의 폭만큼 평평하게 깎아 만드는 키, 안장키보다 큰 힘을 전달한다.
• **새들키(안장키)** : 축이 키면에 접촉압력이 생기게 하고, 원주에 작용하는 힘을 전달한다.

**53** 묻힘 키에 800kgf의 회전력이 작용하고 축 지름이 20mm, 키의 전단응력이 400 kgf/cm²일 때 키의 길이가 40mm이면 키의 폭은 몇 mm인가?

① 5   ② 10
③ 15   ④ 50

해설

$$\tau = \frac{2T}{bld}$$

$$T = P\frac{d}{2} = 800\text{kg}_f \frac{20\text{mm}}{2} = 8000\text{kg}_f \cdot \text{mm}$$

$$b = \frac{2T}{\tau ld} = \frac{2 \times 8000}{4 \times 40 \times 20} = 5mm$$

**54** 묻힘 키로 전달하는 회전력이 4000kgf·mm이고, 키의 폭과 길이가 b=12mm, $l$=30mm이며, 축의 지름이 80mm일 때 키에 발생되는 전단응력은 약 몇 kg/mm²인가?

① 0.12   ② 0.14
③ 0.24   ④ 0.28

해설 $\tau = \dfrac{2T}{bld} = \dfrac{2 \times 4000\text{kg}_f \cdot \text{mm}}{12\text{mm} \times 30\text{mm} \times 80\text{mm}}$
$= 0.278\text{kg}_f/\text{mm}^2$

**55** 농용기관의 크랭크축과 플라이 휠 고정용으로 쓰이며, 특히 작은 지름의 테이퍼 축에 사용되는 일명 우드러프키라고 하는 키는?

① 페더키   ② 접선키
③ 반달키   ④ 둥근키

**56** 축에는 키홈을 가공하지 않고 보스에만 1/100의 기울기를 가지는 키홈을 만들어 때려 박는 키는?

① 반달키   ② 납작키
③ 안장키   ④ 묻힘키

해설 ① **새들키(안장키)** : 축에 홈을 파지 않고 보스에만 1/100정도 기울기로 키를 박으면 축이 키면에 접촉압력이 발생하고, 원주에 작용하는 힘을 전달하는 키이다.
② **평키** : 납작키라고도 하며, 축을 키의 폭만큼 평평하게 깎은 키로 1/100의 기울기를 가지고, 안장키보다 큰 힘을 전달시키는데 사용한다.
③ **묻힘키** : 축과 보스의 양쪽에 모두 홈을 내어 사용하는 키로 가장 많이 사용한다.
④ **접선키** : 축의 바깥둘레에 접선방향으로 작용하며, 아주 큰 회전력과 충격이 가해지는 곳에 사용한다.
⑤ **페더키(안내키)** : 축과 보스가 같이 회전하고, 동시에 축방향으로 이동시킬 필요가 있을 때 사용하는 키이다. 축에 미끄럼키를 고정하는 방법과 미끄럼키를 보스에 고정하는 두 가지 방식이 있다.
⑥ **반달키** : 반달모양의 키로 축에 반달모양의 홈을 깊게 파서, 홈에 반달모양의 키를 넣어 활용되는 키로, 깊은 홈으로 인하여 축의 강도가 약해질 수 있다. 공작이 용이하고 키가 자동적으로 조정되는 장점이 있다. 자동차, 공작기계에 많이 사용된다.
⑦ **둥근키(핀키)** : 토크나 하중이 작은 곳을 고정할 때 사용하는 키이다.
⑧ **스플라인** : 축과 평행한 키 모양의 톱니를 여러 개(4~20개) 같은 간격으로 깎은 것으로 큰 회전력을 전달할 때 사용한다. 트랙터의 PTO축, 발전용 터빈에 사용한다.
⑩ **원추키** : 축구멍에 한쪽을 갈라 원추통을 끼워 마찰만으로 고정시키는 키이다.

**57** 성크 키의 폭 3mm, 단면의 높이가 5mm, 길이 40mm인 키에 가할 수 있는 접선력은 몇 kgf 인가? (단, 키의 허용 전단응력은 200kgf/cm²이다.)

① 200　　　　② 240
③ 250　　　　④ 270

**해설** $W = \tau bl = 200 \times 0.3 \times 4 = 240 kg_f$

**58** 회전수 200rpm, 전달동력 3PS, 축의 지름 30mm, 보스의 길이 40mm, 허용 전단응력 2kgf/mm²일 때 키의 폭은 몇mm 인가? (단, KS규격에 해당되는 것은 선택할 것)

① 8　　　　② 9
③ 10　　　　④ 12

**해설**

$$T = 716,200 \frac{H_{PS}}{N} = 716,200 \times \frac{3}{200}$$
$$= 10743 kg_f \cdot mm$$

$$\tau = \frac{2T}{bld}, \ b = \frac{2T}{\tau ld} = \frac{2 \times 10743}{2 \times 40 \times 30} = 8.95 mm$$

※ 키의 KS규격에 의해 8.95mm로 계산되었기에 폭이 10mm로 설계한다.

**59** 코터이음에서 소켓 내의 로드의 지름은 50mm, 코터의 폭은 50mm, 코터의 두께가 20mm일 때 코터구멍 벽에 생기는 압축응력 $\sigma_c$는 몇 kgf/cm²인가? (단, 인장하중 P=2,000kgf이다.)

① 2　　　　② 20
③ 200　　　　④ 2000

**해설** $\sigma_c = \frac{P}{db} = \frac{2000}{50 \times 20}$
$= 2kg_f/mm^2 = 200kg_f/cm^2$

**60** 양쪽 기울기 코터이음에서 자립상태를 유지하는 조건으로 다음 중 가장 적합한 것은? (단, $\alpha$는 구배, $\rho$는 마찰각이다.)

① $\alpha \leq 2\rho$　　② $\alpha \geq 2\rho$
③ $\alpha \leq \rho$　　④ $\alpha \geq \rho$

**61** 트랙터의 트레일러가 핀링크 이음으로 되어 있다. 10ton의 전단하중을 받는 핀 재료의 허용 전단응력이 6kgf/mm² 일 때, 핀의 최소 허용지름은 약 몇 mm인가?

① 33　　　　② 35
③ 40　　　　④ 45

**해설** $\tau = \frac{W}{A}$,

$$A = \frac{W}{\tau} = \frac{10000}{6} = 1666.67 mm^2$$

$$A = \frac{\pi d^2}{4}, \ d = \sqrt{\frac{4A}{\pi}} = 33mm$$

**62** 작은 핸들이나 축이음 등을 축에 장치하는데 사용하는 핀은?

① 스프링 핀　　② 너클핀
③ 평행핀　　　④ 테이퍼 핀

**해설** • **평행 핀** : 지그판과 같이 수시로 결합하고 해체할 수 있는 위치 선정에 사용
• **스플릿 핀** : 너트가 풀어지는 것을 방지하거나 핀이 빠지는 것을 방지하는데 사용
• **너클 핀** : 인장하중을 받는 2개의 축의 연결부에 사용
• **스프링 핀** : 세로 방향으로 쪼개져 있으므로 작은 구멍에 때려 박아 사용

**63** 다음 중 핀의 설명이 바르게 짝지어진 것은?

① 평행 핀 : 작은 행들이나 축이음 등에 사용

② 너클 핀 : 2개 막대에 둥근 구멍 1개의 이음핀을 집어넣고, 2개의 막대가 상대적으로 각각 운동할 수 있게 연결한 곳으로 인장하중을 받는 2개의 축 연결부에 사용

③ 스프링 핀 : 지그판과 같이 수시로 결합하고 해체할 수 있는 위치에 사용

④ 분할 핀 : 세로 방향으로 쪼개져 있으므로 작은 구멍에 때려 박아 사용

**해설** 핀의 종류
① **테이퍼 핀** : 작은 핸들이나 축이음 등에 사용
② **평행 핀** : 지그판과 같이 수시로 결합하고 해체할 수 있는 위치에 사용
③ **스플릿 핀(분할핀)** : 너트가 풀어지는 것을 방지하거나 핀이 빠지는 것을 예방하는데 사용
④ **너클 핀** : 2개 막대에 둥근 구멍1개의 이음핀을 집어넣고, 2개의 막대가 상대적으로 각각 운동할 수 있게 연결한 곳으로 인장하중을 받는 2개의 축 연결부에 사용
⑤ **스프링 핀** : 세로방향으로 쪼개져 있으므로 작은 구멍에 때려 박아 사용

**64** 다음 중 스핀들 축에 대해 바르게 설명한 것은?

① 원동기에서 직접 동력을 받는 축을 말하며 제1축이라고도 한다.

② 주축에서 동력을 받아 각 장치로 분배하는 역할을 하는 축

③ 선축에서 동력을 받아 각각의 기계 장치에 필요한 속도와 방향을 조절하여 동력을 전달하는 축

④ 기계 내부에 설치된 작업 회전축으로 형상치수가 정밀하며, 비틀림 작용을 받고, 동력을 전달하는 기능을 하는 축

**해설** • **주축** : 원동기에서 직접 동력을 받는 축을 말하며 제1축이라고도 한다.
• **선축** : 주축에서 동력을 받아 각 장치로 분배하는 역할을 하는 축
• **중간축** : 선축에서 동력을 받아 각각의 기계 장치에 필요한 속도와 방향을 조절하여 동력을 전달하는 축

**65** 250rpm으로 220N·m의 회전력을 내는 축은 약 몇 kW의 동력을 전달하는가?

① 3.22
② 5.23
③ 5.76
④ 8.71

**해설** $H_{kW} = T \cdot N = \dfrac{220 \times 250}{9.8 \times 974} = 5.76$

**66** 폭(b) 12cm, 높이(h) 36cm 인 직사각형 단면의 도심을 지나는 축에 대한 단면계수(Z)는 몇 cm³인가?

① 1296
② 2592
③ 3888
④ 5184

**해설** $Z = \dfrac{bh^2}{6} = \dfrac{12 \times 36^2}{6} = 2,592 cm^3$

**67** 농업기계 중 배부식 예초기의 동력을 전달하기 위해 굴곡진 부분의 동력을 전달하기 위해 사용되는 축은 어느 것인가?

① 전동축
② 크랭크 축
③ 직선축
④ 플랙시블 축

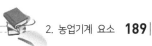 

**68** 다음 중 작용 하중에 의한 축의 분류에 해당하지 않는 것은?

① 플렉시블 축 　② 차축
③ 전동축 　④ 스핀들

> **해설** 축의 작용하중에 의한 분류에는 차축, 전동축, 스핀들이 있다.

**69** 중실원축과 재질, 길이, 및 바깥지름이 같으나, 안지름이 바깥지름의 1/2인 중공원축은 중실원축보다 몇 % 가벼운가?

① 20 　② 25%
③ 30% 　④ 35%

> **해설** $A_1 = \dfrac{\pi d^2}{4}$, $A_2 = \dfrac{\pi \left(\dfrac{d}{2}\right)^2}{4}$
>
> 무게는 면적에 비례하므로 면적비로 계산한다.
>
> 중공축은 중실축의 면적이 $\dfrac{1}{4}$ 작으므로 25%가 된다.

**70** 250rpm으로 12500kgf·mm의 회전력을 내는 축은 몇 kW의 동력을 전달하는가?

① 3.2 　② 4.3
③ 0.43 　④ 0.32

> **해설** $H_{kW} = \dfrac{T \cdot N}{97400}$
> $= \dfrac{12.5 \text{kg}_f \cdot \text{m} \times 250}{974} = 3.208 \text{kW}$

**71** 축하중 W와 비틀림 모멘트 T를 동시에 받는 경우 파손이론 중 최대주응력설로 맞는 것은?

① $\sigma_{\max} = \dfrac{1}{2} \sqrt{\sigma^2 + 4\tau^2} \leq \tau_a$

② $\sigma_{\max} = \dfrac{1}{2}\sigma + \sqrt{\sigma^2 + 4\tau^2} \leq \sigma_a$

③ $\sigma_{\max} = \dfrac{1}{2}\sigma - \sqrt{\sigma^2 + 4\tau^2} \leq \sigma_a$

④ $\sigma_{\max} = \dfrac{1}{2}\sqrt{\sigma^2 + 4\tau^2} \leq \sigma_a$

> **해설** ①은 최대전단응력설로서 $\sigma_{\max}$를 $\tau_{\max}$로 하면 된다.
> ③ －를 ＋로 변경하면 된다.
> ④은 $\leq \sigma_{\max}$을 $\leq \tau_{\max}$로 변경하면 최대전단응력설이 된다.

**72** 300rpm으로 2.5kW를 전달시키고 있는 축의 비틀림모멘트는 약 kgf·mm 인가?

① 811.7
② 8117
③ 81170
④ 811700

> **해설** $T = 974,000 \dfrac{H_{kW}}{N}$
> $= 974,000 \dfrac{2.5}{300} = 8117 \text{kg}_f \cdot \text{mm}$

**73** 바깥지름 D=50cm인 풀 리가 있다. 벨트의 유효장력 P=80kgf일 때 축지름 d는 몇 cm 인가? (단, $\tau_a = 3 \text{kg}_f/\text{mm}^2$ 이다.)

① 3.3 　② 3.6
③ 3.9 　④ 4.2

> **해설** $T = P \times \dfrac{D}{2} = 80 \times \dfrac{500}{2}$
> $= 20,000 \text{kg}_f \cdot \text{mm}$
>
> $T = \tau_a \cdot \dfrac{\pi d^3}{16}$,
> $d = \sqrt[3]{\dfrac{16 \times 2 \times 10^4}{\pi \times 3}} = 33 \text{mm} = 3.3 \text{cm}$

**74** 축의 굽힘모멘트와 비틀림 모멘트를 동시에 받는 경우 파괴학설에 의해 설계한다. 해당되지 않는 학설은?

① 최대주응력설

② 최대전단응력설

③ 최대비틀림 전단응력설

④ 최대변형설

**75** 접촉면의 내경이 80mm, 외경이 140mm인 단판 클러치에서 마찰 계수가 $\mu=0.2$, 접촉면 압력이 $p=0.2N/cm^2$ 일 때, 200rpm으로 약 몇 kW를 전달할 수 있는가?

① 0.48

② 0.63

③ 0.95

④ 1.27

> **해설**
>
> $$p = \frac{P}{\pi\left((\frac{d_2}{2})^2 - (\frac{d_1}{2})^2\right)},$$
>
> $$P = \pi\left((\frac{d_2}{2})^2 - (\frac{d_1}{2})^2\right) \times p = (49-16)\pi \times 0.2$$
> $$= 20.74N$$
>
> $$R_m = \frac{\left(\frac{d_1+d_2}{2}\right)}{2} = \frac{11}{2} = 5.5cm$$
>
> $$T = \mu P R_m = 0.2 \times 20.27 \times 5.5 = 22.3N \cdot cm$$
>
> $$H_{kW} = \frac{T \cdot N}{9740} = \frac{22.3 \times 200}{9740} = 0.47kW$$

**76** 접촉면의 평균지름이 200mm이고, 마찰계수가 0.2인 단판 마찰 클러치에서 500kgf ·mm의 토크를 전달하려면 마찰판을 눌러야 하는 힘의 크기는 몇 kgf인가?

① 2.5

② 5.0

③ 7.5

④ 12.5

> **해설** $T = \mu PD,$
>
> $$P = \frac{T}{\mu D} = \frac{500}{0.2 \times 200} = 12.5 kg_f$$

**77** 출력이 48PS, 행정이 120mm인 피스톤의 속도 5m/sec의 트랙터 엔진에 사용할 원판 클러치의 마찰면은 몇 개가 필요한가? (단, $q_a = 0.85 kg_f/cm^2$, $D_1 = 150mm$, $D_2 = 250mm$, $\mu = 0.2$이다. )

① 3

② 4

③ 5

④ 6

> **해설**
>
> $$T = \frac{75H}{\omega} = \frac{75 \times 48 \times 0.12}{5\pi}$$
> $$= 27.5 kg_f \cdot m = 275 kg_f \cdot cm$$
>
> $$P = \frac{\pi}{4}(D_2{}^2 - D_1{}^2)q_a$$
> $$= \frac{\pi}{2}(25^2 - 15^2) \times 0.85 = 267 kg_f$$
>
> $$T = \mu Pz\frac{D_m}{2},$$
> $$z = \frac{2T}{\mu PD_m} = \frac{2 \times 2750}{0.2 \times 267 \times 20} = 5.15 \doteqdot 6개$$

**78** 큰 관성모멘트에 의해 변동토크가 작용하였을 경우 운동에너지를 축적하였다가 방출하는 기계의 요소는 무엇인가?

① 폴 브레이크

② 래칫

③ 플라이 휠

④ 구동장치

**79** 다음 중 마찰클러치의 설계 시 고려해야하는 사항이 아닌 것은?

① 마찰계수를 고려한 마찰재료, 마찰면의 다듬질상태, 슬립율 등을 고려한다.
② 관성을 크게 하기 위해 대형이며 무거워야 한다.
③ 마찰에 의해 발생한 열을 충분히 제거해야 한다.
④ 눌러 붙는 등의 현상이 발생하지 않아야 한다.

**해설** 마찰 클러치의 설계 시 고려사항
① 마찰계수를 고려한 마찰재료, 마찰면의 다듬질상태, 슬립율 등을 고려한다.
② 관성을 작게 하기 위해 소형이며 가벼워야 한다.
③ 마찰에 의해 발생한 열을 충분히 제거해야 한다.
④ 눌러 붙는 등의 현상이 발생하지 않아야 한다.

**80** 주름관 모양이나 나선형 홈이 있는 금속 실린더로 되어 있고 두축의 중심이 일치하지 않을 경우 두 축 사이의 편심을 흡수하면서 연결하는 커플링으로 비교적 낮은 토크에 사용하며 두축의 만나는 각이 일치하지 않을 경우에도 높은 비틀림 강성을 가지며, 백래시가 없는 것이 특징인 것은?

① 올덤 커플링
② 플랙시블 커플링
③ 유니버셜 커플링
④ 밸로스형 커플링

**해설** • 올덤(올드 햄 커플링) : 두 축이 평행하고 두축의 거리가 아주 가까울 때 사용한다.
• 플랙시블 커플링 : 직선상에 있는 두 축의 연결에 사용하나 양축간의 다소 상호이동을 허용할 수 있다.
• 유니버셜 커플링 : 두 축이 어느 정도 각도로 교차되어 운동을 전달한다.

**81** 농용 트랙터에서 2축이 교차하고 있는 경우에 사용되는 커플링은?

① 올덤 커플링
② 플랜지 커플링
③ 셀러 커플링
④ 유니버셜 커플링

**해설** • 올덤(올드 햄 커플링) : 두 축이 평행하고 두 축의 거리가 아주 가까울 때 사용한다.
• 셀러 커플링 : 외통과 내통의 결합으로 구성되는 축이음
• 플랜지 커플링 : 두 축에 부착된 원판을 나사로 연결하여 동력을 전달하는 축이음
• 플랙시블 커플링 : 직선상에 있는 두 축의 연결에 사용하나 양축간의 다소 상호이동을 허용할 수 있다.
• 유니버셜 커플링 : 두 축이 어느 정도 각도로 교차되어 운동을 전달한다.

**82** 두축의 축선이 30°이하로 교차되는 각도로 운전하더라도 자유로이 운동을 전달할 수 있는 커플링은?

① 고정 커플링
② 유니버셜 커플링
③ 머프 커플링
④ 올드 햄 커플링

**해설** • 고정 커플링 : 2축을 단단히 고정하여 1개의 축처럼 접합하는 커플링
• 유니버셜 커플링 : 두 축이 어느 정도 각도로 교차되어 운동을 전달한다.
• 머프 커플링 : 주철제의 통 속에 양 축단을 끼워 넣어 키를 이용하여 고정하는 축이음 슬리브 이음이라고도 한다.
• 올덤(올드 햄 커플링) : 두 축이 평행하고 두 축의 거리가 아주 가까울 때 사용한다.

**83** 경운작업을 위해 경운기의 동력을 로타베이터로 전달할 때 연결하는 커플링의 형태는?

① 고정 커플링
② 올드햄 커플링
③ 유니버셜 커플링
④ 플렉시블 커플링

**84** 트랙터의 PTO축에서 동력을 빼내어 작업기로 동력을 전달하는 커플링은?

① 고정 커플링
② 올드햄 커플링
③ 유니버셜 커플링
④ 플렉시블 커플링

**85** 볼베어링의 기본 부하용량을 C, 베어링하중을 P라 할 때, 베어링 하중이 p/2로 되면 정격수명은 몇 배로 되는가?

① 1/2배　　② 2배
③ 4배　　④ 8배

> **해설** $L_n = \left(\dfrac{C}{P}\right)^r = \left(\dfrac{C}{\dfrac{P}{2}}\right)^3$
>
> 볼 베어링은 r = 3, 롤러베어링은 $r = \dfrac{10}{3}$
> ∴ 볼베어링의 정격수명은 8배가 증가한다.

**86** 레이디얼 볼 베어링의 호칭 번호가 6305일 때 베어링의 안지름은 몇mm인가?

① 15mm　　② 20mm
③ 25mm　　④ 63mm

> **해설** 63은 베어링 계열번호이며, 05는 안지름 번호이다.
> 안지름 번호는 번호×5=00mm이므로,
> 5×5=25mm이다.

**87** 동력 경운기의 축에 사용된 로울러 베어링의 번호가 7015이었다. 이 베어링의 안지름은 몇 mm인가?

① 15　　② 30
③ 75　　④ 150

> **해설** 70은 베어링 계열번호이며, 15는 안지름 번호이다.
> 안지름 번호는 번호×5=00mm이므로,
> 15×5=75mm이다.

**88** 베어링 하중 400kgf를 받고 회전하는 축의 저널 베어링에서 축의 원주속도가 0.75m/s일 때 마찰로 인한 손실 동력은 몇 마력(PS)인가? (단, 마찰계수는 $\mu$=0.03)

① 0.12　　② 0.25
③ 1.2　　④ 2.5

> **해설**
> $$H_{PS} = \frac{\mu P \cdot v}{75} = \frac{0.03 \times 400 \times 0.75}{75} = 0.12 PS$$

**89** 베어링 하중 P를 받으며 N rpm으로 회전하는 구름 베어링의 정격회전수명 Ln(10⁶회전단위)을 정격시간수명(Lₕ)으로 나타낸 것은?

① $L_h = \dfrac{L_n \times 10^6}{P \times 60}$

② $L_h = \dfrac{P \times 60}{L_n \times 10^6}$

③ $L_h = \dfrac{L_n \times 10^6}{N \times 60}$

④ $L_h = \dfrac{P}{L_n \times 10^6}$

**90** 베어링 하중이 2000kgf이고, 저널베어링의 지름은 70mm, 길이가 140mm일 때 평균 베어링 압력은 몇 kgf/cm²인가?

① 10.2      ② 20.4
③ 30.6      ④ 40.8

**해설** $p_a = \dfrac{P}{dl} = \dfrac{2000}{7 \times 14} = 20.4 \mathrm{kg_f/cm^2}$

**91** 다음 중 축에 직각방향으로 하중을 받으며 저널베어링이라고도 불리는 베어링은?

① 스러스트 베어링
② 레이디얼 베어링
③ 원뿔 베어링
④ 구름 베어링

**92** 레이디얼 미끄럼 베어링에 해당되지 않는 것은?

① 피벗 베어링      ② 부싱베어링
③ 분할메탈       ④ 테이퍼 메탈

**해설** 피벗 베어링은 스러스트 미끄럼 베어링에 해당되며 시계나 계기 등과 같은 소형 베어링이다. 레이디얼 베어링에는 부싱 베어링, 분할베어링, 테이퍼 메탈, 오일리스 베어링이 있다.

**93** 스러스트 미끄럼 베어링에 해당되지 않는 것은?

① 절구 베어링
② 칼라 베어링
③ 분할 베어링
④ 피벗 베어링

**해설** 스러스트 미끄럼 베어링에는 세로형 스러스트 미끄럼 베어링인 절구 베어링, 가로형 스러스트 미끄럼 베어링인 칼라 베어링과 피벗 베어링이 있다.

**94** P=5ton의 하중을 받고 N=200rpm으로 회전하는 스러스트 베어링에서 축지름 $d_1$= 150mm라 하면, 칼라의 바깥지름 $d_2$는 몇 mm로 해야 하는가? (단, 칼라의 수=3, pv=0.3kg/mm²·m/s로 한다.)

① 150      ② 160
③ 180      ④ 190

**해설** $d_2 - d_1 = \dfrac{1}{1000 \times 30} \dfrac{PN}{zpv}$

$d_2 = \dfrac{1}{1000 \times 30} \dfrac{PN}{zpv} + d_1$

$\phantom{d_2} = \dfrac{5000 \times 200}{1000 \times 30 \times 3 \times 0.3}$

$\phantom{d_2} = 37 + 150 = 187 \fallingdotseq 190 mm$

**95** 롤러 베어링에서 베어링 하중 P=600kgf, 기본부하용량 C=9000kg일 때 베어링의 수명은 몇 rpm인가?

① $825 \times 10^6$      ② $8250 \times 10^6$
③ $82500 \times 10^6$      ④ $825000 \times 10^6$

**해설** $L = \left(\dfrac{C}{P}\right)^{\frac{10}{3}} \times 10^6 = \left(\dfrac{90000}{600}\right)^{\frac{10}{3}} \times 10^6$
$\phantom{L} = 8250 \times 10^6 rpm$

**96** 기본부하용량이 2400kgf인 볼 베어링이 하중 200kgf을 받고 500rpm으로 회전할 때 베어링의 수명은 약 몇 시간 인가?

① 5760      ② 5860
③ 57600      ④ 58600

**해설** $L_h = 500 \left(\dfrac{C}{P}\right)^3 \dfrac{33.3}{N}$

$\phantom{L_h} = 500 \left(\dfrac{2400}{200}\right)^3 \times \dfrac{33.3}{500}$

$\phantom{L_h} = 57,542.4 \fallingdotseq 57600$시간

**정답** ··· 90.②   91.②   92.①   93.③   94.④   95.②   96.③

**97** 탈곡기 전동에서 원동기 풀리의 회전수는 1800rpm, 풀리의 직경은 150mm, 벨트의 두께는 5mm 이고, 종동축의 풀리의 직경이 600mm 일 때 미끄럼이 없다고 하면 회전수는 약 몇 rpm 인가?

① 461.2 　　　　② 451.2

③ 441.2 　　　　④ 431.2

**해설** • 벨트 두께를 적용하지 않았을 경우

$$N_B = \frac{D_A}{D_B} \times N_A = \frac{150}{600} \times 1800 = 450 rpm$$

• 벨트 두께를 적용할 경우

$$N_B = \frac{D_A + t}{D_B + t} \times N_A$$

$$= \frac{150 + 5}{600 + 5} \times 1800 = 461.157 rpm$$

$$\therefore N_B = 461.157 \fallingdotseq 461.2 rpm$$

**98** 다음 중 V벨트 전동과 비교한 체인 전동의 단점인 것은?

① V 벨트보다 큰 동력을 전달할 수 없다.
② 고속 운전시 소음이 생긴다.
③ 속도비가 일정하지 않다.
④ 초기장력이 필요하다.

**99** 평벨트 전동장치에서 장력비 $e^\mu = 2$이고, 벨트의 속도가 5m/s, 긴장측 장력이 90kgf 일 때, 전달 동력은 약 몇 kW인가?

① 2.2 　　　　② 3

③ 4.3 　　　　④ 5.1

**해설** $H_{kW} = \dfrac{T_1 \times v}{102} \times \dfrac{e^\mu - 1}{e^\mu}$

$$= \frac{90 \times 5}{102} \times \frac{1}{2} = 2.2 kW$$

**100** 원동차의 지름을 $D_1$, 종동차의 지름을 $D_2$, 축간거리를 C라 할 때, 바로걸기의 벨트 길이 L을 구하는 식은?

① $L \fallingdotseq 2C + \dfrac{\pi(D_1 + D_2)}{2} + \dfrac{(D_2 - D_1)^2}{4C}$

② $L \fallingdotseq 2C \dfrac{\pi(D_1 + D_2)}{2} + \dfrac{(D_2 - D_1)^2}{4C}$

③ $L \fallingdotseq 2C + \dfrac{\pi(D_1 + D_2)}{2} - \dfrac{D_1 - D_2}{4C}$

④ $L \fallingdotseq 2C + \dfrac{\pi(D_1 + D_2)}{2} + \dfrac{D_1 - D_2}{4C}$

**101** 평벨트 풀리의 지름이 각각 200mm, 600mm이고 직물벨트를 이용하여 2PS를 전달하려고 한다. 작은 풀리의 회전수가 900rpm일 때 벨트가 받는 유효장력은 몇 kgf 이상이어야 하는가?

① 5.3

② 8

③ 16

④ 32

**해설**

$$v = \frac{\pi d_1 N}{60} = \frac{0.2\pi \times 900}{60} = 3\pi m$$

$$H_{PS} = 2PSrm = 2 \times 75 kg_f \cdot m/s$$

$$= 150 kg_f \cdot m/s$$

$$H_{PS} = P \cdot v \Rightarrow P = \frac{H_{PS}}{v} = \frac{150}{3\pi} rn = 15.92 kg_f$$

**102** 다음 중 벨트의 속도를 구하는 식은?

① $\dfrac{\pi D_1 N_1}{1000 \times 60} = \dfrac{\pi D_2 N_2}{1000 \times 60} (m/s)$

② $\dfrac{D_1 N_1}{1000 \times 60} = \dfrac{D_2 N_2}{1000 \times 60} (m/s)$

③ $\dfrac{\pi D_1 N_2}{1000 \times 60} = \dfrac{\pi D_2 N_1}{1000 \times 60} (m/s)$

④ $\dfrac{\pi N_1}{D_1 \times 1000 \times 60}$
$= \dfrac{\pi D_2 N_2}{D_2 \times 1000 \times 60} (m/s)$

**103** 다음 중 지름이 각각 90mm, 300mm인 2개의 풀리의 중심거리가 2.5m일 때 평행걸기(바로걸기)로 감았을 때 벨트의 길이는 몇 mm인가?

① 6921 　　② 7291
③ 7594 　　④ 7871

> **해설**
> $$L = 2C + \frac{\pi}{2}(D_1 + D_2) + \frac{(D_2 - D_1)^2}{4C} (mm)$$
> $$= 2 \times 2,500 + \frac{\pi}{2}(900 + 300) + \frac{(900 - 300)^2}{4 \times 2,500}$$
> $$= 6,921 mm$$

**104** 다음 중 평행걸기(바로걸기)에 긴장측의 장력이 300kgf, 이완측의 장력 60kgf라 할 때 풀리축 베어링에 걸리는 하중은 몇 kgf인가?

① 60 　　② 240
③ 300 　　④ 360

> **해설** $W = T_t + T_s$
> $= 300 + 60 = 360 kg_f$

**105** 다음 중 V벨트 규격 중 단면 형상에 의한 분류에 해당되지 않는 것은?

① A 　　②C
③ E 　　④ G

> **해설** V벨트에는 단면 형상에 따라 A, B, C, D, E의 5종류가 있다.

**106** 다음 중 KS규격에 의하여 V벨트의 홈의 각은 몇 °로 하는가?

① 30° 　　② 40°
③ 50° 　　④ 60°

**107** 다음 중 V벨트의 자립상태로 적합한 것은?

① $2R\sin\dfrac{\alpha}{2} < 2\mu R\cos\dfrac{\alpha}{2}$

② $2R\sin\dfrac{\alpha}{2} > 2\mu R\cos\dfrac{\alpha}{2}$

③ $\mu < \tan\dfrac{\alpha}{2}$

④ $\mu < \tan\alpha$

**108** 다음 중 십자걸기의 벨트 길이를 구하는 방법을 옳은 것은?

① $L = 2C + \dfrac{\pi}{2}(D_1 + D_2) + \dfrac{(D_2 - D_1)^2}{4C}$

② $L = 2C + \dfrac{\pi}{2}(D_1 + D_2) + \dfrac{(D_2 + D_1)^2}{4C}$

③ $L = 2C + \dfrac{\pi}{2}(D_1 + D_2) + \dfrac{(D_2 + D_1)}{4C}$

④ $L = 2C + \dfrac{\pi}{2}(D_1 + D_2) + \dfrac{(D_2 - D_1)}{4C}$

**109** 안전계수가 5인 롤러 체인에서 파단력이 3000N 일 때 , 최대허용 전달 동력은 약 몇 kW인가? (단, 회전속도는 2.5m/s이다.)

① 1.5        ② 2.5

③ 3.0        ④ 5.0

> **해설** $P = \dfrac{F}{S} = \dfrac{3000N}{5} \Rightarrow P = 600N$
>
> $H_{kW} = \dfrac{P \cdot v}{1000} = \dfrac{600 \times 2.5m/s}{1000} = 1.5kW$

**110** 다음 중 사일런트 체인의 특징이 아닌 것은?

① 접촉면적이 작아 정숙하며, 원활한 운전이 가능하다.

② 롤러 체인 보다 고속에 유리하다.

③ 제작이 어렵고 고가이다.

④ 사용 시 체인의 늘어남이 적다.

**111** 이 끝원지름이 192mm, 모듈은 3인 표준 스퍼기어의 잇수는?

① 58        ② 60

③ 62        ④ 64

> **해설**
>
> $m = \dfrac{D_o}{Z} = \dfrac{D-2m}{Z} = \dfrac{192mm - 6mm}{Z} = 3$
>
> $Z = \dfrac{D_o}{m} = \dfrac{186mm}{3} = 62$개
>
> 여기서, $m$ : 모듈
> $D_o$ : 이끝원지름
> $D$ : 피치원지름
> $Z$ : 잇수

**112** 평치차의 모듈 m = 6, 잇수 Z = 40 일 때 치차의 피치원 직경 D는 몇 mm인가?

① 140mm        ② 240mm

③ 340mm        ④ 440mm

> **해설**
>
> $m = \dfrac{D}{Z} \Rightarrow D = m \times Z = 6 \times 40 = 240mm$

**113** 웜기어에서 모듈이 2이고, 줄 수가 3일 때 웜 휠의 잇수가 60 이라고 하면 감속비는 얼마인가?

① $\dfrac{1}{10}$        ② $\dfrac{1}{15}$

③ $\dfrac{1}{20}$        ④ $\dfrac{1}{30}$

> **해설** $m = \dfrac{D}{Z}, \; D = m \cdot Z = 120mm$
>
> $i = \dfrac{N_2}{N_1} = \dfrac{Z_1}{Z_2} = \dfrac{l}{D} = \dfrac{6}{120} = \dfrac{1}{20}$

**114** 치차의 물림상태에서 이의 뒷면에 설치하는 틈새(뒤틈)를 의미하는 용어는?

① 이 끝틈새

② 백래시(back lash)

③ 전위량

④ 언더컷(under-cut)

**115** 직선운동을 회전운동으로 변환시키는 기어는?

① 베벨 기어

② 헬리컬 기어

③ 외접기어

④ 래크와 피니언

---

**116** 다음 중 두축이 교차할 때 사용하는 기어는?

① 평기어　　　② 헬리컬 기어
③ 베벨기어　　④ 내접 기어

해설 • **평기어** : 기어의 이가 축에 평행한 직선인 기어
• **헬리컬 기어** : 기어의 이가 비스듬히 경사져 있는 기어
• **베벨기어** : 서로 교차하는 두축 사이에서 운동을 전할 때 이용하는 원추형 기어
• **내접기어** : 이가 안쪽으로 가공되어 큰 기어 속에 작은 기어가 접하여 회전하는 기어

**117** 농용 트랙터 앞 차축에 사용되는 유성기어 장치에 대한 일반적인 특성 설명으로 틀린 것은?

① 변속이 원활하다.
② 수명이 비교적 짧다.
③ 운전이 정숙하다.
④ 구동장치 및 유체 자동 변속기에 쓰인다.

**118** 직선베벨 기어 중에서 잇수가 같고, 피치원추각이 45°인 기어의 명칭은?

① 보통 베벨 기어
② 크라운 기어
③ 하이포이드 기어
④ 마이터 기어

**119** 다음 중 두축이 평행할 때만 사용하는 기어는?

① 베벨기어
② 크라운기어
③ 스퍼기어
④ 마이터 기어

**120** 일반적으로 트랙터와 동력 경운기의 PTO 축에 가장 많이 사용되는 체결용 기계요소는?

① 코터　　　　② 원뿔 키
③ 세레이션　　④ 스플라인

**121** 표준 스퍼기어에서 모듈이 m=4 이고, 잇수 Z=28 일 때, 기어의 바깥지름 $D_0$ 는 몇 mm인가?

① 60　　　　② 112
③ 120　　　④ 240

해설 $m = \dfrac{D}{Z}, \quad D = mZ = 4 \times 28 = 112$

$$D_0 = 112 + 2m = 120mm$$

여기서, m : 모듈
$D_0$ : 이끝원 지름
$D$ : 피치원 지름
$Z$ : 잇수

**122** 원통기어의 피치원 반지름을 무한대로 한 것과 같은 의미의 기어인 것은?

① 랙　　　　② 스퍼기어
③ 헬리컬 기어　④ 베벨기어

**123** 웜기어 감속장치에서 웜을 원동축으로 할 때 웜의 줄수는 2이고 웜 휠의 잇수가 70 이면 종동축인 웜휠은 얼마로 감속되는가?

① $\dfrac{1}{20}$　　② $\dfrac{1}{35}$
③ $\dfrac{1}{40}$　　④ $\dfrac{1}{70}$

**124** 축간거리가 650mm이고 큰 기어의 잇수는 64, 작은 기어의 잇수가 36인 표준 스퍼기어의 모듈은 얼마인가?

① 10      ② 11

③ 12      ④ 13

> 해설 $C = \dfrac{D_A + D_B}{2} = \dfrac{(Z_1 + Z_2)m}{2}$,
>
> $650 = \dfrac{(64 + 36)m}{2}$
>
> $m = \dfrac{650 \times 2}{64 + 36} = 13$

**125** 기어가 회전할 때 이의 간섭의 원인이 아닌 것은?

① 압력각이 작을 때

② 유효 이 높이가 높을 때

③ 피니언 잇수가 적을 때

④ 피니온 잇수가 많을 때

**126** 기어의 이 간섭을 막는 방법으로 옳은 것은?

① 이의 높이를 높인다.

② 압력각을 증가시킨다.

③ 치형의 이끝면을 각지게 한다.

④ 피니언의 반지름 방향의 이뿌리면을 파낸다.

**127** 마이터 기어의 모듈이 8, 잇수가 42개일 때 원추거리는 몇 mm인가? (단, 피치 원추각은 45°이다.)

① 207.6      ② 217.6

③ 227.6      ④ 237.6

> 해설 $L = \dfrac{D}{2\sin\alpha} = \dfrac{8 \times 42}{2\sin 45°} = 237.6mm$

**128** 내접하는 스퍼기어의 지름피치 11, 잇수가 $Z_1$은 14, $Z_2$는 70이다. 중심거리는 몇 mm인가?

① 44.7      ② 54.7

③ 64.7      ④ 74.7

> 해설 $C = \dfrac{D_1 - D_2}{2} = \dfrac{(Z_2 - Z_1)m}{2}$
>
> $= \dfrac{(Z_2 - Z_1)}{2} \dfrac{25.4}{11} = 64.7mm$

**129** 스퍼기어의 중심거리가 900mm, 회전비가 1 : 3일 때 피니언 기어의 지름은 몇 mm인가?

① 1000

② 1200

③ 1300

④ 1350

> 해설 $C = \dfrac{D_1 + D_2}{2}$, $i = \dfrac{D_1}{D_2} = \dfrac{1}{3}$
>
> $D_2 = 3D_1$, $C = \dfrac{4D_1}{2} = 2$ $D_1 = 900mm$
>
> $\therefore D_1 = 450mm$, $D_2 = 1,350mm$

**130** 바깥지름 $D_0$=228mm, 바깥지름 피치 $p_0$=18mm가 되는 이의 모듈은 얼마인가?

① 5.4      ② 6

③ 8      ④ 9

> 해설 $Z = \dfrac{\pi D_0}{p_0} = \dfrac{\pi \times 228}{18} ≒ 40$
>
> $\therefore m = \dfrac{D_0}{Z + 2} = \dfrac{228}{40 + 2} = 5.4$

**131** 베벨 기어의 피니온 원추각 $\alpha = 45°$, 기어의 원추각 $\alpha_2 = 60°$일 때 회전비는?

① 0.8

② 0.816

③ 0.825

④ 0.85

> **해설** $i = \dfrac{N_2}{N_1} = \dfrac{\sin 45°}{\sin 60°} = 0.816$

**132** 마찰차의 원동차 지름이 200mm, 회전수는 300rpm이고, 종동차의 지름이 300 mm일 때 종동차의 회전수(rpm)는? (단, 마찰면은 미끄럼이 없는 것으로 가정한다.)

① 200

② 300

③ 400

④ 500

> **해설** $\dfrac{N_2}{N_1} = \dfrac{D_1}{D_2} \Rightarrow \dfrac{x}{300} = \dfrac{200}{300}$
>
> $\therefore x = 200$

**133** 마찰차에 대한 일반적인 설명으로 옳은 것은?

① 속도비가 정확하지 못하다.

② 양차의 회전방향은 항상 동일하다.

③ 주어진 범위에서 연속 직진적으로 변속시킬 수 있다.

④ 확실한 회전운동의 전달 및 대마력 전동에 적합하다.

**134** 다음 중 마찰차의 사용 용도로 맞지 않는 것은?

① 전달해야 할 힘이 크지 않고, 속도비가 중요할 때 사용한다.

② 회전속도가 커서 일반적으로 기어를 사용할 수 없는 경우 사용한다.

③ 양축 사이를 자주 단속할 필요가 있을 경우 사용한다.

④ 무단변속을 할 경우에 사용한다.

> **해설** 마찰차는 전달해야 할 힘이 크지 않고, 속도비가 중요하지 않을 경우 사용한다.

**135** 축간 거리가 400mm, 속도비가 3인 원통마찰차에서 원동차 및 종동차의 지름 $D_A$, $D_B$는 각각 몇 mm인가? (단, 외접 마찰차 기준으로 한다.)

① $D_A : D_B = 300 : 100$

② $D_A : D_B = 100 : 300$

③ $D_A : D_B = 600 : 200$

④ $D_A : D_B = 200 : 600$

> **해설** $i = \dfrac{D_A}{D_B} = 3, \quad D_A = 3D_B$
>
> $C = \dfrac{D_A + D_B}{2}$
>
> $2C = D_A + D_B = 3D_B + D_B = 4D_B$
>
> $\therefore D_B = 200mm, \ D_A = 600mm$

**136** 원주속도를 5m/s로 3PS를 전달하는 원통마찰차에서 마찰차를 누르는 힘은 몇 kgf인가? (단, 마찰계수 $\mu = 0.2$이다.)

① 175

② 200

③ 225

④ 250

> **해설** $H_{PS} = \dfrac{\mu P v}{75}$
>
> $P = \dfrac{H_{PS} \times 75}{0.2 \times 5} = 225\text{kg}_f$

**137** 그림과 같은 블록브레이크에서 100N· m의 회전력을 제동할 경우 레버 끝에 가하는 힘 F는 약 몇 N이상이어야 하는가? (단, 마찰계수는 $\mu$=0.3이다.)

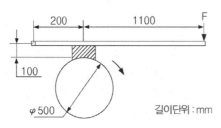

① 191

② 236

③ 382

④ 472

해설

$$T = \mu P \cdot \frac{d}{2} = 0.3 \times P \cdot \frac{500}{2}$$
$$= 100,000N \cdot mm$$

$$\Rightarrow P = 1333.33N$$
우회전이므로
$$F \cdot a - P \cdot b - \mu Pc = 0$$

$$F = \frac{P}{a}(b + \mu c)$$
$$= \frac{1333.33}{1300}(200 + 0.3 \times 100) = 236N$$

**138** 블록 브레이크에서 블록이 드럼을 미는 힘은 120kgf, 접촉면적은 30cm², 드럼의 원주 속도는 6m/s, 마찰계수는 0.2라고 할 때 브레이크 용량은 약 몇 kgf/mm²•m/s인가?

① 4.8

② 0.5

③ 0.48

④ 0.048

해설

브레이크 용량 = 마찰계수×브레이크압력×속도

브레이크용량 $= 0.2 \times \frac{120}{30 \times 100} \times 6 = 0.048$

**139** 브레이크륜에 7160kgf·mm의 토크가 작용하고 있을 경우(좌회전), 레버에 15kgf의 힘을 가하여 제동하려면 브레이크륜의 지름은 몇 mm로 해야 하는가? (단, 마찰계수는 0.3이다.)

① 402

② 422

③ 442

④ 462

해설 $Q = F\dfrac{\mu a}{b - \mu c}$

$$= 15 \times \frac{0.3 \times 950}{(150 - 0.3 \times 60)} = 32kgf$$

$$D = \frac{2T}{Q} = \frac{2 \times 7160}{32.4} = 442mm$$

**140** 브레이크륜에 7160kgf·mm의 토크가 작용하고 있을 경우 (좌회전), 레버에 15kgf의 힘을 가하여 제동하려면 브레이크륜의 지름은 442mm이다. 브레이크륜의 회전방향이 반대로 되었을 경우 레버에 작용하는 힘은 몇 kgf인가? (단, 마찰계수는 0.3이다.)

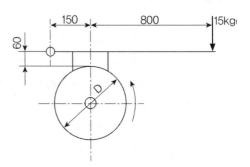

① 18.1

② 19.1

③ 20.1

④ 21.1

해설 $\mu W = Q = \dfrac{2T}{D} = \dfrac{2 \times 7162}{442} = 32.4kg_f$

$$F = \frac{Q(b + \mu c)}{\mu a}$$
$$= \frac{32.4 \times (150 + 0.3 \times 60)}{0.3 \times 950} = 19.1kg_f$$

**141** 다음 브레이크 중 역전방지와 토크 및 힘의 전달에 사용하는 브레이크로 가장 적합한 것은?

① 나사 브레이크　　② 원판 브레이크

③ 캠 브레이크　　④ 포올 브레이크

**142** 그림과 같은 확장 브레이크에서 실린더에 보내게 되는 유압이 40kgf/cm²이고, 브레이크 드럼이 500rpm이라 할 때 제동마력은 몇 마력(PS)인가? (단, 마찰계수는 0.30이다.)

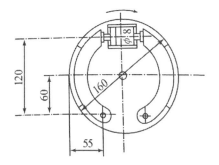

① 1.26　　　　　　② 1.36

③ 1.46　　　　　　④ 1.56

**해설**

$$F = \frac{\pi}{4} \times (0.8)^2 \times 40 = 20.1 \text{kg}_f$$

$$P_1 = \frac{Fa}{b - \mu c} = \frac{20.1 \times 120}{60 - 0.3 \times 55} = 55.4 \text{kg}_f$$

$$P_2 = \frac{Fa}{b + \mu c} = \frac{20.1 \times 120}{60 + 0.3 \times 55} = 31.5 \text{kg}_f$$

$$T = \mu(P_1 + P_2)\frac{D}{2} = 0.3(55.4 + 31.5) \times 80$$
$$= 2085.6 \text{kg}_f \cdot \text{mm}$$

$$H_{PS} = \frac{TN}{716200} = \frac{2085.6 \times 500}{716200} = 1.46 \text{PS}$$

**143** 원판 브레이크에서 마찰면의 평균지름 200mm, 제동압력 500kgf 일 때 회전속도가 1000rpm 이었다면 제동마력은 약 몇 마력(PS)인가? (단, 마찰계수는 $\mu$=0.2이다.)

① 3.5　　　　　　② 7

③ 14　　　　　　④ 28

**해설**

$$H_{PS} = \frac{T \cdot v}{75} = \frac{100 \times 10.47}{75} = 13.96 \text{PS}$$

$$T = P \times d = 500 \text{kg}_f \times 200 \text{mm} \, 100 \text{kg}_f \cdot \text{m}$$

$$v = \frac{\pi d N}{60} = \frac{200\pi}{60} \text{m/s} = 10.47 \text{m/s}$$

**144** 그림에서 a는 20cm, 드럼의 지름 D는 ∅50cm, 레버의 길이는 L=100cm, F=30kgf인 단동식 밴드 브레이크에 의하여 300rpm으로 회전하는 10PS의 동력을 제동하려 할 때, 브레이크 제동력 Q는 약 몇 kgf인가?

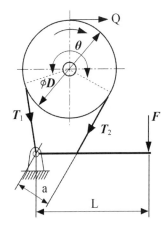

① 66　　　　　　② 96

③ 108　　　　　　④ 142

**145** 그림과 같이 밴드 브레이크에서 5PS, 100rpm의 동력을 제동하려고 한다. 레버에 작용시키는 힘을 20kgf라 하고 레버의 길이는 몇 mm 인가?

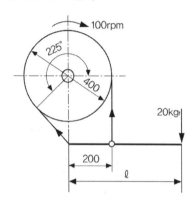

① 796
② 696
③ 896
④ 996

**해설**

$$T = 716200 \frac{H_{PS}}{N} = 716200 \times \frac{5}{100}$$
$$= 35,800 \text{kg}_f \cdot \text{mm}$$

$$Q = \frac{2T}{D} = \frac{2 \times 35,800}{400} = 179 \text{kg}_f$$

$$\mu = 0.3, \ \theta = 225°, \ e^{\mu\theta} = 3.25$$

$$l = Q \frac{a}{F} \frac{1}{e^{\mu\theta} - 1} = 179 \times \frac{200}{20} \times \frac{1}{3.25 - 1}$$
$$= 796 mm$$

**146** 원통형 코일스프링에서 유효권수가 n, 코일의 평균 반지름 R, 작용하중 W, 전단탄성계수 G, 소선의 지름을 d라 할 때 스프링의 처짐 $\delta$를 구하는 식은?

① $\dfrac{32nR^3 W}{Gd^4}$

② $\dfrac{64nR^3 W}{Gd^4}$

③ $\dfrac{32nR^4 W}{Gd^4}$

④ $\dfrac{32nR^4 W}{Gd^3}$

**147** 다음 중 래칫의 역할이 아닌 것은?

① 조속작용
② 토크 및 힘의 전달
③ 축의 역전방지
④ 일회성 작업

**148** 원통 코일스프링에서 스프링 지수 C의 일반적인 범위로 다음 중 가장 적합한 것은?

① 2~7
② 4~10
③ 10~16
④ 14~20

**해설** 스프링지수 C는 4 〈 C 〈 12 범위로 한다.

**149** 스프링에 대한 다음 설명 중 올바른 것은?

① 토션바는 스프링의 일종이다.
② 겹판 스프링의 모판은 기장이 짧은 편이다.
③ 서징은 스프링이 변동하중에 견디는 성질을 말한다.
④ 압축코일 스프링의 처짐은 유효 감김수에 반비례한다.

**150** 길이가 100mm인 코일 스프링에 스프링 상수가 8kgf/mm, 6kgf/mm인 2개의 스프링을 직렬로 연결하였을 때 등가 스프링 상수는 몇 kgf/mm인가?

① 0.29
② 6.13
③ 14.00
④ 106.13

**해설** $\dfrac{1}{k} = \dfrac{1}{k_1} + \dfrac{1}{k_2} \Rightarrow k = \dfrac{k_1 k_2}{k_1 + k_2}$

**151** 3개의 스프링을 병렬로 연결하였을 때 조합 스프링 상수 K를 구하는 식은?

① $K = K_1 + K_2 + K_3$

② $K = K_1 \times K_2 \times K_3$

③ $\dfrac{1}{K} = \dfrac{1}{K_1} - \dfrac{1}{K_2} - \dfrac{1}{K_3}$

④ $\dfrac{1}{K} = \dfrac{1}{K_1} + \dfrac{1}{K_2} + \dfrac{1}{K_3}$

**152** 코일 스프링에서 스프링의 평균지름을 2배로 하고, 축방향의 하중을 1/2로 하면 늘어나는 양은 몇 배로 되는가?

① 1/2배

② 1배

③ 2배

④ 4배

**해설** $\delta = \dfrac{64nR^3W}{Gd^4} = \dfrac{8PD^3n}{Gd^4}$

변형량(늘어난 양)은 하중에 정비례하고 평균지름의 3승배가 되므로 $\dfrac{1}{2} \times 2^3 = 4$배가 된다.

**153** 단위 체적마다 저축되는 탄성 에너지가 크고 경량이며 형상이 간단하고, 접은 곳에 설치가 가능하며 스프링 특성과 이론치가 잘 일치하는 특징을 갖는 스프링은?

① 스냅 스프링

② 벌류트 스프링

③ 접시 스프링

④ 토션 바 스프링

**154** 스프링 지수(C)를 구하는 공식으로 맞는 것은? (단, D는 코일의 평균지름, d : 소선의 지름)

① $C = \dfrac{D}{d}$

② $C = \dfrac{R}{d}$

③ $C = \dfrac{D}{2d}$

④ $C = \dfrac{2D}{d}$

**155** 압축코일 스프링의 특징이 아닌 것은?

① 제작비가 저렴하다.

② 경량 소형으로 제조할 수 있다.

③ 다양한 기능에 적합하다.

④ 허용응력이 작다.

**156** 어떤 코일 스프링에서 스프링 소재의 지름을 1/2로 하여 다시 만들면, 같은 하중에서 소재 내에 발생하는 최대 전단응력은 몇 배가 되는가?(단, K=1로 한다.)

① 1/2

② 2

③ 4

④ 8

**해설** $\tau = K\dfrac{8PD}{\pi d^3}$ 이므로

소선의 지름 $d$ 에 $\dfrac{1}{2}$를 대입하면 응력은 8배가 된다.

**157** 압축코일 스프링에 하중 P=30kgf이 작용할 경우 처짐은 몇 mm 얼마인가? (단, 코일의 평균지름 D=40mm, 소선의 지름 d=6mm, 유효권선 n=10이라 하고, 횡탄성계수 G=8,000kgf/mm²이다.

① 1.48         ② 14.8

③ 2.96         ④ 29.6

해설 $\delta = \dfrac{8nD^3P}{Gd^4} = \dfrac{8 \times 10 \times 40^3 \times 30}{8000 \times 6^4}$
$= 14.8mm$

**158** 안지름 220mm인 강관의 유량이 40 L/sec이다. 관속을 흐르는 유체의 평균속도는 몇 m/sec인가?

① 0.15         ② 1.05

③ 1.5         ④ 10.5

해설

유량 $= A \cdot v$,  $40000cc/\sec = \dfrac{\pi \cdot 22^2}{4} \cdot v$,

$v = \dfrac{40000 \times 4}{22^2 \pi} = 105.27 \mathrm{cm}/\sec$

$\therefore v = 105.27 \mathrm{cm}/\sec = 1.05m/\sec$

**159** 0 ~ 90° 사이의 임의 각도로 회전하므로 유량을 조절할 수 있고, 1/4(90°)을 회전시켜 유체통로가 완전히 「열렸다, 닫혔다.」를 동작하는 것은?

① 콕         ② 스톱밸브

③ 앵글밸브         ④ 슬루스 밸브

# 농업기계학

# 농업 기계학

## 01 농업 기계화

농업기계화는 농업 인구 감소, 인건비 상승, 영농규모가 확대됨에 따라 선택이 아닌 필수요소로 자리 잡고 있다. 이런 농업기계는 여러 작물, 복잡한 작업환경, 다양한 자연환경 등에 적용해야 하기 때문에 다양한 구조와 기능을 갖추고 내구성도 요구된다. 또한 연중 사용 기간의 짧고 계절적 영향을 많이 받기 때문에 능숙하게 사용하는 자 또한 적다. 다양한 환경에서도 농업의 고도화를 위해서는 농업기계화는 필수이다.

### (1) 농업기계의 의미와 목적

#### 가) 농업기계의 의미
① 농산물을 생산하기 위해 농작업을 수행하는데 사용되는 기계
② 농림축산물의 생산 및 생산 후 처리 작업과 생산시설의 환경제어 및 자동화 등에 사용되는 기계, 설비 및 부속 기자재

#### 나) 농업기계의 목적
① 토지 생산성 향상
② 단위 노동 시간당 생산량 향상(노동생산성 향상)
③ 농업인의 중노동에서 해방
④ 인건비 절감으로 농가소득 증대

### (2) 농업기계의 범위
① **주행형 기계** : 트랙터, 동력경운기, 이앙기, 콤바인, 관리기 등
② **시설 농업용 기계** : 시설하우스의 구조, 각종 자동화 장비 및 설비
③ **소형 건설기계** : 소형굴삭기(1톤 미만), 로더, 운반용 소형트럭 등
④ **각종 작업기** : 쟁기, 로타베이터(로타리), 해로우, 트레일러, 축산기계 등

## (3) 농업기계의 조건

기술적, 경제적 합리성과 취급성, 안정성, 감가상각비 등이 요구된다.

① 자연환경에 직접 노출되어 사용되므로 환경에 대한 적응성이 높아야 한다.
② 농업을 하고자하는 사람이면 누구나 사용할 수 있도록 간단하고, 안전해야 한다.
③ 내구성이 좋아야 한다.
④ 유지, 관리가 쉽고 편리해야 한다.

## (4) 농업기계의 분류

① **동력원** : 엔진, 전동기, 트랙터, 관리기 등
② **농작업기** : 포장용 농작업기, 농산기계 등
③ **자주식 작업기** : 이앙기, 콤바인, 바인더, 관리기 등
※ **자주식이란** : 농업기계 자체에 엔진과 주행 장치가 부착되어 기체를 주행과 동시에 작업을 수행하는 방식의 기계

## (5) 농작업기의 부착방법

① **견인식** : 작업기를 동력원에 연결하여 견인하는 형태(예 : 트레일러, 퇴비살포기 등)
② **장착식** : 동력원의 3점 링크에 작업기를 부착하여 작업기의 상하를 조절할 수 있고, PTO(동력 취출장치)로 동력을 전달할 수 있는 형태(로타베이터, 땅속작물수확기, 제초기)
③ **반장착식** : 동력원이 작업기의 일부 하중을 받쳐주고, 나머지 하중은 작업기에 부착된 차륜이 지지하는 형태(베일러 등)
④ **자주식** : 동력원과 일체가 되어 있는 형태(콤바인, 이앙기, 바인더, 관리기 등)

## 02 ▶ 농업기계의 운영과 관리

★농업기계 기능사, 산업기사, 기사시험에 출제

농업기계를 운영, 관리하는 것은 경영의 일환이다. 기계에 소요되는 비용 산출, 투자에 대한 효과분석, 적합한 기계의 종류와 크기 선정, 대체 시기, 이용과 유지관리 등을 통한 효율적인 관리로 농가의 경영비를 절감하고 효율적으로 운영해야 한다.

## (1) 농업기계 구입 시 고려사항

① **기계의 형식** : 제작연도, 기능, 크기, 성능 등
② **기계의 구입가격**
③ **기계의 품질** : 작업기의 호환성, 편리성, 쾌적함, 안전성
④ **기계 운영비** : 감가상각비, 오일 소비량, 연료 소비량, 소모품 비용 등
⑤ **기계의 정비성** : 수리방법, A/S 처리 방법 등

## (2) 포장기계의 능률과 부담면적

농업 기계화 계획을 수립하기 위해서는 기계의 작업 체계를 검토해야하며, 기계의 크기와 대수, 작업량(작업면적)과 기계의 작업능률에 의해 결정해야 한다. 기계의 작업능률은 이론 작업량, 포장 작업량, 1일 포장 작업량, 부담면적 등으로 나타낼 수 있다.

### 가) 이론 작업량(포장능률)

특정 작업 폭에서 작업 정밀도를 떨어뜨리지 않는 범위에서 최고 속도로 연속작업을 한 경우의 작업량으로 이론 작업량이라고도 한다.

**※ 효율을 100%로 보았을 때의 작업가능 면적**

$$A = \frac{SW}{10}$$

여기서,　$D$ : 이론적 작업면적(ha/h, 포장능률)

　　　　$S$ : 작업속도(km/h)

　　　　$W$ : 작업기의 작업폭(m)

### 나) 유효포장능률

작업기가 실제 작업할 수 있는 단위 시간당 작업면적을 유효포장능률이라고 한다.

$$A_e = \frac{1}{10}\epsilon_f S \cdot W$$

여기서,　$A_e$ : 작업기의 유효포장능률(ha/h)

　　　　$\epsilon_f$ : 포장효율(계수, 소수점)

　　　　$S$ : 작업속도(km/h)

　　　　$W$ : 작업폭(m)

### 다) 부담면적

① 농업기계의 작업능률과 사용 적기, 부담면적, 각종 효율(포장효율, 실작업 시간율, 작업가능 일수율) 등을 추정하고, 작업에 다양한 변수를 모두 고려한 면적을 말한다.

② 농업기계를 구입할 때에는 꼭 부담면적과 실제 작업면적을 고려하여 구입해야 한다.

$$A = \frac{1}{10}\epsilon_f \epsilon_u \epsilon_d S \cdot W \cdot U \cdot D$$

여기서,　$A$ : 부담면적(ha)　　　　$\epsilon_f$ : 포장효율(소수)

　　　　$\epsilon_u$ : 실작업시간율(소수)　　$\epsilon_d$ : 작업가능일수율(소수)

　　　　$S$ : 작업속도(km/h)　　　$W$ : 작업폭(m)

　　　　$U$ : 실작업시간　　　　　$D$ : 작업적기일수

## (3) 농업기계 이용비

기계의 이용시간이 짧아지면 단위시간당 이용비가 증가하기 때문에 경영의 손실이 발생할 수 있다. 그러므로 위 방식에 따라 부담면적을 정확히 파악하고 실제 경작면적과 비교 분석하여 가장 적합한 농업기계를 선택 활용해야 한다.

### 가) 농업기계 이용비의 종류(내구연한(내용연수) 10년인 트랙터를 기준으로 활용한 자료임)

① **고정비** : 이용시간에 관계없이 소요되는 비용(구입가격의 15% 내외로 설정 필요)

   ※ **고정비의 예 (1년 기준)** : 감가상각비(약 10%), 이자(2%), 차고비(2%), 보험료(1%) 등

$$T = \frac{S-O}{Y} + \frac{(S+O)i}{2 \times 100} + \frac{S(a_1 + a_2 + a_3)}{100}$$

여기서, $T$ : 고정비(원)       $S$ : 구입비(원)
        $O$ : 잔존가격(원)     $Y$ : 내구연한(년)
        $i$ : 연이율(%)       $a_1$ : 수리비율(%)
        $a_2$ : 차고비율(%)    $a_3$ : 보험료 및 제시공과율(%)

② **변동비** : 기계의 이용시간에 비례하여 소요되는 비용(구입가격의 10%내외이며, 노임은 제외)

   ※ **변동비의 예** : 연료비, 윤활유비, 관리비, 수리비, 소모성 부품, 노임 등

   ※ 일반적으로 윤활유비용은 연료비의 10%로 설정하며, 관리차원에서 활용 방법에 따라 변동비의 차이는 크게 달라질 수 있다.

$$G = g \times e \times (1.0 + a)$$

$$V = (G + L) \times C$$

여기서, $G$ : 연료 및 윤활유비(원/L)     $g$ : 연료단가(원/L)
        $e$ : 연료소비량(L/h)         $a$ : 윤활유 비율(보통0.3으로 계산)
        $V$ : 변동비(원/ha)          $L$ : 인건비(원/ha)
        $C$ : 기계이용시간(h/ha)

### ③ 기계이용 경비

$$M = T + V \times A$$

여기서, $M$ : 기계 이용비(원)     $T$ : 고정비(원)
        $V$ : 변동비(원/ha)      $A$ : 작업면적(ha)

## 나) 감가상각비

시간경과에 따라 마모, 노후화 등으로 인해 기계의 가치가 하락하는 것을 말한다.

① **직선법** : 내구연한 동안 일정하게 등분하여 하락하는 가치로 평가

$$D_s = \frac{P_i - P_s}{L}$$

여기서, $D_s$ : 감가상각비(직선법에 의한 방법)

$P_i$ : 기계의 구입가격(원)

$P_s$ : 기계의 폐기 가격(원)

$L$ : 내구연한(년)

② **감쇠 평형법** : 매년 잔존가치의 일정 비율을 감가상각비로 결정하는 방법

$$D_d = B_{j-1} - B_j$$

$$B_{j-1} = P_i\left(1 - \frac{x}{L}\right)^{j-1}$$

$$B_j = P_i\left(1 - \frac{x}{L}\right)^{j}$$

여기서, $B_{j-1}$ : $j$년차 연초의 잔존가치

$B_j$ : $j$년차 연말의 잔존가치

$P_i$ : 기계의 구입가격

$L$ : 내구연한

③ **연수 가산법** : 내구연한이 지난 후 기계의 잔존가치를 0으로 결정하는 방법

$$D_y = \frac{(L-j)+1}{\sum L} P_i$$

여기서, $D_y$ : 연수 가산법에 의한 감가상각비

$L$ : 내구연한

$j$ : 사용한 연차

$P_i$ : 기계구입가격

## (4) 농업기계의 합리적인 이용

### 가) 경영면적의 확대

단위면적당 고정비를 감소시키고, 경영면적을 확대해야 한다.

### 나) 이용 기술의 향상

① 농업기계에 대한 운전기술은 작업능률과 효율을 향상시킬 수 있는 방법이다.

② 정비 기술은 내구연한을 연장하고, 변동비를 절감할 수 있는 방법이다.

③ 농업기계는 활용기간이 짧기 때문에 장기보관과 관리가 잘 이루어져야한다.

④ 경영일지를 작성하여 평가하고, 손실을 줄일 수 있는 방법을 찾아야 한다.

### 다) 농업기계의 안전한 사용

① 인체의 특징과 생활습관을 고려하여 설계되어야 한다.

② 운전자의 안전운전(안전수칙 준수)

③ 안전장치 설치(회전체, 돌기부, 틈새 등 위험부분의 접촉이 일어나지 않게 해야 한다.)

④ 환경 정비(농로, 진입로, 경사지 등 포장을 정비한다.)

## 03　경운 및 정지기계

★농업기계 기사 실기시험 필답에 출제

　경운이란 작물이 잘 자랄 수 있도록 토양을 갈아줌으로써 양분을 공급하기 좋은 상태, 뿌리호흡이 정상적인 상태 등을 만들어주기 위해 단단한 흙을 파쇄하는 작업이다. 1차 경운과 2차 경운으로 나뉘는데 1차 경운은 쟁기작업, 2차 경운은 쇄토작업을 말한다.

　정지란 평탄하게 만들어주는 작업을 정지작업이라고 하며, 로타베이터 후방에 쇄토 후 정지장치로 평탄하게 하는 기능을 한다. 또한 정지기로 쇄토작업과 동시에 이랑을 만드는 정지기도 개발되어 활용되고 있다.

　**[예]** 마늘이나 양파를 심기 위해 넓고, 낮은 이랑을 만들 때 활용되는 작업기

## (1) 경운기계

### 가) 경운의 목적

① 뿌리의 활착을 촉진한다.

② 잡초 발생을 억제한다.

③ 작물의 생육을 촉진할 수 있는 환경을 개선한다.

④ 잔류물을 지하로 매몰하고, 매몰된 잔류물을 부식과 단립화를 촉진하여 지력을 좋게 한다.

⑤ 경토의 유실을 최소화할 수 있다.

## 나) 경운의 구분

① **1차 경운** : 토양을 경기, 반전하는 작업

② **2차 경운** : 쇄토, 정지하는 작업

③ **최소 경운** : 경운에 소요되는 비용과 에너지를 최소화하고, 토양의 유실을 방지하기 위한 경운 방법이며, 장점으로는 아래와 같다.

- 기계에 의한 토양 다짐을 최소화 할 수 있다.
- 수분 유지가 우수하다.
- 투입 에너지와 소요 노동력을 줄일 수 있다.
- 토양 유실이 감소된다.

④ **무경운** : 경운하지 않고, 작물을 재배하는 방법

⑤ **심토파쇄** : 시간의 경과, 기계의 활용, 토양에 대한 다양한 하중의 전달로 인해 토양의 다짐현상이 나타나는데 그 층을 경반층이라고 한다. 경반층을 파쇄하지 못할 경우 배수, 작토층 확보가 되지 않아 작물을 성장을 저해할 수 있다. 비닐하우스 및 시설 하우스의 토양에는 염류집적현상이 발생하게 되며 이를 해결하기 위해 심토파쇄를 통해 경반층을 제거해야 한다.

- 1차 경운의 깊이 : 20~30cm, 심경쟁기 : 45cm

※ 트랙터의 대형화로 심경쟁기의 갈이 깊이는 더 깊어지고 있음.

- 2차 경운 정비 깊이 : 10~20cm, 심경로타리 : 30cm
- 최소 경운 : 작물을 재배할 곳만 경운 작업함
- 2차 경운 깊이 정도가 일반적임
- 심토파쇄 깊이 : 45~70cm

## 다) 경운, 정지 작업기의 종류

① **쟁기작업** : 쟁기 또는 플라우로 굳어진 흙을 절삭, 반전 파괴하여 큰덩어리로 파쇄하는 작업, 1차 경운이라고도 한다.

② **쇄토작업** : 로터리(로타베이터), 해로우 등을 활용하여 쟁기 작업 후 흙을 다시 작은 덩어리로 파쇄하는 작업, 2차 경운이라고 한다.

③ **정지작업, 균평작업** : 정지기, 배토판, 디스크 해로우 등을 사용하여 지면을 평탄하게 하는 작업

④ **심토파쇄작업** : 경반층을 파쇄하는 작업

⑤ **이랑 작업** : 리스터, 휴립기를 활용하여 이랑을 만드는 작업(휴립작업, 이랑=두둑)

⑥ **고랑 작업** : 트랜처, 구굴기를 이용하여 고랑을 만드는 작업(구굴작업)

## 라) 경운작업기의 분류

① **견인식** : 플라우, 쟁기, 디스크 플라우, 디스크 해로우 등

② **구동식** : 로터리, 로타베이터, 해로우 등

③ **견인 구동식** : 플라우, 로터리 등

### 마) 쟁기의 3요소

① **보습** : 토양에 처음 접촉하는 부위로 등폭형, 부등폭형이 있다.

보습은 삼각형의 모양의 금속판으로 되어 있으며, 흡입각에 맞춰 단단한 토양을 절단하고, 발토판으로 끌어 올리는 기능을 한다.

② **발토판**(몰드보드, moldboard) : 보습에서 절단된 흙을 파쇄하고 반전하는 역할을 한다.

발토판의 종류 : 원통형 발토판, 타원주형 발토판, 나선형 발토판, 반나선형 발토판

③ **지측판**(landside) : 안정된 경심과 경폭을 유지하는 역할을 한다. 바닥쇠라고도 부른다.

### 바) 쟁기작업의 저항 종류

① 보습 또는 보습날에 의한 역토 절단 저항

② 발토판 위에서 역토의 가속도에 의한 관성 저항

③ 역조의 절단 및 비틀림에 의한 변형 저항

④ 발토판과 역조 사이의 마찰저항

⑤ 토양 반력에 의한 바닥쇠의 저면 및 측면의 마찰저항

⑥ 지지륜의 구름 저항

## (2) 정지 작업기

쇄토와 균평 또는 쇄토와 고랑을 만들기를 동시에 수행할 수 있도록 만든 기계이다.

### 가) 쇄토기의 종류

① 쇄토기

② 균평기

③ 진압기

④ 두둑 및 고랑 만드는 기계(리스터, 휴립기 등)

### 나) 경운날의 종류

① **작두형 날** : 경운축에 수직으로 연결되는 머리가 짧고 곧으며, 앞 끝부분이 좌우로 휘어진 형태로 경운기, 관리기에 주로 사용된다. 흙을 자르면서 쇄토하는 형태이다.

② **L자형 날** : L자형으로 80~90° 굽은 형태로 트랙터에 사용된다. 흙을 큰 힘으로 충격을 가하여 파쇄하는 형태이다. 소형 트랙터에 활용함.

③ **보통형 날** : L자형 날과 차이는 크지 않지만, L형 보다는 굽은 정도가 작아 더 깊은 경운작업이 가능하다. 중대형 트랙터에 활용함.

※ 경운(쇄토)날은 단조로 만들어지며, 활용 시간을 연장하기 위하여 날의 두께를 두껍게 하거나 분말 도금을 하여 활용하는 경우도 있다.

## 다) 경운 피치

★ 농업기계 산업기사, 기사 필기·필답 문제로 출제 가능한 문제

경운피치는 로타베이터 날이 회전에 의해 토양을 파쇄할 때 전진방향 속도에 따라 회전날이 토양을 파쇄할 때의 간격을 말한다. 경운 피치는 속도에 비례하고 경운날의 회전속도에 반비례, 경운날의 수에 반비례한다.

$$P = \frac{6000 \cdot v}{n \cdot Z}$$

여기서, $P$ : 경운피치(cm)　　　　$v$ : 작업속도(m/s)
　　　　$n$ : 경운날의 회전속도(rpm)
　　　　$Z$ : 동일 회전 수직면 내에서의 경운 날의 수

## (3) 중경과 중경 제초기

중경이란 작물의 생장조건 개선을 목적으로 실시하는 작물 및 포장관리 작업을 말한다. 토양 상태의 개선, 토양의 수분 유지, 잡초제거 등을 목적으로 하여 작물의 생장조건을 개선한다.

### 가) 중경 작업의 종류

① **중경작업** : 이랑 및 작물의 포기 사이를 경운, 쇄토하여 토양의 통기성과 투수성을 촉진시키고, 잡초 발생을 억제하여 작물의 생장 환경을 개선하는 작업
② **제초작업** : 잡초를 제거하는 작업으로 잡초를 뽑거나 뿌리를 잘라 고사시키는 작업
③ **배토작업** : 작물의 줄기 밑부분을 흙으로 돋우어 주는 작업
　- 뿌리의 지지력을 강화시킴
　- 도복(쓰러짐) 방지
　- 이랑의 잡초를 제거하는 효과

## 04 파종기

파종기는 씨앗을 뿌리는 기계로 작물의 종류에 따라 크기와 모양이 다르기 때문에 다양한 형태의 기계들이 제작되어 활용되고 있다.

### (1) 파종방법의 의한 분류

① **산파** : 종자를 흩어뿌리는 방식
② **조파** : 종자를 일정한 간격으로 연속 파종하는 방식
③ **점파** : 줄에 일정한 간격으로 한 알 또는 몇 알씩 파종하는 방식
※ 파종 또는 이식을 하는 경우, 줄로 심을 경우, 한 줄을 1조라 하며, 한 줄에서 종자와 종자 또는 모종과 모종 사이의 거리를 주간이라고 한다.

[예] 조간거리 30cm, 주간거리 20cm

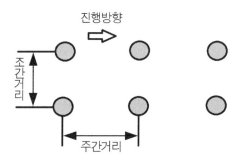

## (2) 산파기

종자를 살포하는 방식의 파종기계로 비료를 살포할 때에도 사용이 가능하다. 동력살분무기처럼 강한 바람에 종자를 날려보내며 살포하는 방식도 산파에 해당된다.

## (3) 조파기의 구성요소

★ 농업기계 기능사, 산업기사, 기사 필기 · 필답 문제로 출제 가능한 문제

① **호퍼** : 종자를 부어 종자 배출장치에 들어가기 전에 종자가 모여 있는 곳(깔대기 모양의 통)
② **종자 배출장치** : 규정된 양의 종자를 종자도관으로 유도하는 장치
  • 롤러식 : 원통 표면에 같은 간격으로 종자가 들어갈 수 있는 오목한 반구형의 구멍 또는 홈을 파고 롤러가 회전함에 따라 종자를 배출하는 방식
  • 원판식 : 원주 또는 안쪽에 종자가 들어갈 홈을 설치하고, 원판이 회전함에 따라 홈에 담긴 종자를 이동시켜 자체 무게로 배출되도록 하는 방식
  • 벨트식 : 호퍼 밑에 구멍을 낸 벨트를 설치하고, 벨트가 회전함에 따라 구멍에 들어간 종자를 배출하는 방식
③ **종자도관** : 종자 배출장치에서 배출된 종자를 파종 골까지 안내하는 관
④ **구절기** : 종자가 떨어질 곳에 골을 파는 장치
  • 삽형, 호우형, 구두형, 단판형, 복원판형 등이 있다.
⑤ **복토기** : 종자도관에서 전달된 종자가 구절기가 파놓은 골에 들어간 후 흙을 덮어주는 장치
⑥ **진압기(진압륜)** : 복토된 흙을 다질 때 사용하는 바퀴

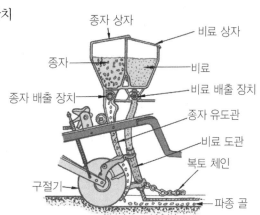

[그림1] 조파기의 기본 구조

### (4) 점파기의 구성요소

점파기는 종자를 일정한 간격으로 한 알 또는 몇 알씩 파종하는 작업기

① **종자배출장치**

② **종자판** : 수평으로 회전하며 판 둘레의 구멍을 통하여 종자를 배출하는 장치

③ **차단장치** : 필요 이상의 종자가 종자판 구멍으로 유입되는 것을 차단하기 위한 장치

④ **떨어뜨림 장치** : 구멍 속의 종자를 배출시키기 위한 장치

### (5) 감자파종기의 형태

씨감자를 하나씩 일정한 간격으로 파종하는 점파식 파종기

① 엘리베이터형 반자동식

② 종자판형 반자동식

③ 픽커힐 전자동식

④ 픽커힐

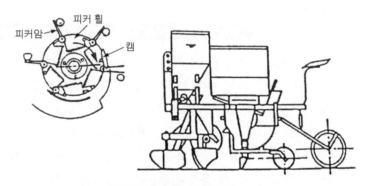

[그림2] 감자파종기 피커힐

## 05  이앙기, 이식기

벼, 채소 등과 같은 작물의 모종을 토양으로 옮겨 심는 작업을 수행하는 기계로 작물에 따라 다양한 형태의 기계가 활용되고 있다.

### (1) 이식 작업의 장점

① 솎아내기 관리가 용이하다.

② 제초작업 등이 용이하다.

③ 재식거리를 일정하게 할 수 있다.

## (2) 이앙기

### 가) 이앙기용 묘의 크기

모의 크기는 엽령(잎의 수)에 따라 나눈다.

① **치모** : 잎의 수가 2.5이하 인 것

② **중묘** : 잎의 수가 2.5이상 5미만의 인 것

③ **성묘** : 잎의 수가 5이상 인 것

### 나) 이앙 육묘 상자

플라스틱을 소재로 사용하고, 상자의 크기는 안쪽 길이 580mm, 폭 280mm, 깊이 30mm이며, 바깥쪽 길이는 650mm이다.

### 다) 파종기

육묘상자에는 필요한 양의 종자를 균일하게 산파 파종하며, 발아되어 싹이 조금 나왔을 때 롤러형 종자 배출장치를 이용하여 파종한다.

• **파종 순서** : 묘상자 공급 → 상토 공급 → 물공급 → 파종 → 복토 → 묘판 쌓기

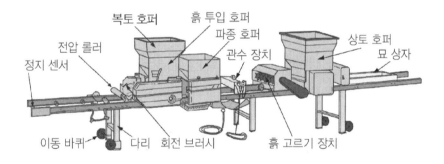

[그림3] 볍씨 산파 파종기

### 라) 이앙기의 구조

엔진(기관), 플로트, 차륜, 묘탑제대, 식부장치, 각종 조절 레버 등으로 구성되어 있다.

① **엔진(기관)** : 보형용 이앙기는 2~3kW 정도의 출력을 승용이앙기는 3~5kW를 사용하였으나, 최근 이앙기중 8조식은 15kW이상의 기관을 사용하기도 한다.

② **차륜(바퀴)** : 토양에 기체를 지지해주며 구동하는 장치, 무논(물논)상태에서 작업을 하기 때문에 견인력을 좋게 하기 위해 물갈퀴 형태로 되어 있다.

③ **플로트(식부깊이 조절장치)** : 지면에 의해 지지하는 역할을 하며, 식부깊이 조절레버를 조작하면 플로트가 상하로 이동하면서 식부 깊이를 조절한다.

④ **식부장치 : 모를 심는 장치**

• 식부날의 형태 : 절단식, 젓가락식, 통날식, 판날식, 종이 포트묘용, 틀묘용 등이 있다.

⑤ **묘떼기량 조절레버** : 묘떼기량 조절레버를 움직이면 식부장치는 일정하게 회전하고, 묘탑제대를 조절하여 모떼는 양을 조절하게 된다.

⑥ **횡이송 장치** : 간헐적 운동에 의한 이송과 연속운동에 의한 이송을 한다.

⑦ **종이송 장치** : 묘 자체 무게에 의하여 이루어지며, 최근 묘탑제대에 컨베이어 형태를 공급장치를 부착하여 적정 주기별로 묘를 공급하게 된다.

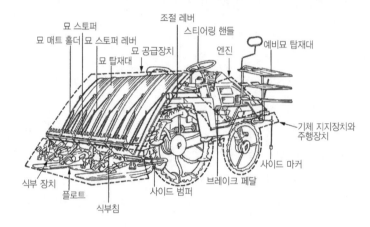

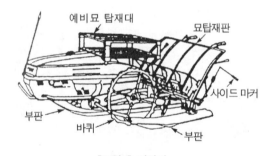

[그림4] 이앙기

## 마) 동력전달장치

동력원인 엔진에서 모든 동력을 지원해주는 역할을 한다.

① 주행장치로의 동력전달

② 유압장치로의 동력전달

③ 식부부로의 동력전달

## 06  재배관리용 기계

농작물을 경운, 파종, 이식이 완료되면 잘 성장할 수 있도록 다양한 형태의 관리가 필요하다. 제초작업, 수분 공급, 병해충 방제 등이 있다.

### (1) 중경제초기

토양의 2~5cm 정도 경운을 하여 잡초의 뿌리를 절단하여 제초하는 기계를 중경제초기라고 한다. 중경제초기의 종류는 아래와 같다.

① 보행관리기용 중경제초기
② 승용관리기용 중경제초기
③ 논용 중경제초기

### (2) 배토기

감자, 고구마 등을 파종 이식을 위한 이랑 작업에 사용되고, 이랑 사이의 잡초를 방제하기 위해 배토를 하는 것이 일반적이다.

#### 가) 구조

트랙터의 로타베이터 후방에 설치하는 작업기로 배토판의 형상이 바깥쪽으로 굽어진 형태와 안쪽으로 굽어진 형태가 있다. 배토판은 측방향으로 밀어올려 배토작업을 하고 이랑을 만들게 된다. 또한 이랑이 만들어진 고랑에 잡초를 제거하기 해 배토를 하는 경우도 있다.

[그림5] 배토기

### (3) 관개용 기계

작물의 성장에 적합한 수분을 공급하는 것을 관개라고 하며, 관개용 기계로는 양수기, 스프링클러, 점정관수 등이 있다.

#### 가) 펌프

액체를 목적지까지 공급하기 위해서는 동력을 이용하여 액체에 입력을 가하여 전달한다. 이때 액체에 압력을 가하기 위해 펌프를 사용한다.

#### 나) 원심 펌프의 구조와 종류

와류실에 물을 채우고, 회전차를 회전시켜 물을 밀어 올려 깃의 중앙부 압력이 떨어지므로 대기의 압력에 밀려 물은 흡입관을 지나 펌프 안으로 유입된다. 흡입된 물은 고속으로 회전차를 빠져나와 와류실로 모이고, 속도를 감소시키고, 압력을 높여 송출관으로 유출하게 된다.

① **원심펌프의 구조**
- 회전차 : 여러 개의 깃이 회전하며, 깃의 수는 보통 4~8매로 둥근 형태로 되어 있다.
- 안내깃 : 회전차에서 전달되는 물을 와류실로 유도하여 속도에너지를 얻게 해주는 장치
- 와류실 : 송출관쪽으로 보내는 나선형 동체
- 흡입관 : 흡입수면에 넣는 관
- 풋밸브 : 액체를 흡입할 때는 열리고, 액체가 흐르지 않을 때는 닫히는 체크 밸브의 형태로
되어 있는 밸브

② **원심펌프의 종류**
- 볼류트 펌프 : 스크류형으로 되어 있는 방과 프로펠러로 되어 있는 가장 간단한 형태로
되어 있다. 프로펠러를 고속으로 회전시켜 원심력을 발생하면 물을 송출하는
형태의 펌프이다.

※ 양수 고도는 30m이하로 소형이며, 가장 많이 사용되는 형태의 펌프이다.
- 터빈펌프 : 원심펌프의 일종으로 안내 날개가 달린 펌프

③ **원심 펌프의 분류**
- 안내깃의 유무에 따른 분류
- 흡입구에 따른 분류
- 단수에 따른 분류
- 회전차의 형상에 따른 분류
- 축방향에 따른 분류
- 케이싱에 따른 분류 : 윤절형 펌프, 원통형 펌프, 수평 분할형 펌프, 배럴형 또는 이중동형
펌프

## 다) 축류펌프와 사류펌프

① **축류펌프** : 회전하는 회전차 깃의 양력에 의해 액체를 앞쪽으로 펌핑하는 힘을 발생시킨다.
- 액체의 흐름이 축과 평행한 방향으
로 일어나며 프로펠러 펌프라고도
한다.
- 가동 날개식과 고정 날개식의 두 종
류가 있다.
- 양수량이 변화하여도 축동력은 일
정하다.
- 높은 효율을 유지한다.
- 원심펌프에 비하여 가볍고, 형태가
간단하다.

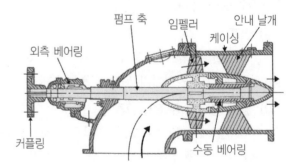

[그림6] 축류펌프의 구조

② **사류 펌프** : 원심펌프와 축류펌프의 중간 형태로 되어 있다.

• 외관은 축류펌프에 가까우나 케이싱의 회전차 부분이 약간 부풀어 오른 형태가 특징이다.

• 양정은 10m까지 가능하다.

• 원심펌프에 비해 경량이고, 가격이 싸다.

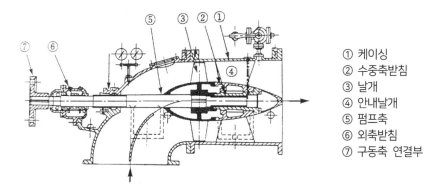

① 케이싱
② 수중축받침
③ 날개
④ 안내날개
⑤ 펌프축
⑥ 외축받침
⑦ 구동축 연결부

[그림7] 사류펌프의 구조

### 라) 왕복펌프

흡입밸브와 배출밸브에 장치한 실린더 속에 피스톤 또는 플런저를 왕복 운동시켜 송수하는 방식의 펌프

① **피스톤 펌프** : 피스톤의 왕복운동에 의하여 양수하는 펌프

• 단동펌프 : 피스톤이 왕복운동을 하지만, 한쪽 방향으로만 양수하는 형태

• 복동펌프 : 피스톤이 왕복운동을 할 때 양쪽 방향으로 양수하는 형태

② **플런저 펌프** : 피스톤은 커넥팅로드로 연결

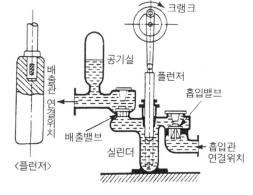

[그림8] 왕복펌프

이 되는 형태지만, 플런저형은 굵은 봉의 형상이 왕복운동을 하면서 양수하는 형태

㉮ 왕복펌프의 송출량 변화

• 전양정 : H

$$H = \frac{p_d - p_s}{r} + H_a + h_e$$

여기서, $p_d$ : 송출수면의 압력(Pa)　　$p_s$ : 흡입수면의 압력(Pa)

$\gamma$ : 유체의 비중량(N/m³)　　$H_a$ : 실양정($H_a = H_s + H_d (m)$)

$H_s$ : 실흡입 양정(m)　　$H_d$ : 실송출 양정(m)

$h_e$ : 총손실 수두(m)

• 행정 체적 : $V_0$

$$V_0 = \frac{\pi}{4} D^2 L = AL$$

여기서, $D$ : 실린더의 지름(m)　　　　$L$ : 행정(m)
$A$ : 피스톤의 단면적($m^2$)

• 이론 배수량 : $Q_{th}$

$$Q_{th} = \frac{\pi}{4} D^2 LN = V_0 \times N$$

여기서, $N$ : 분당 회전수

• 실제 배수량 : $Q$

$$Q = Q_{th} - Q_e$$

여기서, $Q_e$ : 피스톤과 실린더 사이의 누설량

• 체적효율 : $\eta_v$

$$\eta_v = \frac{Q}{Q_{th}} = \frac{Q_{th} - Q_e}{Q_{th}} = 1 - \frac{Q_e}{Q_{th}}$$

일반적으로 $\eta_v$는 0.9~0.97의 범위로 한다.

• 이론 배수량의 순간값 : $q$

$$q = A \times u (m^3/s)$$

여기서, $u$ : 피스톤 속도(m/s)

• 순간의 최대배수량 : $q_{max}$

$$q_{max} = \pi \frac{ALN}{60} = \pi V_0 \frac{N}{60} = \pi q_{mean}$$

여기서, $q_{mean}$ : 이론배수량의 평균값

• 과잉배수체적비 : $\delta$

$$\delta = \frac{\triangle V}{AL} = \frac{\triangle V}{V_0}$$

여기서, $\triangle V$ : 평균 배수량 $q_{mean}$을 넘어서 배수되는 양

### 마) 회전펌프

회전하는 회전자를 사용해서 흡입·송출 밸브 없이 밀어내는 형식의 펌프를 총칭한다.

① **회전펌프** : 흡입구와 배출구를 갖는 밀폐된 용기와 로터 사이의 빈자리에 액체를 포함시켜 로터의 회전에 의해 액체를 배출하는 형태

□ **회전 펌프의 특징**

• 적은 유량, 고압의 양정을 요구하는 경우에 적합하다.

• 연속적으로 유체를 운송하므로 송출량이 맥동이 거의 없다.

• 구조가 간단하고, 취급이 용이하다.

• 비교적 점도가 높은 액체에 대해서 좋은 성능을 발휘할 수 있다.

• 원동기로서 역작용이 가능하고, 사용목적에 따라 유압펌프로서 이용된다.

② **기어 펌프**

□ **기어펌프의 특징**

• 구조가 간단하고, 비교적 가격이 싸다.

• 신뢰도가 높고, 운전·보수가 용이하다.

• 입·출구의 밸브가 필요 없고, 왕복 펌프에 비해 고속운전이 가능하다.

□ **기어펌프의 종류**

• 내접기어펌프 : 하나의 기어는 큰원의 형태로 안쪽에 치차(기어)가 있고, 로터와 연결된 작은 기어가 서로 맞물려 돌아갈 때 액체 케이싱과 치차 사이에 들어가면 배출구 쪽으로 밀어내는 형태의 펌프

• 외접기어펌프 : 한 쌍의 치차를 로터로 회전하는 펌프(동일한 기어형태를 맞물림)

□ **기어 펌프의 이론 송출량** : $V_{th}$

$$V_{th} = \frac{\pi}{4}(D_0{}^2 - D_1{}^2)bN$$

여기서, $D_0$ : 이끝원의 지름      $D_1$ : 이뿌리원의 지름

          $b$ : 이폭            $N$ : 분당 회전수

□ **인벌류트 기어를 사용하는 경우의 송출량** : $V_{th}$

$$V_{th} = 2\pi m^2 zbN$$

여기서, $m$ : 모듈,    $z$ : 잇수

③ **베인 펌프** : 베인은 깃(날개)이라는 뜻으로 케이싱 내의 흡입구와 배출구 사이에 캠을 마련하고 회전차(깃)을 이용하여 자흡작용과 송액작용을 할 수 있는 펌프

④ **나사펌프** : 나사봉의 회전에 의해 액체를 밀어내는 펌프

　□ **나사펌프의 특징**

• 나사봉 상호간, 나사의 외동간에 금속적인 접촉이 없기 때문에 수명이 길다.

• 양축이 좌우나사이기 때문에 수압이 평형되어 추력이 생기지 않는다.

• 왕복동 부분이 없으므로 흐름은 정적이고, 소음, 진동이 적다.

• 자흡작용이 있으므로 펌프에 액체를 채울 필요가 없다.

• 고속회전이 가능하므로 소형이고, 값이 싸다.

## 바) 펌프의 동력과 효율

★농업기계 산업기사, 기사 필기, 필답 문제로 출제 가능

① **양정** : 흡수면과 양수면과의 수직거리

② **수동력(수마력)** : 펌프에 의하여 액체에 공급되는 동력, 유량과 양정, 액체의 비중량과 비례

$$L_w = \frac{\gamma HQ}{102 \times 60}(kW) = \frac{\gamma HQ}{75 \times 60}(ps)$$

여기서, $L_w$ : 수동력

　　　　$\gamma$ : 비중량(kg/m$^3$)

　　　　$H$ : 전양정(m)

　　　　$Q$ : 유량(m$^3$/min)

## 사) 스프링클러

물을 양수하여 파이프에 송수하고 노즐로 살수하는 장치

① **스프링클러의 구성요소**

• 펌프 : 동력을 전달받아 액체의 압력을 발생시키는 장치

• 원동기 : 펌프를 회전시킬 수 있는 동력 장치

• 배관 : 펌프가 일정압력으로 밀어줄 때 액체를 전달해주는 장치

• 노즐 : 압력의 차이를 발생시켜 액체를 비산시키는 장치

② **스프링클러의 배치**

• 바람이 없는 경우 : 살수 지름의 65%

• 바람이 3m/s 미만 : 살수 지름의 60%

• 바람이 3~4m/s : 살수 지름의 50%

• 바람이 4~5m/s이상 : 살수 지름의 22~30%

## 07 방제용 기계

### (1) 방제용 기계

작물 생산의 안전성, 품질 향상을 위해 병해충, 잡초, 조수 등의 방제가 필요할 때 활용되는 기계이다. 방제 효과를 높이기 위해 적기에 방제 작업을 진행할 필요가 있으며, 다양한 방제용 기계가 있다.

#### 가) 인력 분무기

사람의 힘으로 조작하여 약액을 분무하는 기계

① **약액 전달 과정** : 흡입관 → 펌프 → 약액탱크 → 호스 → 분무관 → 노즐

② **인력분무기의 종류** : 어깨걸이식, 배낭식, 배부자동식

#### 나) 동력분무기

엔진 및 배터리로 펌프를 구동하여 약액에 압력을 가한다. 압력을 받은 약액은 노즐로 전달하여 안개 형태로 분출하며 작물에 비산한다.

#### 다) 동력분무기의 종류

① **배부식 동력분무기** : 소형엔진 및 배터리 동력을 이용하여 펌프를 가동시켜 동작하는 방식이다. 배부란 등에 짊어지는 형태를 말한다.

② **동력분무기** : 엔진을 프레임에 설치한 소형에서 중형의 동력분무기까지 다양하며, 구동장치에 부착하여 액체를 비산시키는 방식을 활용하기도 한다.

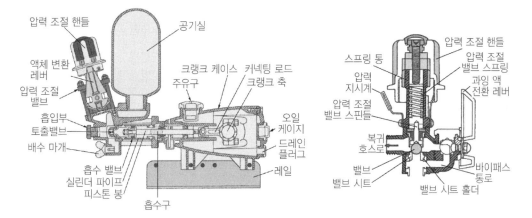

[그림9] 동력분무기의 구조

③ **자주식 동력분무기** : 바퀴 또는 크로울러(궤도)가 장착되어 주행과 동시에 동력 분무기를 가동시켜 액체형태의 약제를 살포하는 방식이다.

④ **SS기**(Speed Sprayer) : 과수원에서 주로 사용되며 주행이 가능한 액체 살포기이다. 가압 펌프의 압력이 높고 10~60개의 노즐을 배치하여 방제 능률 및 작업 정밀도를 높일 수 있는 기계이다.

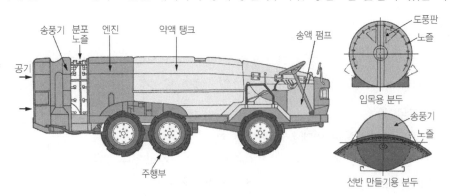

[그림10] 스피드 스프레이어의 구조

## 08 비료살포용 기계

비료를 논밭에 살포하는 농업기계를 시비기라고 한다. 비료에는 화학비료, 퇴비, 각종 유기물들이 해당되며, 작물을 파종, 이식하기 전에 살포하는 방식을 많이 활용한다.

### (1) 비료살포기

비료나 종자 같은 고체상태의 입자나 분말을 살포하는 기계이다.
① **원심 살포기** : 회전하는 원판 위에 재료를 공급하여 원심력을 받으면 원판 위에 공급된 재료가 안내 깃을 따라 이동하여 비산되는 방식
② **낙하 살포기** : 줄 간격을 일정하게 만들고 대상 낙하 살포하는 방식으로 살포 폭을 일정하게 할 수 있다.
③ **붐 살포기** : 긴 붐대에 여러 개의 분두를 설치하고 중앙에 있는 강력한 송풍기의 풍력으로 살포하는 형태

### (2) 측조시비기

모내기와 동시에 묘의 뿌리 근처에 시비작업을 하는 장치이다. 사용하는 비료는 대부분이 입상이며, 양을 적절히 조절하여 살포해야 한다. 비료의 보관 상태에 따라서도 성능이 달라질 수 있다.

### (3) 퇴비살포기

눈밭에 퇴비를 운반하여 살포하는 기계이다.
① **구성** : 운반 트레일러, 퇴비상자, 퇴비이송장치, 비이터, 동력전달장치, 살포장치 등
② **살포날(비이터)의 형태** : 칼날형, 나선형, 이빨형, 막대형 등

## 09 수확기계

작물을 베는 작업에서 탈곡, 정선까지 행해지는 일련의 작업을 수확이라고 하고, 이에 활용되는 기계를 수확기계라고 한다.

### ① 곡물수확기

#### (1) 예초기

예초기는 회전하는 칼날 또는 왕복 운동하는 칼날을 이용하여 풀이나 잡초 등을 제거하는데 사용하는 기계이다.

① **배부식 예초기** : 배부식이란 등에 메고 다니는 방식을 말한다. 작은 엔진을 부착하여 가벼운 형태로 밭두렁, 과수원, 초지의 예초, 산림의 덤불 제거 등에 많이 사용되고 있다.

② **견착식 예초기** : 견착식이란 한쪽 어깨에 메고 작업을 수행하는 작업이다. 대부분 LPG가스를 주연료로 하여 제초작업을 수행하는 기계이다.

③ **승용 예초기** : 작업자가 주행이 가능한 기계에 탑승하여 운전을 하면서 제초작업을 수행한다.

④ **바인더** : 인기장치(끌어 당기는 장치), 예취부, 결속부, 주행장치로 구성되어 있다. 예취된 작물의 줄기는 돌기 벨트의 가로 이송 장치로 결속부에 모여 묶음 장치에 의해 일정량을 다발로 압축하여 결속 하는 기계이다.

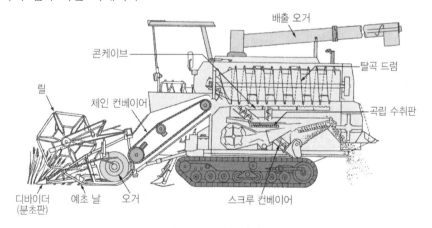

[그림11] **보통형 콤바인**

#### (2) 탈곡기

곡류나 두류의 줄기에서 열매를 인위적으로 탈립시키는 것을 말하며, 보통 벼나 맥류의 탈곡을 목적으로 하는 기계이다. 탈곡기는 인력용, 동력용으로 크게 나눌 수 있으며 인력용은 족답탈곡기라고 한다. 동력 탈곡기에는 탈곡물의 공급방식에 따라 수급식, 자동공급식, 투입식으로 구분된다.

## 가) 탈곡부

탈곡부의 주요부는 급동, 급치, 급실 등으로 이루어져있다.

① **급동** : 큰 원통으로 되어 있어 회전축에 연결되어 회전하는 몸통을 말한다.

② **급치** : 역V자형 또는 U자형으로 급동에 설치하여 급동의 회전 시 돌기부로 곡물을 타격하는 장치가 된다. 급치에는 정치, 보강치, 병치가 있다.

③ **급실** : 급동의 위쪽에 곡립이 멀리 날아가지 않도록

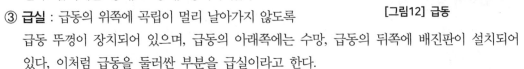

[그림12] 급동

급동 뚜껑이 장치되어 있으며, 급동의 아래쪽에는 수망, 급동의 뒤쪽에 배진판이 설치되어 있다, 이처럼 급동을 둘러싼 부분을 급실이라고 한다.

※ 벼의 탈곡보다 보리의 탈곡 속도가 더 빨라야 탈곡이 잘 이루어진다.

## 나) 선별부

수망, 풍구, 배진판, 체 등으로 이루어진 부분을 선별부 또는 선별장치라 한다.

① **수망** : 곡립을 선별함과 동시에 탈곡작용을 돕는다. 망의 구조로 망의 간격은 7.5~9mm로 되어 있다.

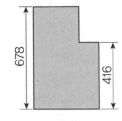

수망전개도

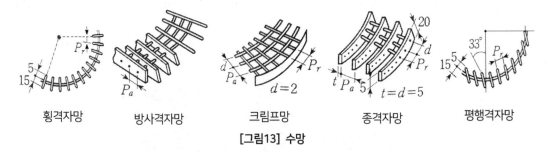

| 횡격자망 | 방사격자망 | 크림프망 | 종격자망 | 평행격자망 |

[그림13] 수망

② **풍구** : 2~4개의 날개를 가지는 송풍기로 회전수는 800~1400rpm이다. 송풍량의 흡기구와 송풍구 또는 배풍구를 조절하여 사용한다.

③ **배진장치** : 회전배진동을 설치하여 연속적이고, 자동적으로 배진되는 기구이다.

④ **배진실** : 하단에 배진물 속에 섞인 곡립을 2번구에, 검불을 풍구의 바람에 실어 3번구에 떨어지도록 선별하는 체가 부착된 공간이다.

## 다) 반송장치

1번구에서 낙하한 곡립을 수평 방향으로 이송하는 스크루 컨베이어와 일정의 높이까지 양곡하여 가마니 등의 용기에 담도록 하는 장치이다.

## (3) 콤바인

주행을 하며, 작물을 예취하고, 줄기부를 붙잡아 이송한다. 이송한 줄기는 이삭 부분만을 탈곡장치에 집어넣어 탈곡, 선별하고 저장할 수 있는 탱크로 이동시키는 작업을 동시에 연속하는 수확 기계이다.

### 가) 주행장치

자탈형 콤바인은 궤도형으로 고무 크롤러를 이용하여 습지에서도 작업이 가능하도록 되어 있다. 크롤러의 구동은 기관에서 주변속기와 부변속기를 거쳐 구동 스프로켓에 동력이 절단된다. 조향을 위하여 조향하고자 하는 방향의 궤도를 제동하여 선회하는 방식을 주로 사용한다.

### 나) 예취장치

① **예취장치란** : 작물을 베어 주는 장치를 말한다.

② **예취장치의 종류**

- 왕복식 예취장치 : 예취장치에서 가장 많이 사용되는 형태로 아래 칼날은 고정이며 윗 칼날을 크랭크장치를 이용하여 왕복하면서 작물을 베는 형태
- 회전식 예취장치 : 회전축을 중심으로 직선형, 곡선형, 완전 원판형, 톱날형, 유성 회전형, 별날형의 형태로 작물을 베는 형태

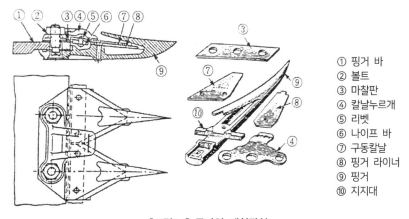

① 핑거 바
② 볼트
③ 마찰판
④ 칼날누르개
⑤ 리벳
⑥ 나이프 바
⑦ 구동칼날
⑧ 핑거 라이너
⑨ 핑거
⑩ 지지대

[그림14] 콤바인 예취장치>

### 다) 전처리장치

① **전처리장치란** : 작물을 벨 때 도복된 작물은 일으켜 세우고, 절단부에 무리한 부하를 주거나, 작물을 쓰러뜨리지 않고, 절단할 때 사용하는 장치 즉, 예취작업 전에 행해져야 하는 작업을 하게 된다.

② **전처리 장치의 종류**

- 디바이더 : 분초기라고도 하며, 수확기가 통과하면서 한 행정으로 일을 하는 작업 폭을 결정해 주고, 미예취부를 분리시키는 역할을 한다.
- 걷어올림장치(Pick-up Device) : 체인에 플라스틱을 연결하여 만든 돌기를 부착하여 예취장

치 앞쪽에 설치되어 있으며 수평면과 65~80°의 각도로 경사진 체인 케이스 속에서 회전한다. 예취가 잘될 수 있도록 작물을 정확히 세워주는 기능을 한다.

- 리일(reel) : 작물의 절단시 작물 위쪽을 받아 완전한 절단이 가능하도록 하는 기능, 도복된 작물을 걷어올리는 기능, 절단한 줄기를 가지런히 반송장치에 인계하는 기능을 수행한다.

### 라) 탈곡장치

① **탈곡장치란** : 곡립을 이삭에서 분리하고 곡립, 부서진 줄기와 잎, 기타 혼합물로 이루어지는 탈곡물에서 곡물을 분리하는 장치이다.

② **탈곡장치의 구성** : 고속으로 회전하는 원통형 또는 원추형의 급동과 고정된 원호형의 수망으로 이루어져 있다.

③ **탈곡 장치의 구비조건**

- 탈곡이 깨끗하게 이루어지고, 탈곡된 곡립이 잘 분리되어야 한다.
- 곡립이 파손되거나, 탈부되는 일이 적은 것이 좋다.
- 탈곡 물량의 소요 동력이 작고, 작물의 종류, 상태, 양에 쉽게 적응할 수 있는 것이 좋다.

### 마) 급치 급동식 탈곡장치

① **급치 급동식 탈곡장치** : 급동, 수망, 급치와 절치 등으로 구성되어 있다.

② **급치의 종류**

- 정소치(제1종 급치) : 폭이 넓은 급치로 큰 흡입각을 갖도록 설치한다.
- 보강치(제2종 급치) : 정소치 다음에 배열되어 정소치에서 탈립되지 않은 것을 탈립시키는 급치
- 병치(제3종 급치) : 탈립을 하기 위하여 두 가지 이상의 것을 한곳에 나란히 설치하는 형태의 급치

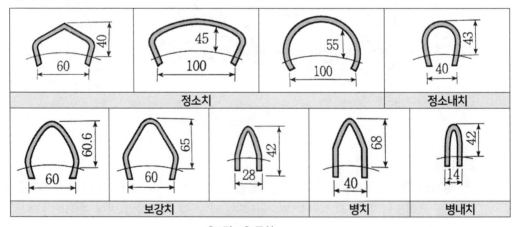

[그림15] 급치

### 바) 선별장치

① **선별장치란** : 탈곡실에서 배출된 짚 속에는 분리되지 않은 곡립이 있는데 이를 곡물만 분리하는 장치를 선별장치라고 한다.

② 선별 방법

　□ 공기선별 방식

　　- 송풍팬의 의한 방법　　- 흡인 팬에 의한 방법　　- 송풍과 흡입팬을 병용하는 방법

　□ 진동 선별 방식

　　- 송풍팬과 요동체를 병용하는 방식

　　- 송풍팬과 요동체와 흡인팬을 병용하는 방식

　□ 곡립의 크기에 따른 선별(구멍체 선별) : 곡립의 크기는 길이, 폭, 두께로 구분함

　　- 장방향 구멍체를 이용한 곡립 선별

　　- 원 구멍체에 의한 곡립 선별

　□ 기류에 의한 선별

　　- 송풍기의 분류

　　· 기체가 축방향으로 유동하는 축류식

　　· 회전차에 들어온 공기가 회전차와 함께 회전하면서 나타나는 원심력을 이용하는 원심식

　　· 위의 두 가지를 특성을 이용한 사류식

## 사) 반송장치

① **스크류 켄베이어 방식**(나사반송기, 오우거(auger))

　• 수평, 경사, 수직으로 반송할 수 있는 구조로 간단하고 신뢰성이 높은 반송기

② **버킷 엘리베이터**

　• 곡물을 수직방향으로 끌어 올리는데 사용되는 형태

　• 탈곡기, 선별기, 건조기, 사료 가공기계 등에 사용되며, 평 벨트에 버킷을 고정한 구조로 되어 있음

③ **드로우어**

　• 회전하는 날개에 의하여 곡립을 목적지까지 회전력에 의해 전달하는 방식

　　단, 반송 높이와 반송 거리에는 제한이 있다.

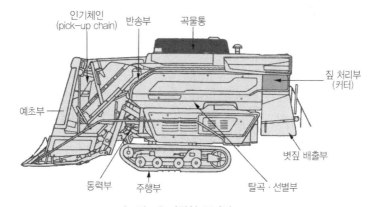

[그림16] 자탈형 콤바인

## ❷ 기타 수확기계

### (1) 지하부 수확기계

각종 채소 과일 등의 수확기는 작물의 특성에 따라 수확하는 방식이 다르다.

**가) 서류 수확기** : 감자, 고구마와 같은 서류의 수확작업에 사용되는 기계이다.

① 원리 : 잎이나 넝쿨을 제거하고, 서류를 파내어 수확한다.

흙과 모래를 분리하고 수확물만을 구분 분리하여 수확하는 형태이다.

② 형태

- 스피너형 : 굴취날에 의하여 흙과 함께 떠올려진 서류를 회전형 갈고리를 사용하여 가로방향으로 방출시켜 망이나 광주리에 받은 다음 다시 땅에 일렬로 늘어놓는 기계의 형태이다.
- 엘리베이터형 : 굴취날로 떠올려진 흙과 서류를 진동 엘리베이터에 의하여 후방으로 이송하는 과정에서 흙과 모래를 분리하는 형식의 기계이다.

**나) 사탕무 수확기** : 사탕무를 수확하기 위한 기계이다.

- 동작 과정 : 사탕무의 줄기 절단 → 절단한 줄기 처리 → 굴취부 땅속으로 넣어 흙을 깨줌 → 사탕무를 땅속으로 들어 올리고 흙과 이물질 분리 → 정선된 사탕무를 트럭 또는 트레일러로 이동 → 수확

**다) 양파수확기** : 양파의 뿌리를 절단하고 절단된 양파를 흙에서 들어 올려 수확하는 방식이다. 서류를 수확하는 방식과 거의 흡사하다.

**라) 파수확기** : 트랙터에 부착하는 형태로 수평방향으로 이동하는 방식이다. 파 밑부분을 절단하여 토양을 파와 교란시키고 파를 들어올리는 방식이다.

**마) 땅콩수확기** : 땅콩을 수확만 하는 형태와 수확 후 탈곡까지 진행하는 형태가 있다.

- 동작 과정 : 땅콩 파내기 → 흔들어 부착된 흙을 털기 → 건조 → 줄기로부터 땅콩 분리하기

### (2) 지상부 수확기

잎이나 줄기를 먹는 엽채류와 토마토, 딸기 등을 먹는 과채류로 구분할 수 있다. 이런 작물들을 수확하는 기계를 지상부 수확기라고 한다.

**가) 양배추 또는 배추 수확기**

기체가 전진하면서 롤러가 반대방향으로 회전하기 때문에 작물을 롤러 사이에 붙잡게 된다. 롤러의 위치가 올라감에 따라 작물은 뽑히게 되고, 작물의 뿌리는 디스크 날에 의하여 절단되며, 수확물은 엘리베이터를 통해 운송하여 수확하는 기계이다.

**나) 과채류 수확기**

대부분 인력에 의존하여 수확하지만 기계로 수확는 형태는 최적의 수확시기를 택하여 한 번에 뽑아 수확하는 형태로 작업을 한다. 제어기술이 발달하면서 선별 수확하는 기계도 최근 소개되고 있다.

## (3) 목초 및 기타 수확기계

### 가) 목초 수확기계

#### ① 목초의 수확작업 체계

예취 → 압쇄 → 반전 → 집초 → 끌어올림 → 세절 → 결속 → 끌어올림 → 운반 → 건조 → 반송 → 보관

#### ② 목초 예취기의 종류

- 왕복식 모워 : 칼날 받침판이 고정되고 절단날이 좌우로 왕복하며 절단하는 모워
- 로터리 모워 : 고속으로 회전하는 칼날을 이용하여 목초를 절단하는 예취기
- 프레일 모워 : 수평축에 프레일(frail) 예취날을 장착하고, 이를 고속으로 회전시켜 목초를 전방으로 밀면서 절단하는 모워

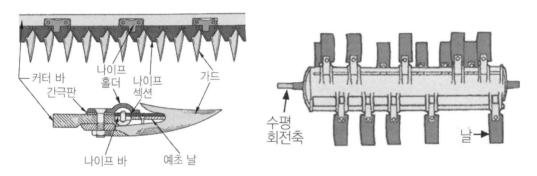

[그림17] 커터바 모워와 프레일 모워

## 10 ▶ 농산가공기계

## ❶ 곡물건조 및 건조기

## (1) 농산물의 건조이론

### 가) 함수율

#### ① 습량기준 함수율 : 재료 내의 수분의 중량을 전중량에 대한 비(ratio)로 표시하는 방법

$$M = \frac{W}{W + W_d} \times 100$$

여기서, $M$ : 습량기준 함수율(%)  $W$ : 재료 중의 물의 무게(kg)

$W_d$ : 재료 중의 건물중량(kg)

② **건량기준 함수율** : 함유수분을 제한 건물 중량에 대한 비(ratio)로 표시하는 방법

$$m = \frac{W}{W_d} \times 100$$

여기서,  $m$ : 건량기준 함수율(%)    $W$ : 재료 중의 물의 무게(kg)

$W_d$ : 재료 중의 건물중량(kg)

### 나) 평형 함수율(필답 문제 출제 가능)

곡물은 함수율과 온도에 따라 특정의 수증기압을 나타내며, 이 수증기압이 주위 공기의 수증기압보다 크면 주위 공기로 수분을 방출하고, 작으면 주위 공기로부터 수분을 흡수한다. 곡물 내의 수중기압이 주위 공기의 수증기압과 평행을 이루었을 때의 곡물 함수율을 평형함수율이라고 한다.

### 다) 용어 정리

① **수증기압** : 습공기 중의 수증기 분자가 나타내는 분압
② **상대습도** : 동일 온도와 동일 대기압 하에서의 포화수증기압에 대한 습공기의 수증기압의 비로 %로 나타낸다.
③ **절대습도** : 습공기 중의 건공기의 단위질량당 수증기의 질량으로 습도비 또는 비습도라고도 한다.
④ **건구온도** : 온도계의 감온부가 건조한 보통의 온도계에 나타나는 온도
⑤ **노점온도** : 일정한 대기압과 절대습도에서 습공기를 냉각하였을 때 응축이 일어나기 시작하는 온도이며, 습공기의 절대습도와 수증기압에 대한 포화온도
⑥ **습구온도** : 온도계의 감온부를 젖은 헝겊을 싸서 유동공기에 노출시켰을 때 나타나는 온도
⑦ **엔탈피** : 0℃를 기준 온도하에서 건공기의 단위 질량당 습공기의 열용량
⑧ **비체적** : 건공기의 단위 질량당 습공기의 체적이며, 밀도는 비체적의 역수이다.
⑨ **비열** : 온도의 함수이지만 습공기에서는 평균값을 사용한다.
  • 건공기의 비열 : 1,006.93 J/kg·K
  • 수증기의 비열 : 1,875.69 J/kg·K

## (2) 건조방법과 건조시설

### 가) 건조방법

① **박층 건조** : 재료 표면에서의 열전달 및 내부에서 표면으로 전달되는 수분 전달속도에 따라 건조 속도가 달라진다. 모세관 현상에 의해 수분이동과 수분 농도차가 발생하기 때문에 박층 건조에서는 가장 중요한 변수가 된다.
② **후층 건조** : 열평형을 이용하는 방식으로 건조시간, 수분 제거량, 곡물층의 성질에 따라 속도가 다르다. 건조한 공기를 곡물층에 통과시켜 건조하는 방식이며, 곡물을 건조할 때 가장 많이

활용하는 방식

## 나) 건조시설

### ① 건조기의 종류

- 고정층형 : 정지된 곡물층을 송풍공기가 통과하며 건조하는 방식
- 횡류형 : 곡물과 송공풍공기가 서로 직각방향으로 흐르는 방식
- 병류형 : 서로 같은 방향으로 평행하게 흐르는 방식
- 향류형 : 서로 반대 방향으로 흐르는 방식
- 혼합류형 : 곡물과 송풍공기의 흐름이 횡류, 병류, 향류가 혼합되어 있는 방식

## 다) 송풍기

재료에 건조한 바람을 일으켜 건조시키는 장치이다.

### ① **축류 송풍기** : 작은 압력에 많은 풍량이 요구될 때 사용한다.
### ② **원심 송풍기** : 많은 풍량보다 비교적 큰 압력이 요구될 때 사용한다.

# (3) 농산물 저장시설과 관리

곡물저장의 목적은 수확 및 건조 직후의 성질을 그대로 보존하기 위함이다.

## 가) 저장시설의 설치 요건

### ① **시설 용량의 결정** : 곡물의 종류 및 품질에 따라, 곡물의 양과 빈의 개수 등에 따라 용량을 결정해야한다.
### ② **위치와 방향** : 기후에 의한 영향과 전원공급에 관련된 사항을 고려한다. 통풍 및 배수시설, 운영상의 진출입 및 관리가 편리해야 한다.
### ③ **취급방법과 정비** : 곡물을 취급하는 공정이 많을수록 손상이 커지므로 되도록 공정을 적게 하고 적재 및 하역 시 기계화하여 편의성을 도모해야 한다.
### ④ **저장시설의 구조** : 곡물의 품질을 잘 보존할 수 있어야 하고 이송, 저장중 발생하는 압력에서 잘 견뎌야 한다.

## 나) 저장시설의 종류

### ① 원형 철제빈
### ② 사각빈
### ③ 콘크리트 원형 사일로

## 다) 저장관리

곡물의 양적, 질적 손실을 막기 위해 곡물의 상태를 수시로 관찰하고, 적절하게 통풍시켜 주는 저장관리가 필요하다. 불균일한 곡물의 온도 및 함수율, 저장 초기의 곡물 손상, 비위생적인 상태, 병해충 관리, 곡물 관찰의 경시 및 통풍 부족 등에 의해 곡물이 손상될 수 있기 때문에 이런 사항들을 유지, 관리해야 한다.

## ❷ 조제가공시설

### (1) 도정장치

벼를 가공하는 과정 중 섭취가 가능한 상태로 만드는 것을 도정이라고 한다. 도정을 위해서는 다양한 과정을 거쳐야 한다.

#### 가) 정선기

정선은 생산물의 품질을 향상시키고 가공공정의 효율을 높이기 위한 공정으로 지푸라기, 검불, 쭉정이, 돌멩이 등의 이물질을 제거하는 기계

① **선별 방법**
- 기류 선별
- 크기 선별
- 비중 선별

② **선별 장치**
- 탈곡 롤러
- 기류 선별장치
- 스크린 선별장치
- 석발장치

#### 나) 현미기

벼의 외곽을 싸고 있는 왕겨를, 2개의 반구형으로 이루어져 있는 고무롤에 의해 마찰과 전단으로 충격을 가해 벗겨내는 기계이다. 약 25%의 회전차를 가지고 서로 반대방향으로 회전하며 벼는 고무롤 사이를 통과하는 동안 외피를 서로 마찰하고 전단하여 분리하는 원리이다.

#### 다) 현미 분리기

제현과정 후에 생산되는 현미와 미탈부 된 벼의 혼합물로부터 현미와 벼를 분리시키는 기계이다.

① **만석기** : 보통 3단의 체로 단계별 망목의 크기와 경사도를 적당히 하여 분리하는 방식으로 현미를 1차 분리한 후에 벼 되돌림부에 장착하여 미분리 된 현미를 분리시키기 위해 이용한다.

② **요동식 현미분리기** : 요철이 있는 철판을 전후와 좌우방향으로 경사를 주어 캠이나 크랭크를 이용하여 철판에 요동운동을 주어 벼와 현미의 마찰계수, 비중, 크기 등을 이용하여 분리하는 기계이다.

③ **칸막이식 현미분리기** : 현미와 벼의 표면마찰과 탄성특성의 차이를 이용한 것

#### 라) 정미기

현미에서의 미강층 또는 강층을 마찰, 찰리 및 절삭 작용에 의해 제거하고, 정백하는 기계

① **정미기의 종류**
- 마찰식 정미기 : 찰리 작용과 마찰작용을 이용한 정미기

- 분풍마찰식 정미기 : 롤러의 몸통에 안쪽에서 바깥쪽으로 공기가 잘 통할 수 있도록 구멍이 뚫려 있어, 가운데가 빈 롤러축 내부로 유도되어온 공기가 그 구멍을 통해 통기된다. 롤러를 싸고 있는 금망의 구멍에 공기와 겨의 배출이 가능하도록 되어 있으므로 정백의 성능을 향상시키는 방법이다.
- 연삭식 정미기 : 정백실을 통과하는 동안 금강사의 절삭작용에 의해 이루어진다. 정백 정도는 곡물이 정백실에서 체류하는 시간에 비례하게 되며, 곡물의 정백실 체류시간은 출구 저항장치에 의해 조절하고 절삭되어 분리된 쌀겨는 금망의 구멍으로 배출된다.
- 조합식 정미기 : 마찰식 정미기와 연삭식 정미기의 단점을 보완하고 장점을 극대화하기 위해 구성된 정미기

## 마) 연미기

정백된 쌀의 표면에 부착되어 있는 미강과 미분을 제거하고, 다듬질을 통해 깨끗한 쌀을 생산하게 하는 장치이다.

### ① 연미기의 종류

- 습식 연미기 : 쌀의 표면에 0.5~2% 정도의 물을 분사한 후 쌀 입자 간의 마찰과 원통금망의 마찰력을 동시에 이용해 미강층과 미분을 엉키게 하여 제거하는 방식
- 건식 연미기 : 물을 첨가하지 않고 정백미 표면에 잔존하고 있는 미강과 미분의 제거가 가능한 연미기이다.

## (2) 선별·포장장치

### 가) 선별 장치

#### ① 선별기의 종류

- 쇄미 선별기 : 최종제품인 백미 중에 포함된 쇄미를 선별하는 기계이다.
  - 로터리 시프트 : 선별채의 선회운동을 하여 백미 중 포함된 쇄미를 선별체로 선별하는 방식
  - 홈선별기 : 원통 또는 원판에 설치된 홈에 곡물을 담아 회전시켜, 곡립의 길이 차이를 이용하는 방식
- 색채 선별기 : 일정한 광을 선별물에서 조사하여 투고 또는 반사되는 광을 수광 센서나 CCD 카메라로 검출하여 이미 설정된 기준값과 비교하여 빛의 양이 다를 경우 공압 배출기로 제거하는 선별 기계

### 나) 포장기계

가공된 백미를 PE 또는 PP에 상품의 특징을 도안해서 포장하는 기계

#### ① 포장기의 종류

- 소포장기 : 계량부, 접착부, 이송부로 구성되어 있으며, 최소 0.2~1kg에서 일반적으로 10~20kg정도로 포장하게 된다.

- 지대미 포장 : 계량기에 포장봉지가 자동으로 홀더에 공급되면 계량기에 설정되어 있는 정량이 공급되고, 벨트 컨베이어에 의해 봉합기까지 이송되어 자동 봉합된다.
- 가스주입 포장 : 백미 제품의 산화 및 미생물이나 해충의 피해를 방지하고, 저장성을 향상시키기 위해 가스 차단성이 높은 재질의 포장지를 사용하거나, 포장 시 탄산가스 또는 탈산소제를 주입하는 방식
- 진공포장기 : 포장지 내의 공기를 완전히 제거하여 진공상태로 포장하는 기계

## 11 기타 농업기계

### (1) 사료 수확기(forage harvester)

사일리지의 원료가 되는 목초를 예취하고, 세절하여 이를 풍력으로 불어 올려 운반차에 적재하는 목초 수확기이다.

① **프레일형** : 프레일 모워를 부착하고, 절단된 목초를 세절하여 고속으로 회전시켜 운반차에 적재하는 형태의 수확기
② **모워바형** : 어태치먼트를 교환할 수 있는 부분과 세단된 목초를 불어 올리기 위한 본체가 결합된 형태

### (2) 헤이 콘디셔너

① 예취한 목초의 자연건조를 촉진하기 위하여 줄기를 압착하는 등 건조가 용이한 상태로 목초를 처리하는 기계
② **장점** : 건조시간 단축, 줄기와 잎의 건조 차이를 감소, 과건조에 의한 잎의 손실을 감소
③ **사용작물** : 알팔파, 수단글래스 등 줄기가 굵은 목초
   ※ **건초를 만드는 과정** : 반전 → 확산 → 집초열 반전 → 집초
④ **건초 조제에 사용되는 기계**
   - 헤이 테더 : 목초의 반전을 주목적으로 함
   - 헤이 레이크 : 집초를 주목적으로 함

### (3) 헤이 베일러

① 건초를 압축하여 묶는 기계
② **헤이 베일러의 종류** : 각형(사각형)베일러, 원통인 라운드 베일러
③ **각형(사각형)베일러(플런저형 베일러)**
   - 사각형으로 건초를 묶는 기계
   - 플런저 베일러의 주요부분은 목초를 끌어올리는 장치, 압축실 입구까지 운반하는 장치, 목초를 왕복 플런저로 압축하는 장치, 목초의 압축 밀도를 조절하는 장치, 베일의 길이를 조절하

는 장치, 결속장치로 되어 있으며 결속하는 순서도 이와 같다.

④ **라운드 베일러(원형베일러)**

- 원통형으로 건초를 묶는 기계
- 걷어올림 원통, 압축장치, 송입롤러, 성형벨트, 노끈 매는 장치로 구성되어 있다.

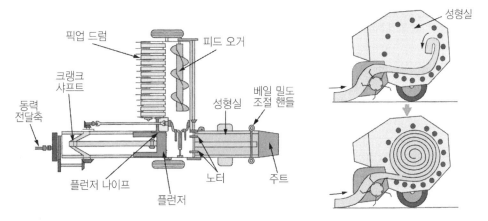

[그림18] 사각베일러와 원형베일러

## (4) 사료 절단기

① 목초, 볏짚, 옥수수줄기 등과 같은 줄기를 세단하는데 사용되는 기계를 사료 절단기라고 한다.

② **사료절단기의 종류** : 플라이휠형, 원통형

③ **플라이휠형** : 회전날은 반경 방향으로 플라이휠에 부착하며, 회전날은 보통 2~6개로 구성된다. 회전날은 직선날과 곡선날이 있으며, 직선날은 날이 두꺼워 옥수수줄기 등을 절단하는데 적합하고, 곡선날은 날이 얇아 풀을 절단하는데 적합하다.

④ **원통형** : 나선형날은 보통 2~6개가 부착되어 있으며, 절단된 재료를 높은 곳으로 불어 올리기 위하여 송풍기를 부착하는 경우도 있다.

**01 경운작업의 일반적인 목적으로 틀린 것은?**

① 뿌리 내릴 자리와 파종할 자리에 알맞은 흙의 구조를 마련한다.
② 잡초를 제거하고 불필요하게 과밀한 작물을 제거한다.
③ 흙과 비료 또는 농약 등을 잘 분리하는 효과가 있다.
④ 등고선 경운이나 지표의 피복물을 적절히 설치하여 토양의 침식을 방지한다.

**02 작업적기를 36일, 적기내의 작업불능 일수를 8일, 작업기 1대의 시간당 포장 작업량을 0.5ha, 1일 작업 가능시간을 8시간, 실 작업율을 70%라 하면 작업기 1대의 작업적기 내 작업면적은 몇 ha인가?**

① 68.4
② 78.4
③ 88.4
④ 98.4

> **해설** 작업적기실 작업일수 = 36−8 =28일
> 작업기 1대의 작업량 = 0.5ha/h × 8시간 = 4ha
> 실작업율 = 70%
> 작업면적(유효포장율) = 28일×4ha/일×0.7
> =78.4ha 8 × 0.7 = 78.4ha

**03 포장기계가 갖추어야할 설계요건을 설명한 사항 중 잘못된 것은?**

① 작업 목적에 적합해야 한다.
② 충분한 내구성을 가져야 한다.
③ 작업능률이 커야 한다.
④ 기계의 중량은 최대로 커야 한다.

**04 농업기계를 구입하고자 할 때 고려되어야 할 사항으로 볼 수 없는 것은?**

① 기술적인 합리성
② 경제적 합리성
③ 취급성 및 안전성
④ 감가상각비

> **해설** 농업기계를 구입하고자할 때 고려해야할 사항으로는 기술적 합리성, 경제적 합리성, 취급성 및 안전성, A/S 등이 포함된다.

**05 주행형 농업기계에 해당되지 않는 것은?**

① 소형 굴삭기
② 농용 트랙터
③ 동력 경운기
④ 콤바인

> **해설** 소형 굴삭기는 건설기계에 포함된다. 1톤 이상 3톤 미만은 소형 건설기계, 3톤 이상은 대형 건설기계, 1톤 미만의 굴삭기는 농업기계로 나뉘어져 있다.

**06 농업기계의 구비조건이 아닌 것은?**

① 자연환경에 직접 노출되어 사용되므로 환경에 대한 적응성이 높아야 한다.
② 내구성이 떨어져야한다.
③ 누구나 사용할 수 있도록 간단하면서 안전해야 한다.
④ 유지, 관리가 쉽게 편리해야 한다.

> **해설** 내구성이 좋아야 생산성 향상에 도움이 된다.

**정답** ··· 01.③  02.② 03.④ 04.④ 05.① 06.②

**07** 자주식 기계에 해당되지 않는 것은?

① 로타베이터　　② 이앙기
③ 콤바인　　④ 바인더

**해설** 자주식이란 기계에 주행장치가 있어 주행을 하면서 작업을 할 수 있는 방식의 기계이며, 로타베이터는 작업기에 해당된다.

**08** 이론작업량이 0.6ha/h이고 포장효율이 60%이면 시간당 실제 작업량은 몇 ha/h인가?

① 0.36
② 0.26
③ 2.26
④ 0.22

**해설** 실제작업량(ha/h)
　　$= A \times \eta = 0.6ha/h \times 0.6 = 0.36ha/h$

**09** 농기계 이용경비를 산출할 때 윤활유 비용은 보통 연료비의 몇 %범위로 추정하는가?

① 2~5%　　② 10~15%
③ 25~30%　　④ 35~50%

**해설** 일반적으로 윤활유 비용은 연료비의 10~15% 범위로 추정한다.

**10** 농용기관의 장기보관 시 조치 사항 중 맞지 않은 것은?

① 흡·배기 밸브는 완전히 열린 상태로 보관한다.
② 기관, 트랜스미션 케이스의 윤활유를 점검 보충한다.
③ 냉각수를 완전히 비워둔다.
④ 가솔린 기관의 연료를 완전히 비워둔다.

**해설** 흡배기 밸브는 완전히 닫힌 상태로 보관을 해야만 밸브 스프링의 장력을 유지할 수 있다.

**11** 농업기계화의 장점이라고 할 수 없는 것은?

① 작업능률의 향상
② 노동 생산성의 향상
③ 힘든 노동으로부터의 해방
④ 노임 및 투자비의 증가

**해설** 농업기계화로 토양 생산성, 노동생산성, 중도동에서의 해방

**12** 농업기계를 구입하고자할 때에 우선 검토해야 할 사항이 아닌 것은?

① 지방의 기후
② 기체의 크기 결정
③ 취급성과 안락성
④ A/S(애프터 서비스)

**해설** 농업기계를 구입하고자할 때 고려해야할 사항으로는 기술적 합리성, 경제적 합리성, 취급성 및 안전성, A/S 등이 포함된다.

**13** 농업기계 사용의 목적이 아닌 것은?

① 토지 생산성 향상
② 노동 생산성 향상
③ 농업기계 생산성 향상
④ 인건비 절감으로 농가 소득 증대

**해설** 농업기계화로 토양 생산성, 노동생산성, 중도동에서의 해방

**14** 주행형 농업기계가 아닌 것은?

① 자동화 장비
② 트랙터
③ 동력 경운기
④ 콤바인

**해설** 자동화 장비는 일정한 공간에 고정되어 사람이 수행해야할 일을 처리하는 장비

**정답** ··· **07.①　08.①　09.②　10.①　11.④　12.①　13.③　14.①**

**15** 농업기계로써 갖춰야 할 조건이 아닌 것은?

① 자연환경에 직접 노출되어 사용되므로 환경에 대한 적응성이 좋아야 한다.

② 내구성이 좋아야 한다.

③ 연료 소비율이 높아야 한다.

④ 누구나 사용할 수 있도록 간단하면서 안전해야 한다.

해설 연료소비율이 높으면 일당 연료를 많이 소비한다는 뜻이다. 즉 연료소비율이 낮은 조건을 갖추어야 한다.

**16** 자주식 농업기계가 아닌 것은?

① 이앙기

② 콤바인

③ 관리기

④ 엔진

해설 자주식 : 기계가 주행을 하면서 작업을 할 수 있는 방식

**17** 농작업기의 부착형태가 아닌 것은?

① 견인식

② 장착식

③ 반장착식

④ 연결식

해설 농작업기 부착형태는 견인식, 반장착식, 장착식 등

**18** 트랙터의 작업기 3점 링크 부착형태의 부착방식은?

① 견인식   ② 장착식

③ 반장착식   ④ 자주식

해설 3점을 연결하여 트랙터에 장착하여 사용하는 작업기로 이런 형태를 장착식이라고 한다.

**19** 다음 중 고정비에 해당하는 것은?

① 연료비   ② 윤활유비

③ 차고지   ④ 노임

해설 고정비 : 이용시간에 관계없이 소요되는 비용(기계구입비용의 15% 정도)

**20** 시간이 지남에 따라 마모, 노후화 등으로 인하여 기계의 가치가 떨어지는 것을 무엇이라고 하는가?

① 고정비   ② 변동비

③ 감가상각비   ④ 내구연한

해설 마모, 노후화 등으로 인하여 일어나는 기계 가치의 상실을 감가상각비라고 하고 기계의 내구연한에 의해 크게 좌우된다.

**21** 농업기계 구입가격이 200만원 폐기 가격이 20만원, 내구연한이 8년이라고 할 때 연간 감가상각비를 직선법으로 구하면?

① 100,000원

② 225,000원

③ 250,000원

④ 275,000원

해설 감가상각비$(D_s) = \dfrac{P_i - P_s}{L}$
$= \dfrac{200만원 - 20만원}{8년}$
$= 225,000원$

**22** 농업기계를 트럭에 적재 또는 경사지 작업시 안전한 경사도는?

① 15°이하   ② 20°이하

③ 30°이하   ④ 40°이하

해설 트랙터는 무게중심이 바퀴축 중심보다 위쪽에 위치하기 때문에 전복위험이 크므로 경사지 15° 이하에서 사용해야 안전하다.

---

정답 ◀ ··· 15.③  16.④  17.④  18.②  19.③  20.③  21.②  22.①

**23** 농업기계의 가장 합리적인 이용방법은?

① 단위면적당 고정비를 감소시키고, 경영 면적을 확대한다.
② 단위면적당 변동비를 증대시키고, 경영 면적을 축소한다.
③ 단위면적당 고정비를 증대시키고, 경영 면적을 확대한다.
④ 단위면적당 변동비를 감소시키고, 경영 면적을 확대한다.

**해설** 가장 합리적인 이용방법은 단위면적당 변동비, 고정비는 감소시키고 경영면적은 확대해야 한다.

**24** 로타리 경운날 종류 중 날 끝부분아 편평부와 80~90도의 각을 이루고 있으며, 잡초가 많은 흙을 경운하는데 효과적이며, 소형 트랙터의 경운날로 쓰이는 형태의 날은?

① 보통형날
② 작두형날
③ 삽형날
④ L자형날

**해설** 보통형날과 L자형날이 비슷함으로 주의해야 한다. 소형트랙터에서는 L자형날을 사용하고 대형 트랙터에서는 보통형날을 사용한다.

**25** 보텀 플라우(bottom plow)의 플라우 석션 (flow suction)중에서 플라우의 진행 방향을 일정하게 유지시켜 주는 역할을 하는 석션은?

① 수직 석션
② 수평 석션
③ 쉐어 석션
④ 하방 석션

**26** 경운 정지작업을 하는 목적이 아닌 것은?

① 잡초를 제거하고 과밀한 작물을 제거한다.
② 후속작업이 쉽도록 토양을 부드럽게 한다.
③ 토양 내부의 미생물의 활동을 저지시킨다.
④ 표토의 반전, 매몰시켜 유기물의 부식을 촉진시킨다.

**해설** 경운의 목적
① 뿌리의 활착을 촉진한다.
② 잡초 발생을 억제한다.
③ 작물의 생육을 촉진할 수 있는 환경을 개선한다.
④ 잔류물을 지하로 매몰하고, 매몰된 잔류물을 부식과 단립화를 촉진하여 지력을 좋게 한다.

**27** 트랙터 원판 플라우(disk plow)의 특징이라고 할 수 없는 것은?

① 마르고 단단한 땅에서도 경기작업이 가능하다.
② 개간지와 같이 나무뿌리가 남아있는 경지의 경기작업에 적합하다.
③ 점착성이 강한 토양에서는 경기작업이 불가능하다.
④ 심경이 가능하다.

**28** 플라우의 견인점 위치를 정하여 그 위치에 따라 경심과 경폭을 조절하는 부분은?

① 보습(share)
② 쟁기날(coulter)
③ 비임(beam)
④ 크레비스(clevis)

**해설** • 보습 : 삼각형의 모양의 금속판으로 흡입각에 맞춰 단단한 토양을 절단하고 발토판으로 끌어올리는 기능
• 쟁기날 : 쟁기의 앞쪽에 장착되어 역토와 미경지의 경계를 미리 수직으로 절단하는 기능
• 비임 : 쟁기의 골조가 되는 프레임

**29** 플라우의 이체 구성 요소가 아닌 것은?

① 발토판　　　　② 지측판
③ 요동판　　　　④ 보습

> **해설** 플라우(쟁기)의 이체 3요소는 보습, 발토판, 지측판이다.

**30** 흙을 미리 절삭하여 보습의 절삭작용을 도와주는 기능을 하는 것은?

① 지측판　　　　② 콜터
③ 앞쟁기　　　　④ 흡인

> **해설** • **지측판** : 안전된 경심과 경폭을 유지하는 역할이며, 바닥쇠라고도 부른다.
> • **콜터** : 쟁기의 앞쪽에 장착되어 역토와 미경지의 경계를 미리 수직으로 절단하는 기능
> • **앞쟁기** : 보습 선단의 앞위쪽 또는 콜터와 한조를 이루어 장착되는 작은 이체 장치

**31** 로터리 호우는 다음 중 어떤 원리를 이용한 쇄토기인가?

① 절단　　　　② 관입
③ 충격　　　　④ 압쇄

**32** 어떤 토양에서 플라우의 비저항이 0.4 kgf/cm²으로 측정되었을 때, 경심이 20 cm, 경폭이 40cm로 작업할 경우 진행 방향의 견인저항(분력)은 몇 kgf인가?

① 120
② 160
③ 320
④ 720

> **해설** 견인저항 = 비저항 × 경심 × 경폭
> 　　　　 = $0.4kg_f$ × 20 × 40
> 　　　　 = $320kg_f$

**33** 다음 중 일반적인 로타리 경운의 경운날로 사용되지 않는 날은?

① 작두형날　　　② 톱니형날
③ L자형날　　　④ 보통형날

> **해설** 경운날의 종류 : 작두형날(경운기), L자형날(소형트랙터), 보통형날(대형트랙터)

**34** 일반적인 플라우(plow)의 크기는 무엇으로 나타내는가?

① 이체의 중량
② 보습날의 너비
③ 이체의 두께
④ 몰드 보드의 수

**35** 토양의 수분함량을 측정하기 위해 토양의 표본을 채취하여 분석한 결과 토양을 건조하기 전에 토양 전체의 무게가 100g, 토양을 건조한 후의 무게가 78g이었다. 토양의 수분함량은 건량기준으로 몇 %인가?

① 24.3
② 28.2
③ 31.2
④ 35.4

> **해설** 토양수분함량(건량기준)
> $$= \frac{W}{W_d} \times 100 = \frac{22}{78} \times 100 = 28.2\%$$

**36** 농경지의 바깥쪽에서 시작하여 바깥쪽으로 제치면서 연속적으로 갈아 들어가는 경운 방법은?

① 내반경법　　　② 외반경법
③ 외회경법　　　④ 내회경법

**37** 원판 플라우에 부착되어 작업 시 흙을 털어내면서 항상 원판을 깨끗하게 하는 장치는 무엇인가?

① 브러시(Brush)
② 스크레이퍼(Scraper)
③ 콜터(Coulter)
④ 지측판(land side)

**38** 로터리 작업기의 경운 피치와 작업속도, 로터리의 회전 속도 및 동일 수직면 내에 있는 경운날의 수와의 관계를 설명한 것 중 올바른 것은?

① 회전속도와 작업속도가 일정하면 경운피치는 경운날의 수에 비례한다.
② 경운날의 수와 회전속도가 일정하면 작업속도가 빠를수록 경운피치는 작다.
③ 작업속도와 경운날의 수가 일정하면 회전속도가 빠를수록 경운피치는 작다.
④ 경운 피치는 작업속도와 회전속도는 비례한다.

> **해설** $P = \dfrac{6000 \times v}{n \cdot Z}$
> 여기서, P : 경운피치
> v : 작업속도
> n : 경운날의 회전속도
> Z : 동일 회전 수직면 내에서의 경운날 수

**39** 발토판 쟁기(mold board plow)에서 흡인(suction)의 기능으로 다음 중 가장 적합한 것은?

① 바닥쇠와 보습의 마모방지
② 안정된 경심 유지
③ 좌우로 이동시켜 경폭 조절
④ 쟁기의 회전 조절

> **해설** 발토판 쟁기는 몰드보드 플라우라고도 하며, 최근 플라우의 지측판처럼 4~6mm의 수직 흡인을 갖는 것도 있다.

**40** 플라우(plow)의 견인 비저항 k(kg/cm²)을 표시하는 식은? (단, $Z_r$ = 플라우의 진행방향 견인 저항, $b \cdot h$ = 역토 단면적, $k$ = 플라우의 견인 비저항)

① $k = \dfrac{Z_r}{b \cdot h}$  ② $k = \dfrac{Z_r \cdot b}{h}$

③ $k = \dfrac{Z_r \cdot h}{b}$  ④ $k = Z_r \cdot b \cdot h$

**41** 최소 경운 방법의 장점이 아닌 것은?

① 에너지를 절약한다.
② 토양 수분을 보전한다.
③ 경운 장소 내에서 기계주행을 최소화 한다.
④ 제초작업을 도모한다.

> **해설** 제초작업은 중경제초에 해당된다.

**42** 흙 속의 공극의 정도인 공극률을 나타낸 식은? (단, V는 흙 전체의 체적, Vs는 토양 알갱이의 체적, Va는 공기의 체적, Vv는 공극의 체적이다.)

① $\dfrac{V_a}{V} \times 100(\%)$

② $\dfrac{V_v}{V} \times 100(\%)$

③ $\dfrac{V_a}{V_s} \times 100(\%)$

④ $\dfrac{V_a}{V_v} \times 100(\%)$

**43** 다음 중 몰드보드(mold board) 플라우에 작용하는 주요토양 저항력이 아닌 것은?

① 보습 및 콜터의 역토 절단 저항
② 몰드보드위에서 역토의 가속력
③ 역토의 전단 및 비틀림에 의한 변형저항
④ 지측판의 측면과 역토사이의 마찰 저항력

**44** 플라우에서 직접 토양을 절삭하는 부분은?

① 보습(share)
② 발토판(mold board)
③ 지측판(landside)
④ 결합판(frog)

**45** 정지 작업기의 로터리 구동방식이 아닌 것은?

① 측방 구동식
② 복합 구동식
③ 중앙 구동식
④ 분할 구동식

> **해설** 정지작업 즉, 로타베이터의 구동방식은 우리나라에서 가장 많이 사용하는 측방구동식과 중앙구동식, 분할구동식이 있다.

**46** 다음 중 경운 작업의 목적이 아닌 것은?

① 뿌리내릴 자리와 파종할 자리에 알맞은 흙의 구조를 마련해 준다.
② 잡초를 제거하고 불필요하게 과밀한 작물을 솎아 준다.
③ 작물 잔유물 등 유기물의 부식과 단립화를 방지한다.
④ 작물의 이식, 관개, 배수, 수확 등에 알맞은 토양의 표면을 조성한다.

**47** 경운기계에 관한 설명 중 틀린 것은?

① 스프링 해로우는 자갈이나 뿌리가 많은 토양의 쇄토기로 적합하다.
② 스파이크 해로우는 작용각이 클수록 작용 깊이가 증가한다.
③ 쇄토의 원리에는 절단, 충격, 압쇄, 관입 등이 있다.
④ 원판 경운은 경운, 쇄토 등에 사용된다.

**48** 2차경은 1차경이 실시된 다음에 시행하는 경운작업이다. 다음 중 2차경이 아닌 것은?

① 파종작업       ② 쇄토작업
③ 균평작업       ④ 중경제초작업

> **해설** 1차경 : 딱딱한 토양을 쟁기로 갈아주는 작업
> 2차경 : 쇄토하고 평탄하게 해주는 작업

**49** 동력 경운기로 로터리 경운작업 중 후진할 때 가장 안전한 방법은?

① 경운 변속 레버를 중립에 놓는다.
② 경운 축을 회전시킨다.
③ 스로틀 레버를 저속으로 조절한다.
④ 사이드 클러치를 잡는다.

> **해설** 안전한 방법은 스로틀레버를 저속으로 조절하고 경운변속레버를 중립으로 조절해야 한다. 하지만 가장 안전한 방법은 경운변속레버를 중립에 놓는 것이다.

**50** 다음 중 동력 경운기용 로터리의 경심조절은 무엇으로 하는가?

① 미륜
② 로터리 칼날
③ 경운기 앞 웨이트
④ 갈이축과 갈이칼 장착폭

> **해설** 경심 조절은 미륜으로 조절한다.

---

**정답** ··· 43.④  44.①  45.②  46.③  47.②  48.①  49.①  50.①

**51** 로터리 작업 시 후진할 때 주의사항은?

① 엔진을 정지한다.

② 로터리 동력을 차단한다.

③ 주위를 살핀다.

④ 저속으로 후진한다.

> **해설** 로터리는 칼날이 회전하기 때문에 후진시 넘어질 수 있으므로 동력을 차단한다.

**52** 동력경운기의 표준 경폭은?

① 쟁기 10cm, 로터리 30cm

② 쟁기 20cm, 로터리 60cm

③ 쟁기 30cm, 로터리 70cm

④ 쟁기 40cm, 로터리 80cm

> **해설** 쟁기의 표준경폭은 20cm, 로터리는 60cm로 하는 것이 일반적이다.

**53** 로타리의 경운폭이 차바퀴 폭보다 넓을 때 적절한 로타리 작업방법은?

① 연접경운법

② 한고랑 떼기 경법

③ 안쪽 제침 회경법

④ 바깥쪽 제침 회경법

> **해설** 경운폭이 차바퀴 폭보다 넓기 때문에 연접하여 바로 작업하는 것이 가장 효과적이다. 이러한 방법은 연접경운법이라고 한다.

**54** 경운작업과 작업기가 잘못 짝지어진 것은?

① 1차 경운 – 쟁기

② 2차 경운 – 로터베이터

③ 두둑작업 – 트랜처

④ 심토파쇄작업 – 심토파쇄기

> **해설** •1차 경운 – 쟁기  •2차 경운 – 로터베이터
> • 고랑작업 – 트랜처
> • 심토파쇄작업 – 심토파쇄기

**55** 경기작업의 저항의 종류가 아닌 것은?

① 보습 또는 보습날에 의한 역토 절단 저항

② 발토판 위에서 역토의 가속도에 의한 구름 저항

③ 발토판과 역조 사이의 마찰 저항

④ 지지륜의 구름저항

> **해설** 발토판 위에서 역토의 가속도에 의한 관성저항이 발생한다.

**56** 정지 작업기에 해당되지 않는 것은?

① 쇄토기(로터베이터)

② 균평기

③ 진압기

④ 쟁기

> **해설** 쟁기는 정지 작업기에 해당되지 않으며, 경기작업기에 해당된다.

**57** 트랙터 몰드보드 플라우의 3대 구성요소가 아닌 것은?

① 보습          ② 바닥쇠

③ 콜터          ④ 몰드보드

> **해설** 콜터 및 앞쟁기는 쟁기의 보조장치이다.

**58** 몰드보드 플라우의 구조에서 날 끝이 흙속으로 파고들며 수평 절단하는 것은?

① 보습

② 바닥쇠

③ 발토판

④ L자형 빔

> **해설** • 보습 : 뒤집고자 하는 밑단의 흙을 절단하고 이를 발토판(몰드보드)까지 올리는 작용
> • 발토판 : 역토를 파쇄하고 반전하는 역할
> • 지측판(바닥쇠) : 안정된 경심과 경폭을 유지하는 역할

**정답 ‹‹‹** 51.② 52.② 53.① 54.③ 55.② 56.④ 57.③ 58.①

**59** 플라우의 크기는 어떻게 표시되는가?

① 경폭　　　　　② 무게
③ 보습의 크기　　④ 볏

> **해설** 플라우는 경폭에 의해 크기를 표시한다.

**60** 플라우의 부분 중 지측판의 역할로 맞는 것은?

① 흙의 반전작용
② 플라우 자체의 안정유지
③ 경폭의 조정
④ 절삭작용

> **해설** • 보습 : 뒤집고자 하는 밑단의 흙을 절단하고 이를 발토판(몰드보드)까지 올리는 작용
> • 발토판 : 역토를 파쇄하고 반전하는 역할
> • 지측판(바닥쇠) : 안정된 경심과 경폭을 유지하는 역할

**61** 트랙터에 쟁기를 부착하는 순서가 올바른 것은?

① 오른쪽 하부링크 – 상부링크 – 왼쪽 하부링크
② 왼쪽 하부링크 – 상부링크 – 오른쪽 하부링크
③ 상부링크 – 왼쪽 하부링크 – 오른쪽 하부링크
④ 왼쪽 하부링크 – 오른쪽 하부링크 – 상부링크

> **해설** 트랙터의 작업기를 부착하는 순서는 작업기쪽으로 트랙터를 천천히 후진하여 하부링크의 위치를 맞추고 하부 링크 중 왼쪽을 먼저 부착하고 오른쪽을 부착한다. 그 이유는 과거 트랙터는 오른쪽에만 상하를 조절할 수 있는 레버가 있었기 때문이며 왼쪽, 오른쪽 하부링크의 연결 후 상부링크를 연결한다. 로타베이터의 경우에는 이와 같으면 마지막에 유니버설 조인트를 부착하여 사용한다.

**62** 쟁기작업 시 견인력을 증가시키는 방법 중 잘못된 것은?

① 경사지 상승 시 앞부분이 들리는 것을 방지하기 위해 앞바퀴에 웨이트를 부착시킨다.
② 쟁기 작업 시에는 앞바퀴 웨이트를 부착시킨다.
③ 견인력을 증가시키기 위해 앞바퀴 웨이트 외에 프론트 웨이트를 추가로 부착시킨다.
④ 로터리 작업시에는 뒷바퀴 웨이트를 부착시키나 쟁기작업에서는 뒷바퀴 웨이트는 뗀다.

> **해설** 트랙터의 견인력을 향상시키기 위해서는 프론트 웨이트 및 각 바퀴에 웨이트를 추가해야 한다. 또 다른 방법으로는 타이어의 공기압을 적게 하여 접지압을 높이는 방법도 사용된다.

**63** 다음 중 관리기 작업 중 작업을 하여야 하는 작업기는?

① 제초파쇄기　　② 중경 제초기
③ 비닐 피복기　　④ 심경용 구굴기

> **해설** 비닐 피복작업을 위해서는 일반적으로 비닐이 작업기 보다 폭이 넓기 때문에 후진으로 작업하는 경우가 대부분이다.

**64** 관리기용 두둑성형기(휴립기)의 작업방법 설명중 틀린 것은?

① 두둑 작업은 천천히 전진하면서 작업한다.
② 미륜을 떼어내고, 두둑 성형판을 장착한다.
③ 서로 다른 나선형의 경운날을 좌우가 대칭되도록 로터리에 부착한다.
④ 두둑의 모양과 크기에 따라 두둑 성형판을 조절해 주어야 한다.

> **해설** 두둑 작업은 천천히 후진하면서 작업을 해야 한다.

**65** 관리기 부속 작업기 중 비닐 피복의 각종 차륜의 작동 순서로 올바른 것은?

① 철차륜 – 배토판- 디스크 차륜 – 스펀지 차륜

② 철차륜 – 배토판 – 스펀지 차륜 – 디스크 차륜

③ 디스크 차륜 – 배토판 – 스펀지 차륜 – 철차륜

④ 배토판 – 철차륜 – 디스크 차륜 – 스펀지 차륜

**해설** 구동륜이 철차륜을 지나면 배토판으로 흙을 모아주고 비닐을 덮기 위한 스펀지 차륜이 작동을 한다. 최종적으로 디스크 차륜은 바닥에 깔려져 있는 비닐을 흙으로 덮어주는 기능을 한다.

**66** 다음 중 바퀴형 트랙터의 견인계수가 가장 큰 것은?

① 목초지

② 건조한 점토

③ 사질토양

④ 건조한 가는 모래

**해설** 견인계수는 트랙터의 무게가 일정하므로 하중을 지지해주는 입자들의 응집력이 클수록 견인계수는 커진다.

**67** 다음 중 관리기의 주 클러치의 형식은?

① 건식단판식 원판 마찰클러치

② V벨트 클러치

③ 건식다판식원판 마찰클러치

④ 원뿔 마찰클러치

**해설** 관리기의 동력전달을 위하여 엔진에서 주행을 위한 트랜스미션으로 동력이 전달될 때는 V벨트를 이용하고 벨트의 장력의 여부에 동력을 제어한다.

**68** 다음 중 트랙터 동력취출장치(P.T.O)와 연결되지 않는 작업기는?

① 모워(mower)

② 쟁기(plow)

③ 로터리(rotary)

④ 브로드캐스터(broadcaster)

**해설** 쟁기작업은 동력취출장치가 필요없고, 견인력만 필요하다.

**69** 다음 중 농작업기가 아닌 것은?

① 트랙터

② 동력 분무기

③ 콤바인

④ 이앙기

**해설** 트랙터에 작업기를 부착해야 농작업이 가능함으로 농작업기가 아니다.

**70** 트랙터 몰드보드 플라우의 3대 구성요소가 아닌 것은?

① 보습 　　　　② 바닥쇠

③ 콜터 　　　　④ 몰드보드

**해설** 콜터 및 앞쟁기는 쟁기의 보조장치이다.

**71** 관리기용 두둑성형기(휴립기)의 작업방법 설명 중 틀린 것은?

① 두둑 작업은 천천히 전진하면서 작업한다.

② 미륜을 떼어내고, 두둑 성형판을 장착한다.

③ 서로 다른 나선형의 경운날을 좌우가 대칭되도록 로터리에 부착한다.

④ 두둑의 모양과 크기에 따라 두둑 성형판을 조절해 주어야 한다.

**해설** 두둑 작업은 천천히 후진하면서 작업해야 한다.

**72** 다목적 관리기에서 P.T.O축과 작업기 구동축을 연결시키는 것은?

① V벨트
② 커플링
③ 체인케이스
④ 변속기어

해설 엔진에서 동력은 V벨트로 연결이 되나 P.T.O축은 체인케이스와 연결되어 있다.

**73** 스키드가 부착된 로타베이터의 작업 시 지면에서 스키드의 높이로 적당한 것은?

① 10mm
② 25mm
③ 60mm
④ 100mm

해설 스키드는 로타베이터 작업 시 쇄토깊이 조정에 사용되지만, 25mm 높이로 조정하는 것이 적당하다.

**74** 목초나 채소종자와 같이 크기가 작고, 불규칙한 형상의 종자를 파종하는 기계로 가장 적합한 것은?

① 휴립 광산 파종기
② 세조파기
③ 동력 살분파기
④ 공기식 점파기

**75** 브로드 캐스터(Broad Caster)를 사용하는 파종방식은 다음 중 어느 방식에 해당하는가?

① 산파
② 조파
③ 점파
④ 이식

**76** 파종기의 구조 중 종자상자에 있는 종자를 항상 일정한 양으로 배출시키는 장치는?

① 배종장치
② 구절장치
③ 복토장치
④ 이식장치

해설 종자를 일정한 양을 배출하는 장치는 종자 배출장치 또는 배종장치라고 한다.
• **구절장치** : 종자를 떨어질 곳에 골을 파는 장치
• **복토장치** : 종자도관에서 전달된 종자를 구절기가 파놓은 골에 들어가 후 흙을 덮어주는 장치
• **이식장치** : 모종을 옮겨 심는 장치이다. 파종기에는 해당되는 장치는 아니다.

**77** 다음 중 조파기의 주요장치가 아닌 것은?

① 배종 장치
② 쇄토 장치
③ 복토 장치
④ 구절(골타기) 장치

해설 조파기의 주요장치는 호퍼, 종자배출장치(배종장치), 종자도관, 구절기, 복토기 이다.

**78** 삼끈이나 비닐 테이프 등에 종자를 일정 간격으로 부착한 후 끈이나 테이프를 직접 포장에 묻어 파종하는 씨드 테이프(seed tape)파종에 가장 적합한 것은?

① 감자 파종기
② 콩 파종기
③ 채소 파종기
④ 옥수수 파종기

**79** 입자가 작고 불규칙한 형상을 한 채소종자를 점파하고자 한다. 다음 중 가장 적합한 종자배출장치는?

① 구멍롤러식
② 공기식
③ 경사원판식
④ 피커휠식

**80** 다음 중 종자판식 점파기에서 녹아웃(Knock -out)이 하는 주요 작용은?

① 종자의 크기를 선별한다.
② 홈 안의 종자를 종자관으로 떨어뜨린다.
③ 홈 위의 여분의 종자를 제거한다.
④ 종자의 흩어짐을 방지한다.

**81** 한 줄에 일정한 간격으로 1~3개의 종자를 파종하는 방법으로 옥수수, 콩류 등의 종자 파종에 적합한 파종방법은?

① 점파　　　　② 산파
③ 연파　　　　④ 조파

**82** 파종기가 구비하여야 할 주요장치가 아닌 것은?

① 구절장치　　　② 배종장치
③ 복토장치　　　④ 배토장치

**83** 다음 중 이앙기의 본체를 지지하고, 경반의 깊이에 따라 상하로 이동하며, 모를 일정한 깊이로 심을 수 있도록 하는 장치는?

① 플로트
② 미끄럼 판
③ 마스코트
④ 예비 묘답제대

**해설** 플로트를 조절하여 이앙 깊이를 조절한다. 묘탑제대의 조절을 통해 모떼기량을 조절한다.

**84** 치묘를 이앙하고 있던 이앙기에 중성묘를 이 앙하려 한다. 이앙기에서 조절하지 않아도 되는 것은?

① 가로 이송량
② 플로우트의 위치
③ 세로 이송량
④ 묘탑재판 경사도

**해설** 가로 이송량과 세로 이송량을 조절해야 한다. 가로 이송량은 묘탑재판의 좌우이동 시 식부부가 작동하는 횟수를 조절하고, 세로 이송량은 묘탑재판의 상하를 조절하여 1회 식부시 떼는 양을 조절하게 된다. 묘탑재판의 경사도는 고정이므로 조절이 안된다.

**85** 산파묘 이앙기에서 1포기에 심어지는 모의 개수 조절 방법으로 옳은 것은?

① 모탑재판 가로 이송량 조절
② 이앙 속도 조절
③ 엔진의 무부하 회전속도 조절
④ 플로트(float) 높이 조절

**해설** 심어지는 모의 개수 조절은 모탑재판의 가로, 세로 이송량을 조절한다.

**86** 격자형 육묘상자에서 육묘한 후 이식할 때 틀에서 모를 밀어내는 방식으로 이식하는 육묘방법은?

① 줄묘
② 메트묘
③ 틀묘
④ 흙블록 묘

**해설** 격자형 육묘상자는 조파라 하고, 조파이앙기로 이식을 수행한다.

**87** 4절 링크 식부장치를 갖춘 수도 이앙기의 차륜 직경이 60cm이고, 논에서 슬립율이 15%일 때 주간 거리는 약 몇 cm인가? (단, 차축과 식부축의 회전비는 1 : 16이다.)

① 10
② 12
③ 14
④ 16

> **해설** 차륜직경이 60cm이므로 둘레는 188.4cm이며, 슬립을 적용하면 160.14cm이다.
> 차축과 식부축의 회전비가 1 : 16이므로 주간거리는 10.008cm이다.

**88** 고정되어 있어서 이앙작업 중 조절할 수 없는 것은?

① 작업 속도
② 식부 조간거리
③ 주간 간격
④ 식부날 회전속도

> **해설** 이앙기에서 조간 조절은 29~31cm로 고정되어 있는, 조절이 안되는 장치이다.

**89** 이앙기로 모를 이식할 경우 이앙기 자체에 의한 결주 원인으로 부적당한 것은?

① 식부깊이가 얕을 때
② 모상자의 육묘 생육이 불균일할 때
③ 식부조가 묘를 완전히 절단하지 못할 때
④ 묘가 적은 양 밖에 분리되지 않을 때

**90** 감자 파종기의 종자 공급방식에 해당되지 않는 것은?

① 엘리베이터형 반자동식
② 종자판형 반자동식
③ 픽커힐 전자동식
④ 컨베이어식

> **해설** 감자 파종기의 형태에는 엘리베이터형 반자동식, 종자판형 반자동식, 픽커힐, 픽커힐 전자동식 등이 있다.

**91** 이앙기 작업에서 3.3m² 당 주수를 80~85로 하려면 조간거리가 30cm일 때 주간거리는?

① 9cm
② 13cm
③ 17cm
④ 21cm

> **해설** 30cm가 1조이므로 면적은 3.3m²
> $3.3m^2 = 0.3m \times x$  ∴ $x = 11m$
> 11m에 85개를 심어야하기 때문에
> $y = \dfrac{1100cm}{85개} = 12.941cm$
> ∴ $y = 13cm$

**92** 이앙기 식입 포크와 분리침 끝의 간격은?

① 01.~0.5mm
② 0.7~2mm
③ 5~7mm
④ 10~12mm

> **해설** 이앙기 식입 포크와 분리침 끝의 간격은 0.1~0.5mm로 한다.

**93** 이앙기에서 모가 일정한 깊이로 심어지게하고, 기체침하를 방지하는 구성요소는 무엇인가?

① 식부암
② 사이더 마커
③ 더스트 실
④ 플로우트

> **해설** • **식부암** : 모를 심기위해 식부침을 회전시키는 장치
> • **사이드 마커** : 일정하게 이앙하기 위하여 좌우 회전하여 돌아오기 위한 기준선을 그려주는 장치
> • **더스트 실** : 식부암에서 식부포크를 통하여 물이 들어가는 것을 방지해주는 부품

**94** 이앙기의 식부장치에서 많이 볼 수 있는 링크는?

① 4절 링크
② 6절 링크
③ 8절 링크
④ 10절 링크

**해설** 4절 링크를 사용한다.

**95** 이앙기에서 모가 심어지는 개수(묘취량)를 조절하는데 이용되는 부위는?

① 플로트 높이
② 주간 조절
③ 묘탑재판의 높낮이
④ 조향클러치

**해설** **플로트의 높이조절** : 식부깊이를 조절
- **주간 조절** : 식부침이 묘를 하나 심고, 그다음 심을 때의 거리 조절
- **묘탑재판의 높낮이** : 탑재판은 묘를 올려놓고 일정하게 회전하는 식부암의 식부침에 의해 묘를 떼어내게 되므로 심어지는 모의 개수를 조절
- **조향클러치** : 이앙기가 회전을 해야 할 경우 원하는 방향으로 회전시켜주는 기능

**96** 동력경운기 로터리에 배토기를 장착하고, 작업할 때 가장 적합한 로터리날 배열법은?

① 내외향 배열법
② 외향 배열법
③ 균등 내열법
④ 내향 배열법

**해설** 배토는 토양을 밖으로 밀어나는 작업이므로 외향 배열법을 활용해야 한다.

**97** 다음 중 제초 작업기가 아닌 것은?

① 컬티패커(cultipacker)
② 컬티베이터(cultivator)
③ 로터리 호우(rotary hoe)
④ 웨이더 멀쳐(weeder mulcher)

**98** 중경 제초기의 주요부분이 아닌 것은?

① 중경날
② 솎음날
③ 제초날
④ 배토판

**해설** 중경 제초기에는 중경작업, 제초작업, 배토작업이 가능하다.
- **중경작업** : 이랑과 작물포기 사이의 표토를 경운 쇄토하여 굳은 토양을 유연하게 함으로서 토양 속에 공기를 공급하고 투수성을 촉진한다. 잡초의 발생을 방지하여 작물의 생육을 위한 토양 환경을 개선한다.
- **제초작업** : 잡초를 뽑아 제거하거나 중경작업을 함으로서 동시에 잡초의 뿌리를 잘라 건조하여 고사시킨다.
- **배토작업** : 작물 사이에 북을 주어 작물 뿌리의 지지력을 향상시키고. 도복을 방지하는 효과가 있다.

**99** 일반적인 원심펌프 작동 시의 선행 작업인 프라이밍의 설명으로 옳은 것은?

① 흡수된 물에 압력을 가하는 것
② 불순물을 걸려 내는 작업
③ 펌프를 설치하는 작업
④ 운전에 앞서 케이싱과 흡인관에 물을 채우는 것

**해설** 원심펌프는 자흡식이 아니므로 마중물을 필요로 하기 때문에 운전 전에 흡입관에 물을 채워 주어야 진공상태를 유지하면서 유체에 압을 가할 수 있게 된다.

**01** 강력한 압력이 필요한 높은 수목의 방제 작업에 사용되는 분무기 노즐로 조절형 와류 노즐을 장착하고 있는 것은?

① 볼트형　　　② 원판형
③ 캡형　　　　④ 철포형

**02** 수로에서부터 면적이 30a인 밭에 물을 양수하는데 전양정이 15m 이고 양수량이 0.5 m³/min이라면 펌프의 축동력은 약 몇 kW 인가?(단, 펌프의 효율은 85%이다.)

① 1.04
② 1.23
③ 1.44
④ 1.70

> 해설 $L_{kW} = \dfrac{\gamma HQ}{102 \times 60} = \dfrac{1000 \times 15 \times 0.5}{102 \times 60}$
>
> $\qquad = 1.225 \text{kW}$
>
> 펌프의 효율이 85%이므로 $\dfrac{1.225}{0.85} = 1.44 kW$

**03** 다음 중 용적형 펌프이며 회전펌프에 해당되는 것은?

① 피스톤 펌프(piston pump)
② 기어 펌프(gear pump)
③ 볼류트 펌프(volute pump)
④ 터빈 펌프(turbine pump)

> 해설 • 용적형 펌프 : 피스톤펌프(왕복펌프), 기어펌프(회전펌프)
> • 용량형 펌프 : 볼류트 펌프, 터빈펌프

**04** 다음 중 펌프로 가압하여 땅속에 압입하는 시비기로 심층 시비기에 속하는 것은?

① 라임소워　　　② 브로드캐스터
③ 슬러리 인젝터　④ 퇴비살포기

**05** 시비기에서 입상비료의 살포에는 원심력을 이용한 원심식 시비기가 쓰이고 있는데, 이런 기계를 무엇이라고 하는가?

① 퇴비 살포기　　② 분말 시비기
③ 브로드 캐스터　④ 살포 액비액

**06** 원심펌프를 구성하는 주요부분으로 작동 중 물을 흡입할 때 열리고, 운전이 정지될 때는 역류하는 것을 방지하는 역할을 하는 것은?

① 임펠러(impeller)
② 안내날개(guide vane)
③ 케이싱(casing)
④ 풋 밸브(foot valve)

> 해설 • 임펠러 : 날개바퀴와 같이 회전에 의해 유체에 유동운동을 일으키는 장치
> • 안내 날개 : 회전차에서 전달되는 물을 와류실로 유도하여 속도에너지를 얻게 해주는 장치
> • 케이싱(와류실) : 송출관 쪽으로 보내는 나선형의 동체
> • 풋 밸브 : 액체를 흡입할 때는 열리고 액체가 흐르지 않을 때는 닫히는 체크 밸브의 형태로 되어 있는 밸브

**07** 스프링 클러의 노즐 구경이 4mm 이고, 압력이 3kgf/cm² , 풍속이 2m/sec일 때 노즐 간격은 살수 지름의 몇 %로 하는 것이 가장 적합한가?

① 30%      ② 50%

③ 60%      ④ 75%

**08** 단동 3련식 플런저 펌프의 플런저 지름 3cm, 행정거리 3.2cm, 크랭크 축 회전 속도 700rpm일 때 이론 배출량은 약 몇 l/min 인가?

① 45      ② 55

③ 451      ④ 550

> **해설** 배출량
> = 플런저 면적 × 행정거리 × 분당회전수 × 연수
> $$= \left(\frac{\pi}{4}3^2 \times 3.2 \times 700 \times 3\right)/1,000$$
> $$= 47l/\min$$

**09** 농업양수기 구조 중 케이싱에서 나온 물을 필요한 장소로 운송하는 파이프로, 입구에서 슬루스 밸브(sluice valve)로서 양수량을 조절하는 것은?

① 흡입관(suction pipe)

② 풋밸브(foot valve)

③ 송출관(delivery pipe)

④ 케이싱(casing)

**10** 원심펌프에서 양수작업 시에 풋밸브는 어느 상태인가?

① 완전히 열려 있는 것이 정상이다.

② 개폐 작용을 반복하는 것이 정상이다.

③ 반쯤 열려 있는 것이 정상이다.

④ 약 70% 정도 열려 있는 것이 정상이다.

**11** 양수기 특성곡선의 구성요소는 무엇인가?

① 양수량, 회전수, 동력, 임펠라 직경

② 양수량, 양정, 동력, 효율

③ 양정, 동력, 회전수, 임펠라 직경

④ 양정, 동력, 효율, 회전수

> **해설** 양수기 특성곡선의 구성요소는 전양정, 축동력, 펌프 효율, 양수량에 대한 그래프이다.

**12** 양수량 Q=20m³/min, 전양정 H=10m 일 때 펌프 효율 η=74% 인 원심펌프의 축 동력은 몇 kW인가?

① 60

② 44

③ 33

④ 28

> **해설** $S = \dfrac{\rho g Q H}{60,000\eta} = \dfrac{1000 \times 9.8 \times 20 \times 10}{60,000 \times 0.74}$
>
> $\qquad = 44kW$
>
> 여기서, $S$ : 축동력(kW)
> $\qquad\quad \rho$ : 유체의 밀도(kg/m³)
> $\qquad\quad g$ : 중력가속도(m/s²)
> $\qquad\quad Q$ : 양수량(m³/min)
> $\qquad\quad H$ : 전양중(m)
> $\qquad\quad \eta$ : 펌프효율

**13** 양수기를 용도에 알맞게 선택하고, 최고의 효율을 유지할 수 있는 운전조건을 구하는 기본 자료가 되는 그래프를 무엇이라고 하는가?

① 양수기의 동력곡선

② 양수기의 특성곡선

③ 양수기의 양정곡선

④ 양수기의 양수량곡선

**14** 농업용 양수기로 사용되는 원심펌프의 특징에 대한 설명으로 옳지 않은 것은?

① 물에 흙과 모래가 미량이라도 섞이면 작동이 불가능하다.
② 고장 및 마찰이 적어 내구성이 크다.
③ 양정과 양수량의 범위가 크다.
④ 진동이 적고 효율이 높다.

**15** 농업용 펌프에서 볼류트 펌프(volute pump) 특징 중 맞는 것은?

① 구조가 복잡하다.
② 안내 날개가 없다.
③ 안내 날개가 있다.
④ 양수량이 많다.

> **해설** 원심펌프의 종류중 하나이며 체적형과 비체적형이 있다. 회전(안내)날개가 있고 속도에 따라 압력이 변한다.

**16** 펌프의 양수량이 감소될 때 원인이 아닌 것은?

① 흡입관 안에서 공기가 새어 들어올 때
② 임펠러가 마멸되었을 때
③ 풋트밸브와 임펠러에 오물이 끼었을 때
④ 전기의 주파수 증가로 전동기의 회전이 증가되었을 때

> **해설** 전기의 주파수가 증가하면 전동기의 회전수가 증가하기 때문에 양수량이 증가한다.

**17** 양수기 설치 시 주의할 사항 중 맞는 것은?

① 가능하면 수원에서 먼 위치에 설치한다.
② 흡입호스는 직각이 되도록 설치한다.
③ 흡입수면에 가까운 높이로 흡입수면 보다 높은 위치에 설치한다.
④ 흡입호스로 약간의 공기가 들어갈 수 있도록 설치한다.

**18** 원심펌프의 설치 시에 풋트밸브 설치법 중 맞는 것은?

① 물속 지면 위 20cm위치에 경사지게 설치
② 물속 지면에 닿게 하여 수직으로 설치
③ 물속의 지면에서 1m이상 위로 수직 혹은 경사지게 설치
④ 물속의 지면 위 60cm이상 수직으로 설치

> **해설** 풋트 밸브는 흡입된 액체를 반대로 흘러가지 않도록 하는 장치이다.

**19** 다음은 양수기의 운전 중 주의 해야할 사항이다. 틀린 것은?

① 베어링의 윤활유가 검은 색깔로 변했는지 확인한다.
② 그랜드 패킹에서 물방울이 떨어져서는 안된다.
③ 음향에 유의하고 흡입관에 다른 물질이나 공기가 유입되는지를 확인한다.
④ 베어링의 온도가 60℃이상 되어서는 안된다.

> **해설** 양수기는 그랜드 패킹을 이용하여 회전축에서 발생하는 열의 냉각을 위해 물방울이 떨어져야 정상이다.

**20** 양수기에 사용되는 윤활제는?

① 엔진오일        ② 기어오일
③ 그리스          ④ 유압오일

> **해설** 양수기는 그리스를 윤활제로 사용한다.

**21** 원심펌프의 취급상 유의점이다. 알맞은 것은?

① 원심펌프의 볼베어링에는 모빌유를 사용하되 점도가 낮을수록 동력소모가 적다.
② 장시간 공운전을 실시하여 펌프의 가동상태를 점검한다.
③ 그랜드 패킹에서는 소량의 물이 방울로 떨어져야 한다.
④ 정지 시에는 먼저 원동기를 정지시키고 뒤에 토출밸브를 닫는다.

**22** 물을 양수기로 양수하고 가압하여 송수하며, 자동적으로 분사관을 회전시켜 살수하는 것은?

① 버티칼 펌프
② 동력살분무기
③ 스프링 클러
④ 스피드 스프레이어

**해설** 스프링클러는 물을 양수하여 파이프에 송수하고 노즐로 살수하는 장치이다. 스프링클러의 주요 구성품은 펌프, 원동기, 배관 노즐이다.

**23** 양수기에 대한 설명이다. 옳지 않은 것은?

① 펌프에 물을 붓지 않고, 공회전하면 기체가 파손되기 쉽다.
② 볼트 너트가 풀려 있는가 조사한다.
③ 윤활 부분에 그리스를 주입한다.
④ 축받침 온도는 60℃이상 유지 시켜야 한다.

**해설** 축받침 온도는 60℃이하로 유지한다.

**24** 양수 작업중 발열이 심한 경우 점검할 부분이 아닌 것은?

① 주유구　　② 풋밸브
③ 그리스 컵　　④ V벨트

**해설** 풋밸브는 양수기 내에 역류를 방지하기 위한 부분으로 발열과는 무관하다.

**25** 다음 펌프의 운전 중 수격 작용이 생기고 있을 때 그 대책이 아닌 것은?

① 관내의 유속을 증가시킬 것
② 급격히 밸브를 폐쇄하지 말 것
③ 관내의 유속을 낮게 할 것
④ 조압수조(surge tank)를 관로에 붙일 것

**해설** 방수관의 밸브를 갑자기 개폐함으로써 생기는 압력이 발생하는 작용을 수격작용이라고 한다.

**26** 어떤 양수장치에 의하여 공동현상이 일어나고 있을 때 조치사항이 아닌 것은?

① 물의 누설을 많이 시킨다.
② 펌프의 설치 위치를 낮춘다.
③ 펌프의 회전수를 적게 한다.
④ 펌프의 흡입관을 크게 한다.

**해설** 공동현상(캐비테이션)은 액체가 흘러갈 때 관내에 마찰과 액체의 속도가 빨라지면서 액체가 관내에서 소용돌이치는 현상이다.

**27** 원심펌프의 운전 중 진동이 생기는 원인이 아닌 것은?

① 회전체의 밸런스가 불량하다.
② 기초가 연약하다.
③ 그랜드 패킹이 마멸되었다.
④ 배관의 연결이 불량하다.

**해설** 그랜드 패킹은 회전축에 윤활역할과 열이 발생을 최소화 해주는 장치이다.

**28** 수차나 펌프 등 운전 시 일어나는 캐비테이션의 방지책이 아닌 것은?

① 곡관을 적게 한다.
② 회전수를 느리게 한다.
③ 흡입관을 짧게 한다.
④ 흡입관을 굵게 한다.

**해설** 캐비테이션은 빠른 속도로 흡인되는 액체가 관 내에서 빠른 속도로 이동하면서 발생하기 때문에 흡입관을 굵게 하게 되면 더 많은 액체가 유입되기 때문에 방지책이 아니다.

**29** 원심펌프의 취급상 유의점이다. 알맞은 것은?

① 장기 보관 시 원심펌프내의 물은 여름철에만 빼낸다.
② 장시간 공운전을 실시하여 펌프의 가동상태를 점검한다.
③ 전동기로 운전할 경우 갑자기 정전이 되었을 때는 스위치를 끈다.
④ 정지 시에는 먼저 원동기를 정지시키고 뒤에 토출밸브를 닫는다.

**30** 원심펌프의 그랜드 패킹 부분에는 어느 정도의 누수를 적당하다고 보는가?

① 1분당 5방울 정도
② 1분당 10방울 정도
③ 1분당 15방울 정도
④ 가는 물방울이 계속해서 누수되어야 함

**해설** 그랜드 패킹에서 물방울이 1분당 5방울 정도 떨어지는 것이 적당하다.

**31** 양수기를 수리할 때 그랜드 패킹의 조임을 어느 정도 조정해야 가장 적당한가?

① 양수작업 시 물이 새지 않는 정도
② 양수작업 시 물이 1분당 1~2방울 새는 정도
③ 양수작업 시 물이 1분당 5~6방울 새는 정도
④ 양수작업 시 물이 1분당 15방울 이상 새는 정도

**해설** 그랜드 패킹에서 물방울이 1분당 5방울 정도 떨어지는 것이 적당하다.

**32** 원심펌프의 주요장치가 아닌 것은?

① 회전차          ② 와류실
③ 풋밸브          ④ 피스톤

**해설** 원심펌프의 주요장치
– 회전차 : 여러 개의 깃으로 회전하며, 깃의 수는 보통 4~8매로 둥근 형태로 되어 있다.
– 안내깃 : 회전차에서 전달되는 물을 와류실로 유도하여 속도 에너지를 얻게 해주는 장치
– 와류실 : 송출관쪽으로 보내는 나선형 동체
– 흡인관 : 흡입수면에 놓이는 관
– 풋밸브 : 액체를 흡입할 때는 열리고 액체가 흐르지 않을 때는 닫히는 체크밸브의 형태
– 송출관 : 와류실과 송출구로 전달해주는 수송관

**33** 원심펌프에 해당되지 것은?

① 축류 펌프
② 사류 펌프
③ 볼류트 펌프
④ 왕복 펌프

**해설** 원심펌프는 볼류트 펌프와 터빈 펌프가 있다.

**34** 로터리 모어의 특징을 잘못 설명한 것은?

① 도복상태의 목초를 예취하기가 불가능하다.

② 구조가 간단하고, 취급과 조작이 용이하다.

③ 지면이 평탄하지 않은 곳에서의 작업은 위험하다.

④ 고속으로 회전하는 칼날을 이용하여 목초를 절단한다.

**35** 다음 중 스프링클러는 어느 작업을 하는 농업 기계인가?

① 경기 작업　　　② 탈곡 작업

③ 방제 작업　　　④ 관수 작업

**해설** **경기 작업** : 토양을 가공하는 작업
**탈곡 작업** : 곡물을 탈곡하는 작업
**방제 작업** : 병해충 예방을 위해 약을 뿌리는 작업
**관수 작업** : 작물에 필요한 수분을 공급하는 작업

**36** 어린 밭작물에 사용되는 스프링 클러의 취급 요령으로 적당치 않은 것은?

① 토출된 물이 지표에서 흐르지 않아야 한다.

② 수압을 낮게하여 분사되는 물방울을 크게 한다.

③ 노즐의 회전속도에 차이가 많을 때에는 조절해야 한다.

④ 수압이 너무 높으면 바람과 증발에 의한 손실이 커진다.

**해설** 수압을 낮게 할 경우 스프링클러가 정상적으로 회전하지 않을 수 있으며, 회전을 하지 않게 되면 노즐 끝부분에서 물이 집중될 수 있다.

**37** 병해충 방제용 스피드 스프레이어(speed sprayer)에 관한 설명으로 올바른 것은?

① 기계가 소형, 경량이며 구조가 간단하다.

② 노즐, 호스가 불필요하므로 취급이 간단하다.

③ 침전 방지장치가 필요 없고, 약제이 소요량이 적다.

④ 과수원 등 넓은 면적의 병해충 방제에 이용 가능하다.

**38** 일반적인 스피드 스프레이어의 원동기와 연결방식에 따른 종류가 아닌 것은?

① 견인형　　　② 가변형

③ 탑재형　　　④ 자주형

**39** 다음 동력 살분무기의 특징에 대한 설명 중 틀린 것은?

① 분무 입자가 작으므로 부착율이 좋다.

② 액제와 분제를 다같이 살포할 수 있다.

③ 분무 입자가 가늘어 비산 등의 손실이 크다.

④ 소요 인원이 적으며 균일한 살포가 가능하다.

**40** 다음 방제기 중 위험성이 크기 때문에 노지재배에 사용하기에 가장 곤란한 기종은?

① 고온 연무기

② 동력 분무기

③ 인력 분무기

④ 동력 살분무기

**41** 고속기류를 이용하여 유기분사에 의해 약액을 기계적으로 분산 미립화시키는 방제기는 어떤 것인가?

① 송풍기
② 미스트기
③ 살수기
④ 동력분무기

**42** 동력 분무기의 공기실의 주역할을 설명한 것이다. 가장 적합한 것은?

① 노즐의 분사 압력을 높인다.
② 유체속의 기포를 제거한다.
③ 노즐에서 나가는 약액의 압력을 일정하게 유지한다.
④ 피스톤이 후진하여 압력이 낮아지면 약액을 흡입한다.

> **해설** 동력 분무기의 공기실은 왕복운동을 하는 플런저에 의해 압력이 발생되므로 맥동이 발생할 수 있으므로 압을 저장하였다가 일정하게 유지시키는 역할을 하며 유압장치에서는 어큐뮬레이터라고 한다.

**43** 다음 중 동력분무기의 분무 상태가 나쁘고, 분무입자가 큰 경우의 원인이 아닌 것은?

① 노즐구멍이 마모되어 커졌다.
② 노즐의 구멍수가 적다.
③ 압력이 떨어졌다.
④ 흡입량이 적다.

**44** 동력살분기에서 난기운전을 실시하는 가장 주된 이유는?

① 기계의 작동을 원활하게 하기 위해서
② 살포 농약을 균일하게 하기 위해서
③ 기계 내의 오물을 청소하기 위해서
④ 연료를 적절히 조절하기 위해서

> **해설** 난기운전은 예열운전이라고 생각하면 된다. 난기운전은 기계의 작동을 원활하게 하기 위해 실시한다.

**45** 미스트(mist) 살포법의 특징으로 잘못 설명된 항은?

① 구조가 간단하여 소형 경량이다.
② 분무 입자가 작으므로 부착성이 좋다.
③ 농후 약액을 사용하므로 노력이 적게 든다.
④ 풍속이나 풍향에 대한 영향을 받지 않는다.

**46** 강력한 압력이 필요한 높은 수목의 방제작업에 사용되는 분무기 노즐로 다음 중 가장 적합한 것은?

① 볼트형
② 원판형
③ 캡형
④ 철포형

**47** 방제 시 농약액의 입자가 작았을 때, 나타나는 결과 설명으로 틀린 것은?

① 피복면적비가 증가한다.
② 바람에 의해 쉽게 증발, 비산된다.
③ 부착률이 떨어진다.
④ 작업자나 주위환경을 오염시킬 위험성이 높다.

**48** 미스트기의 살포방법 중 독성이 높은 약제를 살포할 경우 가장 적합한 작업 방법인 것은?

① 전진법
② 횡보법
③ 후진법
④ 대각선법

**49** 두 개의 노즐을 이용하여 유효 살포폭이 1m, 작업속도는 3km/hr로서 1ha 당 80L의 약액을 살포하려고 한다. 노즐 하나의 분당 살포량은 약 몇 L/min인가?

① 0.1  ② 0.2

③ 0.3  ④ 0.4

해설 1ha는 10,000m²이며, 면적 0.3ha = 1m × 3,000m, 0.3ha에 살포시간은 1시간이며 약액의 살포량은 24L이다. 1분당 살포되는 양은 0.4L이며, 두 개의 노즐이므로 노즐 하나당 살포량은 0.2L/min가 된다.

**50** 다음은 효율적인 방제가 이루어지기 위해 만족시켜야 할 조건을 나열하였다. 틀린 것은?

① 살포된 약제가 살포대상에 부착되는 비율이 높아야 한다.
② 약제가 살포대상에만 살포되어야 한다.
③ 약제가 살포대상에 불균일하게 살포되고, 피복면적비가 낮아야 한다.
④ 살포방법이 생력적이고, 환경피해를 최소화해야 한다.

**51** 인력 분무기에는 없고 동력 분무기에만 있는 것은?

① 펌프  ② 공기실

③ 노즐  ④ 압력조절 장치

**52** 동력 분무기의 주요 구조와 관계가 없는 것은?

① 플런저 펌프  ② 송풍기

③ 공기실  ④ 압력조절장치

해설 송풍기는 SS(Speed Spray)기에 주요 구성품이다.

**53** 플런저의 지름을 D(m), 행정을 L(m), 크랭크축의 회전속도를 n(rpm), 배출량을 Q(m³/min)라고 하면 동력분무기의 용적 효율 $\eta$는 어떻게 표시되는가?

① $\eta = \dfrac{4Q}{\pi D^2 Ln} \times 100(\%)$

② $\eta = \dfrac{Q}{\pi D^2 Ln} \times 100(\%)$

③ $\eta = \dfrac{4Q}{D^2 Ln} \times 100(\%)$

④ $\eta = \dfrac{Q}{D^2 Ln} \times 100(\%)$

**54** 동력분무기의 공기실이 하는 가장 주된 역할인 것은?

① 흡입압력을 일정하게 유지하여 준다.
② 약액의 흡입량을 일정하게 유지하여 준다.
③ 약액의 배출량을 일정하게 유지한다.
④ 약액 속에 공기를 혼입시킨다.

해설 동력분무기에 일정한 압력을 유지하기 때문에 배출량을 일정하게 유지한다.

**55** 동력분무기 노즐의 배출량이 30L/min 노즐의 유효 살포폭이 10m, 10a당 살포량이 167L/10a 일 경우 노즐의 살포작업 속도는?

① 0.1m/s  ② 0.2m/s

③ 0.3m/s  ④ 0.4m/s

해설

① 10a당 살포시 시간 $= \dfrac{167l/10a}{30l/min} = 5$분 34초

  $\therefore 334$초

② $10a = 1,000㎡ = 10m \times x$

  $\therefore x = 100m$

  $\therefore$ 속도$(v) = \dfrac{100m}{334초} = 0.2994m/s$

  $\therefore 0.3m/s$

**56** 동력분무기 운전준비에 관한 사항 중 잘못된 것은?

① 크랭크 오일은 SAE 20~30을 규정량 넣는다.

② 운반 중 나사의 이완이 있으니 각종 볼트 너트 이상유무를 확인한다.

③ V패킹과 플런저간의 유막형성을 위하여 3~4시간마다 그리스컵을 2~3회 조여준다.

④ 엔진과 연결된 V벨트는 동력전달이 확실히 되도록 팽팽하게 힘껏 조정한다.

**해설** 엔진과 연결된 V벨트는 동력전달을 위해 팽팽하게 하면 마모가 빨라져 수명을 단축시킬 수 있다.

**57** 분무기의 장점 중 틀린 것은?

① 음향이나 진동이 비교적 적고 내구성이 좋다.

② 구조가 복잡하나 취급수리가 용이하다.

③ 액체 이용의 장점을 갖는다.

④ 배관장치로 큰면적에 설치하면 고정적이여야 하며 큰 효율의 시설이 된다.

**58** 2ton의 중량물을 4초 사이에 10m 이동시키는데 몇 마력이 소요되는가?

① 약 36.7ps

② 약 46.7ps

③ 약 56.7ps

④ 약 66.7ps

**해설**

$1ps = 75kg_f \cdot m/s$

$\therefore L(ps) = \dfrac{2,000kg \times 10m}{4 \times 75} = 66.66667ps$

**59** 동력분무기가 압력이 오르지 않는 원인이 아닌 것은?

① 여과기 주위에 이물질이 끼었다.

② 압력계 입구가 막혀있다.

③ 플런저가 파손되었다.

④ 그리스컵에 그리스가 가득 채워져 있다.

**60** 동력분무기 취급 시 상용 압력은 몇 kg/cm² 인가?

① 2~5kg/㎠      ② 12~15kg/㎠

③ 20~25kg/㎠     ④ 36~40kg/㎠

**해설** 정확한 치수보다는 20~25kg/㎠에 가까운 치수를 선택해야 한다.

**61** 동력 분무기 분무작업 중에 여수량은 액제 흡입량에 몇%가 유지되도록 하는가?

① 0~5%       ② 10~20%

③ 25~30%     ④ 35~40%

**해설** 여수량이란 분무하고 남은 잔량을 여수량이라고 하면 흡입량의 10~20% 유지해야한다.

**62** 동력분무기에서 약액이 일정하게 분사되게 유지해주는 것은?

① 펌프와 실린더    ② 공기실

③ 노즐          ④ 밸브

**해설** 약액이 일정하게 분사되는 것은 일정한 압력을 유지시켜주는 공기실이 있기 때문이다.

**63** 분무기 노즐 중 분무각도와 거리를 조절할 수 있는 것은?

① 스피드 노즐형    ② 환상형

③ 직선형        ④ 철포형

**정답** ··· 56.④   57.②   58.④   59.④   60.③   61.②   62.②   63.④

**64** 다음 중 병충해 방제 작업에서 액체와 분제를 모두 살포할 수 있는 것은?

① 연무기
② 동력 분무기
③ 동력 살립기
④ 동력 살분무기

해설 • **연무기** : 소독을 하기 위하여 연막형태로 액체를 살포하는 기계
• **동력 분무기** : 액체를 압력에 의해 입자를 작게하여 살포하는 기계
• **동력 살립기** : 입제비료를 살포하는 기계

**65** 동력 분무기 운전 중 주의사항이다. 맞지 않은 것은?

① 압력조절 레버를 위로 올려 무압 상태에서 엔진을 시동한다.
② 운전 초기에 이상 음이 들리면 즉시 엔진을 멈추고 점검한다.
③ 압력조절 레버를 내리고, 소요압력을 적당히 조절하여 사용한다.
④ 분무작업을 시작했을 때 압력이 내려가면 이상이 있으므로 엔진을 멈추고 점검한다.

해설 분무작업을 시작했을 때 압력이 내려가면 이상이 있으므로 압력조절 레버를 올려 무압상태에서 엔진을 멈추고 점검한다.

**66** 다음 중 동력 살분무기의 리이드 밸브 점검으로 가장 양호한 것은?

① 리이드판은 몸체와 적당한 간극이 있어야 한다.
② 리이드판의 끝부분이 15°각으로 굽어야 한다.
③ 리이드판의 끝부분이 45°각으로 굽어야 한다.
④ 리이드판은 몸체와 완전히 밀착되어야 한다.

**67** 동력 살분무기에서 저속은 잘되나, 고속이 잘 안되며 공기청정기로 연료가 나올 때의 고장은?

① 미스트 발생부 고장
② 노즐 고장
③ 임펠러 고장
④ 리이드 밸브 고장

**68** 동력분무기의 여수호스에서 기포가 나올 때의 원인과 거리가 먼 것은?

① 토출 호스 너트의 풀림
② V패킹의 마멸
③ 흡입 호스의 손상
④ 흡입 호스 너트의 풀림

**69** 동력 살분무기의 사용 방법 중 틀린 것은?

① 술에 취한 사람은 사용을 금한다.
② 바람을 안고서 살포한다.
③ 마스크를 사용한다.
④ 과로한 사람은 사용을 금한다.

해설 동력 살분무기, 동력분무기 사용은 바람은 등지고 살포해야 안전하다.

**70** 동력 살분무기의 살포작업 방법 중 틀린 것은?

① 분관을 좌우로 흔들면서 작업한다.
② 한곳에 많이 살포하지 않도록 한다.
③ 살포는 바람을 안고 한다.
④ 분구 높이는 작물 위 30cm정도로 한다.

해설 약제 살포작업 시에는 바람을 등지고 작업을 해야 안전하다.

**71** 스피드스프레이어(SS기, 고성능 동력분무기)의 덤프나 리프트가 작동하지 않을 때에 확인해야 할 것은?

① 유압오일의 양

② 엔진오일의 양

③ 분무기오일의 양

④ 마스터 실린더 오일의 양

**해설** 덤프나 리프트는 유압시스템에 의해 움직임으로 유압오일의 양을 점검해야 한다.

**72** 국내에서 사용되고 있는 동력 살분무기 사용 시 적정 회전수는?

① 1,000~2,000rpm

② 3,000~4,000rpm

③ 5,000~6,000rpm

④ 7,000~8,000rpm

**해설** 동력 살분무기는 가솔린기관으로 회전수가 빨라야 약제를 멀리 살포할 수 있으며, 적정회전수는 7,000~8,000rpm이다.

**73** 동력 살분무기에 사용되는 윤활장치의 종류는?

① 비산식        ② 압송식

③ 비산압송식     ④ 혼합식

**해설** 동력 살분무기는 배부식(등에 메는 방식)이므로 엔진의 무게가 가벼워야하기 때문에 연료와 윤활유를 혼합하여 사용하는 혼합식을 사용한다. 비율은 기종에 따라 다르나 일반적으로 25(가솔린):1(2사이클 엔진오일)로 한다.

**74** 입자의 비행거리의 차이 또는 부유속도의 차이에 의해 선별하는 곡물 선별기는?

① 중량 선별기    ② 마찰 선별기

③ 기류 선별기    ④ 체 선별기

**해설** 입자를 기류에 의해 선별하는 방식은 기류 선별기이다.

**75** 미스트기의 살포방법중 독성이 높은 약제를 살포할 경우 가장 적합한 작업방법은?

① 전진법        ② 횡보법

③ 후진법        ④ 대각선법

**해설** 미스트기는 분제나 약제를 살포하는 기계로 바람을 등지고 바람 방향으로 후진하면서 살포하는 것이 가장 안전하고 적합한 작업방법이다.

**76** 농약 살포기가 갖춰야할 조건으로서 맞지 않는 것은?

① 도달성과 부착율

② 균일성과 분산성

③ 피복면적비

④ 노력의 절감과 살포 능력

**해설** 균일성은 있어야 하나 분산성은 좋으면 안된다.

**77** 약제 살포시 안전 작업 방법으로 틀린 것은?

① 반드시 보호 마스크를 착용한다.

② 살포 중에는 풍향이나 전향 방향에 주의한다.

③ 안전한 방제복을 착용하고 작업 전 호스의 접합부분을 점검한다.

④ 작업 후에는 잔류 약액이나 기계를 씻은 물을 아무데나 버린다.

**78** 동력 살분무기의 살포방법이 아닌 것은?

① 전진법        ② 왕복법

③ 후진법        ④ 횡보법

**해설** 동력 살분무기의 살포방법
- 전진법 : 앞으로 전진하면서 지그재그 방식으로 살포하는 방식
- 후진법 : 뒤로 후진하면서 지그재그 방식으로 살포하는 방식
- 횡보법 : 평으로 이동하면서 좌우로 살포하는 방식 (중복되는 부분이 발생)

**79** 병충해 방제에서 약제 살포의 조건이 아닌 것은?

① 필요로 하는 곳에 약제가 도달하는 성질이 있을 것
② 예방 살포인 경우 집중적으로 부착될 것
③ 작물에 약제가 부착하는 비율이 높을 것
④ 노력절감 및 작업이 간편할 것

해설 약제 살포의 조건은 도달성, 균일성, 부착률, 피복면적비, 노동의 절감과 살포능력 등이 있어야 한다.

**80** 스피드 스프레이어 방제기에서 분두의 최대 살포각도로 알맞은 것은?

① 120°     ② 180°
③ 270°     ④ 360°

해설 흔히 SS기(speed sprayer)라고하며 여러 개의 노즐을 180°로 구성되어 분사하기 때문에 최대살포각도는 180°이다.

**81** 동력 살분무기의 파이프 더스터(다공호스)를 이용하여 분재를 뿌리는데 기계와 멀리 떨어진 파이프 더스터의 끝으로 배출되는 분제의 양이 많다. 다음 중 고르게 배출 되도록 하기 위한 방법으로 가장 적당한 것은?

① 엔진의 속도를 빠르게 한다.
② 엔진의 속도를 낮춘다.
③ 밸브를 약간 닫아 배출되는 분제의 양을 줄인다.
④ 밸브를 약간 열어 배출되는 분제의 양을 늘린다.

**82** 병해충 방제기구가 아닌 것은?

① 스피드스프레이어
② 절단기
③ 미스트기
④ 토양소독기

해설 절단기는 병해충 방제기구에 포함되지 않는다.

**83** 콤바인의 구조 중 반송장치에 의하여 이송된 작물을 무엇에 의하여 공급체인과 공급레일 사이에 끼워 물려지는가?

① 공급 깊이 장치     ② 픽업 장치
③ 크랭크 핑거       ④ 피드 체인

**84** 보통형 콤바인에 대한 일반적인 특성을 설명한 것이다. 틀린 것은?

① 작업 폭이 넓다.
② 자탈형 콤바인에 비해 습지에 대한 적응성이 뛰어나다.
③ 보리와 같이 밭작물의 키가 불균일해도 효율적으로 수확할 수 있다.
④ 자탈형 콤바인과 마찬가지로 이슬에 젖은 경우에도 사용할 수 없다.

해설 우리나라에서 대부분 사용하고 있는 콤바인은 자탈형 콤바인이다. 자탈형 콤바인은 크롤로(궤도)로 되어 있지만, 보통형 콤바인은 바퀴형이 대부분이며, 경우에 따라 궤도형으로 되어 있는 콤바인도 있다.

**85** 콤바인에서 1차 탈곡이 이루어진 것을 재선별하여 탈곡이 덜 된 것은 탈곡통으로 보내고, 나머지는 기체 밖으로 배출하는 기능을 하는 곳은?

① 짚 처리부        ② 배진실
③ 검불 처리통      ④ 탈곡망

**86** 다음 중 일반적인 탈곡기의 급동에 있는 급치의 종류가 아닌 것은?

① 절삭치　　　　② 정소치
③ 병치　　　　　④ 보강치

**[해설]** 탈곡기의 급동에 있는 급치의 종류는 정소치, 보강치, 병치이다.

**87** 콤바인의 구조 중 탈곡부에 작물의 길이에 따라 공급 깊이를 적절한 상태로 유지시켜주는 것은?

① 공급깊이 장치　② 픽업 장치
③ 크랭크 핑거　　④ 피드체인

**88** 다음 중 벼를 수확할 때 콤바인(combine)이 수행하는 기능이 아닌 것은?

① 예취　　　　　② 결속
③ 탈곡　　　　　④ 선별

**89** 왕복동식 절단장치에서 절단날의 행정은 50mm, 크랭크 암의 회전수는 120rpm이라 할 때 최대 절단속도는 몇 m/sec인가?

① 0.31　　　　　② 0.10
③ 3.14　　　　　④ 0.01

**[해설]** $V = \dfrac{\pi \times S \times N}{60 \times 1000} = \dfrac{\pi \times 0.05 \times 120}{60 \times 1000}$
$= 0.314 m/\sec$

**90** 자탈형 콤바인의 부품과 그 위치 표시가 틀린 것은?

① 디바이더 - 전처리부
② 스크류 컨베이어 - 탈곡부
③ 피드 체인 - 반송부
④ 안내봉 - 주행부

**[해설]** 안내봉은 전처리부에 해당된다.

**91** 자탈형 콤바인의 주요 구성부에 해당되지 않는 것은?

① 결속부　　　　② 전처리부 및 예취
③ 반송부　　　　④ 탈곡부

**[해설]** 자탈형 콤바인은 전처리부, 예취부, 반송부, 탈곡부, 선별부, 곡물처리 및 짚처리부로 구성되어 있다.

**92** 탈곡기에서 급동의 크기와 회전수의 변화가 탈곡작업에 미치는 영향 설명으로 틀린 것은?

① 급동의 지름이 너무 작으면 검불이나 짚이 많이 감긴다.
② 급동이 지름이 너무 크면 탈곡이 잘 되나 진동을 일으키기 쉽고 소요동력이 증대된다.
③ 급동의 회전수가 증가할수록 탈립이 잘되나 곡립 손상도 증가된다.
④ 급동의 적정 회전수로부터 감소하면 곡립 손상은 증가되나 탈립 작용은 양호해진다.

**93** 콤바인에 대한 설명으로 틀린 것은?

① 포장을 이동하며 벼, 보리 등의 곡물을 베어 탈곡하는 수확기계이다.
② 예취와 동시에 탈곡작업이 이루어지므로 다른 수확기에 비하여 효율적이다.
③ 우리나라에서는 작물의 이송방향이 탈곡부의 탈곡 구동축과 직교하는 보통형 콤바인을 많이 사용한다.
④ 논 작업에서는 콤바인이 진입하고 선회할 수 있는 자리를 미리 낫으로 베어 주어야 한다.

**94** 탈곡통의 주속도가 750m/min, 탈곡통 유효지름이 420mm일 때 동력 탈곡기의 적당한 탈곡통의 회전수는 얼마 정도인가?

① 약 412rpm
② 약 41.3rpm
③ 약 568rpm
④ 약 56.8rpm

**해설** $N = \dfrac{V}{D\pi} = \dfrac{750m/\min}{0.42 \times \pi} = 568rpm$

**95** 그물체(wire mesh)의 규격은 호칭번호로 표시되는데, 호칭번호는 무엇을 의미하는가?

① 10.25mm 내에 들어 있는 체 눈의 수
② 22.45mm 내에 들어 있는 체 눈의 수
③ 25.40mm 내에 들어 있는 체 눈의 수
④ 30.54mm 내에 들어 있는 체 눈의 수

**해설** 그물체는 1인치를 기준으로 하기 때문에 25.4mm내로 한다.

**96** 자탈형 콤바인의 주요장치가 아닌 것은?

① 반송장치
② 식부장치
③ 탈곡장치
④ 선별장치

**해설** 콤바인의 주요장치는 주행부, 전처리부, 반송부, 탈곡부, 선별부, 볏짚처리부로 나뉜다.

**97** 시설용 농업기계 설비 하우스 내의 환경을 제어하기 위한 일반적인 인자로 농산물은 수분을 제외하고 80~90%가 이것으로부터 만들어지는 화합물이다. 이것은 무엇인가?

① 온도
② 광
③ 습도
④ 탄산가스

**해설** 농작물은 수분과 온도, 광, $CO_2$를 통해 광합성을 하고 광합성을 통한 화합물이 농산물이 된다. 온도, 광, 습도는 광합성을 위한 요소이며, 탄산가스가 매개물이 된다.

**98** 곡물수확기에서 기계의 최전방에 예취할 작물과 나머지를 분리시키는 것은?

① 결속부
② 디바이더(divider)
③ 예취부
④ 방출암(discharge arm)

**해설**
• 결속부 : 곡물을 탈곡 후 부산물을 묶는 장치
• 예취부 : 곡물을 자르는 장치

**99** 뿌리 수확기의 프레임에 고정되어 수확기를 따라 견인작용에 의하여 토양을 절단하는 것은?

① 스파이크
② 보습
③ 스파이크 드릴
④ 모어

**100** 자동 탈곡기의 유효 주속도가 V(m/min), 급동의 회전수는 N(rpm), 급동의 유효지름이 D(m)일 때, 유효 주속도에 대한 관계식은?

① $V = \dfrac{\pi N}{D}(m/\min)$
② $V = \pi ND(m/\min)$
③ $V = \dfrac{\pi D}{N}(m/\min)$
④ $V = \dfrac{N}{\pi D}(m/\min)$

**01** 다음의 농산물 물성 중 일반 농가에서 과일의 품질을 평가하는데 많이 사용하는 것은?

① 기계적 특성
② 광학적 특성
③ 전기적 특성
④ 열적 특성

**02** 다음의 선별방식 중 형상선별에 가장 적합한 것은?

① 드럼식
② 스프링식
③ 타음식
④ 전자식(로드셀)

**03** 탈곡기의 선별부 구성품 중 곡립을 선별함과 동시에 탈곡 작용을 돕는 작용을 하는 것은?

① 풍구
② 배진판
③ 체
④ 수망

해설 • 풍구 : 바람을 일으켜 이물질을 날려 보내는 기능
• 배진판 : 진동을 통해 돌, 쭉정이 등을 배출하는 기능
• 체 : 선별하는 장치

**04** 선과기에 적용되고 있는 선별 방법이 아닌 것은?

① 중량 선별
② 형상 선별
③ 요동 선별
④ 색채 선별

**05** 시설원예기계에 관한 설명 중 틀린 것은?

① pad and fan 은 온도를 낮추는 시설로서 외부 공기의 습도가 낮을수록 그 효과가 우수하다.
② 탄산가스발생기는 광합성을 증가시키기 위한 것으로 고체연료 연소방식보다 LPG 연소방식이 널리 사용된다.
③ 순차광이란 실내온도를 낮추기 위하여 빛을 차단하는 것이다.
④ 자연 환기를 중력환기와 풍력환기가 있으며 어느 경우에나 환기량은 환기창의 면적에 비례한다.

**06** 포장기계가 갖추어야할 설계요건을 설명한 사항 중 잘못된 것은?

① 작업 목적에 적합해야 한다.
② 충분한 내구성을 가져야 한다.
③ 작업능률이 커야 한다.
④ 기계의 중량은 최대로 커야 한다.

해설 기계의 중량은 용도에 따라 무거워야 할 때가 있는 반면, 대체적으로 가벼운 것이 유리하다.

**07** 바인더 작업 시 단의 매듭이 느슨한 이유는?

① 끈 브레이크가 약하다.
② 끈 브레이크가 너무 강하다.
③ 끈 집게의 힘이 너무 강하다.
④ 작물줄기가 너무 연하다.

**08** 자동탈곡기에서 스크로우 컨베이어와 양곡기로 구성된 부분은?

① 자동공급장치
② 탈곡부
③ 2번구 환원처리 장치
④ 자동풍력 조절장치

**09** 바인더 예취칼날 간격을 적게 조정하려면?

① 조정심을 뺀다.
② 조정심을 더한다.
③ 조정볼트를 푼다.
④ 조정볼트를 조인다.

해설 예취칼날의 조정심을 빼면 간격은 좁아지고 넣으면 간격이 넓어진다.

**10** 다음은 바인더의 장기간 보관요령이다. 틀린 것은?

① 연료탱크내의 가솔린을 가득 채워 둔다.
② 기관의 윤활유를 새것으로 교환한다.
③ 각 클러치 레버는 "끊음" 쪽으로 둔다.
④ 기관을 압축 위치에서 정지시킨다.

해설 가솔린 기관을 장기간 보관할 때에는 연료를 모두 제거하여 보관한다.

**11** 동력 탈곡기에 사용되는 곡물 반송장치가 아닌 것은?

① 스크루 컨베이어
② 스로어
③ 벨트 컨베이어
④ 버킷 엘리베이터

**12** 벨트 컨베이어의 특징 설명으로 틀린 것은?

① 재료의 연속적 이송이 가능
② 재료의 수직이동이 가능
③ 수평 및 경사 이동에 적합
④ 표면 마찰계수가 큰 물질을 이송하는데 적합

해설 컨베이어는 수평, 경사, 연속적 작업이 가능하나 수직방향 이동은 불가능하다. 수직방향의 이동은 엘리베이터 또는 버켓 컨베이어를 이용한다.

**13** 트레일러에 물건을 실을 때 무거운 물건의 중심위치는 다음 중 어느 위치에 있어야 안전한가?

① 상부    ② 승부
③ 하부    ④ 앞부분

해설 무게중심이 상부로 올라가면 갈수록 전복사고 위험이 크다.

**14** 예취기 작업 시 옳지 않은 방법은?

① 시작 전 각부의 볼트, 너트의 풀림, 날 고정 볼트의 조임상태를 확인한다.
② 장시간 작업 시 6시간마다 30분 정도 휴식한다.
③ 기관을 시동한 뒤 2~3분 공회전 후 작업을 ㅎ나다.
④ 장기간 보관할 때 금속날 등에 오일을 칠하여 보관한다.

해설 장시간 작업 시 1~2시간 마다. 30분 정도 휴식한다.

**15** 배부식 예초기에서 사용되는 클러치 형식은?

① 벨트식 클러치

② 마찰식 클러치

③ 원심식 클러치

④ 벤드식 클러치

해설 회전속도가 빨라지면 원심력에 의해 클러치가 확장되고 회전축과 연결된 원판은 마찰력에 의해 회전하는데 이를 원심 클러치라고 한다.

**16** 우리나라에서 휴대용 예취기에 가장 많이 사용되는 엔진은?

① 공냉식 가솔린 기관

② 수냉식 가솔린 기관

③ 공냉식 디젤 기관

④ 수냉식 디젤 기관

해설 휴대용 예취기는 가벼워야 하므로 공랭식 가솔린 기관을 사용한다.

• 무게 : 공냉식 가솔린기관 〈 공랭식 디젤기관 〈 수냉식 가솔린기관 〈 수냉식 디젤기관

**17** 2행정 가솔린기관을 사용하는 동력 예초기에서 연료와 엔진오일의 혼합비로 가장 적당한 것은?

① 5 : 1          ② 15 : 1

③ 25 : 1        ④ 35 : 1

해설 2행정 가솔린기관은 동력예초기에 사용되는데 연료과 엔진오일은 25:1의 비율로 혼합하여 사용하며, 엔진톱 등은 혼합비가 다르므로 주의해야 한다.

**18** 연삭식 정미기에 관한 설명 중 틀린 것은?

① 높은 압력을 이용하므로 정백실 내의 압력은 마찰식보다 높다.

② 도정된 백미의 표면이 매끄럽지 못하고, 윤택이 없는 결점이 있다.

③ 정백 정도는 곡물이 정백실 내에서 머무르는 시간에 비례한다.

④ 연삭식 정미기는 쌀알이 부서지는 경우가 적은 것이 특징이다.

**19** 곡물의 수확 및 가공과정에서 기계부품으로 인한 강제 볼트, 너트, 철판 조각 등을 선별하고자 한다. 다음 중 가장 적합한 선별기는?

① 원판형 선별기

② 자력 선별기

③ 석발기

④ 사이클론 분리기

**20** 미곡종합처리장에 설치되어 있는 순환식 건조기 상부의 곡물 탱크부로 건조기 용량의 대부분을 차지하는 것은?

① 템퍼링 실          ② 건조실

③ 빈 스크린          ④ 주상 스크린

**21** 곡립의 길이 차이를 이용하는 선별기로 원통형과 원판형으로 구분되며, V자형 집적통, 곡물 이송장치, 구동장치 등으로 구성되어 있는 것은?

① 홈 선별기          ② 스크린 선별기

③ 마찰 선별기        ④ 공기 선별기

**22** 습량기준 함수율 15%를 건량 기준 함수율로 환산한 값은?

① 15%               ② 17.6%

③ 20.3%             ④ 27.7%

해설 $\dfrac{15}{85} \times 100\% = 17.6$

**23** 평면식 건조기에서 상하층간에 과도한 함수율의 차이가 나타나는 주요 원인이 아닌 것은?

① 초기 함수율이 20% 이상일 때
② 40℃ 이상의 고온으로 건조하였을 때
③ 곡물의 단위 중량당 송풍량이 많을 때
④ 곡물의 퇴적고가 30cm 이상일 때

**24** 국내에서 설치된 미곡 종합처리장에서 각 공정간 곡물을 이송하기 위해 사용되는 일반적인 이송장치와 가장 관계가 적은 것은?

① 버켓 엘리베이터
② 벨트 컨베이어
③ 스크류 컨베이어
④ 공기 컨베이어

**25** 상온 통풍건조방식에 대한 설명으로 가장 적합한 것은?

① 포장에서 태양과 자연 바람을 이용해 건조하는 방식
② 건조기에서 외부 공기를 가열 없이 강제 송풍만으로 건조하는 방식
③ 건조기에서 높은 온도의 공기를 송풍하여 건조하는 방식
④ 곡물을 연속적으로 건조기에 투입 배출하며 건조하는 방식

**26** 다음 중 마찰작용과 찰리작용을 주로 이용하는 마찰식 정미기의 종류가 아닌 것은?

① 수평 연삭식      ② 분풍 마찰식
③ 일회 통과식      ④ 흡인 마찰식

**해설** 정미기의 종류
① **마찰식 정미기** : 찰리 작용과 마찰작용을 이용한 정미기
② **분풍마찰식 정미기** : 롤러의 몸통에 안쪽에서 바깥쪽으로 공기가 잘 통할 수 있도록 구멍이 뚫려 있어, 가운데가 빈 롤러축 내부로 유도되어 온 공기가 그 구멍을 통해 통기 된다. 롤러를 싸고 있는 금망의 구멍에 공기와 겨의 배출이 가능하도록 되어 있으므로 정백의 성능을 향상시키는 방법이다.
③ **연삭식 정미기** : 정백실을 통과하는 동안 금강사의 절삭작용에 의해 이루어진다.
④ **조합식 정미기** : 마찰식 정미기와 연삭식 정미기의 단점을 보완하여 장점을 극대화하기 위해 구성된 정미기이다.

**27** 다음 선별원리 중 곡물 선별기에 사용되지 않는 것은?

① 색채 선별      ② 자력 선별
③ 비중 선별      ④ 당도 선별

**28** 현미기에서 투입된 벼가 100kg, 탈부되지 않은 벼의 무게가 15kg 이라면 탈부율은 얼마인가?

① 15%      ② 17.6%
③ 50%      ④ 85%

**해설**

$$탈부율 = \frac{투입된\ 벼의\ 총\ 무게\ -\ 탈부되지\ 않은\ 벼의\ 무게}{투입된\ 벼의\ 총\ 무게}$$
$$= \frac{100-15}{100} \times 100 = 85\%$$

**29** 농산물을 온도와 습도가 일정한 공기 중에서 장기간 놓아두면 일정한 함수율에 도달한다. 이 때의 함수율은?

① 평형 함수율      ② 절대 함수율
③ 건량기준 함수율  ④ 평균 함수율

**30** 건조와 관련된 습공기 선도(psychrometric chart)에 관해 가장 적합한 설명은?

① 공기와 수증기를 혼합할 때 필요한 상태의 계산 선도

② 습공기의 열역학적 성질을 대부분 나타낸 선도

③ 습공기의 엔탈피 만 알면 나머지 특성을 모두 구할 수 있는 선도

④ 50℃ 이하의 저온 습공기에 대해서 만 열역할적 성질을 알 수 있는 선도

**31** 다음 중 자동 순환식 정미기가 가지고 있지 않은 것은?

① 양곡기　　　② 탱크

③ 제강장치　　④ 저항장치

**32** 현미 생산공정 중 벼에서 왕겨를 제거하는 공정은?

① 제현 공정　　② 정백 공정

③ 연삭 공정　　④ 찰리 공정

> 해설 • **정백 공정** : 현미를 연삭하여 백미를 생산하는 과정
> • **연삭 공정** : 벼 또는 현미의 모서리나 표면을 문질러 깎아 매끈하게 하는 과정
> • **찰리 공정** : 날카로운 도구로 비벼 깎는 과정

**33** 고무롤러 현미기에서 고속롤러와 저속롤러의 직경이 같고, 회전수가 각각 1000rpm, 800rpm 이라고 하면 회전차율은 얼마인가?

① 20%

② 25%

③ 75%

④ 80%

> 해설
> $$회전차율 = \frac{고속롤러의\ 회전수 - 저속롤러의\ 회전수}{고속롤러의\ 회전수} \times 100$$
> $$= \frac{200}{1000} \times 100 = 20\%$$
> 고무롤은 약 25%의 회전차를 가지고 서로 반대 방향으로 회전하며, 벼는 이들 고무롤 사이를 통과하는 동안 외피에 서로 반대 방향의 마찰력과 전단력을 받아 왕겨가 분리 된다.

**34** 분풍 또는 흡입 마찰식 정미기에서 현미로부터 강층을 분리시키는데 관계되는 주된 정백 작용은?

① 분풍 및 마찰작용

② 분풍 및 연삭작용

③ 전단 및 연삭작용

④ 마찰 및 찰리작용

**35** 항율 건조기간에서 감율 건조기간으로 옮겨가는 경계점에서의 함수율을 무엇이라고 부르는가?

① 임계 함수율

② 평형 함수율

③ 초기 함수율

④ 포화 함수율

> 해설 **평형 함수율** : 재료를 일정한 온 습도의 습공기 중에 오랜시간 동안 두고, 재료 수분의 무게가 변화하지 않게 된 상태를 평형 함수율이라고 한다.
> **포화 함수율** : 함수율이 100%인 상태

**36** 함수율 20%(w·b)의 벼 80kg을 15%(w·b)까지 건조시켰다면 이때 곡물에서 제거된 수분의 량은 몇 kg인가?

① 약 4.7
② 약 5.7
③ 약 12.7
④ 약 13.7

**해설** 20%일 때의 수분은 16kg, 건물중량은 64kg이다.

$$M = \frac{W}{W + W_d} = \frac{W_d}{64 + W_d} \times 100 = 15\%$$

$W_d = 11.3$kg이므로,

제거된 수분은 16kg – 11.3kg = 4.7kg이 된다.

**37** 500kgf의 현미를 정미기에 투입하여 460 kgf의 정백미를 얻었다면 정백수율은?

① 90%
② 92%
③ 95%
④ 96%

**해설** 정백수율 = $\dfrac{\text{정백미의 중량}}{\text{현미의 중량}} \times 100$

$= \dfrac{460}{500} \times 100 = 92\%$

**38** 벼의 길이가 7.09 × 10⁻³m, 두께가 1.98 × 10⁻³m일 때, 이 곡립의 체적이 26.6 × 10⁻⁹m³이면 이 벼의 구형률은 얼마인가?

① 27.93%
② 38.59%
③ 43.16%
④ 52.24%

**해설** 구형률은 형상이 얼마나 구에 가까운가를 표시하는 값이다.

$$S = \frac{d_e}{d_c} \times 100$$

여기서, S : 구형율(%)

$d_e$ : 농산물의 체적과 같은 구의 직경(m)

$d_c$ : 농산물의 외접하는 최소구의 직경 또는 농산물의 최대 직경(m)

**39** 현미기의 고속 및 저속 롤러의 지름이 같고, 회전수가 각각 1200 및 900 rpm일 때 회전 차율은?

① 14.3%
② 25%
③ 33.3%
④ 75%

**해설**

$$\frac{N_1 - N_2}{N_1} \times 100 = \frac{1200 - 900}{1200} \times 100 = 25\%$$

**40** 곡물 선별기의 종류별 특성을 설명한 것으로 틀린 것은?

① 스크린 선별기는 곡물의 두께, 길이, 폭, 지름 또는 모양을 이용한다.
② 홈 선별기는 곡물 입자길이의 차이를 이용한다.
③ 기류 선별기는 크기나 무게는 비슷하나 비중이 다른 이물질을 분리한다.
④ 광학적 선별기는 빛을 이용하여 크기, 표면 빛깔, 내부 품질 등을 판별한다.

**해설** 기류 선별기는 일정한 속도와 압력을 갖는 기류에 곡물을 투입함으로써 곡물 내에 포함되어있는 가벼운 이물질이나 불건전립을 날려 보내거나, 흡인하여 곡물을 선별하는 기계이다.

**41** 벼, 밀, 콩 등의 혼합물을 곡물별로 분리시키려 할 경우 다음 중 가장 적합한 선별기는?

① 채 선별기
② 원판형 홈선별기
③ 마찰 선별기
④ 원통형 공기 선별기

**해설** 원판형 홈선별기는 양면에 일정한 홈이 여러 개 뚫려있어 원판을 동일한 수평축에 배열한 구조로 축이 회전함에 따라 원판들이 아래쪽으로 공급되는 곡물 속을 통과할 때 홈 속으로 들어간 크기가 작은 알갱이들이 원판을 사이의 적당한 위치에 설치되어 있는 집적통으로 떨어지게 하여 곡물을 분류하는 방식이므로 크기가 다양한 형태를 구분하기 적합하다.

**42** 다음 분쇄방법 중 분쇄기에 공급된 일정량의 원료가 모두 분쇄된 다음 다시 원료를 투입하여 분쇄하는 방법은?

① 회분 분쇄　　　② 개회로 분쇄
③ 폐회로 분쇄　　④ 건식 분쇄

**43** 농산물의 부유속도의 원리를 응용한 선별기는?

① 벨트 선별기　　② 홈 선별기
③ 요동 선별기　　④ 공기 선별기

해설 • **원판형 홈선별기**: 양면에 일정한 홈이 여러 개 뚫려있어 원판을 동일한 수평축에 배열한 구조로 축이 회전함에 따라 원판들이 아래쪽으로 공급되는 곡물 속을 통과할 때 홈 속으로 들어간 크기가 작은 알갱이들이 원판을 사이의 적당한 위치에 설치되어 있는 집적통으로 떨어지게 하여 곡물을 분류하는 방식이므로 크기가 다양한 형태를 구분하기 적합하다.
• **요동 선별기** : 비중 선별기 중 하나로 요동운동에 의해 층화작용으로 곡물을 선별하는 방법
• **공기 선별기** : 기류 선별기의 한 종류이다.

**44** 다음은 벼 도정 작업 체계를 표시한 것이다. 일반적인 작업 체계로 가장 적합한 것은?

① 정선과정 → 현미 분리과정 → 탈부과정 → 정백과정 → 계량 및 포장
② 정선과정 → 탈부과정 → 현미 분리과정 → 정백과정 → 계량 및 포장
③ 탈부과정 → 정선과정 → 현미 분리과정 → 정백과정 → 계량 및 포장
④ 탈부과정 → 현미 분리과정 → 정선과정→ 정백과정 → 계량 및 포장

**45** 곡물에 금이 가거나 파열이 생기는 등의 물리적 손상을 방지하기 위한 건조방법이 아닌 것은?

① 건조 온도를 낮춘다.
② 가열된 곡물을 신속히 식힌다.
③ 일정량의 수분을 서서히 제거한다.
④ 건조온도가 높은 때는 습도가 높은 공기를 사용한다.

해설 곡물은 열을 받은 후 천천히 식히면 건조의 효과가 있으나 급격한 온도차이가 발생하면 곡물이 파열될 수 있다.

**46** 곡물의 함수율을 측정하는 방법은 크게 직접적인 방법과 간접적인 방법이 있다. 다음 중 직접적인 방법에 속하지 않는 것은?

① 진공오븐법
② 공기오븐법
③ 전기저항법
④ 증류법

**47** 곡물의 건조요인에 대한 설명 중 잘못된 것은?

① 건조속도가 너무 빠르면 동할이 발생할 가능성이 높다.
② 송풍량은 건조시간에 크게 영향을 주지 못한다.
③ 곡물 층이 두꺼우면 불균일하게 건조된다.
④ 건조온도는 동할에 가장 큰 영향을 주므로 적절한 건조온도의 설정이 중요하다.

해설 곡물의 건조요인은 송풍량, 온도, 습도이다.

**48** 함수율과 관련된 설명 중 틀린 것은?

① 함수율 표시법에는 습량기준 함수율과 건량기준 함수율이 있다.

② 습량기준 함수율이란 물질 내에 포함되어 있는 수분을 그 물질의 총무게로 나눈 값을 백분율로 표현한 것이다.

③ 어떤 물질의 함수율이 증가되고, 있다는 것은 그 물질 내의 수분함량이 감소된다고 말할 수 있다.

④ 함수율을 측정하는 방법으로는 오븐법, 증류법, 전기저항법, 유전법 등을 사용한다.

**49** 다음 백미외부에 부착된 겨를 깨끗이 털어내거나 씻어내어 청결한 쌀을 만들어 내는 어느 것인가?

① 광학 선별기

② 연미기

③ 자력 선별기

④ 마찰식 정미기

**50** 곡물의 건량 기준 함수율 산출식으로 옳은 것은?

① (시료의 무게/시료의 총무게)×100

② (시료에 포함된 수분의 무게/시료의 수분 무게)×100

③ (시료에 포함된 수분의 무게/ 시료의 무게)×100

④ (시료의 총무게/ 시료에 포함된 수분의 무게)×100

**51** 건조의 3대 요인으로 볼 수 없는 것은?

① 공기의 온도　　② 공기의 습도

③ 공기의 양　　　④ 공기의 방향

**52** 건조기 설치 시 유의사항이 아닌 것은?

① 통풍이 잘 되는 곳에 설치한다.

② 기체의 사방은 수평이 되도록 설치한다.

③ 버너의 방향은 벽면과 1m 이하로 떨어지게 설치한다.

④ 곡물의 투입과 배출작업 공간을 고려하여 설치한다.

**해설** 버너의 방향은 벽면과 1m 이상 떨어지게 설치한다.

**53** 미곡종합처리장의 곡물 반입 시설장치에 속하지 않는 것은?

① 호퍼 스케일　　② 트럭 스케일

③ 정미기　　　　④ 대기용 컨테이너

**해설** 미곡종합처리장의 곡물반입 시설장치는 투입호퍼, 트럭, 컨베이어, 원료정선기, 계량설비, 수분측정기, 시료채취기 등으로 구성되어 있으며, 정미기는 가공설비에 포함된다.

**54** 벼의 총 무게가 100g이고, 수분이 20g 완전 건조된 무게가 80g이다. 습량기준 함수율은?

① 80%　　　　② 25%

③ 20%　　　　④ 15%

**해설** $함수율(\%) = \dfrac{수분의 무게}{총무게} \times 100$

$= \dfrac{20}{100} \times 100 = 20\%$

**55** 횡류 연속식 건조기의 최대 소요기간은?

① 2일　　　　② 3일

③ 4일　　　　④ 5일

**56** 건조기 안전 사용 요령으로 틀린 것은?

① 운전중에 덮개를 열어, 회전하는 부분이 원활하게 돌아가는지 확인한다.

② 인화성 물질을 멀리하고, 만일의 경우에 대비하여 소화기를 설치한다.

③ 연료호스 또는 파이프의 막힘, 연결부의 누유상태를 수시로 점검한다.

④ 전원 전압을 반드시 확인한다.

> **해설** 운전중 덮개를 열게되면 위험요인이 되므로 주의해야 한다.

**57** 수확된 건초를 손쉽게 처리, 운반 및 저장하기 위해 건초를 압축하는 작업을 하는 기계는?

① 헤이 테더　　② 레디얼 레이크

③ 헤이 레이크　　④ 헤이 베일러

> **해설** • 헤이 테더 : 목초를 반전하는 기계
> • 레디얼 레이크 : 원회전하여 목초를 집초하는 기계
> • 헤이 레이크 : 집초하는 기계
> • 헤이 베일러 : 건초를 압축하여 사각 또는 원형으로 압축하는 기계

**58** 사일리지(silage)를 조제 목적으로 목초를 벤 다음 세절한 후 풍력 또는 드래그 체인 컨베이어로 운반차에 불어 올리는 수확기는?

① 왕복 모어(reciprocating mower)

② 로타리 모어(rotary mower)

③ 플레일 모어(flail mower)

④ 포오리지 하베스터(forage harvester)

> **해설** 모어는 목초를 자르는 기계이다.

**59** 목초수확 후 건조 과정에서 목초를 반전 또는 확산시키기 위해 사용하는 기계는?

① 테더(tedder)

② 레이크(rake)

③ 래퍼(reaper)

④ 바인더(binder)

> **해설** • 테더 : 목초를 반전하는 기계
> • 레이크 : 목초를 집초하는 기계
> • 래퍼 : 베일이 되어 있는 목초를 랩핑하는 기계
> • 바인더 : 작물을 절단하고 묶는 기계

**60** 말린 목초를 수납 또는 수송하는데 편리하도록 일정한 용적으로 압착하여 묶는 기계는?

① 헤이 테더(hey tedder)

② 헤이 로우더(hey loader)

③ 헤이 베일러(hey baler)

④ 헤이 컨디셔너(hey conditioner)

> **해설** • 헤이 테더 : 목초를 반전하는 기계
> • 헤이 로더 : 건초용 로더
> • 헤이 베일러 : 건초를 압축하여 사각 또는 원형으로 압축하는 기계
> • 헤이 컨디셔너 : 생목초를 압쇄하는 기계

**61** 목초를 원통으로 말아서 야외에 저장하므로써, 목초 수확에 소요되는 동력을 줄이고자 만든 기계는?

① 모워(Mower)

② 라운드 베일러

③ 레이크(Rake)

④ 드레셔(Thresher)

**62** 헤머 밀(hammer mill)의 장점이 아닌 것은?

① 구조가 간단하다.

② 소요동력이 적게 든다.

③ 용도가 다양하다.

④ 공운전을 하더라도 고장이 적다.

**63** 로터리 모워의 특징을 잘못 설명한 것은?

① 도복상태의 목초를 예취하기가 불가능하다.

② 구조가 간단하고 취급과 조작이 용이하다.

③ 지면이 평탄하지 않은 곳에서의 작업은 위험하다.

④ 고속으로 회전하는 칼날을 이용하여 목초를 절단한다.

**해설** 로터리 모워를 지면에 가깝게 하고, 작업을 한다면 도복 상태의 목초도 예취가 가능하다.

**64** 목초 수확기계의 일종인 헤이 레이크는 어떤 작업을 수행하는가?

① 목초의 절단  ② 목초의 묶음

③ 목초의 집초  ④ 목초의 압쇄

**해설** • 헤이 레이크 : 목초의 집초
• 헤이 베일러 : 목초의 묶음
• 휠일 커터 : 목초의 절단
• 헤이 컨디셔너 : 목초를 압쇄시키는 기계

**65** 가축의 담근먹이를 제조할 때 수확과 동시에 절단이 가능한 기종은?

① 헤이 로우더

② 헤이 베일러

③ 포오리지 하베스터

④ 휠일 커터

**해설** • 헤이 로우더는 트랙터에 부착된 로우더의 형태로 건초를 이동시킬 때 사용

• 헤이 베일러는 트랙터에 부착하여 사각 또는 원형으로 결속을 하는 기계
• 휠일 커터는 대형으로 결속된 건초를 가축이 먹기 좋게 잘라주는 기계

**66** 다음 기구들 중 축산기계가 아닌 것은?

① 휠일커터  ② 피이드 그라인더

③ 현미기  ④ 해머 밀

**해설** 현미기는 벼를 도정하는 기계임

**67** 건초를 운반이나 저장에 편리하도록 꾸리는 작업기는?

① 레이크  ② 모워

③ 베일러  ④ 디스크 해로우

**해설** • 레이크 : 집초를 하는데 사용하는 기계
• 모워 : 작물을 자를 때 사용하는 기계
• 디스크 해로우 : 토양을 경운 정지하는 기계

**68** 예취된 목초의 건조속도를 빠르게 하기 위한 기계는?

① 헤이 컨디셔너

② 헤이 테더와 헤이 레이크

③ 모워

④ 헤이 베일러

**해설** • 헤이 컨디셔너 : 건초를 압쇄시키는 기계
• 헤이 테더 : 목초를 반전하는(뒤집는) 기계

**69** 트랙터로 견인하면서 줄로 모여진 건초를 운반차에 싣는 작업기는?

① 헤이 로우더  ② 헤이 베일러

③ 헤이 레이크  ④ 헤이 테더

**해설** • 헤이레이크 : 목초의 집초
• 헤이 베일러 : 목초의 묶음
• 휠일 커터 : 목초의 절단
• 헤이 컨디셔너 : 목초를 압쇄시키는 기계

**정답** ··· 62.② 63.① 64.③ 65.③ 66.③ 67.③ 68.② 69.①

**70** 베일러에서 끌어올림 장치로 걷어 올려진 건초는 무엇에 의해 베일 챔버로 이송되는가?

① 픽업타인　　　② 피더(오거)
③ 트와인노터　　④ 니들

> **해설** 건초를 끌어올려 챔버로 이송하는 장치는 피더(feeder)이다.

**71** 다음 중 사료 조제용 기계 기구가 아닌 것은?

① 휘일 커터　　　② 컬티베이터
③ 피이드 그라인더　④ 헤머밀

> **해설** 컬티베이터는 농작업기 중 로터리 같은 경운정지용 기계를 통칭한다.

**72** 목초 수확용 예취기의 일반적인 규격 표시방법은?

① 예취의 폭　　　② 예취날의 높이
③ 예취날의 수　　④ 예취기의 무게

> **해설** 목초를 예취기(자르는 기계)는 폭을 규격으로 표시한다.

**73** 다음 중에서 목초로 엔실리지를 만들 때 사용하는 기계는?

① 헤이 레이크
② 포리지 하베스터
③ 헤이 컨디셔너
④ 모워

> **해설** • 포리지 하베스터 : 목초로 엔실리지를 만들 때 사용하는 기계
> • 헤이 레이크 : 목초를 집초할 때 사용하는 기계
> • 헤이 컨디셔너 : 목초를 압쇄할 때 사용하는 기계
> • 모워 : 풀을 벨 때 사용하는 기계

**74** 세단하고 불어 올리는 장치를 가진 본체가 있고, 앞부분의 어태치먼트를 교환함으로서 용도가 다양해질 수 있는 목초 수확기계는 무엇인가?

① 플레일형 목초 수확기
② 헤이레이크 목초 수확기
③ 모워바형 목초 수확기
④ 헤이베일러 목초 수확기

**75** 베일러에서 끌어올림 장치로 걷어 올려진 건초는 무엇에 의해 베일 체임버로 이송되는가?

① 픽업타인　　　② 오거(피더)
③ 트와인노터　　④ 니들

**76** 엔실리지의 원료가 되는 사료 작물을 예취하여 절단하고 컨베이어를 이용하여 운반차에 실을 수 있는 작업기는?

① 헤이 베일러
② 포리지 하베스터
③ 엔실리지 컨디셔너
④ 하베스터 컨디셔너

**77** 벨트의 걸이 방법에 관한 사항이다. 틀린 것은?

① 바로 걸이에 있어서는 아래쪽이 항상 인장측이 되게 해야 한다.
② 엇걸이는 바로 걸기의 경우보다 접촉각이 크다.
③ 벨트의 수명은 엇걸기가 길다.
④ 안내차를 두어 벨트가 벗겨지지 않게 할 수 있다.

> **해설** 엇걸기를 하게 되면 풀리와의 접촉각이 넓어지므로 마찰이 커져 수명은 단축된다.

# 농업동력학

# 전기장치

## 01 교류 전동기

교류 전기 에너지를 이용하여 회전 운동을 기계운동으로 변환하는 장치를 전동기라고 한다. 전동기는 취급이 비교적 간단하고, 소형이며, 고장이 적다는 특징이 있다. 전원을 확보하면 스위치 조작만으로 시동, 정지해 이용가치가 높은 원동기로 여러 가지의 종류가 있다.

### (1) 유도전동기

#### 가) 단상유도전동기

220V의 전압을 이용하며 0.75kW 이하의 소형 전동기에 사용된다. 무부하 전류의 비율이 매우 크고, 역률과 효율은 3상 유도전동기보다 낮다.

① **분상 기동형** : 원심력 스위치는 기동할 때는 스프링에 의해 ON 상태로 되어있으므로 전류는 주 코일과 기동코일로 흘러 회전 자기장이 발생한다. 기동 코일은 위상차를 만들기 때문에 주 코일보다 얇은 전선으로 만들어져 있고, 권선도 적기 때문에 계속 큰 기동 전류를 흘리면 가열로 인해 손상이 된다. 회전자의 회전속도가 동기속도의 80% 가까이 되면 원심력에 의해 OFF가 되어 가동 코일의 전류를 차단한다.

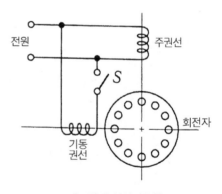

[그림1] 분상기동형

② **콘덴서 기동형** : 분상 기동형의 회로 안에 기동 코일과 직렬로 콘덴서를 넣어 위상차를 크게 하여 기동 토크를 향상시킨 것으로 가동방식은 분상기동형과 같다.

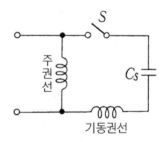

[그림2] 콘덴서 기동형

③ **반발 기동형** : 가동할 때는 주 코일이 만드는 자기장에 의해 회전자에 유도 전류가 발생해 그 전류가 탄소 브러시를 통해 흐른다. 그러므로 주 코일과 회전자 사이에 반발력이 발생하면서 기동한다.

④ **세이딩 코일형** : 회전자가 농형이고, 고정자의 성층철심에 몇 개의 凵형 자극을 만들어 여기에 세이딩 코일을 감은 것으로 이 세이딩 코일에 의해 위상지연으로 회전자계가 형성되어 회전자가 회전한다. 회전 방향을 바꿀 수 없으며, 기동토크가 매우 작고, 운전중에도 세이딩 코일에 전류가 흐르기 때문에 효율과 열률이 낮고 속도변동률이 크다.

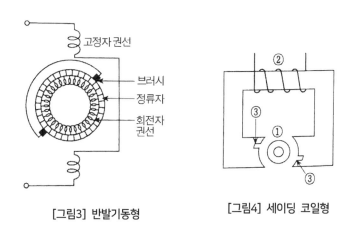

[그림3] 반발기동형    [그림4] 세이딩 코일형

## 나) 3상 유도전동기

3상 유도전동기는 단상유도전동기에서 사용하는 모터 보다 큰 용량을 사용하고 역률과 효율이 높다.

### ① 3상 유도전동기의 구조

□ **주요부** : 고정자, 회전자, 회전축, 베어링, 냉각핀

- **고정자** : 전동기의 가장 바깥부분을 이루는 주철제 또는 연강판을 용접하여 조립한 고정자 프레임과 그 안쪽에 여러 겹의 얇은 원판링으로 구성된 고정자 철심 및 고정자 철심 안쪽에 감겨진 고정자 권선으로 이루어진다.

- **회전자** : 농형 회전자와 권선형 회전자가 있다.

  - 농형 회전자 : 바깥쪽에 홈이 파인 여러 겹의 얇은 철판을 회전축에 고정하고, 홈에는 동봉을 넣어 그 양끝을 단락판으로 단락시킨 형태로 3.7kW 이하의 경우에는 동봉 대신 알루미늄을 넣은 회전자를 많이 사용한다. 회전자의 구조가 간단하고, 취급이 쉽고, 운전중 성능이 우수하나 기동 시 성능이 떨어진다.

  - 권선형 회전자 : 철심에 있는 홈에 동봉 대신 3상의 코일을 넣은 것으로 원심력에 의해 밖으로 튀어 나가지 않게 강철선으로 묶여 있다. 3상의 코일에 있는 3개의 단자는 축 위에 절연되어 설치한 3개의 슬립링에 접속되어 있으며 슬립링은 기동 시 브러시를 통해 외부 저항을 회로에 가하여 기동력을 크게 해주는 동시에 기동전류를 제어한다.

- **회전축** : 회전자를 바른 위치에 고정하고, 회전동력을 외부로 전달한다.
- **베어링** : 회전축을 지지하며 구름 베어링과 롤러 베어링, 저널 베어링을 사용한다.

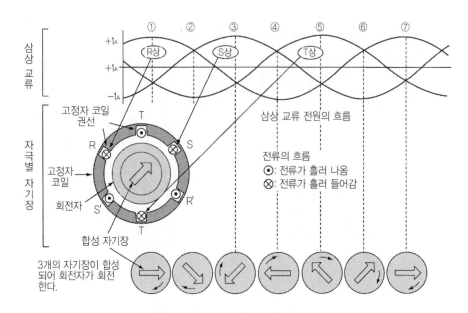

[그림5] 3상 유도 전동기의 회전원리

## ② 농형 전동기의 기동법

- **전전압기동법** : 정격전압을 가하여 기동하는 방법으로 기동 시에는 역률이 나빠서 기동전류가 전부하 전류의 400~600%에 달하는데 비해 기동 토크는 작다. 10kW미만에 적합하다.
- **Y-△기동법** : 1차 권선에 있는 각 상의 양쪽을 단자에 인출해 두고, 기동할 때에 스위치를 기동측에 달아서 1차권선을 Y측에 접속하며, 정격속도에 가깝게 도달했을 때 운전측으로 하며 △접속한다. 기동할 때 1차 각상의 권선에는 정격 전압의 $\frac{1}{\sqrt{3}}$ 전압이 가해지기 때문에 기동전류 및 기동 토크가 전압기동법의 1/3로 감소되며, 5~13kW의 전동기에 사용한다.
- **기동보상기법** : 조작 핸들을 기동측에 넣으면 기동보상기의 1차측이 전원에, 2차측이 전동기에 접속되며 전압이 전동기에 가해져 기동하고, 정격속도에 도달했을 때 핸들을 운전측으로 하여 전전압을 공급함과 동시에 기동 보상기를 회로에 분리하는 방법의 전동기이다. 15kW 이상에서 활용한다.
- **리액터 기동법** : 리액터와 가변저항을 직렬로 접속하여 기동전류를 제한하고, 가속한 다음 이것을 단락시키는 방법이다. 장치가 간단하고, 값이 싸며, 기동 전류를 임의로 조정할 수 있기 때문에 기동 토크를 작게 하여 기동 시의 충격을 피하는 목적으로 많이 사용한다.

③ 권선형

[표] 각종 전동기의 특징과 용도

| 구분 | 분류 | 종류 | 장점 | 활용 |
|---|---|---|---|---|
| 교류 | 삼상 유도 전동기 | 농형 | • 구조가 간단해서 내구성이 좋다. | • 소출력 모터, 콤프레셔, 일반 동력용 |
| | | 권선형 | • 토크 및 속도의 제거가 가능하다.<br>• 비교적 출력이 큰 기계, 기동 시의 부하가 큰 기계에 적합 | • 대형 콤프레셔 |
| | 단상 유도 전동기 | 분상 기동형 | • 기동 전류가 크고 구조가 간단 | • 선풍기, 탁상 드릴링 머신 등 |
| | | 콘덴서 기동형 | • 분상 기동유도 회로에 콘덴서를 넣어 기동 토크를 향상 | • 환풍기, 냉장고, 원심펌프 |
| | | 반발 기동형 | • 기동 토크가 크다. | • 전기 목공용 전동기, 콤프레셔 |

④ **3상 유도전동기의 특성**

□ 동기속도와 슬립률

• 동기속도 : 고정자에 3상 교류를 연결하면 일정속도의 회전자계가 생긴다. 이 자계의 회전속도를 동기 속도라고 한다.

$$n_s = \frac{f}{P/2} \times 60 = \frac{120f}{P}(\text{rpm})$$

여기서, $n_s$ : 동기속도(rpm)    $f$ : 공급 전원의 주파수(Hz)
$P$ : 고정자의 극수

• 슬립률 : 회전속도의 감소비율을 슬립률이라고 한다.

$$s = \frac{n_s - n}{n_s}$$

여기서, $s$ : 슬립율 $n_s$ : 동기속도(rpm)
$n$ : 유도 전동기의 회전속도(rpm)

□ 역전과 속도제어

• 역전 : 3상 유도전동기는 1차측의 3선중 임의의 2선을 바꾸면 1차 권선에 흐르는 3상교류의 상의 순서가 반대로 되기 때문에 자계의 회전방향이 바뀌어 전동기의 회전방향이 반대가 된다.

• 속도제어 : 유도전동기는 정속도 전동기이지만, 전기적 속도제어를 이용하기도 한다. 두 가지 제어방법이 있으며, 극수변환법과 주파수 변환법, 2차 저항제어법 등이 있다.

## 02 직류 전동기

직류 전류를 이용하는 전동기이다.

| 구분 | 분류 | 종류 | 장점 | 활용 |
|------|------|------|------|------|
| 직류 | 직류 전동기 | 분권식 | • 회전속도의 조절이 간단하다.<br>• 부하 크기의 변화가 심해 출력의<br> 변화가 적다. | • 제어가 필요한 기계<br>• 내연기관의 시동 |
| | | 직권식 | | |
| | | 복권식 | | |

## (1) 시동장치

### 가) 기동 전동기의 원리

플레밍의 왼손법칙을 이용하여 왼손의 엄지, 인지, 중지를 서로 직각이 되게 펴고 인지를 자력선의 방향으로, 중지를 전류의 방향에 일치시키면 도체에는 엄지의 방향으로 전자력이 작용한다.

※ **플레밍의 왼손법칙 원리 활용 장치** : 기동 전동기, 전류계, 전압계 등

### 나) 기동 전동기의 종류와 특징

① **직권 전동기** : 전기자 코일과 계자코일이 직렬로 접속된 형태의 전동기
  • 기동 회전력이 크며, 전동기의 회전력은 전기자의 전류에 비례한다.
  • 부하를 크게 하면 회전속도가 낮아지고, 회전력은 커지며, 회전속도의 변화가 크다.
  • 전기자 전류는 역기전력에 반비례하고, 역기전력은 회전속도에 비례한다.
  • 축전지 용량이 적어지면 기동 전동기의 출력은 감소된다.
  • 같은 용량의 축전지라 하더라도 기온이 낮으면 전동기 출력은 감소된다.
  • 기관오일의 점도가 높으면 요구되는 구동 회전력도 증가된다.

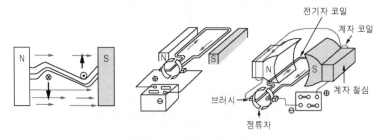

[그림6] 기동 전동기의 원리

② **분권 전동기** : 전기자와 계자코일이 병렬로 접속된 형태의 전동기
③ **복권 전동기** : 전기자 코일과 계자코일이 직.병렬로 접속된 형태의 전동기

## 다) 기동 전동기의 구조와 기능

### ① 회전운동을 하는 부분

- 전기자(Armature) : 전기자는 축, 철심, 전기자 코일 등으로 구성되어 있다.
- 정류자(commutator) : 정류자는 기동 전동기의 전기자 코일에 항상 일정한 방향으로 전류가 흐르도록 하기 위해 설치한 것

### ② 고정된 부분

- **계철과 계자철심** : 계철은 자력선의 통로와 기동 전동기의 틀이 되는 부분이며, 계자철심은 계자코일에 전기가 흐르면 전자석이 되며, 자속을 잘 통하게 하고, 계자코일을 유지한다.
- **계자코일** : 계자코일은 계자철심에 감겨져 자력을 발생시키는 것이며, 계자코일에 흐르는 전류와 정류자 코일에 흐르는 전류의 크기는 같다.
- **브러시와 브러시 홀더** : 브러시는 정류자를 통하여 전기자 코일에 전류를 출입시키는 일을 하며, 일반적으로 4개가 설치된다. 스프링 장력은 스프링 저울로 측정하며, 0.5~1.0kg/㎠이다.

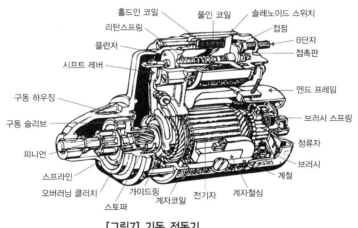

[그림7] 기동 전동기

## (2) 충전장치

### 가) 자계와 자력선

① **자계** : 자력선이 존재하는 영역
② **자속** : 자력선의 방향과 직각이 되는 단위면적 1㎠에 통과하는 전체의 자력선을 말하며 단위로는 Wb를 사용한다.
③ **자기유도** : 자석이 아닌 물체가 자계 내에서 자기력의 영향을 받아 자성을 띠는 현상
④ **자기 히스테리시스 현상** : 자화된 철편에서 외부자력을 제거한 후에도 자기가 잔류하는 현상

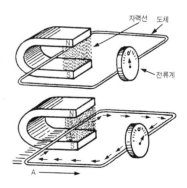

[그림8] 전자기 유도작용

## 나) 전자력의 세기

① 전자석은 전류의 방향을 바꾸면 자극도 반대가 된다.

② 전자석의 자력은 전류가 일정한 경우 코일의 권수와 공급전류에 비례하여 커진다.

③ 전자력의 크기는 자계 내의 도선의 길이에 비례, 자계의 세기와 도선에 흐르는 전류에 비례한다.

④ 자력의 크기는 도선이 자계의 자력선과 직각이 될 때에 최대가 된다.

## 다) 전자유도 작용

자기장 내에 도체를 놓고, 그 도체를 움직이며, 그 도체에 전압이 유도되는 현상

## 라) 유도 기전력의 방향

① **렌츠의 법칙** : 유도 기전력은 코일 내의 자속 변화를 방해하는 방향으로 생긴다는 법칙

② **플레밍의 오른손 법칙** : 오른손 엄지, 인지, 중지를 서로 직각이 되게 펴고, 인지를 자력선의 방향에, 엄지를 도체의 운동방향에 일치 시키며, 중지에 유도 기전력의 방향이 표시된다. (발전기의 원리)

③ **발전기 기전력**

- 로터코일을 통해 흐르는 여자 전류가 크면 기전력은 커진다.
- 로터코일의 회전속도가 빠르면 빠를수록 기전력 또한 커진다.
- 코일의 권수가 많고, 도선의 길이가 길면 기전력은 커진다.
- 자극의 수가 많아지면 여자되는 시간이 짧아져 기전력이 커진다.

## 마) 교류(A.C) 충전장치

① **교류 발전기의 특징**

- 소형, 경량이다.
- 저속에서도 충전이 가능하다.
- 속도변화에 따른 적용 범위가 넓고 소형, 경량이다.
- 출력이 크고, 고속회전에 잘 견딘다.
- 다이오드를 사용하기 때문에 정류 특성이 좋다.
- 컷아웃 릴레이 및 전류 제한기를 필요로 하지 않는다.(전압 조정기만 사용한다.)

② **교류 발전기의 구조**

- 스테이터 : 스테이터는 독립된 3개의 코일이 감겨져 있고, 여기에서 3상 교류가 유기된다.

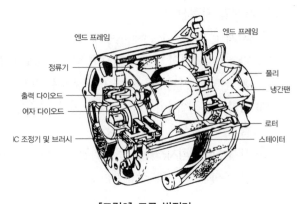

엔드 프레임　　　　엔드 프레임
정류기　　　　　　　풀리
출력 다이오드　　　냉각팬
여자 다이오드
IC 조정기 및 브러시　로터
　　　　　　　　　스테이터

[그림9] 교류 발전기

- 로터 : 로터 코일에 여자전류가 흐르면 N극과 S극이 형성되어 자화되며, 로터가 회전함에 따라 스테이터 코일의 자력선을 차단하므로 전압이 유기된다.
- 정류기 : 교류 발전기에서 실리콘 다이오드를 정류기로 사용하며, 교류 발전기에서 다이오드 의 기능은 스테이터 코일에서 발생한 교류를 직류로 정류하여, 외부로 공급하고, 또 축전지 에서 발전기로 전류가 역류하는 것을 방지한다.(과열을 방지하기 위해 엔드 프레임에 히트 싱크를 둔다.)

### ③ 교류 발전기의 작동

- 점화스위치 ON상태에서는 타여자 방식으로 로터 철심이 자화된다.
- 기관이 시동되면 스테이터 코일에서 발생한 교류는 실리콘 다이오드에 의해 절류된다.
- 기관 공전상태에도 발전이 가능하다.
- 기관 회전속도가 1000rpm이상이면 스테이터 코일에서 발생한 전류가 여자 다이오드를 통하 여 로터 코일에 공급된다.

## (3) 점화장치

연소실 안에 압축된 혼합기를 전기 불꽃으로 적절한 시기에 점화하여 연소시키는 장치

### 가) 점화회로의 작동

① **자기유도작용(1차회로)** : 코일에 흐르는 전류를 간섭하면 코일에 유도전압이 발생하는 작용
② **상호유도작용(2차회로)** : 하나의 전기회로에 자력선의 변화가 생겼을 때 그 변화를 방해하려고 다른 전기회로에 기전력이 발생하는 작용

### 나) 점화 스위치 : 축전지로부터 전원을 차단 또는 연결시키는 일종의 단속기

### 다) 점화코일

① 점화코일은 12V의 저압 전류(1차 전류)를 배전기의 포인트의 단속으로 인하여 15,000~ 20,000V의 고압전류(2차 전류)로 변전시키는 일종이 변압기
② 1차 코일에서는 자기유도작용과 2차 코일에서는 상호 유도작용을 이용

### 라) 배전기의 구조

점화코일에서 송전된 고압전류를 점화순서에 따라 각 실린더에 전달해 주는 역할을 한다.
① **단속부** : 점화플러그에 불꽃을 튀게 하기 위하여, 고전압을 발생시키기 위한 회로차단기
② **진각장치** : 점화플러그의 점화시기를 자동적으로 조절하는 장치
※ **진각장치의 구성품** : 포인트, 콘덴서, 로터 진각장치

### 마) 단속기 접점

접점이 닫혀 있을 때는 점화1차 코일에 전류를 흘려 자력선을 일으키며 열릴 때는 1차 전류를 차단하여 2차 코일에 전압을 발생시킴
※ 단속기를 두는 이유는 전류가 직류이기 때문이다.

### 바) 축전기(콘덴서)

단속기 접점과 병렬로 연결되어 있으며 은박지와 절연지를 감아 케이스에 들어가 있으며 접점이 열리면 1차 코일에 유기된 전류를 흡수하고, 접점이 닫히면

① 1차 코일에 전류의 흐름을 빠르게 한다.

② 접점의 소손을 방지하는 역할을 한다.

③ 2차 전압의 상승 역할을 한다.

### 사) 점화진각기구

기관의 회전속도가 빨라짐에 따라 점화시기도 빠르게 맞추어 주는 장치

① **원심진각기구** : 기관의 회전속도가 빨라짐에 따라 원심력에 의하여 원심추가 밖으로 벌어진다. 이 움직인 양만큼 단속기 접점의 열리는 시기가 빨라진다.

② **진공식 진각기구** : 흡기 매니폴드의 진공도에 따라 작용되며 기관의 부하가 걸려 있을 때의 상태에 따라 진각을 한다.

③ **옥탄 셀렉터** : 엔진연료의 옥탄가에 따라 점화 진각을 맞추어 놓은 것으로 조정기를 돌려 진각, 지연방향으로 점화시기를 조정한다.

### 아) 고압케이블 : 점화코일의 2차 단자와 배전기 캡의 중심단자를 연결하는 선과 배전기의 플러그 단자와 점화 플러그를 연결하고, 고압의 절연전선(저항은 약 10kΩ)

### 자) 점화 플러그(스파크 플러그)

배전기와 연결된 고압케이블을 통해 고전압, 전류를 받아 압축된 혼합기에 불꽃을 튀겨 동력을 얻게 하는 일을 한다.

① **점화 플러그의 구성**
- 전극, 절연체, 셀
- 간극 : 0.7~1.0mm

② 플러그는 기관이 운전되는 동안 적당한 온도(450 ~ 600℃)를 유지하고 있어야 한다.

③ 고압축비 고속회전에는 냉형 플러그를 사용한다.

④ 온도가 800℃이상에는 조기점화의 원인이 되기도 한다.

⑤ 저압축비 저속회전에는 열형 플러그를 사용한다.

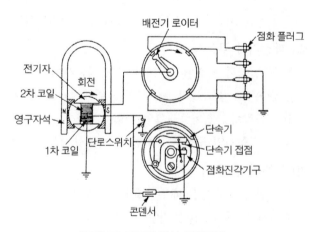

[그림10] 마그넷 방식 점화장치

## (4) 등화장치

### 가) 조명의 용어

① **광도** - 빛의 세기 단위는 칸델라(cd)

② **조도** - 빛의 밝기 단위 룩스(lux)

### 나) 전조등(헤드라이트)

① **시일드 빔** : 1개의 전구로 일체형임

② **세미 시일드빔** : 전구를 별개로 설치하는 형식

③ **할로겐 전조등**

- 할로겐 사이클로 흑화 현상이 없어 수명 말기까지 밝기가 변하지 않는다.
- 색 온도가 높아 밝은 백색광을 얻을 수 있다.
- 교행용 필라멘트 아래의 차광판에 의해 눈부심이 적다.
- 전구의 효율이 높아 매우 밝다.

### 다) 등화장치의 종류

① **전조등** : 일몰 시 안전주행을 위한 조명

② **안개등** : 안개 속에서 안전 주행을 위한 조명

③ **후진등** : 장비가 후진할 때 점등되는 조명등

④ **계기등** : 야간에 계기판의 조명을 위한 등

⑤ **방향지시등** : 기체의 좌우회전을 표시한다.

⑥ **제동등** : 발로 브레이크를 밟고, 있을 때 표시한다.

⑦ **차고등** : 차의 높이를 표시

⑧ **차폭등** : 차의 폭을 표시

⑨ **미등** : 차의 후면을 표시

⑩ **유압등** : 유압이 규정 이하로 내려가면 점등된다.

⑪ **충전등** : 축전기가 충전되지 않으면 점등된다.

⑫ **연료등** : 연료가 규정 이하로 되면 점등된다.

### 라) 등화장치의 고장원인

① **전조등의 조도가 부족한 원인**

- 전구의 설치 위치가 바르지 않았을 때
- 전구의 장시간 사용에 의한 열화
- 전조등 설치부 스프링의 피로
- 렌즈 안팎에 물방울이 부착되었을 때
- 반사경이 흐려졌을 때

② **좌우 방향지시등의 점멸회수가 다르거나 한쪽만 작동될 때의 원인**

- 전구의 용량이 다를 때
- 접지가 불량할 때
- 전구 하나가 단선되었을 때

③ **좌우 방향지시등의 점멸이 느린 경우의 원인**

- 전구의 용량이 규정보다 작을 경우
- 축전지 용량이 저하되었을 때
- 플래시 유닛에 결함이 있을 경우

④ **좌우 방향지시등의 점멸이 빠른 경우의 원인**

- 전구의 용량이 규정보다 크다.

# Chapter 2

# 내연기관

## 01 ▶ 내연기관 일반

내연기관이란 연료의 연소에 의해 발생하는 열에너지를 기계적인 일로 변화하는 장치이고, 작동유체로서 연료의 연소가스를 이용하는 것이다. 현재 농업용 동력원으로서 이용되는 기관은 피스톤, 크랭크 기구를 갖는 왕복동형 내연기관이 거의 대부분이다.

### (1) 내연기관의 분류

#### 가) 기계적 구조에 의한 분류

① **사이클** : 실린더에서 피스톤의 흡입, 압축, 팽창, 배기행정의 과정을 거쳐 처음의 상태로 환원되어 순환하는 과정

② **4행정 사이클** : 크랭크축이 2회전할 때 피스톤은 흡입, 압축, 팽창(폭발), 배기의 4행정을 하여 1사이클을 완성하는 기관

③ **2행정 사이클** : 크랭크축이 1회전으로 1사이클을 완성하는 기관으로 흡입 및 배기를 위한 독립적인 행정은 없다.

| 2사이클의 장점(4사이클의 단점) | 2사이클의 단점(4사이클의 장점) |
|---|---|
| · 매회전마다 폭발이 일어나므로 출력이 2배 (실제 1.7~1.8배)<br>· 밸브장치가 없으므로 구조가 간단하다.<br>· 왕복운동부분의 관성력이 완화된다.<br>· 밸브장치가 없으므로 연료캠의 위상만 바꾸면 역회전이 가능하다.<br>· 매회전마다 폭발이 일어나므로 회전력이 균일하다. | · 흡·배기 밸브가 동시에 열려 있는 시간이 길기 때문에 체적 효율이 낮다.<br>· 소음이 크다.<br>· 연료 및 윤활유 소비량이 많다.<br>· 흡·배기 때문에 피스톤 링의 손상이 많다.<br>· 저속과 고속에서 역화가 일어난다.<br>· 유효행정이 짧아 효율이 낮다. |

#### 나) 점화방식에 의한 분류

① **전기점화(불꽃 점화)** : 가솔린 기관과 LPG(LPI)기관의 점화방식

② **압축착화(자기착화)** : 디젤기관의 점화방식

#### 다) 실린더 배열에 의한 분류

① 일렬수직으로 설치한 직렬형

② 직렬형 실린더 2조를 V형으로 배열시킨 V형

③ V형 기관을 펴서 양쪽 실린더 블록이 수평면 상에 있는 수평 대향형

④ 실린더가 공통의 중심선상에서 방사선 모양으로 배열된 성형(방사형)

### 라) 실린더 안지름과 행정비율에 의한 분류

① **장행정 기관** : 실린더 안지름 보다 피스톤 행정의 길이가 큰 형식

② **정방형 기관** : 실린더 안지름과 피스톤 행정의 길이가 똑같은 형식

③ **단행정 기관** : 실린더 안지름이 피스톤 행정의 길이보다 큰 형식

### 마) 작동방식에 의한 분류

① **피스톤형**(왕복 운동형 또는 용적형)
   : 가솔린, 디젤, 가스기관

② **회전 운동형**(유동형) : 로터리 기관,
   가스터빈

③ **분사 추진형** : 제트기관, 로켓기관

### 바) 냉각방식에 의한 분류

① **공냉식** : 내연기관에서 발생되는 열
   을 외부의 공기를 이용하여 냉각시
   키는 방식

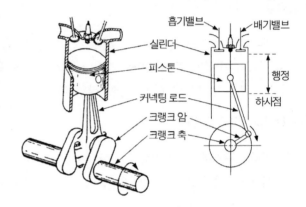

[그림11] 내연기관의 구조

□ 특징
- 구조가 간단하고 마력당 중량이 가볍다.
- 정상온도에 도달하는 시간이 짧다.
- 냉각수의 동결 및 누출에 대한 우려가 없다.
- 기후.운전상태 등에 따라 기관의 온도가 변화하기 쉽다.
- 냉각이 균일하지 못하다.

□ 형식
- 자연 통풍방식          • 강제 통풍방식

② **수냉식** : 내연기관에서 발생되는 열을 물자켓을 두고, 펌프를 이용하여 냉각수를 순환시키는
   방식

□ 수냉식의 종류
- 자연순환방식 : 물의 대류작용을 이용한 것으로 고성능 기관에는 부적합하다.
- 강제순환방식 : 물펌프를 이용하여 물 자켓 내에 냉각수를 강제 순환시키는 방식
- 압력순환방식 : 냉각계통을 밀폐시키고, 냉각수가 가열.팽창할 때의 압력이 냉각수에 압력을
   가하여 비등점을 높여 비등에 의한 손실을 줄일 수 있는 방식
- 밀봉 압력방식 : 냉각수 팽창압력과 동일한 크기의 보조 물탱크를 두고 냉각수가 팽창할
   때 외부로 유출되지 않도록 하는 방식

□ 수냉식 장치의 주요 구조
- 물자켓
- 물펌프
- 냉각팬
- 구동벨트(팬벨트)
- 라디에이터(방열기)
- 수온조절기

□ 라디에이터(방열기)
- 구비조건 : 단위면적당 방열량이 클 것
    공기 흐름 저항이 작을 것
    냉각수의 유동이 용이할 것
    가볍고 작으며 강도가 클 것
- 라디에이터 코어 막힘율

$$라디에이터\ 코어\ 막힘율 = \frac{신품용량 - 사용품용량}{신품용량} \times 100$$

□ 수온조절기(Thermostat) : 실린더 헤드 물자켓 출구에 설치되어 냉각수 온도를 알맞게 조절하는 기구
- 수온조절기의 종류 : 바이메탈형, 벨로즈형, 펠릿형

③ **부동액**

□ **부동액의 종류** : 메탄올(알코올), 에틸렌글리콜, 글리세린 등

□ 에틸렌글리콜의 특징
- 비등점(198℃)이 높고, 불연성이다.
- 응고점이 낮다.
- 누출되면 고질상태의 물질을 만든다.
- 금속을 부식시키고 팽창계수가 크다.

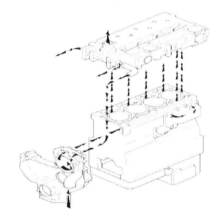

[그림12] 냉각수 흐름도

□ 부동액의 구비조건
- 물보다 비등점이 높고, 응고점은 낮을 것
- 휘발성이 없으며, 팽창계수가 작을 것
- 물과 혼합이 잘될 것
- 내식성이 크고, 침전물이 없을 것

## 02 내연기관의 구조

### (1) 내연기관의 주요 구조와 기능

**가) 실린더** : 실린더 내에서 피스톤이 왕복운동을 하면서 열에너지를 기계적인 에너지로 바꾸어 동력을 발생시키는 공간이자 부품이다.

수냉식 기관은 실린더를 물자켓으로 직접 둘러싸고 있는 방식과 간접적으로 둘러싸고 있는

방식이 있다. 공냉식은 냉각핀이 감싸고 있는 구조로 되어 있다.

**나) 실린더 헤드** : 실린더 블록과 가스켓, 실린더 헤드 순서로 되어 조립되어 있으며, 실린더와 함께 연소실을 형성한다. 헤드부는 기관의 머리역할을 하기 때문에 중요한 부품이다. 적정한 시기에 맞는 행정을 지시하고, 연료 분사, 불꽃점화장치 등 주요 구성품들이 같이 결합이 되어 있다.

① **실린더 헤드의 구비조건**

- 기계적인 강도가 높을 것
- 열전도성이 클 것
- 열변형에 대한 안정성이 있을 것
- 열팽창성이 작을 것
- 가볍고, 내식성과 내구성이 클 것

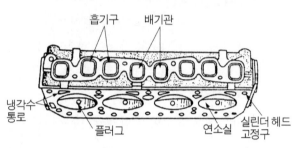

[그림13] 실린더 헤드

② **연소실** : 실린더 헤드에 의해 형성되며, 혼합가스의 연소와 연소가스의 팽창이 시작이 되는 부분이다.

- 화염전파에 소요되는 시간이 짧을 것
- 연소실 내의 표면적을 최소화시킬 것
- 가열되기 쉬운 돌출부분이 없을 것
- 압축행정에서 와류가 일어나도록 할 것
- 밸브 및 밸브구멍에 충분한 면적을 주어 흡·배기작용이 원활하게 할 것
- 배기가스에 유해성분이 적을 것
- 출력 및 열효율이 높을 것
- 노크를 일으키지 않을 것

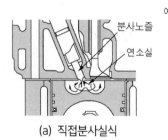
(a) 직접분사실식

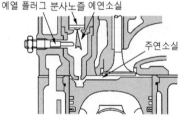
(b) 예연소실식

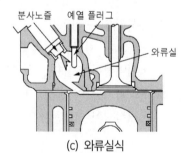
(c) 와류실식

[그림14] 연소실의 종류

③ **헤드 가스켓**

실린더 헤드와 실린더 블록의 접합면 사이에 끼워져 양쪽면을 밀착시키고 압축 가스, 냉각수 및 기관오일이 누출되는 것을 방지하기 위하여 사용되며 재질은 일반적으로 석면계열의 물질이다.

**다) 피스톤** : 연소가스의 압력을 받고, 측면부에서 변동하는 측압을 받으면서 크랭크축에 의해 실린
더 내를 왕복운동을 하는 부품

① **피스톤의 구성품** : 피스톤, 피스톤링, 피스톤핀, 스냅링

② **피스톤의 구조** : 피스톤 헤드, 링지대(링홈, 링홈과 홈사이를 랜드, 피스톤 스커트, 보스부

③ **피스톤의 구비조건**

- 고온 · 고압에서 견딜 것
- 열 전도성이 클 것
- 열팽창률이 적을 것
- 무게가 가벼울 것
- 피스톤 상호간의 무게 차이가 적을 것

④ **피스톤 링의 작용**

- 기밀유지
- 오일제거 작용
- 열전도작용

⑤ **피스톤 핀의 설치 방법**

[그림15] 피스톤

- 고정식 : 피스톤 핀을 피스톤 보스에 볼트로 고정하
  는 방식
- 반부동식 : 피스톤 핀을 커넥팅로드 소단부로 고정하는 방식
- 전부동식 : 피스톤 보스, 커넥팅로드 소단부 등 어느 부분에도 고정하지 않는 방식

---

피스톤의 평균 속도 $S = \dfrac{2RL}{60}$

여기서, $S$ : 피스톤의 평균속도(m/s)

$R$ : 엔진의 회전수(rpm)

$L$ : 피스톤의 행정(m)

---

**라) 커넥팅 로드** : 피스톤 핀과 크랭크 축을 연결하여
피스톤에 가해지는 폭발력을 크랭크축에 전달하는
부품으로 큰 변동하중을 받기 때문에 경량화가 되어
야 한다.

① **커넥팅 로드의 구성품** : 커넥팅 로드, 피스톤핀, 부
싱, 조립볼트

② **커넥팅 로드의 구조** : 소단부, 본체, 대단부

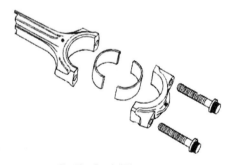

[그림16] 커넥팅 로드

**마) 크랭크축** : 각 실린더의 피스톤이 왕복운동을 회전 운동으로 바꾸기 위한 축

① **크랭크 축의 구성** : 커넥팅로드의 대단부와 연결되는 크랭크 핀, 메인베어링에 지지되는 크랭크 저널, 이 양축을 연결하는 크랭크 암의 평형을 잡아주는 평형추 등으로 구성

② **직렬 4기통의 점화 순서** : 좌수식 1-3-4-2, 우수식 1-2-4-3

③ **직렬 6기통의 점화 순서** : 좌수식 1-4-2-6-3-5, 우수식 1-5-3-6-2-4

※ **직렬 4기통(좌수식)의 점화 순서 맞추기**

| | 1번 실린더 | 2번 실린더 | 3번 실린더 | 4번 실린더 |
|---|---|---|---|---|
| 같은 시기<br>다른 행정 | 폭발 | 배기 | 압축 | 흡입 |
| | 배기 | 흡입 | 폭발 | 압축 |
| | 흡입 | 압축 | 배기 | 폭발 |
| | 압축 | 폭발 | 흡입 | 배기 |

**[예]** 3번실린더가 폭발을 할 때 1번실린더의 행정은? 배기

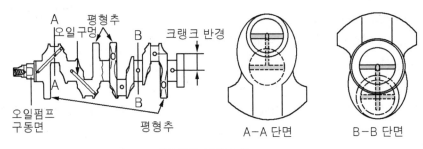

[그림17] 크랭크 축

**바) 플라이 휠** : 내연기관의 피스톤이 받는 가스압력과 왕복운동부분의 관성력에 의해 토크변동이 발생하는데 이때 토크 변동에 의해 회전속도가 균일하지 못하므로 속도변화를 실용상 지장이 없도록 감소시키기 위하여 설치한 장치

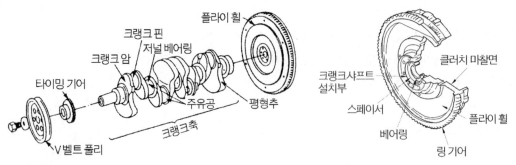

[그림18] 크랭크 축의 구조와 플라이 휠 명칭

**사) 크랭크 실** : 크랭크 축을 지지하는 메인베어링과 캠축이 설치되고, 크랭크실 상부에는 실린더가 장착되어 있다.

크랭크실 하부에는 윤활유를 넣는 오일팬이 있다. 중량에 의해 압축력, 폭발에 의한 인장력, 측방에 작용하는 힘 등이 작용하므로 튼튼하고, 강도가 높은 주물을 이용한다.

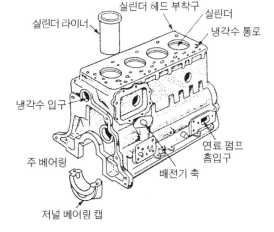

[그림19] 실린더 블록

## (2) 밸브 및 캠축 구동장치

### 가) 밸브 기구의 개요

① 4행정 기관은 폭발행정에 필요한 혼합기체를 실린더 내에 흡입하고, 연소가스를 배출하기 위하여 연소실에 밸브를 두며, 이 밸브의 개폐하는 기구를 밸브 기구라고 한다.

② **밸브 기구의 구성품** : 캠축, 밸브 리프터(태핏), 푸시로드, 로커암 축 어셈블리, 밸브 등

③ **밸브의 형태** : I-헤드(OHV), OHC형

- I-헤드(OHV) : 캠축, 밸브 리프터(태핏), 푸시로드, 로커암축 어셈블리, 밸브로 구성
- 흡·배기밸브 모두 실린더 헤드에 설치되어 밸브 리프터(태핏)와 밸브 사이에 푸시로드와 로커 암 축 어셈블리의 두 부품이 더 설치되어 밸브를 구동하는 형식
- OHC(Over Head Cam)형 : 캠축을 실린더 헤드 위에 설치하고 캠이 직접 로커 암을 구동하는 형식
  - . 흡입효율을 향상시킬 수 있다.
  - . 허용 최고 회전속도를 높일 수 있다.
  - . 연소 효율을 높일 수 있다.
  - . 응답성능이 향상된다.

④ **캠축의 구동방식**

- 기어구동방식
- 체인구동방식
- 벨트구동방식

### 나) 흡·배기 밸브

① **밸브의 구비조건**

- 높은 온도에서 견딜 수 있을 것
- 밸브 헤드부분의 열전도성이 클 것
- 높은 온도에서 장력과 충격에 대한 저항력이 클 것
- 무게가 가볍고, 내구성이 클 것

[그림20] OHC(Over Head Cam)

② **밸브의 구조** : 흡.배기 밸브는 밸브의 헤드, 밸브
마진, 밸브 면, 밸브 스템 등으로 구성
- 밸브간극을 두는 이유는 로커암과 밸브스템 사이
에 열팽창 때문
※ 오버랩(over lap) : 흡기밸브와 배기밸브가 동시
에 열려 있는 구간

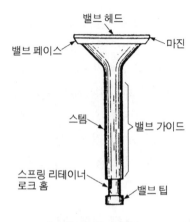

[그림21] 흡배기 밸브

## 03 기관의 성능

**(1) 도시(지시)마력** : 실린더 내에서 폭발압력을 측정한 마력(이론적 출력)

### 가) 4행정 사이클 기관의 도시마력

$$I_{ps} = \frac{P_{mi} \times A \times L \times R \times Z}{75 \times 60 \times 2} = \frac{P_{mi} \times V \times R \times Z}{900}$$

$$I_{kW} = \frac{P_{mi} \times A \times L \times R \times Z}{102 \times 60 \times 2} = \frac{P_{mi} \times V \times R \times Z}{1224}$$

$I_{ps}$: 도시마력(ps)      $I_{kW}$ : 도시마력(kW)

$P_{mi}$ : 도시평균 유효압력(kg$_f$ /cm$^2$)   $A$ : 실린더 단면적(cm$^2$)

$L$ : 피스톤 행정(cm)      $R$ : 회전속도(rpm)

$V$ : 행정체적(배기량, cc)    $Z$ : 실린더 수

### 나) 2행정 사이클 기관의 도시마력

$$I_{ps} = \frac{P_{mi} \times A \times L \times R \times Z}{75 \times 60} = \frac{P_{mi} \times V \times R \times Z}{450}$$

$$I_{kW} = \frac{P_{mi} \times A \times L \times R \times Z}{102 \times 60} = \frac{P_{mi} \times V \times R \times Z}{612}$$

$I_{ps}$: 도시마력(ps)      $I_{kW}$ : 도시마력(kW)

$P_{mi}$ : 도시평균 유효압력(kg$_f$ /cm$^2$)   $A$ : 실린더 단면적(cm$^2$)

$L$ : 피스톤 행정(cm)      $R$ : 회전속도(rpm)

$V$ : 행정체적(배기량, cc)    $Z$ : 실린더 수

**(2) 제동(축)마력** : 크랭크축에서 동력계로 측정한 마력이며, 실제기관의 출력으로 이용할 수 있다.

### 가) 4행정 사이클 기관의 제동마력

$$B_{ps} = \frac{P_{mb} \times A \times L \times R \times Z}{9000} = \frac{P_{mb} \times V \times R \times Z}{900}$$

$$B_{kW} = \frac{P_{mb} \times A \times L \times R \times Z}{12240} = \frac{P_{mb} \times V \times R \times Z}{1224}$$

$B_{ps}$ : 제동마력(ps)  $B_{kW}$ : 제동마력(kW)

$P_{mb}$ : 제동평균유효압력(kg$_f$)  $A$ : 실린더 단면적(cm$^2$)

$L$ : 피스톤 행정(cm)  $R$ : 회전속도(rpm)

$Z$ : 실린더 수  $V$ : 행정체적(배기량, cc)

### 나) 2행정 사이클 기관의 제동마력

$$B_{ps} = \frac{P_{mb} \times A \times L \times R \times Z}{4500} = \frac{P_{mb} \times V \times R \times Z}{450}$$

$$B_{kW} = \frac{P_{mb} \times A \times L \times R \times Z}{6120} = \frac{P_{mb} \times V \times R \times Z}{612}$$

$B_{ps}$ : 제동마력(ps)  $B_{kW}$ : 제동마력(kW)

$P_{mb}$ : 제동평균유효압력(kg$_f$)  $A$ : 실린더 단면적(cm$^2$)

$L$ : 피스톤 행정(cm)  $R$ : 회전속도(rpm)

$Z$ : 실린더 수  $V$ : 행정체적(배기량, cc)

## (3) 회전력(토크)과 마력의 관계

### 가) 회전력(토크)

$$P = \frac{2\pi n T}{60000}$$

$P$ : 동력(kW)  $T$ : 토크(N·m)  $n$ : 회전속도(rpm)

### 나) 마력(PS)

$$B_{ps} = \frac{W_b}{75 \times 60} = \frac{T \times R}{716}$$

$B_{ps}$ : 제동마력(PS)  $W_b$ : 크랭크 축의 일량(kg$_f$·m/min)

$T$ : 회전력(kg$_f$·m)  $R$ : 회전속도(rpm)

### 다) 전력(kW)

$$B_{kW} = \frac{W_b}{102 \times 60} = \frac{T \times R}{974}$$

$B_{kW}$: 제동마력(PS)    $W_b$ : 크랭크 축의 일량(kgf·m/min)

$T$ : 회전력(kgf·m)       $R$ : 회전속도(rpm)

## 04  기관의 연료

### (1) 원유의 정제

#### 가) 원유 정제 순서

원유 → LPG(-42~-1℃) → 휘발유(30~180℃) → 등유(170~250℃) → 경유(240~350℃)
→ 윤활유(350℃이상)

#### 나) 연료의 종류

① **파라핀계** : $C_n H_{2n+2}$

② **나프텐계** : $C_n H_{2n}$

③ **올레핀계** : 다이 올레핀계 $C_n H_{2n-2}$, 모노 올레핀계 $C_n H_{2n}$

④ **방향족계** : $C_n H_{2n-6}$

### (2) 가솔린(휘발유)

#### 가) 가솔린의 조건

- 발열량이 클 것          - 불붙는 온도(인화점)가 적당할 것
- 인체에 무해할 것         - 취급이 용이할 것
- 연소 후 탄소 등 유해 화합물을 남기지 말 것
- 온도에 관계없이 유동성이 좋을 것
- 연소 속도가 빠르고, 자기 발화온도가 높을 것

#### 나) 옥탄가 : 연료의 내폭성을 나타내는 수치

$$옥탄가 = \frac{이소옥탄}{이소옥탄 + 노말헵탄} \times 100$$

#### 다) 가솔린 기관의 연소과정 : 실린더 내에서 연료의 연소는 매우 짧은 시간에 이루어지나 그 과정은
점화 → 화염전파 → 후연소의 3단계로 나누어진다.

### 라) 가솔린 기관의 노크 방지방법

- 화염의 전파거리를 짧게 하는 연소실 형상
- 자연 발화온도가 높은 연료를 사용
- 동일 압축비에서 혼합가스의 온도를 낮추는 연소실 형상
- 연소속도가 빠른 연료를 사용
- 점화시기를 늦출 것
- 고옥탄가의 연료 사용
- 퇴적된 카본을 제거
- 혼합가스를 농후할 것

### 마) 가솔린 연료 장치

① **기화기** : 일정비율의 연료와 공기를 혼합하여 혼합기체를 만드는 장치
② **기화기의 구성품** : 벤추리, 메인노즐, 플로트실, 플로트, 니들밸브, 쵸크밸브, 교축밸브, 에어브리드, 공운전 노즐, 조속노즐 등으로 구성

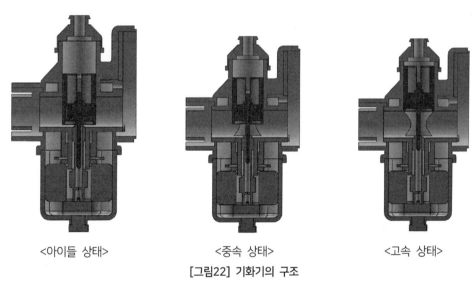

&lt;아이들 상태&gt;      &lt;중속 상태&gt;      &lt;고속 상태&gt;

[그림22] 기화기의 구조

③ **분사방식 : 연속분사, 정시분사**
- 연속분사 : 흡기관 내 연속분사와 흡기공 내 연속분사
- 정시분사 : 흡기공 내 정시분사와 실린더 내 정시분사

### 바) 전기점화 장치

① **점화방식** : 마그네트 점화, 축전지 점화
② 농업용의 가솔린 기관은 대부분 마그네트 점화방식을 채택하여 활용한다.
③ **점화플러그** : 2차 코일에서 발생한 고전류를 중앙전극으로 통하여 접지전극과의 틈새에서 불꽃을 일으켜 혼합기를 점화하는 역할을 함

## (3) 디젤(경유)

### 가) 디젤의 구비조건

- 착화성이 좋을 것
- 세탄가가 높을 것
- 불순물이 없을 것
- 황함유량이 적을 것
- 점도가 적당할 것
- 발열량이 클 것

### 나) 세탄가 : 연료의 착화성은 세탄가로 표시한다.

$$세탄가 = \frac{세탄}{세탄 + \alpha메틸나프탈린} \times 100$$

### 다) 디젤기관의 연소과정 : 착화지연 기간 → 화염전파 기간 → 직접연소 기간 → 후연소 기간의 4단계로 연소한다.

### 라) 디젤 기관의 노크 방지 방법

- 착화성이 좋은 연료를 사용하여 착화지연 기간을 짧게 한다.
- 압축비를 높여 압축온도와 압력을 높인다.
- 분사개시 때 연료 분사량을 적게하여 급격한 압력상승을 억제한다.
- 흡입공기에 와류를 준다.
- 분사시기를 알맞게 조정한다.
- 기관의 온도 및 회전 속도를 높인다.

| 디젤기관의 장점(가솔린기관의 단점) | 디젤기관의 단점(가솔린기관의 장점) |
|---|---|
| · 압축비가 높기 때문에 열효율이 높다.<br>· 고장이 자주 일어나는 전기점화 장치나 기화기 장치가 없어 고장이 적다.<br>· 저질 연료를 사용할 수 있으므로 연료비가 적게 든다.<br>· 연료의 인화점이 높기 때문에 화재의 위험성이 적고 안전성이 높다.<br>· 저속에서 회전력이 크다.<br>· 대형, 대출력이 가능하다. | · 마력당 중량이 무겁다.<br>· 소음과 진동이 크다.<br>· 평균 유효압력이 낮다.<br>· 정밀가공이 필요하다.<br>· 추운계절에 시동이 어렵다.<br>· 단위 배기량당 출력이 작다.<br>· 배기가스의 유독성이 많다. |

### 마) 디젤 연료장치

① **연료 공급펌프** : 연료를 흡입하여, 가압한 다음 분사펌프로 공급해 주며 연료 계통의 공기빼기 작업 등에 사용하는 프라이밍 펌프가 있다.

② **연료 여과기** : 연료 내의 먼지나 수분을 제거 분리한다.

③ **연료 분사펌프** : 연료 공급펌프에서 공급된 연료를 펌프에 의해 고압으로 변화시켜 고압관으로 연료를 전달하는 역할을 한다.

④ **딜리버리 밸브** : 분사 펌프에서 압력이 가해진 연료를 분사노즐로 압송하는 밸브이며, 연료의 역류와 후적을 방지하고, 고압 파이프 내에 잔압을 유지한다.

⑤ **조속기(거버너)** : 기관의 회전속도 및 부하에 따라 연료 분사량을 조정해주는 장치

⑥ **분사노즐** : 분사펌프에서 보내진 고압의 연료를 미세한 안개형태로 연소실내에 분사하는 부품

　• 분사노즐의 종류 : 개방형 노즐

　　밀폐형 노즐(구멍형, 핀틀형, 스로틀형)

⑦ **디젤기관의 시동 보조장치**

　• 감압장치

　• 예열장치 : 예열플러그 방식, 흡기가열 방식

## 바) 디젤기관 연소실 종류

### ① 직접분사실식 장점 및 단점

| 직접 분사실식의 장점 | 직접 분사실식의 단점 |
|---|---|
| · 연소실이 간단해 냉각손실이 적다.<br>· 기관 시동이 용이하다.<br>· 열효율이 높고, 연료소비율이 적다. | · 분사압력이 높아 연료장치의 수명이 짧다.<br>· 사용연료의 변화에 민감하다.<br>· 노크 발생이 쉽다. |

### ② 예연소실식 장점 및 단점

| 예연소실식의 장점 | 예연소실식의 단점 |
|---|---|
| · 분사압력이 낮아 연료장치의 수명이 길다.<br>· 사용 연료 변화에 둔감하다.<br>· 운전 상태가 정숙하고 노크 발생이 적다. | · 연소실 표면적 대 체적비가 커 냉각손실이 크다.<br>· 겨울철 시동 시 예열플러그가 필요하다.<br>· 큰 출력의 기동 전동기가 필요하다.<br>· 구조가 복잡하고, 연료소비율이 비교적 크다. |

### ③ 와류실식 장점 및 단점

| 와류실식의 장점 | 와류실식의 단점 |
|---|---|
| · 압축행정에서 발생하는 강한 와류를 이용하므로 회전속도 및 평균 유효압력이 높다.<br>· 분사압력이 비교적 낮다.<br>· 회전속도 범위가 넓고, 운전이 원활하다.<br>· 연료 소비율이 비교적 적다. | · 실린더 헤드의 구조가 복잡하다.<br>· 연소실 표면적에 대한 체적비가 커 열효율이 낮다.<br>· 저속에서 노크 발생이 크다.<br>· 겨울철에 시동에서 예열플러그가 필요하다. |

## 사) 배출가스

### ① 엔진에서 배출되는 가스

　• 배기가스 : 주성분은 수증기와 이산화탄소이며, 이외에 일산화탄소, 탄화수소, 질소산화물, 탄소입자 등이 있으며, 이중에서 일산화탄소, 질소산화물, 탄화수소 등이 유해물질이다.

　• 블로바이가스 : 실린더와 피스톤 간극에서 크랭크 케이스로 빠져 나오는 가스를 말하며, 70 ~95% 정도가 미연소 가스인 탄화수소이고, 나머지가 연소가스 및 부분 산화된 혼합가스이다.

• 연료증발 가스 : 연료증발 가스는 연료 장치에서 연료가 증발하여 대기중으로 방출되는 가스이며, 주성분은 탄화수소이다.

② **배기가스의 유독성 및 발생농도**

  □ **일산화탄소**

• 불완전 연소할 때 다량 발생한다.

• 혼합가스가 농후할 때 발생량이 증가된다.

• 촉매 변환기에 의해 이산화탄소로 전환이 가능하다.

• 일산화탄소를 흡입하면 인체의 혈액 속에 있는 헤모글로빈과 결합하기 때문에 수족 마비, 정신 분열 등을 일으킨다.

  □ **탄화수소** : 농도가 낮은 탄화수소는 호흡기 계통에 자극을 줄 정도이지만 심하면 점막이나 눈을 자극하게 된다.

  □ **탄화수소의 발생원인**

• 농후한 연료로 인한 불완전 연소할 때 발생한다.

• 화염전파 후 연소실 내의 냉각작용으로 타다 남은 혼합가스이다.

• 희박한 혼합가스에서 점화, 실화로 인해 발생한다.

  □ **질소산화물** : 질소산화물은 기관의 연소실 안이 고온 고압이고 공기과잉일 때 주로 발생되는 가스로 광화학 스모그의 원인이 된다.

  □ **질소산화물 발생원인**

• 질소는 잘 산화하지 않으나 고온고압 및 전기 불꽃 등이 존재하는 곳에서는 산화하여 질소산화물을 발생시킨다.

• 연소온도가 2000℃이상인 고온연소에서는 급격히 증가한다.

• 질소산화물은 이론공연비 부근에서 최댓값을 나타내며, 이론 공연비보다 농후해지거나 희박해지면 발생률이 낮아진다.

## 05 윤활장치

**(1) 윤활유** : 마찰면에 유막을 형성하여 마찰, 마모를 감소시키고 원활한 운동을 하게 한다.

**가) 윤활유의 작용**

① 마찰 감소 및 마멸 방지 작용      ② 기밀유지 작용

③ 냉각(열전도) 작용      ④ 세척(청정) 작용

⑤ 응력분산(충격완화) 작용      ⑥ 부식방지(방청) 작용

### 나) 윤활유의 구비조건

① 점도지수가 높고, 점도가 적당할 것

② 인화점 및 발화점이 높을 것

③ 유막을 형성할 것

④ 응고점이 낮을 것

⑤ 비중과 점도가 적당할 것

⑥ 열과 산에 대해 안정성이 있을 것

⑦ 카본생성이 적고, 기포발생에 대한 저항력이 클 것

※ **점도지수** : 윤활유가 온도변화에 따라 점도가 변화하는 것을 말하며, 점도지수가 클수록 점도 변화가 적다. 그리고 윤활유의 가장 중요한 성질은 점도이다.

### 다) 윤활유의 분류

① **SAE(미국의 자동차 협회)** : SAE 기준에 의한 분류는 점도에 따라 분류한다.

　[예] SAE 30

② **API(미국의 석유 협회)** : API 기준에 의한 분류는 운전 상태의 가혹도에 따라 분류한다.

　[예] 가솔린(ML, MM, MS), 디젤(DG, DM, DS)

### 라) 윤활장치의 구성부품

① **오일팬(크랭크 케이스)** : 윤활유의 조정과 냉각작용을 하며, 내부에 섬프가 있어 기관이 기울어 졌을 때에도 윤활유가 충분히 고여 있게 하며, 또 배플은 급정지할 때 윤활유가 부족해지는 것을 방지한다.

② **펌프 스트레이너** : 오일팬 내의 윤활유를 오일펌프로 유도해 주며, 1차 여과작용을 한다.

③ **오일 펌프** : 오일 팬 내의 오일을 흡입하고 가압하여 각 윤활부분으로 공급하는 장치이며, 종류에 따라 펌프의 종류는 기어 펌프, 플런저 펌프, 베인 펌프, 로터리 펌프 등이 사용된다.

④ **오일 여과기** : 윤활유 속의 금속분말, 카본, 수분, 먼지 등의 불순물을 여과하는 역할을 하며, 여과방식에는 전류식, 분류식, 샨트식 등이 있다.

　• 전류식 : 오일펌프에서 공급된 윤활유 전부를 여과기를 통하여 여과시킨 후 윤활부분으로 공급하는 방식

　• 분류식 : 오일펌프에서 공급된 윤활유 일부는 여과하지 않은 상태로 윤활부분으로 공급하고, 나머지 윤활유는 여과기로 여과시킨 후 오일 팬으로 되돌려 보내는 방식

　• 샨트식 : 오일펌프에 공급된 윤활유 일부는 여과되지 않은 상태로 윤활부분에 공급되고, 나머지 윤활유는 여과기에서 여과된 후 윤활부분으로 보내는 방식

⑤ **유압 조절밸브(릴리프 밸브)** : 윤활회로 내의 유압이 규정값 이상으로 상승하는 것을 방지하며, 유압이 높아지는 원인과 낮아지는 원인은 다음과 같다.

　□ 유압이 높아지는 원인

　• 기관의 온도가 낮아 점도가 높아졌다.

- 윤활회로에 막힘이 있다.
- 유압조절 밸브 스프링 장력이 크다.

☐ 유압이 낮아지는 원인

- 오일간극이 과다하다.
- 오일펌프의 마모 또는 윤활회로에서 누출된다.
- 윤활유 점도가 낮다.
- 윤활유 양이 부족하다.

⑥ **유압 경고등** : 윤활계통에 고장이 있으면 점등되는 방식이다.

☐ 기관이 회전중에 유압경고등이 꺼지지 않는 원인

- 기관 오일량이 부족하다.
- 유압스위치와 램프 사이 배선이 접지 또는 단락되었다.
- 유압이 낮다.
- 유압스위치가 불량하다.

⑦ **크랭크 케이스 환기장치(에어브리더)**

- 자연 환기방식과 강제 환기방식이 있다.
- 오일의 열화를 방지한다.
- 대기의 오염방지와 관계한다.

## 마) 기관의 오일점검 방법

① 기관이 수평선 상태에서 점검한다.
② 오일양을 점검할 때는 시동을 끈 상태에서 한다.
③ 계절 및 기관에 알맞은 오일을 사용한다.(최근에는 4계절용을 사용한다.)
④ 오일은 정기적으로 점검, 교환한다.

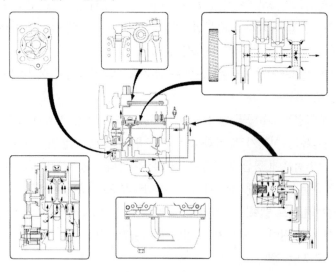

[그림23] 오일 흐름도

## ① 트랙터의 기능

① 각종 작업기 및 운반용 트레일러 등을 견인하는데 사용되는 특수목적의 차량이다.

② 견인력을 이용하는 작업기 이외에 회전동력을 이용하여 로타리, 모워 등의 구동형 작업기에 동력을 공급하기 위해 개발되어 다용도로 활용하고 있다.

③ 동력의 전달뿐만 아니라 유압장치 및 작업이 용이성과 편리성, 안전성을 개선하여 사용하고 있다.

## ② 트랙터의 종류

### (1) 주행 장치에 따른 분류

① **차륜형** : 바퀴로 된 가장 일반적인 형태의 트랙터

• 단륜형, 2륜형, 3륜형, 사륜형, 다륜형

② **궤도형** : 무한궤도로 되어 있어 접지압이 차륜형 트랙터의 1/4이하로 작아 침하가 작고, 큰 견인력을 발휘한다.

• 연약한 지반이나 습지에서 농작업 및 개간 등에 적합

• 가격이 비싸다.

③ **반궤도형** : 차륜형과 궤도형을 병용한 것으로 중간적인 성능을 갖고 있으나, 이용은 적은 편이다.

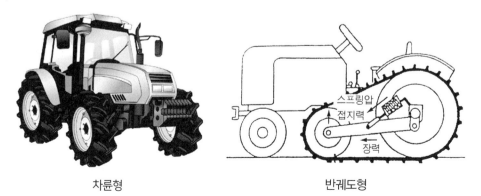

차륜형                           반궤도형

[그림24] 트랙터의 종류

## (2) 사용형태의 의한 분류

① **보행 트랙터** : 단륜 또는 2륜의 단일축 구동 트랙터로서 운전자가 보행하면서 작업하는 형태의 트랙터(경운기도 이에 포함된다.)

② **승용 트랙터** : 본체에 운전석이 있어 운전자가 탑승하여 조작할 수 있는 형태의 트랙터
- 2륜 구동형(2WD) : 전후 차축중 어느 한 축에만 기관의 동력을 전달하여 차륜을 구동시키는 것으로 트랙터에서는 뒤 차축을 구동시키는 후륜 구동형이 사용된다.
- 4륜 구동형(4WD) : 전후 모든 차축에 기관의 동력을 전달하여 모든 차륜의 회전시키는 것으로 2륜 구동만으로 충분한 견인력을 얻을 수 없는 토양이나, 작업조건에서 사용되며 선택적으로 사용하는 경우가 대부분이다.

## (3) 용도에 의한 분류

① **표준형 트랙터** : 주로 견인작업에 알맞게 설계된 트랙터로 작업기는 견인봉에 의해 트랙터 후방에서 견인하여 사용하는 트랙터

② **범용 트랙터** : 경운, 쇄토, 방제, 수확 등에 널리 이용될 수 있는 형식의 트랙터로 최저 지상고가 높다.(우리나라에서 가장 많이 사용하는 형태)

③ **과수원용 트랙터** : 수목 사이 및 수목 아래에서 작업할 때 수목에 손상을 주지 않으면서 주행할 수 있도록 설계된 트랙터

④ **정원용 트랙터** : 정원 관리를 위해 설계된 15kW이하의 소형 트랙터
- 플라우, 모워, 청소기, 제설기, 불도저 등의 작업기를 부착하여 사용한다.

⑤ **동력경운기**

⑥ **특수 트랙터**
- 툴 캐리어 : 독일, 소련 등에서 사용되는 것으로 여러 가지 작업기를 장착하여 작업하는 형태
- 만능 트랙터 : 보통의 자동차와 트랙터의 중간적인 성질을 가지고 있으며, 운반 작업을 포함하여 농작업용으로 많이 사용된다.
- 경사지용 트랙터 : 경사지의 등고선을 따라 작업할 때 좌우 차륜의 높이를 상하로 조절하여 기체를 수평으로 유지하면서 작업할 수 있는 트랙터
- 텐덤 트랙터 : 4륜형 트랙터의 후방에 전륜이 없는 별도의 트랙터를 연결하여 2대의 트랙터로서 큰 견인력을 얻을 수 있게 한 것으로 운전은 뒤쪽 트랙터에서 한다.
- 분절 조향 트랙터 : 트랙터의 차체를 전후로 나눈 뒤 양자를 힌지로 연결하여 결합한 형태의 것으로 전후 차체를 분절시켜 조향하므로 조종성, 조향성 및 지형에 대한 적응성이 우수하여 대형 트랙터에 사용되고 있다.
- 양방향 트랙터 : 전진, 후진 어느 방향으로도 작업이 가능한 트랙터로서 전후부에 작업기를 장착하면 어느 쪽에서나 P.T.O 동력을 이용할 수 있으며, 운전석도 180°회전시킬 수 있다.

### ❸ 트랙터의 동력전달장치

엔진 → 클러치 → 변속기 → 차동장치 → 최종구동장치 순서로 동력이 전달된다.

## (1) 클러치(원판클러치 사용)

① **기능** : 기관과 변속기 사이에 설치되어 있으며 시동하거나 변속할 때 혹은 기관을 정지하지 않고, 트랙터를 정차시킬 때 사용한다.

② **작동원리** : 클러치 페달을 밟으면, 클러치 릴리스 베어링이 릴리스 레버를 밀어 압력판의 스프링을 완화하고, 마찰판과 플라이휠을 분리하여 동력을 차단한다.

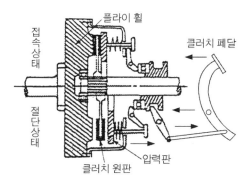

[그림25] 클러치

## (2) 변속기

수행할 작업이나 견인부하에 따라 작업 속도를 효과적으로 조절할 수 있도록 광범위한 변속비를 가져야 한다.

① **기어식** : 미끄럼 기어식, 상시물림 기어식, 동기물림 기어식, 유성기어식

- 미끄럼 기어식 : 변속 포크로 주축의 기어를 미끄러지게 하여 변속축 기어에 물리게 하는 가장 간단한 변속방식
- 상시물림 기어식 : 주축과 변속축의 기어를 항상 연결해 두고, 슬라이딩 칼라를 이용하여 필요한 주축의 기어를 주축과 일체로 결합하여 변속하는 방식
- 동기물림 기어식 : 상시물림 기어식의 슬라이딩 칼라가 주축과 같은 속도에서 물릴 수 있도록 동기장치를 설치한 것으로 주축을 정지시키지 않고, 신속히 변속할 수 있는 장점이 있다.
- 유성 기어식 변속기 : Sun 기어, 링기어, 캐리어 및 유성기어로 구성되며, 동력을 차단하지 않고, 변속할 수 있는 특징이 있다.

② **유압식 변속기**

- 가변용량형 유압펌프를 회전형 실린더에 여러 개 피스톤을 설치하여 실린더를 회전함에 따라 사판의 기울기에 의하여 피스톤이 펌프 작용을 하도록 한다. 사판의 기울기에 따라 피스톤의 행정이 변화되어 펌프로부터 배출되는 유량이 변화되고, 이것이 차륜을 구동하는 유압모터의 속도변화를 시켜 변속하게 되는 방식

## (3) 차동장치(Differential)

트랙터가 선회하는 경우에는 안쪽 차륜보다 바깥쪽 차륜의 회
전속도가 빨라야 한다. 이와 같이 트랙터가 선회하거나 혹은 좌우
차륜에 작용하는 구름저항이 다를 때, 구동 차축의 속도비를 자동
적으로 조절해 주는 장치

## (4) 차동잠금장치(Differential Lock)

트랙터가 지표 상태나 작업상황 등에 의하여 한쪽 바퀴에 슬립
이 일어나 공회전할 때에는 좌우 차륜의 저항 차이에 의하여 다른
쪽 바퀴가 정지하게 되므로 더 이상 진행할 수 없게 된다. 이때
한쪽 차륜의 공회전할 때에는 차동작용이 일어나지 않도록 만든
장치

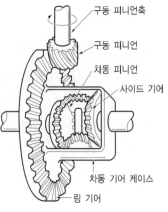

구동 피니언축
구동 피니언
차동 피니언
사이드 기어
차동 기어 케이스
링 기어

[그림26] 차동장치

## (5) 최종구동장치(최종감속장치)

동력전달장치에서 마지막으로 감속하는 장치

## (6) P.T.O(동력취출장치)

기관의 동력을 로터베이터, 모어, 베일러, 양수기 등 구동형 작업기에 전달하기 위한 장치로 스플라
인 기어형태로 되어 있다.

① **동력전달 방식**
- **변속기 구동형 동력취출장치** : 트랙터의 주클러치와 변속기를 통하여 동력이 전달되는 형식
  으로, 동력취출축은 주클러치가 연결된 경우에만 회전하며 트랙터가 정지하면 동력취출축도
  동시에 정지하는 형식
- **상시 회전형 동력취출장치** : 트랙터가 정지하더라도 동력취출축으로 동력을 전달할 수 있는
  형식
- **독립형 동력취출장치** : 주행과 정지에 관계없이 동력취출축으로 동력을 전달하거나 차단할
  수 있는 형식
- **속도비례형 동력취출장치** : 트랙터의 주행속도와 동력취출축의 회전속도가 비례하도록 만든
  형식

## ④ 트랙터의 주행장치

## (1) 주행장치의 기능

① 차체 하중을 지지한다.
② 불규칙한 노면에서 유발되는 진동을 완화한다.

③ 조향할 때 차체의 안정을 기할 수 있다.

④ 구동과 제동할 때 충분한 추진력을 낼 수 있다.

## (2) 공기 타이어

공기로 채워진 트로이드 형상으로 되어 있으며, 내부에는 연성과 탄성이 높은 면사와 화학사로 감은 고무층이 접착되어 카캐스를 형성하고 있다.

## (3) 타이어의 크기

11.2 - 24로 표시한다.

⇒ 단면의 직경이 11.2인치, 림의 직경이 24인치

## (4) 철차륜

도로와 같은 단단한 지표면에서는 주행하기 부적합하기 때문에 거의 사용하지 않지만 큰 견인력을 필요로 할 경우에는 사용한다.

## ⑤ 트랙터의 조향장치

## (1) 조향장치

조향핸들 → 조향기어 → 피트만 암 → 드래그 링크 → 조향 암 → 너클 암 → 타이로드 → 너클암

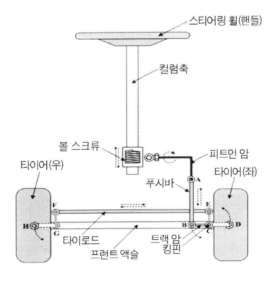

[그림27] 조향장치의 동력전달

## (2) 바퀴의 정렬

앞바퀴는 조작되면서도 안정을 유지하기 위해 일정한 각도를 주어 부착되어 있으며, 이를 바퀴의 정렬(Wheel alignment)라고 한다.

① **캠버각** : 트랙터를 앞에서 보았을 때 연직면과 차륜 평면이
이루는 각을 캠버각이라고 한다.
- 수직하중이나 구름저항 등에 의한 비틀림을 적게하여 주
행을 안정적으로 유지한다.

② **킹핀각** : 킹핀의 중심선과 수직선이 이루는 각을 킹핀각이
라고 한다.
- 주행중에 생기는 저항에 의한 킹핀의 회전모멘트가 작아
져 조향조작을 경쾌하게 한다.

③ **캐스터각** : 킹핀을 측면에서 보았을 때 킹핀의 중심선과
수직선이 이루는 각을 캐스터각이라고 한다.
- 노면의 저항을 적게 받아 진행방향에 대한 직진성을 좋게 한다.

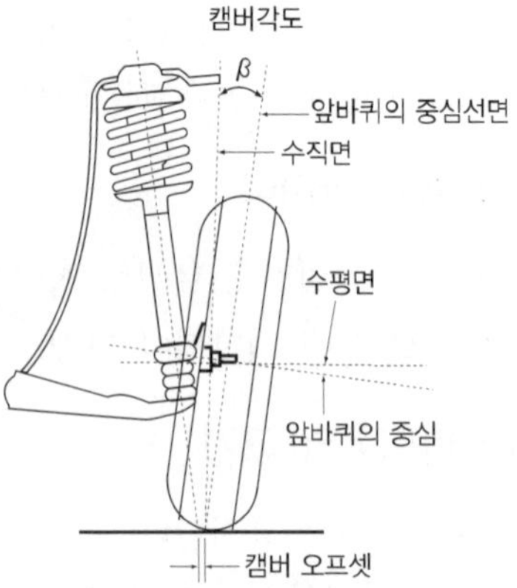

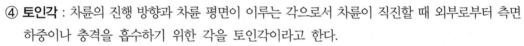

[그림28] 캠버각

④ **토인각** : 차륜의 진행 방향과 차륜 평면이 이루는 각으로서 차륜이 직진할 때 외부로부터 측면
하중이나 충격을 흡수하기 위한 각을 토인각이라고 한다.
- 직진성을 좋게 하고, 토인각이 크면 타이어의 마모가 심하고, 구름 저항이 크다.

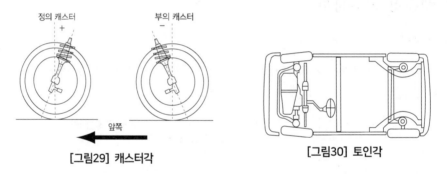

[그림29] 캐스터각

[그림30] 토인각

## (3) 동력조향장치

유압펌프를 이용하여 조향실린더, 제어밸
브, 유압 케이블 등으로 구성되며 조향에 필요
한 유압을 형성하게 된다.

① **완전유압식** : 조향핸들과 앞바퀴 사이
에 기계식 조향 기구가 없는 것으로 유
압 기계식에 비하여 기계식 조향 기구
를 설치하는데 따른 장소나 방법 등에
제한을 받지 않고, 가격이 저렴하다.

② **유압기계식** : 유압장치와 함께 기계식
드래그 링크가 사용된 조향장치로, 유

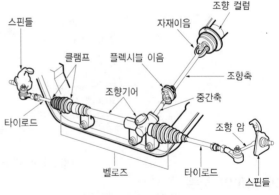

[그림31] 동력 조향장치

압으로 드래그링크를 구동하고, 기계식 드래그 링크로는 앞 바퀴의 슬립각을 결정한다.

## ❻ 트랙터의 제동장치

최종구동축이나 차동장치의 중간축에 설치되는 경우가 많다. 또한 제동장치가 좌측, 우측 2개로 나누어져있어 작업 중 조향에서는 회전반경을 작게하여 효율을 높이지만 도로를 주행 시에는 좌측과 우측을 연결하여 사용해야 한다.

### (1) 제동장치의 방식

① **밴드 브레이크(외부 수축식)** : 브레이크 페달을 밟으면 브레이크 밴드 위의 브레이크 라이닝이 회전하고, 드럼에 밀착되어 제동되는 형식

② **내부 확장식** : 원통형브레이크 드럼의 내부에 라이닝이 부착되어 있는 브레이크 슈가 있다. 페달을 밟으면 캠이 회전하여 브레이크 슈를 확장시켜 라이닝이 브레이크 드럼의 안쪽에 밀착하여 제동이 걸린다.

③ **원판식** : 페달을 밟으면 작동원판이 볼에 의해 구동마찰원판을 마찰면에 접촉시켜 제동을 하게 된다.

④ **유압 브레이크** : 브레이크 페달을 밟으면 마스터 실린더의 피스톤이 오일을 압송하여 휠실린더에 보낸다. 이 오일은 다시 피스톤을 밀어 내부 수축식에서 브레이크 드럼과 브레이크 슈의 라이닝, 원판식에서는 브레이크 원판과 브레이크 마찰판을 밀착하게 하여 제동하게 된다.

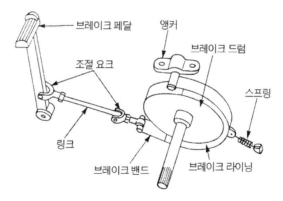

[그림32] 브레이크 방식의 종류

## ❼ 트랙터의 작업기 부착방식

### (1) 작업기 부착방식

① **견인식** : 견인봉에 트레일러와 바퀴가 달린 플라우 등의 작업기를 연결하여 견인하는 방법

② **장착식** : 작업기를 트랙터에 직접 연결하여, 작업기의 모든 중량을 트랙터에 지지하는 방법
 - 프레임 장착식, 3점링크히치식, 평행링크 히치식 등

③ **반장착식**: 대형의 다련 플라우와 같이 트랙터로 작업기의 모든 중량을 지지할 수 없는 경우에는 작업기의 한쪽 끝을 3점링크 히치의 하부링크 등에 부착하여 작업기의 중량 일부를 지지하고 나머지 중량은 작업기의 보조 바퀴 등으로 지지하는 방법

## ⑧ 유압장치

### (1) 유압 시스템의 구성요소

유압펌프, 오일탱크, 유압실린더, 축압기, 유압모터, 오일 여과기, 각종 밸브, 오일 냉각기, 각종 배관, 압력계, 유량계 등

① **유압펌프** : 기계적 동력을 유압 동력으로 전환하는 장치
- **기어펌프** : 두 개의 기어중 한쪽 기어를 외부동력으로 회전시켜 다른쪽 기어와 맞물려 돌리게 된다. 입구로 흘러 들어온 오일은 기어 이와 이사이의 공간에 갇혀 출구로 흘러나온다. 이런 형태의 기어펌프를 정량 펌프라고 한다.
- **베인 펌프** : 회전자에 베인이 방사방향으로 움직일 수 있는 홈을 가지고 있어, 원심력에 의해 베인(깃)의 끝이 펌프의 하우징에 밀착되어 오일을 밀어내는 펌프
- **피스톤 펌프** : 피스톤이 회전하는 실린더 배럴 내에 있으며 피스톤 슈가 캠 플레이트를 따라 미끄러지면서 피스톤은 실린더 내경을 강제로 왕복운동하게 될 때, 밀어주는 힘으로 오일의 압축력을 사용하는 펌프

② **밸브** : 오일의 압력, 유량, 이동방향을 제어하는 장치
- **릴리프 밸브** : 유압시스템 내의 압력을 안전한 수준으로 제한하는데 사용
- **언로드 밸브** : 유압회로 내의 어느 점이 어떤 압력 수준에 도달할 때 펌프를 무부하로 하는데 사용
- **유량제어 밸브** : 부하변동에 관계없이 출구로의 유량을 조절한다.
※ 오리피스를 통과하는 유량은 오리피스의 크기와 압력 강하에만 좌우된다.
- **방향제어 밸브** : 높은 압력의 오일을 작동하고자 하는 방향으로 보내어 작업을 수행할 수 있도록 한다.

③ **유압실린더** : 한쪽 방향으로만 동작하는 단동식과 양쪽 방향으로 작동하는 복동식이 있다.

④ **유압모터** : 유압동력을 기계적인 동력으로 전환시키는 장치

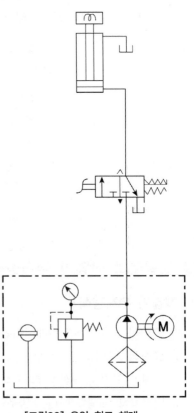

[그림33] 유압 회로 체계

## (2) 3점 링크 히치의 유압 제어장치

① **기계 유압식**
- 위치제어 : 트랙터에 대한 작업기의 위치를 항상 설정된 높이에서 유지시킬 수 있으며, 유압 작동레버의 위치에 따라 작업기의 위치가 결정되게 하는 제어방식
- 견인력 제어 : 작업기를 상승 또는 하강시켜 견인저항을 일정하게 유지시켜 토양상태에 관계 없이 기관에 걸리는 부하를 일정하게 유지시켜 작업능률을 향상시킨다.
- 혼합제어 : 유압 작동레버의 위치에 따라 일부는 견인력 제어로 또 일부는 위치제어로 작용 하는 제어 방식

② **전자 유압식**
- 리프팅 암 축에서 센서를 이용해 전기적인 신호를 검출하여 전자제어 밸브를 작동시켜 위치 제어, 견인력 제어, 혼합 제어하는 방식

**01** 3상 교류 전동기에 200V의 전기가 10A흐르고 있다. 전압과 전류의 위상차가 45°일 때 전동기의 출력(kW)은?

① 1.41kW

② 2.0kW

③ 2.45kW

④ 2.82kW

해설 $P = \sqrt{3} \, EI\cos\theta$
$= \sqrt{3} \times 200 \times 10 \times \cos 45°$
$= 1819.76\text{W} = 1.819\text{kW}$

**02** 우리나라에서 사용되는 3상 유도전동기의 극수가 4이고, 슬립이 없을 때 이 전동기의 동기속도는?

① 1500rpm          ② 1800rpm

③ 2100rpm          ④ 2400rpm

해설
$N = \dfrac{120 \times f}{P} = \dfrac{120 \times 60}{4} = 1800rpm$

**03** 4극 3상 유도전동기의 실제 회전수가 1710rpm일 때 슬립율은 몇 %인가?(단 전원의 주파수는 60Hz이다.)

① 3              ② 5

③ 8              ④ 10

해설 $N = \dfrac{120 \times f}{P} = \dfrac{120 \times 60}{4} = 1800rpm$

슬립율 $= \left( \dfrac{1800 - 1710}{1800} \right) \times 100$

$= \dfrac{90}{1800} \times 100 = 5\%$

**04** 전동기의 고정자 극수가 4개이고, 전원 주파수가 60Hz인 유도 전동기의 동기속도는?

① 3600rpm

② 2400rpm

③ 1800rpm

④ 480rpm

해설 $N = \dfrac{120 \times f}{P} = \dfrac{120 \times 60}{4} = 1800rpm$

**05** 다음 중 교류 전동기가 아닌 것은?

① 삼상 유도전동기

② 단상 유도전동기

③ 직권 전동기

④ 농형전동기

**06** 극수가 6인 유도 전동기의 주파수가 60Hz인 전원을 연결하였을 때 슬립이 2%이었다면 전동기의 실제 속도는 얼마인가?

① 1176rpm

② 1200rpm

③ 1224rpm

④ 1440rpm

해설 $N = \dfrac{120 \times f}{P} = \dfrac{120 \times 60}{6} = 1200rpm$

$N_t = N \times \left( 1 - \dfrac{\text{슬립율}}{100} \right)$

$= 1200 \times 0.98 = 1176rpm$

**07** 다음은 전동기의 기동방법이다. 3상농형 유도전동기의 기동방법이 아닌 것은?

① 스타델타 기동법
② 기동보상기 기동법
③ 리액터 기동법
④ 분상기동형 기동법

해설 **3상 농형 유도전동기의 종류**
- **전전압기동법** : 정격전압을 가하여 기동하는 방법으로 기동 시에는 역률이 나빠서 기동전류가 전부하 전류의 400~600%에 달하는데 비해 기동 토크는 작다.
- **스타델타 기동법** : 1차 권선에 있는 각 상의 양쪽을 단자에 인출해 두고 기동할 때에 스위치를 기동측에 닿아서 1차 권선을 Y측에 접속하며, 정격 속도에 가깝게 도달했을 때 운전 측으로 하여 델타 접속한다.
- **기동보상기 기동법** : 조작 핸들을 기동측에 넣으면 기동보상기의 1차측 전원에, 2차측이 전동기에 접속되면 전압이 전동기에 가해져 기동하고 정격 속도에 도달했을 때 핸들을 운전측으로 하여 전전압을 공급함과 동시에 기동 보상기를 회로에 분리하는 방법의 전동기
- **리액터 기동법** : 리액터와 가변저항을 직렬로 접속하여 기동전류를 제한하고 가속한 다음 이것을 단락시키는 방법

**08** 3상 교류의 주파수가 60Hz일 때, 슬립이 5%인 6극 3상유도 전동기의 실제 회전속도는?

① 570         ② 856
③ 1140        ④ 1710

해설

$$N = \frac{120 \times f}{P} = \frac{120 \times 60}{6} = 1200rpm$$

$$N_t = N \times \left(1 - \frac{슬립율}{100}\right)$$
$$= 1200 \times 0.95 = 1140rpm$$

**09** 극수가 4, 전원의 주파수가 60Hz 인 3상 유도전동기의 실제 운전속도가 1620rpm일 때 슬립은?

① 5%          ② 10%
③ 15%         ④ 20%

해설 $N = \frac{120 \times f}{P} = \frac{120 \times 60}{4} = 1800rpm$

$$슬립율 = \left(1 - \frac{실제운전속도}{동기속도}\right) \times 100$$
$$= \left(1 - \frac{1620}{1800}\right) \times 100 = 10\%$$

**10** 3상 농형 유도 전동기가 단자 전압 440V, 전류 36A로 운전되고 있을 때 전동기의 압력 전력은 약 몇 kW인가? (단, 역률은 0.9 이다.)

① 14.3
② 15.8
③ 24.7
④ 27.4

해설 $H_{kW} = \sqrt{3} \times V \times A \times 역률$
$$= \sqrt{3} \times 440V \times 36 \times 0.9$$
$$= 24.7kW$$

**11** 유도전동기는 일반적으로 농형으로 널리 사용되는 전동기이다. 이것과 관계가 없는 것은?

① 고장이 적고, 취급도 쉬우며 특성도 좋다.
② 구조가 간단하고 견고하며, 정류자를 가지고 있다.
③ 성층 철심에 만들어진 많은 홈에 절연된 코일을 넣고 결선 시킨 고정자가 있다.
④ 규소강판으로 성층한 원통철심 바깥쪽에 홈을 만들어 이것에 코일을 넣은 회전자가 있다.

**12** 3상 농형 유도전동기의 기동법이 아닌 것은?

① 기동보상법

② Y-△ 기동법

③ 전 전압 기동법

④ 2차 기동 저항법

**13** 다음은 농형 유도전동기의 장점을 기술한 것이다. 틀린 것은?

① 운전 중의 성능이 좋다.

② 회전자의 홈 속에 절연 안 된 구리봉을 넣었다.

③ 구조가 간단하고 튼튼하다.

④ 기동시의 성능이 좋다.

**14** 전자 유도현상에 의해 코일에 생기는 유도 기전력의 방향을 설명한 법칙은?

① 플레밍의 왼손법칙

② 플레밍의 오른손법칙

③ 페러데이의 법칙

④ 렌츠의 법칙

**15** 다음 중 단상 유도전동기 중 분상기동형은?

① 프레임위에 부착된 콘덴서가 직렬로 접촉되어 통할 때 회전력을 만든다.

② 정류자 양쪽에 브러시 2개가 단락이 부착되어 있다.

③ 단상 전류는 기동 때만 주권선만 보조권선으로 나누어 흐르는데, 이 두 코일은 전기적으로 90°떨어진 곳에 감겨져 있다.

④ 회전이 충분히 되면 원심력에 의해 자동적으로 단락 장치가 작동한다.

**16** 전동기 중 분상 기동형, 콘덴서 기동형, 반발 기동형 등으로 분류되며, 가정이나, 농촌에서 비교적 작은 동력용으로 사용되는 전동기는?

① 단상 유도 전동기

② 3상 유도 전동기

③ 직류 분권 전동기

④ 직류 직권 전동기

**해설** • **3상 유도 전동기** : 단상 유도전동기에서 사용하는 모터보다 큰 용량을 사용하고 역률과 효율이 높다.

• **직류 분권 전동기** : 전기자와 계자코일이 병렬로 접속된 형태의 전동기

• **직류 직권 전동기** : 전기자 코일과 계자코일이 직렬로 접속된 형태의 전동기

**17** 2중 농형 회전자와 관계가 없는 것은?

① 바깥쪽 도체가 저항이 크다.

② 기동 시 회전력이 크다.

③ 회전자 도체가 안쪽, 바깥쪽의 2개로 되어 있다.

④ 운전 중 효율이 나쁘다.

**18** 단상 유도전동기 중 콘덴서형에 해당되는 것은?

① 회전자는 주 코일이고, 고정자는 박스형이다.

② 회전자는 박스형이고, 고정자는 주 코일에 연결된다.

③ 회전자는 코일이 없고, 고정자는 주권선과 보조 권선으로 나눈다.

④ 보조 코일은 없다.

**19** 유도전동기의 토크는 전압과 어떤 관계가 있는가?

① V에 비례한다.
② $\sqrt{V}$
③ V와 관계없다.
④ $V^2$에 비례한다.

**20** 트랙터 시동회로의 주요 구성요소가 아닌 것은?

① 축전지
② 전압조정기
③ 시동전동기
④ 솔레노이드

> **해설** 트랙터 시동회로의 주요 구성요소는 축전지, 시동전동기, 솔레노이드, 컷오프 릴레이 등이다.

**21** 축전지의 충전도는 비중을 측정하여 판단한다. 완전히 충전된 축전지 전해액의 비중은 약 얼마 정도인가?

① 1.07
② 1.17
③ 1.27
④ 1.37

> **해설** 완전히 충전된 상태의 전해액의 비중은 1.27이며, 완전 방전상태의 전해액의 비중은 1.12정도이다.

**22** 다음 중 트랙터용 교류 발전기(alternator)의 중요 구성요소가 아닌 것은?

① 정류자
② 다이오드
③ 회전자
④ 고정자

> **해설** **교류 발전기의 구성요소** : 고정자, 회전자, 정류자, 정류기, 로터, 스테이터 등으로 구성된다.

**23** 보기는 직류 전동기의 접속 방법을 나타낸 회로도이다. 다음 중 어느 전동기의 회로도인가?

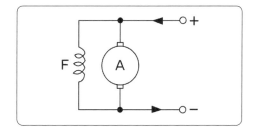

① 분권 전동기
② 회동 복권 전동기
③ 직권 전동기
④ 차동 복권 전동기

**24** 디젤기관을 탑재한 트랙터에 사용하는 일반적인 축전지를 구성하고 있는 하나의 셀은 몇V의 전압을 발생하는가?

① 2.0
② 6.0
③ 12.0
④ 24.0

> **해설** 축전지는 6개의 셀로 구성되어 셀당 전압은 2.0V이며, 직렬로 연결하여 12V의 전압을 전기 장치에 공급하게 한다.

**25** 표준온도에서의 축전지 전해액 비중이 완전히 방전된 상태 일 때의 값은?

① 1.12
② 1.28
③ 2.25
④ 2.28

> **해설** 완전히 충전된 상태의 전해액의 비중은 1.27이며, 완전 방전상태의 전해액의 비중은 1.12정도이다.

**정답** ··· 19.④  20.②  21.③  22.②  23.①  24.①  25.①

**26** 축전지를 전원으로 이용하는 차량의 시동 전동기로 다음 중 가장 적합한 전동기는?

① 직권 직류 전동기
② 분권 직류 전동기
③ 단상 유도 전동기
④ 농형 유도 전동기

**27** 승용트랙터의 일반적인 시동회로로 올바른 것은?

① 솔레노이드 → 시동스위치 → 축전지 → 시동전동기
② 시동스위치 → 솔레노이드 → 축전지 → 시동전동기
③ 축전지 → 시동스위치 → 솔레노이드 → 시동전동기
④ 시동스위치 → 축전지 → 시동전동기 → 솔레노이드

**해설** 시동회로의 연결방법은 축전지의 전압과 전류를 이용하여 시동키로 전원을 이동시킨다. 솔레노이드를 통해 전원을 공급되어 솔레노이드 축의 이동으로 시동모터에 전원을 공급과 동시에 클러치 작동한다. 오버러닝 클러치가 작동되면서 모터의 회전과 동시에 피니언 기어가 플라이 휠에 물리면서 시동을 하게 된다.

**28** 직류 전동기에서 고정자 권선과 전기자 권선이 병렬로 연결되어 있는 것은?

① 분권 전동기      ② 직권 전동기
③ 복권 전동기      ④ 단권 전동기

**해설** • 분권 전동기 : 전기자와 계자코일이 병렬로 접속된 형태의 전동기
• 직권 전동기 : 전기자 코일과 계자코일이 직렬로 접속된 형태의 전동기
• 복권 전동기 : 전자기 코일과 계자코일이 직·병렬로 접속된 형태의 전동기

**29** 충전회로에서 레귤레이터(Regulator)가 하는 가장 중요한 일은?

① 축전지에 흐르는 전압과 전류를 조절한다.
② 기관의 동력을부터 교류 전류를 발생시킨다.
③ 교류를 직류로 바꾸어 준다.
④ 직류를 교류로 바꾸어 준다.

**30** 농업기계 축전지의 충전 준비작업에 대한 설명으로 틀린 것은?

① 각 셀의 전해액 액량을 점검하여 부족 시는 증류수를 보충한다.
② 충전기의 사양 전원전압이 AC100V 또는 200V인지를 확인한다.
③ 오염된 축전지는 비눗물로 깨끗이 닦고, 압축공기로 수분을 건조한다.
④ 충전 전에 벤트 플러그를 모두 닫아 놓아야 한다.

**31** 120Ah 인 축전지로 10A의 전류를 몇 시간 계속 방전할 수 있는가?

① 8시간
② 10시간
③ 12시간
④ 14시간

**해설**
축전지의 용량(Ah) = 사용 전류 × 사용가능시간
$$=10A \times t = 120Ah$$
$$\therefore t = 12h$$

**32** 트랙터의 발전기에서 나오는 전압을 충전에 필요한 일정한 전압으로 유지시켜 주는 장치는 무엇인가?

① 레귤레이터     ② 다이오드
③ 계자 코일     ④ 슬립링

**33** 트랙터에서 사용되는 축전지의 셀(cell)의 수가 6개로 이루어졌을 때 축전지의 전압은 몇 볼트이겠는가?

① 3V     ② 6V
③ 12V     ④ 24V

**34** 발전기 충전회로의 레귤레이터의 역할 설명으로 가장 적합한 것은?

① 전압만을 조절한다.
② 전류만을 조절한다.
③ 전압과 전류를 조절한다.
④ 정류 작용을 한다.

**35** 전동기를 다른 원동기와 비교 시 일반적인 장점이 아닌 것은?

① 냉각수가 필요 없다.
② 기동 및 운전이 용이하다.
③ 소음 및 진동이 적다.
④ 배전설비가 필요하다.

**36** 트랙터의 기동 전동기가 회전하지 않는다. 점검사항이 아닌 것은?

① 밧데리의 충전상태 점검
② 밧데리 터미널의 볼트 점검
③ 발전기 점검
④ 기동스위치 점검

**37** 농작업 부하변동에 관계없이 기관의 회전속도를 일정한 범위로 유지시켜 주는 장치는?

① 기화기
② 조속기
③ 쵸크밸브
④ 타이밍 기어

> **해설** • **기화기** : 연료를 공기와 적정 비율로 희석시켜 기화시키는 장치
> • **쵸크밸브** : 가솔린 기관의 초기 시동 시 연료량을 많게 공기량을 적게 조절하는 밸브
> • **타이밍 기어** : 디젤기관의 연소는 연료를 분사시키는 시기에 맞춰 연료를 분사시키는 기능을 하며, 가솔린기관은 연소를 위해 불꽃을 발생시키는데 이 시기를 맞춰주는 장치이다.

**38** 내연기관을 냉각방식에 따라 수냉식과 공냉식으로 분류할 때, 수냉식과 공냉식에서 모두 사용하는 부분은?

① 냉각핀(cooling fin)
② 물펌프 (water pump)
③ 호퍼(hopper)
④ 냉각팬(cooling fan)

**39** 연소실 체적이 91cc이고 실린더 안지름이 90mm, 행정이 100mm인 기관의 압축비는 약 얼마인가?

① 5     ② 6
③ 8     ④ 9

> **해설** 연소실 체적 $= 91\,cc$,
>
> 행정 체적 $= \dfrac{\pi}{4}d^2 \times 10cm = 636$
>
> 압축비 $= \dfrac{\text{행정체적} + \text{연소실 체적}}{\text{연소실 체적}}$
>
> $= \dfrac{636 + 91}{91} = 7.98$

**40** 4행정 사이클 기관과 비교할 때 2행정 사이클 기관의 장점은?

① 연료 소비율이 적다.
② 체적효율이 높다.
③ 기계적 소음이 적으며 고장이 적다.
④ 실린더를 과열시키는 일이 적다.

해설 2행정 기관의 장점
① 매회전 마다 폭발이 일어나므로 축력이 2배이다.
② 밸브 장치가 없으므로 구조가 간단하다.
③ 왕복운동 부분의 관성력이 완화된다.
④ 밸브장치가 없으므로 연료캠의 위상만 바꾸면 역회전이 가능하다.
⑤ 매회전마다 폭발이 일어나므로 회전력이 균일하다.

**41** 보기와 같이 배열된 4기통 4사이클 직렬형 기관의 점화 순서로 가장 적합한 것은?

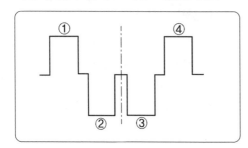

① 1 → 2 → 3 → 4
② 1 → 3 → 2 → 4
③ 1 → 3 → 4 → 2
④ 1 → 4 → 3 → 2

**42** 농업용 내연기관의 두상 밸브형(over head valve type) 밸브 작동 기구가 아닌 것은?

① 태핏(tappet)
② 푸시로드(push rod)
③ 로커암(roker arm)
④ 콘 로드(con rod)

**43** 피스톤의 왕복운동을 크랭크 축의 회전운동으로 바꾸어 주는 부품은 무엇이라고 하는가?

① 피스톤 핀
② 피스톤 링
③ 커넥팅 로드
④ 플라이 휠

**44** 실린더 헤드에 위치하여 냉각수의 온도에 따라 라디에이터로 통하는 냉각수의 통로로 개폐하여 냉각수의 온도를 일정하게 유지해 주는 장치는?

① 물자켓
② 냉각 팬
③ 정온기(thermostart)
④ 오일 휠터

**45** 농용 내연기관에서 피스톤링의 역할이 아닌 것은?

① 기밀유지          ② 냉각작용
③ 윤활작용          ④ 흡인작용

**46** 일반적인 동력 경운기의 운반 작업 시 동력전달 순서로 가장 적절한 것은?

① 기관 → 주클러치 → 전달 주축 → 변속기 → 조향클러치 → 차축
② 기관 → 주클러치 → 전달 주축 → 변속기 → 경운클러치 → 차축
③ 기관 → 주클러치 → 전달 주축 → 변속기 → 경운구동축 → 차축
④ 기관 → 주클러치 → 변속기 → 경운 클러치 → 경운 구동축 → 차축

**47** 디젤기관에 사용되는 보쉬형 연료분사 펌프의 작동과정을 설명한 것 중 틀린 것은?

① 캠의 회전에 의한 플런저 운동
② 플런저의 하강 행정에 의한 연료 흡입
③ 토출밸브를 통해 연료를 분사관으로 배출
④ 조정 래크로 토출밸브 스프링을 조절하여 분사량 조절

**48** 트랙터 냉각장치의 물자켓에서 밀려나온 물을 냉각시키는 곳은?

① 워터펌프　　　　② 냉각팬
③ 라디에이터　　　④ 서머스탯

해설 냉각장치는 물자켓에서 뜨거워진 물은 라디에이터로 오고 이를 냉각팬에 의해 외부의 찬 공기를 라디에이터에 통과시킴으로써 냉각이 된다.

**49** 실린더의 냉각작용 불량으로 오는 문제점이 아닌 것은?

① 연소의 불완전
② 열효율의 저하
③ 실린더 마모의 촉진
④ 재킷(jaket) 내의 전해 부식 촉진

**50** 연소실의 설계에 적용되는 일반적인 원리로 적합한 것은?

① 연소실 체적을 작게 한다.
② 밸브 포트 면적을 작게 한다.
③ 난류가 일어나지 않도록 직선형으로 한다.
④ 연소 시간을 증가할 수 있게 한다.

해설 **연소실 설계의 원리**
① 연소실 체적 체적, 표면적을 최소화 할 것
② 밸브 포트 면적을 적절히 할 것
③ 와류가 발생하도록 하고 돌출부가 없을 것
④ 연소시간, 화염전파에 소요되는 시간은 짧을 것
⑤ 노크를 일으키지 않을 것

**51** 4행정 가솔린 기관의 총행정 체적이 1500 cm³, 회전속도가 2000rpm일 때, 흡입 공기량을 측정한 결과 1.4m³/min이었다면 기관의 체적효율은 약 몇 %인가?

① 76%　　　　② 82%
③ 88%　　　　④ 93%

해설 총행정 체적이 1500cc이고, 4행정 기관이기 때문에 1분에 1000회 흡입하게 된다. 그러므로 총 흡입 공기량은 1,500,000cc이며, 1.5㎥/min이므로, $\frac{1.4}{1.5} \times 100 = 93.3\%$가 된다.

**52** 기관의 냉각수 온도를 일정하게 유지하기 위하여 자동적으로 작동하는 밸브에 의해 수온을 자동 조절하는 장치는?

① 냉각 팬(cooling fan)
② 물 펌프(water pump)
③ 서모스탯(thermostat)
④ 라디에이터 캡(radiator cap)

해설 • **냉각팬** : 냉각을 위하여 외부 찬 공기의 흡입시키는 부품
• **물펌프** : 냉각수를 내연기관 내에서 순환시키기 위해 압을 가하는 장치
• **라디에이터 캡** : 라디에이터의 냉각수 주입과 부동액의 압을 적절히 조절하는데 사용되는 부품이다.

**53** 실린더 내경이 70mm, 행정이 82mm, 연소실 용적이 58cc인 4행정사이클 4기통 기관의 총 배기량은 약 몇 cc인가?

① 1262　　　　② 1320
③ 632　　　　④ 373

해설 $배기량 = A \times S \times Z = \frac{\pi}{4}d^2 \times S \times Z$

$= \frac{\pi}{4}7^2 \times 8.2 \times 4 = 1,262cc$

여기서, $A$ : 실린더 단면적(cm²)
$S$ : 행정길이(cm)
$Z$ : 기통수

**54** 다음 중 가솔린 엔진에 사용되는 기본 사이클인 것은?

① 디젤 사이클

② 사바테 사이클

③ 오토 사이클

④ 카르노 사이클

> **해설** 디젤 엔진의 기본 사이클은 디젤 사이클이며, 정압 사이클이라고도 한다.
> 사바테 사이클은 고속 디젤기관에 사용된다.
> 카르노 사이클 이상적인 사이클이다.

**55** 실린더의 전체적이 1200cc이고, 행정체적이 950cc인 엔진의 압축비는 얼마인가?

① 1.26

② 2.8

③ 4.8

④ 7.9

> **해설** 행정체적은 950cc이며, 연소실 체적은 (1200cc−950cc) 250cc이다.
> $$압축비 = \frac{행정체적 + 연소실 체적}{행정체적}$$
> $$= \frac{950 + 250}{250} = 4.8$$

**56** 엔진의 회전수가 1800rpm, 엔진쪽 풀리 지름이 21cm일 때 작업기의 회전수를 600rpm으로 맞추려면 작업기 쪽 풀리의 지름은 몇 cm로 하여야 하는가?

① 7                        ② 21

③ 63                      ④ 84

> **해설** 엔진의 회전수와 작업기의 회전수의 비율은 3이며, 작업기의 풀리는 엔진쪽 풀리의 3배가 되어야 하므로 63cm가 된다.

**57** 다음은 터보 과급기에 대한 설명이다. 잘못된 것은?

① 체적효율이 100% 이상이 될 수도 있다.

② 내부 냉각기는 공기를 냉각하기 위한 것이다.

③ 조속기 최대속도에서 가장 효율적이다.

④ 기관이 전부하 운전될 때 과급효과가 크다.

**58** 다음 중 연료 분사압력이 가장 높은 디젤기관의 연소실 형식은?

① 공기실식                  ② 와류실식

③ 직접분사식                ④ 예연소실식

> **해설** 디젤기관의 연료분사 압력은 예연소실식 〈 공기실식 〈 와류실식 〈 직접분사식 순서이다.

**59** 디젤기관의 연료 분사장치의 성능에서 분무 형성의 3대 요건이 아닌 것은?

① 무화상태가 좋아야 한다.

② 관통력이 커야 한다.

③ 과급되어 있어야 한다.

④ 균일하게 분산되어 있어야 한다.

> **해설** 디젤 연료의 분무 형성의 3대 요건은 무화상태, 관통력이 커야하고, 균일하게 분산되어야 한다.
> 디젤 연료가 과급되면 불완전연소와 이를 원인으로 유해가스 발생이 증가하게 된다.

**60** 가솔린 기관의 기화기 장치 중 혼합기를 농후하게 하여 한랭 시 시동을 쉽게 하기 위한 것은?

① 쵸크밸브                  ② 스로틀 밸브

③ 벤츄리                    ④ 이코노마이저 계통

**61** 일반적인 디젤 엔진을 가솔린 엔진에 비교하여 설명한 것으로 올바른 것은?

① 연료 소비율이 높다.
② 열효율이 높다.
③ 진동 및 소음이 적다.
④ 디젤기관이 빠르게 회전하여 출력이 높다.

> **해설** 디젤기관의 장점
> • 압축비가 높기 때문에 열효율이 높다.
> • 고장이 자주 일어나는 전기점화 장치나 기화기 장치가 없어 고장이 적다.
> • 저질 연료를 사용할 수 있으므로 연료비가 적게 든다.
> • 연료의 인화점이 높기 때문에 화재의 위험성이 적고, 안전성이 높다.
> • 저속에서 회전력이 높다.
> • 대형, 대출력이 가능하다.

**62** 혼합기를 만드는 공기량을 가감하는 것은?

① 스로틀 밸브(throttle valve)
② 벤츄리관(venturi tube)
③ 니들 밸브(niddle valve)
④ 쵸크 밸브(choke valve)

**63** 기화기에서 혼합가스가 실린더 속으로 유입하는 양을 조절하는 것은?

① 초크밸브(choke valve)
② 스로틀 밸브(throttle valve)
③ 연료조정 니들밸브
④ 부자실

**64** 기화기에서 가속페달과 연결되어 있는 것은?

① 스로틀 밸브
② 니들 밸브
③ 쵸크 밸브
④ 흡입 밸브

**65** 디젤 기관의 연소실 중 구조가 간단하고, 연소실 면적이 가장 작으며, 시동이 쉽고, 열효율과 폭발압력이 높으나 노크 발생이 쉬운 연소실의 형식은?

① 예연서실식
② 와류실식
③ 직접 분사식
④ 공기실식

**66** 실린더의 과냉으로 오는 결점이 아닌 것은?

① 연소의 불완전
② 열효율의 저하
③ 실린더 마모의 촉진
④ 재킷 내 전해 부식 촉진

**67** 엔진을 과급(super charging)하는 목적이 아닌 것은?

① 열효율을 높이기 위하여
② 엔진의 회전수를 높이기 위하여
③ 연료의 소비량을 낮추기 위하여
④ 출력을 증가시키기 위하여

**68** 가솔린 기관에 사용되는 기화기의 크기를 결정하는데 고려하여야 할 사항이 아닌 것은?

① 실린더의 체적
② 실린더의 압축비
③ 실린더의 수
④ 기관의 회전속도

**69** 다음 사이클 중 차단비가 1에 가까울 때 열효율이 가장 좋은 기관은?

① 브레이톤 사이클
② 사바테 사이클
③ 디젤 사이클
④ 오토 사이클

**정답** ··· 61.② 62.④ 63.② 64.① 65.③ 66.④ 67.② 68.② 69.②

**70** 다음 중 기관의 기계효율을 바르게 정의한 것은?

① $\dfrac{제동출력}{도시출력} \times 100$

② $\dfrac{도시출력}{제동출력} \times 100$

③ $\dfrac{제동출력}{최대출력} \times 100$

④ $\dfrac{제동출력}{정격출력} \times 100$

**71** 피스톤 속도 12m/sec이고, 4행정 기관의 회전수가 3600rpm인 경우 피스톤의 행정은 얼마인가?

① 10cm      ② 20cm

③ 40cm      ④ 100cm

해설 $V(m/s) = \dfrac{피스톤의\,행정 \times N \times 2}{60}$

피스톤의 행정 $= \dfrac{V \times 60}{2 \times N} = \dfrac{12 \times 60}{7200} = 0.1m$

$\therefore 0.1m = 10cm$

**72** 카르노 기관에서 0℃와 100℃ 사이에서 작동하는 (A)와 300℃와 400℃ 사이에서 작동하는 (B)가 있을 때, (A)와 (B) 중 어느 편이 효율이 좋은가?

① A

② B

③ 같다.(A = B)

④ 주어진 조건만으로는 비교할 수 없다.

해설 $\eta_A = 1 - \dfrac{T_L}{T_H} = 1 - \dfrac{273}{273+100} = 0.268$

$\eta_B = 1 - \dfrac{T_L}{T_H} = 1 - \dfrac{273+300}{273+400} = 0.148$

**73** 내연기관에서 오토 사이클(otto cycle)은 다음 중 어느 사이클에 속하는가?

① 정압 사이클

② 정적 사이클

③ 복합 사이클

④ 정온 사이클

해설 디젤 엔진의 기본 사이클은 디젤 사이클이며, 정압 사이클이라고도 한다.
오토사이클은 가솔린기관 사이클이며, 정적 사이클이라고도 한다.
사바테 사이클은 고속 디젤기관에 사용된다.
카르노 사이클 이상적인 사이클이다.

**74** 4실린더 기관의 점화 순서가 1-2-4-3번 실린더의 순서일 경우 제1실린더가 폭발행정을 할 때 제3실린더는 어떤 행정을 하는가?

① 흡입행정

② 배기행정

③ 팽창행정

④ 압축행정

해설

| 실린더 | 1번 | 2번 | 3번 | 4번 |
|---|---|---|---|---|
| | 폭발 | 압축 | 배기 | 흡입 |
| 같은 시기 | 배기 | 폭발 | 흡입 | 압축 |
| 다른행정 | 흡입 | 배기 | 압축 | 폭발 |
| | 압축 | 흡입 | 폭발 | 배기 |

**75** 소형 디젤기관의 연소실 중 직접분사식의 특징 설명으로 틀린 것은?

① 부실이 없다.

② 연료 소비율이 적다.

③ 평균유효 압력이 낮다.

④ 드로틀 손실이나 와류 손실이 없다.

**76** 320kgf를 0.8m/sec로 견인할 때 소요되는 동력은 약 몇 kW인가?

① 2.5
② 3.4
③ 25.1
④ 34

해설 $H_{kW} = \dfrac{견인력 \times 주행속도}{102}$

$= \dfrac{320 \times 0.8}{102} = 2.5\,kW$

**77** 가솔린 기관과 비교한 디젤 기관의 특징 설명으로 올바른 것은?

① 흡입 행정 시 연료만을 흡입한다.
② 전기점화 장치가 복잡하여 고장이 많다.
③ 연료 소비율은 적으며 열효율은 높다.
④ 폭발 압력이 낮기 때문에 소음이 나지 않는다.

**78** 어떤 물체가 힘 200kgf에 의하여 30m 이동하는데 20초 걸렸다고 하면 이 때의 동력은 몇 kgf · m/sec 인가?

① 150
② 200
③ 250
④ 300

해설 $H = \dfrac{힘(kg_f) \times 이동거리(m)}{소요시간(s)}$

$= \dfrac{200 \times 30}{20} = 300 kg_f \cdot m/s$

**79** 4기통 2사이클 가솔린 기관의 행정이 100mm, 실린더 내경도 100mm이고, 연소실 체적이 1200cc일 때 총배기량은?

① 785cc
② 3142cc
③ 1571cc
④ 6283cc

해설
1개 실린더의 배기량

$A \times S = \dfrac{\pi d^2}{4} \times S = \dfrac{\pi 10^2}{4} \times 10$

$= 785.4cc$

4개의 실린더의 총배기량 = 785.4 × 4 = 3142cc

**80** 엔진의 회전수를 측정하는 기기인 것은?

① 타코메터
② 디크니스 게이지
③ 다이얼 게이지
④ 버니어 캘리퍼스

해설 • 디크니스 게이지 : 얇은 철판으로 간극을 측정할 때 사용한다.
• 다이얼 게이지 : 길이나 변위 등을 비교하여 정밀하게 측정할 때 사용한다.
• 버니어 캘리퍼스 : 물체의 외경, 내경, 깊이 등을 측정할 때 사용한다.

**81** 총배기량 1500cc, 연소실 체적 250cc인 기관의 압축비는?

① 2.2
② 5.0
③ 6.0
④ 7.0

해설 압축비 $= \dfrac{행정체적 + 연소실체적}{연소실 체적}$

$= \dfrac{1500 + 250}{250} = 7$

**82** 내연기관의 도시 실출력이 이론출력보다 작게 되는 이유 중 기계적 손실인 것은?

① 혼합기의 불완전 연소
② 연소가스의 실린더 벽에의 방열
③ 피스톤과 실린더 틈새의 마찰
④ 작동 가스의 누설

**83** 압축비가 8.44, 피스톤 행정은 78mm인 4행정 사이클 기관이 있다. 연소실 체적이 65cm³일 때 실린더의 내경은 몇 cm인가?

① 7.65         ② 8.89
③ 10.23       ④ 12.65

> **해설** 압축비 $= \dfrac{\text{행정체적} + \text{연소실 체적}}{\text{연소실 체적}}$
> $= \dfrac{\text{행정체적} + 65}{65} = 8.44$
>
> 그러므로 행정체적은 $483.6cc$이다.
>
> 행정체적 $= \dfrac{\pi d^2}{4} \times S = 483.6$,
>
> $d = \sqrt{\dfrac{483.6 \times 4}{\pi \times 7.8}} = 8.89cm$

**84** 실린더의 전용적이 490cc 이고, 압축비가 7인 가솔린기관에서 행정 체적은 약 몇 cc인가?

① 70          ② 420
③ 429        ④ 490

> **해설**
> 압축비 $= \dfrac{\text{행정체적} + \text{연소실 체적}}{\text{연소실 체적}}$
> $= \dfrac{\text{전용적}}{\text{연소실 체적}} = \dfrac{490}{\text{연소실체적}} = 7$,
>
> 연소실 체적은 $70cc$이며,
>
> ∴ 행정체적은 $420cc$이다.

**85** 가솔린 기관에서 혼합기가 너무 희박할 때 일어나는 현상은?

① 연료 소모량이 증가한다.
② 저속 회전이 어려워진다.
③ 엔진 오일을 묽게 한다.
④ 엔진이 과열된다.

**86** 기관 실린더 지름이 40cm, 행정 60cm, 회전수가 120rpm, 평균 유효압력이 5kgf/cm²인 복동 증기기관의 기계효율이 85%일 때 유효 마력은 약 몇 PS인가?

① 85
② 171
③ 201
④ 236

> **해설**
> $$I_{ps} = \frac{P_{mi} \times A \times L \times R \times Z}{75 \times 60 \times 2} = \frac{P_{mi} \times V \times R}{900}$$
>
> $I_{ps} =$ 도시마력(ps)
> $P_{mi} =$ 도시평균유효압력($kg_f/cm^2$)
> $A =$ 실린더 단면적($cm^2$)
> $L =$ 피스톤 행정(cm)
> $R =$ 회전속도(rpm)
> $V =$ 행정체적(배기량, cc)
> $Z =$ 실린더 수
>
> 배기량 $= \dfrac{\pi d^2}{4} \times S = \dfrac{\pi 40^2}{4} \times 60$
> $\qquad = 75398.22cm^3$
>
> 회전력 $=$ 배기량 $\times$ 유효압력
> $\qquad = 376991.11kg \cdot cm = 3769.91kg \cdot m$
>
> $H_{ps} = \dfrac{3769.911 \times N}{75 \times 60} = 100ps$,
>
> 복동 기관이므로 $200ps$이 된다.
>
> ∴ $200ps \times 0.85 = 170ps$

**87** 실린더 지름이 100mm, 행정은 150mm, 도시평균 유효압력은 700kPa, 기관 회전수가 1500rpm, 실린더 수가 4개인 4사이클 가솔린 기관의 도시마력은?

① 10.3kW

② 41.2kW

③ 56.0kW

④ 259.0kW

**해설**

$$I_{kW} = \frac{P_{mi} \times A \times L \times R \times Z}{102 \times 60 \times 2}$$

$$= \frac{70 \times \frac{\pi}{4} 10^2 \times 15 \times 1500 \times 4}{1000 \times 60 \times 2}$$

$$= 41.23\,kW$$

$I_{ps}$ = 도시마력(ps)
$P_{mi}$ = 도시평균 유효압력($kg_f/cm^2$)
$A$ = 실린더 단면적($cm^2$)
$L$ = 피스톤 행정(cm)
$R$ = 회전속도(rpm)
$V$ = 행정체적(배기량, cc)
$Z$ = 실린더 수

**88** 다음 중 내연기관의 열효율을 향상시키기 위한 방법으로 가장 적절한 것은?

① 흡기관의 유동 저항을 크게 한다.

② 흡기관 온도를 높게 한다.

③ 배기 압력을 낮게 한다.

④ 흡기관 압력을 감소시킨다.

**89** 기관의 출력을 측정하기 위하여 마찰 동력계를 사용하여 회전속도 2000rrpm, 제동 하중은 20kg으로 측정되었으며, 제동 팔의 길이는 2m일 때, 이 기관의 제동마력은 약 몇 PS인가?

① 55.9          ② 82.1

③ 111.7          ④ 164.3

**해설**

$$H_{ps} = \frac{T \cdot N}{716},$$

$$T(토크, kg_f \cdot m) = 20kg_g \times 2m = 40kg_f \cdot m$$

$$H_{ps} = \frac{40 \cdot 2000}{716} = 111.7ps$$

**90** 압축비 $\varepsilon$ = 6.3의 오토 사이클의 이론적 열효율은? (단, 동작가스의 비열 k=1.5이다.)

① 40%

② 50%

③ 60%

④ 70%

**해설** $\eta = 1 - \left(\dfrac{1}{\epsilon}\right)^{k-1}$

$$= 1 - \left(\frac{1}{6.3}\right)^{1.5-1} = 1 - 0.398 = 0.602$$

$$\therefore 열효율 = 60.2\%$$

**91** 내연기관의 토크와 회전수를 측정한 결과가 각각 180N·m와 2000rpm이었다. 이 엔진의 출력(kW)은?

① 0.67

② 3.77

③ 36.05

④ 50.27

**해설** $H_{kW} = \dfrac{T \cdot N}{97400}$

$$= \frac{180 \times 2000}{97400} = 3.69kW$$

**92** 디젤기관의 노킹(knocking) 감소에 대한의 설명으로 틀린 것은?

① 착화지연을 짧게 한다.
② 압축비를 높게 한다.
③ 흡기온도를 높게 한다.
④ 연료의 발화점(착화점)이 높은 것을 사용한다.

**해설** 디젤노킹 현상 : 기관이 회전하여 적절한 시기에 폭발이 이루어져야 하지만 늦게 일어나거나 2회 이상 연료가 분사되었을 때 연소가 일어나므로서 기관의 출력이 떨어지고, 노크하듯 두드리는 소리가 나는 현상

▶ 디젤기관의 노킹 감소 방안
• 착화성이 좋은 연료를 사용하여 착화지연을 짧게 한다.
• 압축비를 높여 압축온도와 압력을 높인다.
• 분사개시 때 연료 분사량을 적게하여 급격한 압력상승을 억제한다.
• 흡입공기에 와류를 준다.
• 기관의 온도 및 회전 속도를 높인다.

**93** 디젤기관에서 연료의 점도가 높을 때 나타나는 현상이 아닌 것은?

① 연료 소비량이 증가한다.
② 연료의 분산성이 나빠진다.
③ 분사펌프와 분사노즐의 수명이 짧아진다.
④ 연료의 펌핑(pumping)이나 분사가 어렵다.

**94** 다음은 디젤 기관의 연소과정이다. 이에 속하지 않는 것은?

① 착화지연기간
② 제어연소기간
③ 연료분사지연기간
④ 급연소기간

**95** 다음은 디젤기관 노크에 대한 설명이다. 잘못된 것은?

① 연료의 세탄가는 노크에 견디는 성질의 척도이다.
② 연소 후기에 발생하며, 항상 어느 정도 전재할 수밖에 없다.
③ 연료의 착화지연이 갈수록 발생하기 쉽다.
④ 보통점도를 갖는 연료의 물리적 착화지연은 화학적인 것 보다 짧다.

**해설** 디젤 기관의 노크방지 방법
① 착화성이 좋은 연료를 사용하여 착화지연 기간을 짧게 한다.
② 압축비를 높여 압축온도와 압력을 높인다.
③ 분사개시 때 연료 분사량을 적게하여 급격한 압력 상승을 억제한다.
④ 흡입공기에 와류를 준다.
⑤ 분사시기를 알맞게 조정한다.
⑥ 기관의 온도 및 회전 속도를 높인다.
※ 디젤기관의 노크는 흡입공기가 저온일 때, 연료의 세탄가가 낮을 때, 정상적인 폭발 온도에 미치지 못하여 2회 이상 연료가 분사할 시 폭발하여 착화가 지연되는 현상을 말한다.

**96** 어느 기관에서 50g의 연료를 소비하는데 10초가 걸린다. 이 기관의 축 출력이 60kW일 경우 연료 소비율은 약 몇 kg/kW·h인가?

① 0.2
② 0.3
③ 0.4
④ 0.5

**해설**

$$연료소비율 = \frac{소비연료(kg)}{축출력(kW) \times 시간(h)}$$
$$= \frac{0.05 \times 3600}{60 \times 10} = 0.3 kg/kW \cdot h$$

**97** 디젤기관에서 디젤 노크가 일어나기 쉬운 때의 설명으로 틀린 것은?

① 시동 시나 아이들(무부하) 운전 시
② 흡기계나 실린더 벽 등의 온도가 낮을 때
③ 자연발화 온도가 낮은 경유를 사용하고 압축비가 높을 때
④ 압축 중 가스누설이 큰 이유 등으로 압축 공기의 온도가 낮을 때

**98** 다음 중 가솔린 기관의 연료로서 구비해야 할 조건이 아닌 것은?

① 발열량이 클 것
② 휘발성이 좋을 것
③ 옥탄가각 높을 것
④ 세탄가가 높을 것

**99** 디젤기관의 노크 방지책이 아닌 것은?

① 압축비를 높인다.
② 흡기압력을 높인다.
③ 연료의 착화점을 낮게 한다.
④ 실린더 벽의 온도를 낮게 한다.

**01** 기화기의 혼합비가 너무 농후한 경우 나타나는 현상이 아닌 것은?

① 기관이 과열된다.
② 출력이 증가된다.
③ 연료소비가 증가된다.
④ 기관의 회전이 불규칙해진다.

**02** 디젤연료의 세탄가에 관한 설명으로 틀린 것은?

① 디젤 노크에 견디는 성질을 나타내는 척도이다.
② 시판 중인 디젤 연료의 세탄가는 60을 초과해서는 안된다.
③ 세탄가가 너무 낮으면 기관의 시동이 곤란하거나 불가능하게 된다.
④ 세탄가가 너무 높으면 배기 중에 미연소 연료입자로 구성된 흰 연기가 나타난다.

**03** 가솔린 기관의 노킹 발생 원인이 아닌 것은?

① 압축비가 높을 때
② 실린더와 피스톤의 과열
③ 연료의 혼합비가 적당하지 못할 때
④ 내폭성이 높은 연료를 사용 했을 때

해설 내폭성이 높은 연료는 옥탄가가 높은 연료로 노킹 발생 시 사용하는 연료이다.

**04** 옥탄가(Octane Number)와 가장 관계가 깊은 것은?

① 연료의 순도
② 연료의 노크성
③ 연료의 휘발성
④ 연료의 착화성

**05** 옥탄가가 100이상인 경우 PN과 ON 사이의 관계를 옳게 나타낸 것은?

① $PN = \dfrac{1800}{128 - ON}$

② $PN = \dfrac{2800}{280 - ON}$

③ $PN = \dfrac{2800}{128 - ON}$

④ $PN = \dfrac{280}{128 - ON}$

**06** 배기가스 배출물질에 관한 설명 중 옳지 않은 것은?

① CO량은 공기과잉률 $\lambda$가 1보다 점점 클수록 증가한다.
② Pb량은 혼합비의 영향을 거의 받지 않는다.
③ NOx는 이론 공연비 부근에서 가장 많이 발생한다.
④ CO, CH는 불완전 연소로 발생한다.

**07** 어떤 윤활유의 점도가 0.1N·s/m²이고 비중이 0.88이면 동점도는 몇 mm²/s인가? (단, 중력가속도는 10m/s²으로 한다.)

① 1.1
② 11.4
③ 113.6
④ 88

> **해설** $v = \dfrac{\mu}{\rho} = \dfrac{0.1 \times 1,000}{0.88} = 113.6 \, \mathrm{mm^2/s}$
>
> 여기서, $v$ : 동점도(mm²/s)
> $\mu$ : 점도(kg·s/m²)
> $\rho$ : 비중

**08** 내연기관에 사용되는 윤활유의 주요 기능이 아닌 것은?

① 기밀작용
② 냉각작용
③ 압축작용
④ 부식방지작용

> **해설** 윤활유의 주요기능
> ① 마찰 감소 및 마멸 방지 작용
> ② 기밀유지 작용
> ③ 냉각 작용
> ④ 세척 작용
> ⑤ 응력분산 작용
> ⑥ 부식방지 작용

**09** 일반적인 바퀴형 트랙터 조향장치의 조향운동 전달 순서로 가장 적합한 것은?

① 조향핸들 → 조향암 → 조향기어 → 드래그 링크 → 바퀴
② 조향핸들 → 조향암 → 드래그 링크 → 조향기어 → 바퀴
③ 조향핸들 → 드래그 링크 → 조향기어 → 조향암 → 바퀴
④ 조향핸들 → 조향기어 → 드래그 링크 → 조향암 → 바퀴

> **해설** 조향 운동은 조향핸들을 회전하면 조향 기어를 통해 회전수와 기어의 비율에 맞춰 조향암을 회전시킨다. 조향암은 드래그 링크에 전달되고 조향암을 거쳐 바퀴로 힘이 전달된다.

**10** 트랙터의 방향 전환 시 안쪽과 바깥쪽 바퀴의 회전속도를 다르게 하는 장치는?

① 차동장치
② 토크 컨버터
③ 변속장치
④ 최종 구동기어

> **해설** • **토크 컨버터** : 토크를 변환하여 동력을 전달하는 장치
> • **변속장치** : 다양한 기어 비율에 맞춰 회전속도와 토크를 조절하는 장치
> • **최종구동기어** : 고속으로 회전하는 동력을 조정속도로 감속시켜 바퀴를 구동하는 기어

**11** 트랙터에 있어서의 주행 동력에 대한 설명으로 옳은 것은?

① 트랙터를 가속하는데 필요한 동력
② 트랙터의 주행 저항 때문에 소비하는 동력
③ 트랙터가 작업기를 견인할 때 소비하는 동력
④ 트랙터가 정지 상태에서 발진하는데 소비하는 동력

**12** 트랙터의 좌우 차륜이 바깥쪽으로 벌어져 구르려는 경향을 수정하여 직진성을 좋게 하는 것으로 앞바퀴를 위에서 보았을 때 앞 끝의 간격이 뒤 끝의 간격보다 작게 설정되어 있는 것은?

① 캠버각
② 킹핀 경사각
③ 토인각
④ 캐스터각

**해설** •**토인** : 치륜의 진행방향과 차륜 평면이 이루는 각
•**캐스터 각** : 킹핀을 측면에서 보았을 때 킹핀의 중심선과 수직선이 이루는 각
•**캠버각** : 트랙터를 앞에서 보았을 때 연직면과 차륜 평면이 이루는 각
•**킹핀경사각** : 킹핀의 중심선과 수직선이 이루는 각

**13** 견인을 목적으로 하는 경운, 정지 외에 파종, 중경, 제초, 병충해방제나 수확작업 등 여러 가지 작업에 폭 넓게 이용되며 바퀴 폭을 조절할 수 있는 현재 이용되는 대부분의 승용 트랙터인 것은?

① 보행형 트랙터　② 범용 트랙터
③ 과수원용 트랙터　④ 정원용 트랙터

**해설** •**보행형 트랙터** : 경운기를 말한다.
•**과수원용 트랙터** : 수목 사이 및 수목 아래에서 작업을 할 때 수목에 손상을 주지 않으면서 주행할 수 있도록 설계된 트랙터
•**정원용 트랙터** : 정원 관리를 위해 설계된 소형 트랙터

**14** 작업기를 장착하는 3점 링크 히치의 구조 및 작동에 관한 설명 중 틀린 것은?

① 3점링크 히치는 1개의 상부 링크와 2개의 하부링크로 구성되어 있다.
② 상승 작용은 오일이 유압실린더로 들어가 피스톤을 밀고, 이것이 상부 링크를 상승시킨다.
③ 중립 작용은 유압 실린더 내의 오일은 갇히게 되어 링크는 상승도 하강도 하지 않는다.
④ 하강 작용은 압송된 오일은 탱크로 회송되고 작업기의 자중에 의해 하부 링크는 하강한다.

**해설** 상승 작용은 오일이 유압실린더로 들어가 피스톤을 밀고 이것은 하부링크를 상승시킨다.

**15** 차륜형 트랙터의 장점에 대한 설명으로 틀린 것은?

① 운전이 용이하며 궤도형에 비하여 작업속도가 빠르다.
② 제작 단가가 저렴하다.
③ 견인력이 크며 접지압이 작다.
④ 지상고가 높다.

**16** 트랙터 앞바퀴를 앞쪽에서 보면 수직선에 대하여 1.5~2.0° 경사가 져 지면에 닿는 쪽이 좁게 되어 있는데 이는 축의 비틀림을 적게 하여 주행 시 안정성을 유지하는데 중요한 역할을 한다. 이 각을 의미하는 용어는?

① 토인　　　② 캐스터각
③ 캠버각　　④ 킹핀경사각

**해설** •**토인** : 치륜의 진행방향과 차륜 평면이 이루는 각
•**캐스터 각** : 킹핀을 측면에서 보았을 때 킹핀의 중심선과 수직선이 이루는 각
•**캠버각** : 트랙터를 앞에서 보았을 때 연직면과 차륜 평면이 이루는 각
•**킹핀경사각** : 킹핀의 중심선과 수직선이 이루는 각

**17** 트랙터의 주행 장치용 공기타이어에서 타이어의 골조가 되는 중요부분으로 타이어가 받는 하중, 충격, 공기압에 견디는 역할을 하는 것은?

① 비드부　　② 카커스부
③ 쿠션부　　④ 트레스부

**해설** •**비드부** : 타이어의 공기압이나 외력에 의해 생기는 변형을 막고, 타이어를 주행 중에 요동하지 않도록 림에 밀착시키는 역할을 한다.
•**카커스부** : 타이어의 가장 중요한 부분으로 타이어가 받는 하중, 충격, 공기압에 견디는 역할을 한다.
•**쿠션부** : 카커스부와 트레드부의 고무 사이에 접착하여 외부로부터 받는 타이어의 충격을 완화시키는 천분리 등의 손상을 방지하는 역할을 한다.

**정답** … 13.② 14.② 15.③ 16.③ 17.②

• 트레드부 : 직접 지면에 접촉하는 카커스로 쿠션부를 보호하고 마찰, 손상에 대하여 강한 저항력을 갖게 하기 위하여 두꺼운 고무층으로 되어 있다.

**18** 트랙터에 설치된 차동 잠금장치(differential lock)에 대한 설명으로 가장 적합한 것은?

① 습지와 같이 토양 추진력이 약한 곳에는 사용할 수 없다.

② 미끄러지기 쉬운 지면에는 사용하기 어렵다.

③ 회전할 때만 사용한다.

④ 차륜의 슬립이 심할 경우 사용한다.

**19** 트랙터 작업기의 부착방식에서 견인식과 비교할 때 직접 장착식의 특징 중 틀린 것은?

① 견인력이 감소한다.

② 유압제어가 용이하다.

③ 작업기의 운반이 용이하다.

④ 전장이 짧고 회전 반경이 작다.

**20** 3점 링크 히치에 유압장치를 사용함으로써 발생되는 장점이 아닌 것은?

① 3점 히치 상하 조작이 리프팅 암을 상하로 작동시킴으로써 이루어진다.

② 유압 조작레버의 위치에 관계없이 작업기의 상하조작은 항상 일정한 위치로 자동 조정된다.

③ 플라우의 견인력 제어나 위치제어와 같은 제어가 가능하다.

④ 작업기의 무기가 트랙터 후차륜에 증가시킴으로써 큰 견인력을 얻을 수 있다.

**21** 트랙터 유압 장치의 구성요소가 아닌 것은?

① 유압펌프　　　② 제어밸브

③ 축압기　　　　④ 너클암

**해설** 너클암은 조향장치의 부품이다.

**22** 앞바퀴의 직진성을 좋게 하기 위하여 앞바퀴 앞쪽의 간격을 뒤쪽보다 좁게 하여 바퀴가 안으로 향하도록 한 것은?

① 캐스터 각　　　② 캠버각

③ 킹핀 경사각　　④ 토인

**해설** • **토인** : 치륜의 진행방향과 차륜 평면이 이루는 각. 직진성을 좋게 하고, 토인각이 크면 타이어의 마모가 심하고 구름 저항이 커진다.

• **캐스터 각** : 킹핀을 측면에서 보았을 때 킹핀의 중심선과 수직선이 이루는 각. 노면의 저항을 적게 받아 진행방향에 대한 직진성을 좋게 한다.

• **캠버각** : 트랙터를 앞에서 보았을 때 연직면과 차륜 평면이 이루는 각. 수직하중이나 구름 저항 등에 의한 비틀림을 적게 하여 주행을 안정적이게 유지한다.

• **킹핀경사각** : 킹핀의 중심선과 수직선이 이루는 각. 주행중 발생하는 저항에 의한 킹핀의 회전모멘트가 작아져 조향조작을 경쾌하게 하는 기능을 한다.

**23** 연약지에서 트랙터 차륜이 공회전하여 주행이 곤란할 때 구동차축을 일체로 고정시켜주는 장치는?

① 동기장치

② 차동 잠금장치

③ 동력 취출장치

④ 유니버셜조인트

**해설** • **동기장치** : 씽크로메쉬라고도 하며 구동중 변속이 가능하게 하는 장치

• **동력 취출장치** : PTO장치라고도 하며 변속장치에서 동력을 전달하기 위해 외부로 동력축을 빼놓은 장치이며, 스플라인 기어로 되어 있다.

• **유니버셜조인트** : PTO축과 동력을 필요로 하는 작업기에 연결하여 회전력을 전달하는 장치

**24** 트랙터의 3점 링크 중 하부 링크의 좌우 진동을 제한하는 것은?

① 체크 체인
② 리프트 암(lift arm)
③ 상부 링크
④ 리프팅 로드(lifting rod)

**25** 후륜구동 트랙터의 하중전이에 관한 설명 중 옳은 것은?

① 하중전이는 트랙터의 견인성능을 증가시킨다.
② 하중전이는 동적 상태에서 차륜에 작용하는 지연반력과 크기가 같다.
③ 하중전이는 전륜의 추진력을 증가시키고 후륜의 운동저항을 감소시킨다.
④ 하중전이의 크기가 후륜의 정하중과 같게 되면 후방 전도에 일어나기 쉽다.

> **해설** 하중전이는 트랙터가 전진 시 하중이 후륜 방향으로 후진 시에는 전방으로 하중이 이동하는 현상을 말한다.

**26** 트랙터 작업기의 부착방식에서 견인식과 비교한 직접 장착식의 특징 설명으로 틀린 것은?

① 작업기의 유압 제어가 어렵다.
② 작업기의 선회가 용이하다.
③ 구조가 비교적 간단하다.
④ 회전 반경이 작다.

**27** 다음 중 유압회로 내의 압력이 일정한 수준에 도달하면 유압펌프를 무부하 시키는데 사용되는 제어밸브는?

① 릴리프 밸브(relies valve)
② 부하제거 밸브(unload valve)
③ 유량제어 밸브(flow control valve)
④ 방향제어 밸브(direction control valve)

> **해설** • 릴리프 밸브 : 유압을 일정하게 유지하여 정상적인 작동을 돕는 기능을 한다.
> • 유량제어 밸브 : 유량을 조절함으로써 액추에이터의 작동 속도를 제어하는 기능을 한다.
> • 방향제어 밸브 : 유체의 흐르는 방향을 바꿔 액추에이터의 작동을 원하는 방향으로 제어하는 기능을 한다.

**28** 일정한 작업 간격이 필요한 파종기나 이식기를 트랙터에 부착할 경우 다음 중 가장 적합한 동력취출장치는?

① 독립형
② 상시 회전형
③ 속도비례형
④ 변속기 구동형

**29** 승용 트랙터의 작업기 연결장치에서 이용되는 3점 히치식은 어느 방식인가?

① 견인식
② 직접 장착식
③ 반장착식
④ 독립 취출식

**30** 유압시스템에서 압력이 일정 한도 이상이 되면 스프링을 밀어 통로가 열려 오일이 배유관을 통해 배출되어 과도한 압력 상승을 방지해 주는 유압 밸브는?

① 릴리프 밸브
② 방향제어 밸브
③ 유량제어 밸브
④ 솔레노이드 밸브

**31** 일반적인 차륜형 트랙터의 동력전달장치가 아닌 것은?

① 조향 장치     ② 변속 장치

③ 차동 장치     ④ 주 클러치

**32** 트랙터 앞바퀴 좌우의 간격이 앞쪽이 뒤쪽보다 좁게 되어 있어 바깥쪽으로 벌어져 구르려는 경향을 수정하여 직진성을 좋게 하는 차륜 정렬방식인 것은?

① 캠버각     ② 캐스터각

③ 토인     ④ 킹핀 경사각

> **해설** • **토인** : 치륜의 진행방향과 차륜 평면이 이루는 각, 직진성을 좋게 하고, 토인각이 크면 타이어의 마모가 심하고 구름 저항이 커진다.
> • **캐스터 각** : 킹핀을 측면에서 보았을 때 킹핀의 중심선과 수직선이 이루는 각, 노면의 저항을 적게 받아 진행방향에 대한 직진성을 좋게 한다.
> • **캠버각** : 트랙터를 앞에서 보았을 때 연직면과 차륜평면이 이루는 각, 수직하중이나 구름 저항 등에 의한 비틀림을 적게하여 주행을 안정적이게 유지한다.
> • **킹핀경사각** : 킹핀의 중심선과 수직선이 이루는 각, 주행중 발생하는 저항에 의한 킹핀의 회전모멘트가 작아져 조향조작을 경쾌하게 하는 기능을 한다.

**33** 트랙터 공기타이어의 견인 능력을 증대시키기 위하여 타이어 바깥 둘레에 방사상으로 돌출된 보조장치를 사용되는 것은?

① 스트레이크

② 타이어 거들

③ 피트만 암

④ 드래그 링크

> **해설** **타이어 거들** : 타이어에 맞는 장치를 입혀 면적 및 지면과의 마찰력을 증대시키는 장치
> • **피트만 암** : 조향장치로 핸들을 회전운동을 직선운동으로 변환하는 장치
> • **드래그 링크** : 피트만 암과 연결하여 직선운동을 전달하는 장치

**34** 승용트랙터 제동장치에서 좌우 독립브레이크 페달을 사용하는 주된 목적은?

① 급정지를 위하여

② 회전반경을 작게하기 위하여

③ 경사지에서 제동이 잘되게 하기 위하여

④ 부속 작업기를 신속하게 정지시키기 위하여

**35** 장궤형 트랙터의 장점이 아닌 것은?

① 접지 면적이 넓어 연약 지반에서도 작업이 가능하다.

② 무게 중심이 낮아 경사지 작업이 편리하다.

③ 기동성이 좋고 정비가 편리하다.

④ 회전 반경이 작다.

**36** 트랙터의 보조 차륜 중 지면은 단단하지만, 미끄럽거나 눈이 쌓여 있는 경우에 한정하여 사용하는 것은?

① 타이어 거들

② 스트레이크 차륜

③ 플로트 차륜

④ 디스크 차륜

> **해설** • **스트레이크** : 트랙터 공기타이어의 견인 능력을 증대시키기 위하여 타이어 바깥 둘레에 방사상으로 돌출된 보조장치
> • **타이어 거들** : 보조차륜으로 타이어에 맞는 장치를 입혀 면적 및 지면과의 마찰력을 증대시키는 장치

**37** 트랙터의 선회 및 곡진을 용이하게 하기 위하여 좌우 구동륜의 회전 속도를 서로 다르게 해주는 장치는?

① 차동장치     ② 최종구동장치

③ 변속기     ④ 클러치

---

**정답** ··· 31.①   32.③   33.①   34.②   35.③   36.①   37.①

**해설** • 변속기 : 다양한 기어 비율에 맞춰 회전속도와 토크를 조절하는 장치
• 최종구동장치 : 고속으로 회전하는 동력을 조정속도로 감속시켜 바퀴를 구동하는 장치
• 클러치 : 기관과 변속기 사이에 설치되어 있으며 시동하거나 변속할 때 혹은 기관을 정지하지 않고, 트랙터를 정차시킬 때 사용하는 장치

**38** 농용 트랙터 구동륜의 타이어에 미끄럼 방지를 위하여 나있는 돌기 부분을 의미하는 것은?

① 스포크(spoke)
② 링(ring)
③ 트레이드(thread)
④ 보스(boss)

**39** PTO축이란 다음 중 어느 장치를 의미하는가?

① 변속장치        ② 동력취출장치
③ 차동장치        ④ 조향장치

**40** 트랙터의 캠버각에 대한 설명으로 가장 적합한 것은?

① 킹핀의 중심선과 수직선에 대한 안쪽으로 5~11°정도 경사지게 부착되어 있는 각이다.
② 앞바퀴에서 아래쪽이 좁고 위쪽이 넓게 되도록 지면에 내린 수직선에 대하여 1.5~2° 정도이 경사각이다.
③ 킹핀을 측면에서 보면 킹핀의 중심선과 수직선에 대하여 뒤쪽으로 2~3°정도 경사지게 부착되어 있는 각이다.
④ 보통 차륜 중심선의 전면과 후면과의 치수 차이로 표시하며 3~10mm이다.

**41** 3점 링크 히치의 특징 설명으로 틀린 것은?

① 유압제어가 필요 없다.
② 작업 회전 반경이 적다.
③ 큰 견인력을 얻을 수 있다.
④ 작업기 운반이 용이하다.

**42** 긴 내리막 길에서 엔진 브레이크를 사용하면 제동장치의 발열, 마모가 적어져 유리하다. 어떻게 하는 것인가?

① 변속기를 저속단수에서 변속시키고 주행한다.
② 변속기를 고속단수에서 변속시키고 주행한다.
③ 엔진을 끄고 브레이크 페달을 사용한다.
④ 기어를 중립에 놓고 브레이크를 사용한다.

**43** 트랙터의 구조에서 조향장치에 해당하는 것은?

① 변속기
② 메인 클러치
③ 차동장치
④ 스티어링 암

**44** 트랙터의 동력 취출장치(PTO)의 형식 중에서 파종기와 이식기의 회전 동력원으로 가장 적합한 것은?

① 독립형
② 상시 회전형
③ 변속기 구동형
④ 속도 비례형

---

**정답** ··· 38.③  39.②  40.②  41.①  42.①  43.④  44.④

**45** **트랙터에서 좌우 독립 브레이크 페달을 사용하는 이유는?**

① 급정지를 위하여
② 회전 반경을 줄이기 위하여
③ 경사지에서 제동이 잘되게 하기 위하여
④ 부속작업기를 신속하게 정지시키기 위하여

**46** **기관의 동력을 구동형 작업기에 전달하기 위한 장치는?**

① 조향장치 ② 동력 취출장치
③ 유압장치 ④ 작업기 부착장치

**47** **다음 중 일반적으로 동력 경운기에 가장 많이 사용되는 주클러치의 종류인 것은?**

① 맞물림 클러치
② 원통식 마찰 클러치
③ 다판식 클러치
④ 단판식 마찰 클러치

**48** **트랙터 앞바퀴의 정렬에 있어서 위에서 보아 좌우 차륜의 앞쪽이 안쪽으로 향하도록 하는 것은?**

① 캐스터각 ② 토인
③ 킹핀각 ④ 캠버각

해설
- **토인** : 차륜의 진행방향과 차륜 평면이 이루는 각, 직진성을 좋게 하고, 토인각이 크면 타이어의 마모가 심하고 구름 저항이 커진다.
- **캐스터 각** : 킹핀을 측면에서 보았을 때 킹핀의 중심선과 수직선이 이루는 각, 노면의 저항을 적게 받아 진행방향에 대한 직진성을 좋게 한다.
- **캠버각** : 트랙터를 앞에서 보았을 때 연직면과 차륜 평면이 이루는 각, 수직하중이나 구름 저항 등에 의한 비틀림을 적게하여 주행을 안정적이게 유지한다.
- **킹핀경사각** : 킹핀의 중심선과 수직선이 이루는 각, 주행중 발생하는 저항에 의한 킹핀의 회전모멘트가 작아져 조향조작을 경쾌하게 하는 기능을 한다.

**49** **트랙터의 조향을 위하여 핸들을 돌렸을 때 동력이 전달되는 과정으로 가장 적합한 것은?**

① 핸들 → 조향암 → 견인링크 → 조향기어 → 프트만암 → 앞바퀴 축
② 핸들 → 피트만암 → 조향기어 → 견인링크 → 조향암 → 앞바퀴 축
③ 핸들 → 조향기어 → 조향암 → 피트만암 → 견인링크 → 앞바퀴 축
④ 핸들 → 조향기어 → 피트만암 → 견인링크 → 조향암 → 앞바퀴 축

**50** **다음 중 사료 작물 수확용 작업기가 아닌 것은?**

① 헤이 테더(hey tedder)
② 헤이 레이크(hey rake)
③ 포리지 하베스터(forage harvester)
④ 파이프 더스터(pipe duster)

**51** **작업기의 전중량을 트랙터 본체가 지지하는 부착 방법은?**

① 견인식
② 반장착식
③ 3점 히치식
④ 요동식 견인봉

정답 ··· 45.② 46.② 47.③ 48.② 49.④ 50.④ 51.③

**52** 그림과 같이 오토사이클의 P-V선도에서 연소실 체적은?

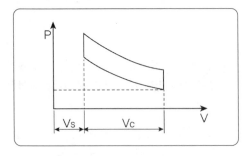

① Vc+Vs
② Vs-Vc
③ Vc
④ Vs

**53** 트랙터 고무 타이어에 4/12 – 3P 라고 표시되어 있을 때 4는 무엇 의미하는가?

① 타이어 폭
② 타이어 코드 검수
③ 림의 직경
④ 타이어 지름

해설 4는 타이어 폭으로 4인치이며, 12는 림의 직경으로 인치로 표시한다. 3P는 플라이 수가 3인 것을 의미한다.

**54** 유압 시스템의 구성요소가 아닌 것은?

① 유압 펌프
② 유압 제어밸브
③ 차동장치
④ 유압 실린더

**55** 트랙터의 작업기 장착 방법 중 견인식에 비하여 직접 장착식의 유리한 점이 아닌 것은?

① 전장이 짧고 회전반경이 작다.
② 보조차륜이나 프레임이 필요 없다.
③ 유압제어가 용이하다.
④ 견인력이 작다.

**56** 트랙터의 뒷바퀴 폭을 조절하는 방법이 아닌 것은?

① 디스크를 반전한다.
② 브라켓과 디스크의 위치를 바꾼다.
③ 앞차축을 고정하고 있는 볼트를 바꾸어 끼운다.
④ 림과 브라켓의 위치를 바꾼다.

**57** 트랙터 운전 중 안전을 위하여 다음 사항을 준수해야 한다. 잘못된 것은?

① PTO 동력취출 작업 시 회전부 주위에 사람이 접근하지 않도록 한다.
② 연료를 절약하기 위하여 언덕길을 내려갈 때 시동을 끄고 브레이크로 속도를 조절하며 내려간다.
③ 운전 중에는 저속 운전이라도 운전석을 이탈해서는 안된다.
④ 도로 주행 시 좌우 브레이크의 제동력을 같게 하기 위해 연결고리를 걸어 운행한다.

**58** 동력경운기의 독립형 PTO 장치에 관한 설명이다. 옳은 것은?

① PTO 회전속도는 주행속도에 비례한다.
② 차체의 발진과 작업의 시작은 동시에 해야한다.
③ 주클러치를 끊으면 PTO축도 회전을 멈춘다.
④ 주행 중에 PTO 회전을 단속시킬 수 있다.

**59** 규격이 11.2 - 24인 공기 타이어의 바깥지름은 약 몇 cm인가?

① 60.96  ② 89.4
③ 117.9  ④ 130

> **해설** 11.2″ 는 타이어 폭이므로
> 11.21″ × 2 = 22.42″ 이고,
> 타이어 림의 직경이 24″ 이므로
> 타이어의 바깥지름은 46.42″ 이다.
> ∴117.9cm = 46.42″ × 2.54cm

**60** 차륜형 트랙터의 장점이 아닌 것은?

① 견인력이 크고, 잘 미끄러지지 않는다.
② 운전이 용이하다.
③ 제작 가격이 싸다.
④ 고속운전이 가능하다.

> **해설** 크로울러(무한궤도)형은 견인력이 크고 잘 미끄러지지 않는다.

**61** 조향핸들의 조작을 가볍게 하는 방법 중 옳은 것은?

① 캐스터를 규정보다 크게 한다.
② 토인을 규정보다 크게 한다.
③ 타이어 공기압을 낮춘다.
④ 조향기어비를 크게 한다.

> **해설** 조향기어비를 크게 하면 조향핸들의 가벼워지나 빠르게 회전을 시켜야할 경우에는 불리하게 된다.

**62** 승용트랙터 팬벨트의 유격은 어느 정도가 되어야 적당한가?

① 손으로 눌러 벨트의 여유가 30~35mm정도
② 손으로 눌러 벨트의 여유가 10~15mm정도

③ 손으로 눌러 벨트의 여유가 3~5mm정도
④ 손으로 눌러 벨트의 여유가 없어야 한다.

> **해설** 팬벨트의 유격은 풀 푸시 게이지(pull–push gauge)로 10kgf정도의 힘으로 벨트를 눌러 벨트의 여유가 10~15mm정도가 적당하다.

**63** 브레이크 페달을 밟아도 정차하지 않는 이유로 틀린 것은?

① 라이닝과 드럼의 압착상태가 불량
② 라이닝 재질 불량 및 오일 부착
③ 브레이크 파이프 막힘
④ 타이어 공기압의 부족

> **해설** 타이어 공기압이 부족할 경우에는 타이어와 지면의 접지 마찰력이 커지기 때문에 빨리 정차할 수 있다.

**64** 승용트랙터의 토인 조정은 어느 것으로 하는가?

① 타이로드
② 조향상자의 웜기어
③ 스핀들 각
④ 앞바퀴의 폭

> **해설** 토인각의 조정은 타이로드로 하며, 타이로드는 턴버클 형태의 나사로 조정한다.

**65** 트랙터의 캠버가 심하게 큰 경우의 원인과 관계없는 것은?

① 드래그 링크의 휨
② 앞 액슬축의 굽음
③ 킹핀과 부싱의 마모
④ 너클 스핀들의 휨

**66** 트랙터 3점 링크를 움직이는 유압실린더는 일반적으로 어떤 형식인가?

① 단동실린더
② 복동실린더
③ 다단실린더
④ 단·복동 실린더

> **해설** 트랙터의 3점링크 중 하부링크 2개를 이용하여 작업기를 올리고 내리게 되는데 올릴 때는 유압을 보내주지만 하강 시에는 작업기 자중에 의해 떨어지게 되므로 단동실린더이다.

**67** 트랙터의 독립브레이크는 어느 때 사용하는 것이 가장 효과적인가?

① 급브레이크를 필요로 할 때 사용한다.
② 트레일러를 부착하고 운반작업을 할 때 사용한다.
③ 경운작업 시 선회반경을 작게 할 때 사용한다.
④ 항상 사용한다.

> **해설** 독립브레이크는 선회반경을 작게 할 때 사용하는 트랙터의 장치로 좌측과 우측 브레이크가 별도로 작동되는 형태로 되어 있으며 도로주행이나 고속 주행 시에는 꼭 좌우측의 독립브레이크를 연결핀으로 연결하여 사용해야 한다.

**68** 트랙터 클러치 페달의 조작방법으로 올바른 것은?

① 느리게 차단하고 빠르게 연결한다.
② 느리게 차단하고 느리게 연결한다.
③ 빠르게 차단하고 빠르게 연결한다.
④ 빠르게 차단하고 느리게 연결한다.

> **해설** 클러치를 조작할 때는 빠르게 차단하고 느리게 연결해야만 마모를 줄이고 클러치의 수명을 연장시킬 수 있다.

**69** 트랙터에서 유압으로 작동하는 장치는?

① 견인장치
② 차동장치
③ 3점링크 장치
④ 시동장치

> **해설** 상부링크, 하부링크 2개로 이루어진 3점 링크가 트랙터의 유압작동 장치중 하나다.

**70** 플라우를 연결할 때의 작업순서를 바르게 표시한 것은?

> 1. 트랙터를 부착하기 편리하게 후진시킨다.
> 2. 우측 하부링크를 끼운다.
> 3. 좌측 하부링크를 끼운다.
> 4. 톱링크를 끼운다.
> 5. 체크 체인을 조정한다.
> 6. 좋은 작업이 될 수 있도록 각 부분을 조정한다.

① 1 → 2 → 3 → 5 → 4 → 6
② 1 → 3 → 2 → 4 → 5 → 6
③ 4 → 1 → 2 → 3 → 5 → 6
④ 4 → 6 → 3 → 2 → 1 → 5

**71** 트랙터 로터리의 안전클러치 조정 시 6개의 스프링 누름너트를 똑같이 조여 스프링이 완전히 눌려지게 한 다음 보통 알맞게 풀어주는 정도는?

① 1.5~2회전
② 6~9회전
③ 11~13회전
④ 15~17회전

> **해설** 일반적으로 완전히 조인 후 1.5~2회전 풀어준다.

**72** 트랙터에 있어서 차동 고정 장치의 사용 목적은?

① 작업 시 작업기에 무리한 힘이 걸렸을 때 사용하는 장치이다.
② 굴곡진 길을 주행할 때 진동을 적게 하는 장치이다.
③ 차의 구동바퀴가 공회전하는 것을 막기 위한 장치이다.
④ 커브를 틀 때 사용하는 장치이다.

**해설** 차동장치는 구동바퀴 중 힘이 적게 걸리는 쪽은 회전하고 부하가 걸린 바퀴는 회전하지 않아 늪지에 빠지게 되면 견인력이 감소(공전)하게 되는데 이를 방지하기 위한 장치이다.

**73** 트랙터에 로타베이터를 장착할 때 작업기의 좌우 기울기는 무엇으로 조정하는가?

① 체크 체인의 턴버클
② 상부 링크의 턴버클
③ 좌측 하부 링크의 레벨링 핸들
④ 우측 하부링크의 레벨링 핸들

**해설** 좌우의 기울기는 우측 하부링크의 레벨링 핸들로 조정을 한다.

**74** 브레이크 작동 시 트랙터가 한쪽으로 쏠리는 원인이 아닌 것은?

① 앞바퀴 정렬이 불량하다.
② 브레이크 라이닝의 접촉이 불량하다.
③ 좌우 타이어 공기 압력이 같지 않다.
④ 마스터 실린더 푸시로드 길이가 너무 길다.

**해설** 마스터 실린더 푸시로드의 길이가 길면 압력을 증가시켜 브레이크 동작을 더 원활히 할 수 있다.

**75** 브레이크가 잘 작용하지 않고 페달을 밟는데 힘이 드는 원인이 아닌 것은?

① 타이어 공기압이 고르지 못함
② 피스톤 로드의 조정 불량
③ 라이닝에 오일이 묻음
④ 라이닝의 간극 조정이 불량

**해설** 타이어 공기압이 고르지 못한 것은 브레이크가 작용하는 힘과는 영향이 없지만 견인력에는 영향을 미칠 수 있다.

**76** 트랙터의 브레이크 유격은 일반적으로 얼마인가?

① 0~5mm
② 20~35mm
③ 45~60mm
④ 65~75mm

**77** 겨울철에 트랙터의 유압장치가 잘 작동되지 않는 원인이 될 수 없는 사항은?

① 유압오일이 적정량 들어있지 않다.
② 유압 파이프의 조임 볼트가 풀려 누유가 된다.
③ 유압오일의 질이 너무 묽다.
④ 부하가 너무 과중하다.

**해설** 겨울철에는 온도가 저하되므로 유압오일의 점도가 높아지므로 점도가 낮은 오일을 사용하는 것이 좋다.

**78** 트랙터 유압펌프에 주로 사용되는 펌프 종류는?

① 기어 펌프 　　② 플런져 펌프
③ 피스톤 펌프 　　④ 진공 펌프

**79** 트랙터 유압장치 중 위치제어 레버(position lever)와 견인력제어 레버(dreaft lever)에 대해서 옳게 설명한 것은?

① 위치제어레버는 쟁기작업, 견인력제어레버는 로타리 작업에 주로 사용한다.
② 위치제어레버는 작업기의 속도제어, 견인력제어 레버는 작업기의 상승, 하강제어에 사용한다.
③ 위치제어레버는 작업기의 부하제어, 견인력제어 레버는 작업기의 상승, 하강제어에 사용한다.
④ 위치제어레버는 로타리 작업, 견인력제어레버는 쟁기작업에 주로 사용한다.

**80** 트랙터에서 작업기를 상하로 작동시킬 때 사용하는 것은?

① 부변속 레버
② 유량조절 레버
③ 유압선택 레버
④ PTO레버

**81** 3점 링크히치 장치에서 길이를 조절할 수 있는 것과 높이를 조절할 수 있는 것이 바르게 연결된 것은?

① 상부링크 - 앞쪽 리프트 로드
② 상부링크 - 오른쪽 리프트 로드
③ 하부링크 - 왼쪽 리프트 로드
④ 하부링크- 오른쪽 리프트 로드

**해설** 3점 링크히치는 상부링크에서는 길이 조절이 가능하고 하부링크의 오른쪽 리프트로드는 높이를 조절하여 수평을 조절하는데, 최근 생산되는 트랙터는 하부링크의 좌, 우측 모두 높이 조절이 가능하다.(최근 변형되어 추가되었기 때문에 문제에 나온다면 과거의 형태를 보고 답을 선택해야한다.)

**82** 트랙터의 핸들이 무겁다. 그 원인 중 옳지 않은 것은?

① 앞바퀴 타이어의 공기압이 높음
② 조향 웜과 로울러의 조정 불량
③ 핸드축이 휘거나 토인 불량
④ 킹핀 베어링의 파손

**해설** 앞바퀴가 조향을 하게 되며 공기압이 높으면 접지마찰력이 감소하므로 핸들이 가벼워진다.

**83** 트랙터의 조향 전달 순서가 맞는 것은?

① 조향핸들 → 피트먼암 → 조향기어 → 타이로드 → 너클암 → 바퀴
② 조향핸들 → 조향기어 → 피트먼암 → 타이로드 → 너클암 → 바퀴
③ 조향핸들 → 조향기어 → 타이로드 → 피트먼암 → 너클암 → 바퀴
④ 조향핸들 → 피트먼암 → 타이로드 → 조향기어 → 너클암 → 바퀴

**84** 트랙터의 핸들이 너무 많이 움직일 때의 원인은 어느 것인가?

① 림 또는 디스크의 변형
② 허브 너트가 풀어짐
③ 토우인의 불량
④ 드래그 볼의 마멸

**85** 트랙터 조향핸들의 자유 유격이 커지는 원인과 관계없는 것은?

① 조향축의 프리 로드 과대
② 섹터 축과 부싱의 마모
③ 각 볼 조인트의 마모
④ 조향축의 축방향 유격과대

**86** 트랙터 사용 시에 지켜야 할 사항으로 적당한 것은?

① 시동 스위치는 1회에 10초 이내 가동하여야 한다.
② 예열플러그는 엔진이 더울 때에도 사용해야 한다.
③ 시동 스위치는 1회에 2~3분간 돌려도 된다.
④ 작업복은 입지 않아도 된다.

해설 시동 스위치는 1회에 10~15초 이내를 가동하여야 한다.

**87** 트랙터가 정지하면 작업기의 구동이 정지하는 것은?

① 독립형 P.T.O
② 변속기 구동형 P.T.O
③ 상시 회전형 P.T.O
④ 속도비례형 P.T.O

해설 변속기 구동형 P.T.O는 변속기에 동력이 전달되지 않으면 P.T.O도 구동하지 않는 형태로 되어 있다.

**88** 트랙터의 안전사항으로 바르지 못한 것은?

① 승차정원은 1명으로 한다.
② 도로주행 시 브레이크 페달은 연결핀으로 좌우를 연결한다.
③ 포장 작업 시 작업기를 들어 올린 채 방치하지 않는다.
④ 포장 작업 시 작업기를 부착할 땐 엔진시동을 한다.

해설 포장 작업 시 작업기를 부착할 때는 엔진시동을 끄고 한다.

**89** 트랙터의 앞바퀴 정렬의 점검 사항이 아닌 것은?

① 토인
② 캠버각
③ 캐스터 각
④ 피트먼 각

해설 앞바퀴 정렬에는 토인, 캠버각, 캐스터각, 킹핀각이 있으며, 피트먼 각은 핸들축에서 회전하는 힘으로 푸시로드를 밀어줄 때 발생하는 각을 말한다.

**90** 트랙터에 로터리를 장착하고, 작업을 할 때에 유니버셜 조인트가 잘 빠져 나오지 않는 경우는?

① 로터리의 좌우로 수평 균형 조절이 잘 안된다.
② 로터리를 중앙에 위치하게 하고 체크 체인을 당기어 조립하였다.
③ 로터리를 편중되게 장착시켰다.
④ 유니버셜 조인트의 키를 정확히 끼우지 않았다.

해설 트랙터에 로타리 장착하는 방법으로 맞는 것은 로터리를 중앙에 위치하게 하고 체크 체인으로 당기어 좌우를 정확히 맞추면 유니버셜 조인트도 잘 빠지고 끼워진다.

**91** 다음은 트랙터의 드래프트 컨트롤장치에 대한 설명이다. 잘못된 것은?

① 트랙터의 견인력을 일정하게 유지시킨다.
② 플라우를 이용한 경운 작업에 이용된다.
③ 작업기의 위치를 일정하게 유지시킨다.
④ 작업기에 걸리는 저항의 변화를 상부링크 압축력으로 감지한다.

해설 드래프트 컨트롤장치는 견인제어 장치라고도 하며 작업기의 위치를 일정하게 유지시키는 기능을 한다.

**92** 트랙터 로터리 작업시 쇄토정도가 너무 거칠 때 취할 조치중 잘못된 것은?

① 로터리의 회전수를 높인다.
② 로터리 뒷덮개 판을 내린다.
③ 트랙터의 주행속도를 빠르게 한다.
④ 트랙터의 주행속도를 느리게 한다.

해설 쇄토정도가 너무 거칠 때는 경운피치를 작게 해 주면 된다. 경운피치를 조절하는 방법은 주행속도를 낮추는 방법과 회전속도를 높이는 방법이 있다.

**93** 다음 중 트랙터 취급 시 안전수칙이 아닌 것은?

① 밀폐된 실내에서 기관을 가동하지 말 것
② 운전자 이외에 보조자가 꼭 함께 동승할 것
③ 유압으로 작업기를 올려 놓고 그 밑에서 작업하지 말 것
④ 기관이 가동하고 있을 때는 구동형 작업기의 조정 정비를 금할 것

해설 트랙터뿐만 아니라 모든 농기계는 운전자 1명만 탑승을 원칙으로 한다.

**94** 다음과 같은 특징을 갖고 있는 트랙터용 작업기의 연결 방법은?

- 작업기의 길이가 짧아진다.
- 구조가 간단하고 값이 싸다.
- 중량전이로 견인력이 증가한다.
- 플라우의 유압제어가 간단하다.

① 견인식　　　② 반장착식
③ 유압제어식　　④ 3점 링크식

해설 장착식 또는 3점 링크식이라고 한다.

**95** 다음 중 트랙터의 일상 점검 기준에 해당하는 것은?

① 오일 필터의 교환
② 배터리 비중의 점검
③ 엔진 오일량의 점검
④ 밸브 간극의 조정

해설 오일 필터, 배터리 비중, 밸브 간극 등은 사용시간에 따라 점검 시기가 다르며 일상 점검 사항은 아니다.

**96** 트랙터 로터리 부착 및 작업시 조절 요령으로 틀린 것은?

① 로터리 축을 회전시키면서 로터리가 상승될 때 이상음이 발생하면 상부링크 길이를 조절한다.
② 유니버셜 조인트와 P.T.O축이 이루는 각도는 90°이하가 되도록 위치제어레버의 작동 범위를 조절한다.
③ 로터리의 경심조절은 미륜의 연결핀을 바꿔 끼워 조절한다.
④ 정지판은 조절판의 위치를 바꿔 끼워 조절한다.

해설 유니버셜 조인트와 PTO축이 이루는 각도는 60° 이하로 한다. 유니버셜 조인트는 변속기쪽 30°, 작업기쪽 30°를 최대각도로 작업해야 유니버셜 조인트의 수명을 연장할 수 있다.

**97** 트랙터 매일 점검사항과 관계없는 것은?

① 엔진오일, 냉각수, 연료
② 누유 및 누수
③ 타이어 공기압
④ 연료휠터 청소

해설 연료휠터 청소는 100시간에 한번씩 실시한다.

**98** 농장에서 트랙터로 작업을 할 때 주의할 사항 중 잘못된 것은?

① 운전석은 몸에 맞지 않아도 된다.

② 작업을 하기 전에 기계가 안전한가 점검한다.

③ 사고를 막기 위해서 먼저 계획을 세운다.

④ 히치의 높이는 적당하며 핀은 안전한가 확인한다.

해설 운전석은 몸에 맞게 조절하여야 한다.

**99** 주행중 트랙터를 급정지시키고자 할 때는?

① 브레이크 페달을 밟고 클러치 페달을 밟는다.

② 클러치 페달을 밟고 브레이크 페달을 밟는다.

③ 브레이크와 클러치 페달을 동시에 밟는다.

④ 주변속 기어부터 중립으로 한다.

해설 급정지 시에는 브레이크와 클러치페달을 동시에 밟아야 한다.

**100** 앞차륜 정렬 측정시 주의하여야 할 사항으로 잘못된 것은?

① 타이어의 공기압이 규정으로 되어 있어야 한다.

② 공장 바닥은 약간 앞으로 경사져 있어야 한다.

③ 스프링의 세기는 일정하여야 한다.

④ 볼 조인트는 이상이 없어야 한다.

해설 앞차륜 정렬 측정 시에는 공장 바닥은 평탄해야 한다.

**101** 트랙터 타이어에서 12.4 × 11 – 4인 경우 4의 의미는?

① 림의 직경이다.

② 림의 폭이다.

③ 타이어 높이이다.

④ 플라이(ply)수 이다.

해설 바퀴폭 × 바퀴지름 – 플라이수

**102** 트랙터를 운전중 안전운전 방법이 아닌 것은?

① 유압으로 작업기를 올려놓고 그 밑에서 작업하지 말 것

② 승하차는 반드시 트랙터를 정지 시킨 후 할 것

③ 경사지 작업시에는 가급적 차륜의 폭을 넓게 할 것

④ 운전자와 작업자가 반드시 동시에 탑승하여 작업할 것

해설 모든 농기계는 운전자 1명만 탑승을 원칙으로 한다.

**103** 트랙터에 있어서 진행방향을 바꿀 때 외측 차륜을 내측 차륜보다 빨리 회전하게 하는 장치는?

① 토크 디바이더

② 유니버셜 조인트

③ 이중 기어

④ 차동 기어

해설 외측 차륜과 내측 차륜의 회전을 조절하는 장치는 차동기어이다.

**104** 농용트랙터 차동장치의 구성부품에 해당되지 않는 것은?

① 밴드 브레이크
② 구동 피니언
③ 차동사이드 기어
④ 차동 피니언

**105** 트랙터의 디퍼렌셜 로크장치(차동잠금장치)는?

① 차동장치의 차동작용을 확실하게 한다.
② 차동장치의 차동작용을 하지 못하게 한다.
③ 딱딱한 땅에서 작업시 주행 효율을 향상시킨다.
④ 진흙에서의 작업시 주행효율을 향상시키지 못하게 한다.

해설 디퍼렌셜 로크장치는 습지에서 견인력을 증가시키기 위해 차동장치를 동작하지 않도록 하는 장치이다.

**106** 트랙터 로타리 작업시 쇄토정도가 너무 거칠어 질 때 취해야할 조치 중 관계가 없는 것은?

① 뒷덮개 판을 내린다.
② 주행을 느리게 한다.
③ 회전속도를 높인다.
④ 주행속도를 높인다.

해설 쇄토정도가 너무 거칠 때는 경운피치를 작게 해주면 된다. 경운피치를 작게 하는 방법은 주행속도를 낮추는 방법과 회전속도를 높이는 방법이 있다.

**107** 트랙터 제동시 정지거리는?

① 속도가 빠를수록 짧아진다.
② 속도가 빠르면 길어진다.
③ 눈, 비로 노면이 습하면 짧아진다.
④ 노면이 건조할 때가 가장 길어진다.

해설 제동거리는 속도가 길수록, 노면이 습하할수록, 노면이 미끄러울수록 길어진다.

**108** 농용 트랙터의 견인 성능에 영향을 미치는 구름 저항 계수와 관계가 없는 것은?

① 토양의 종류
② 주행속도
③ PTO의 성능
④ 바퀴의 종류

해설 PTO의 성능은 작업기를 부착하여 작업을 할 때의 회전력을 말한다.

**109** 트랙터의 PTO축을 연결하는 기계요소는?

① 기어
② 베어링
③ 턴버클
④ 스플라인

해설 PTO축은 스플라인축을 이용하여 동력을 전달한다.

**110** 로타리를 트랙터에 부착하고 좌우 흔들림을 조정하려고 한다. 무엇을 조정하여야 하는가?

① 리프팅 암
② 체크체인
③ 상부링크
④ 리프팅로드

해설 트랙터에 완전장착식으로 부착이 되는 로타리 쟁기등의 좌우 흔들림은 체크체인으로 흔들림을 조정한다.

**111** 트랙터 운전중 진흙구렁에 빠졌을 때 적당한 조치방법은?

① 변속레버를 저속에 넣고, 기관을 저속으로 회전시키며 출발한다.
② 변속레버를 최상단에 놓고, 액셀레이터를 최대로 높인다.
③ 변속레버를 저속에 넣고, 차동고정 장치 페달을 밟고 직진한다.
④ 차동고정 장치페달을 밟으며 선회한다.

**해설** 진흙구렁에 빠지게 되었을 때는 저속으로 변속하면 지면의 마찰력을 최대한 발휘할 수 있으며 구동을 4륜으로 변환하고, 차동고정장치(차동잠금장치)페달을 밟고 직진하는 것이 가장 효과적이다.

**112** 트랙터의 점검 방법 중 옳은 것은?

① 기관의 점검은 브레이크를 풀어 놓은 상태에서 실시한다.
② 클러치는 완전히 밟아둔다.
③ 작업기가 부착되었을 때는 반드시 유압장치를 올려놓는다.
④ 작업기의 점검 정비는 평탄한 장소에서 실시한다.

**해설** 모든 장비의 점검은 평탄한 장소에서 실시한다.

**113** 장궤형 트랙터의 장점은?

① 견인력이 크고, 연약한 땅 등의 정지가 되지 않은 땅에서의 작업에 편리하다.
② 운전이 용이하다.
③ 과속도 운전이 가능하다.
④ 제작 가격이 싸다.

**해설** 궤도로 되어 있는 형태의 트랙터이다. 이런 형태는 견인력이 크고, 연약한 지형을 빠져나오기 쉽고 정지 되지 않은 땅에서 작업이 용이하다.

**114** 디젤기관 트랙터의 시동회로가 회전하지 않을 때 그 원인으로 틀린 것은?

① 축전지가 방전되어 있을 때
② 연료분사펌프에 연료가 공급되지 않을 때
③ 배터리는 정상이나 전동기까지 공급되지 않을 때
④ 전기는 공급되나 시동 전동기 자체의 고장으로 움직이지 않을 때

**해설** 연료분사펌프는 시동회로가 아니고 연료계통의 문제이다.

**115** 트랙터의 핸들이 1회전하였을 때 피트먼 암이 30° 움직였다. 조향 기어 비는 얼마인가?

① 12 : 1  ② 6 : 1
③ 6.5 : 1  ④ 12.5 : 1

**해설** 1회전(360) : 30 = 12 : 1

**116** 트랙터 앞바퀴 정렬의 필요성이 아닌 것은?

① 핸들의 복원성
② 주행중 점검
③ 조정의 용이성
④ 제동효과의 증가

**해설** 앞바퀴 정렬은 주행성 향상, 타이어의 마모감소, 조정의 용이성, 핸들의 복원성을 위하여 필요하다.

**117** 전후진 8단 변속기어가 장착되어 있는 트랙터의 출발방법은?

① 반드시 1단 기어로 출발한다.
② 반드시 8단 기어로 출발한다.
③ 1~8단 사이의 아무 변속 단수나 상관없다.
④ 중간인 4~5단 기어로 출발한다.

**해설** 트랙터는 속도보다는 견인력이 더욱 우수하기 때문에 1~8단 사이로 변속하고 출발하여도 된다.

**118** 트랙터의 취급방법이 바르게 설명된 것은?

① 엔진이 시동된 상태로 연료를 보급하였다.
② 경사진 길을 내려올 때 기어를 중립상태로 하고 주행하였다.
③ 도로 주행시 좌우 브레이크 페달을 연결하고 주행하였다.
④ 운행도중 잠시 쉬고자 하여 시동을 끄고. 시동키를 꽂아 둔 채로 휴식하였다.

**해설** 트랙터는 브레이크가 좌우로 나눠져 있으므로 도로 주행 시에는 꼭 연결하여 주행해야 한다.

**119** 경운기의 동력전달장치 순서로 옳은 것은?

> 1. 주클러치    2. 주축 및 변속축
> 3. 최종구동축   4. 조향클러치
> 5. 차축

① 1→2→3→4→5
② 1→2→4→3→5
③ 1→2→3→5→4
④ 1→2→5→4→3

**120** 작업기에서 탈착방법의 안전사항 중 옳은 방법은?

① 작업기의 탈착을 15°이내 경사에서 실시한다.
② 작업기의 탈착은 반드시 3인 이상이 해야 한다.
③ 작업기는 부착 후 수평조절을 해야 한다.
④ 작업기의 탈착은 기체 본체를 완전히 후진하여 상부링크부터 연결한다.

**해설** 작업기 탈착은 평탄한 곳에서 실시하고 혼자 또는 2인이 실시하는 것이 용이할 때도 있다. 작업기 탈착은 하부링크부터 연결하고 상부링크를 연결한다.

**121** 트랙터 주행속도가 3m/s일 때 구동륜에 걸리는 수직하중이 2000N, 실제 견인력이 1000N이며, 이때 구동축 출력을 측정한 결과 10kW이면, 트랙터의 견인계수(Kt)와 견인 효율(Et)은?

① $K_t = 25\%$, $E_t = 30\%$
② $K_t = 25\%$, $E_t = 70\%$
③ $K_t = 50\%$, $E_t = 70\%$
④ $K_t = 50\%$, $E_t = 30\%$

**해설**

$$견인계수(K_t) = \frac{실제\ 견인력}{수직하중} \times 100$$
$$= \frac{1,000}{2,000} \times 100 = 50\%$$

$$견인효율(E_t) = \frac{v \times 견인력}{10kW} \times 100$$
$$= \frac{3 \times 1,000}{10,000} \times 100 = 30\%$$

**122** 트랙터의 견인 성능시험을 위하여 측정하는 항목이 아닌 것은?

① 슬립률
② 진동률
③ 주행속도
④ 연료 소비율

> **해설** 견인력, 진행 저하율, 주행속도, 연료 소비율, 슬립율 등을 측정하게 된다.

**123** 트랙터의 견인계수에 관한 설명으로 틀린 것은?

① 구동륜에 작용하는 수직하중에 대한 견인력과 운동저항의 비이다.
② 구동축의 전달된 동력에 대한 견인동력의 비로도 정의된다.
③ 구동륜이 견인할 수 있는 견인하중의 크기를 나타낸다.
④ 견인성능을 표시하는 중요한 변수이다.

**124** 측정거리 20m를 트랙터의 무부하시는 차륜 회전수가 8.5, 부하시는 차륜 회전수가 10이었다면 이 트랙터의 슬립율은 얼마인가?

① 12.9%
② 13.5%
③ 14.9%
④ 17.6%

> **해설** 슬립율
> $$= \left(1 - \frac{슬립의\ 없는\ 상태의\ 구동회전수}{슬립이\ 있는\ 상태에서의\ 구동\ 회전수}\right) \times 100$$
> $$= \left(1 - \frac{8.5}{10}\right) \times 100 = 15\%$$

**125** 트랙터 주행속도가 3m/sec일 때 구동륜에 걸리는 하중이 200kgf, 실제 견인력이 100kgf이며, 이 때 엔진 출력을 측정한 결과 10PS이면, 트랙터의 견인계수(Kt)와 견인효율(Et)은?

① $K_t = 25\%,\ E_t = 40\%$
② $K_t = 25\%,\ E_t = 80\%$
③ $K_t = 50\%,\ E_t = 80\%$
④ $K_t = 50\%,\ E_t = 30\%$

> **해설** 견인계수$(K_t) = \dfrac{실제\ 견인력}{수직하중} \times 100$
> $$= \frac{100}{200} \times 100 = 50\%$$
> 견인효율$(E_t) = \dfrac{v \times 견인력}{10ps} \times 100$
> $$= \frac{3 \times 100}{7,500} \times 100 = 30\%$$

**126** 무부하시 1시간에 1200m를 주행하는 트랙터가, 작업기를 장착하고 쟁기작업을 할 때의 속도가 5.5m/min이면, 이 때 진행 저하율은?

① 72.5%
② 27.5%
③ 19.9%
④ 14.5%

> **해설** 무부하 운전시 주행속도는 1.2km/h
> 즉, $\dfrac{1200}{60} = 20m/\min$ 이다.
> 진행 저하율 $= \left(1 - \dfrac{5.5}{20}\right) \times 100 = 72.5\%$

**127** 트랙터의 견인력을 증대시키기 위한 일반적인 방법이 아닌 것은?

① 마른 점토에서는 트랙터의 무게를 크게 한다.

② 타이어 직경이 큰 바퀴를 사용한다.

③ 바퀴의 공기 압력을 낮게 한다.

④ 폭이 좁은 타이어를 사용한다.

해설 견인력을 증대시키기 위해서는 토양과의 접지압력을 적절히 하고 마찰력을 증가시키는 것이 유리하다.

**128** 트랙터 차륜이 일정한 회전을 하는 사이에 무부하시의 진행거리가 100m 이고, 부하시에 진행거리는 95m였다면 슬립율은 몇 %인가?

① 5

② 5.26

③ 9.5

④ 10

해설

$$슬립율(\%) = \left(1 - \frac{부하 시 진행거리}{진행거리}\right) \times 100$$
$$= \left(1 - \frac{95}{100}\right) \times 100 = 5\%$$

**129** 자중이 1150kgf인 장궤형 트랙터의 트랙 정지부분의 길이가 각각 107cm이고, 트랙의 폭이 33cm일 때 이 트랙터의 접지압은 약 몇 kgf/cm²인가?

① 0.08 　　② 0.16

③ 0.33 　　④ 0.67

해설 $접지압(kg_f/cm^2) = \dfrac{P}{A} = \dfrac{1150kg_f}{107 \times 33}$

$$= 0.326 kg_f/cm^2$$

**130** 트랙터의 견인력이 300kgf이고, 주행속도가 1.5m/s일 때, 경인 동력은 몇 PS인가?

① 3 　　　　② 6

③ 9 　　　　④ 12

해설 $H_{ps} = \dfrac{견인력 \times 주행속도}{75}$

$$= \dfrac{300 \times 1.5}{75} = 6\,ps$$

**131** 트랙터의 총중량에 대한 최대 견인력의 비율을 무엇이라고 하는가?

① 점착계수

② 견인계수

③ 견인효율

④ 운동저항계수

해설 • **견인계수** : 트랙터의 주행 구동부에 걸리는 중량에 대한 견인력의 비율

• **견인효율** : 차축출력에 대한 견인출력의 비율

**132** 트랙터의 동력 측정용 성능시험으로 가장 적합한 것은?

① 견인 성능시험

② 작업기 승강시험

③ PTO 성능시험

④ 변속 단수별 주행시험

**133** 트랙터 경운작업 시 한쪽 바퀴의 슬립이 심할 때 사용해야 되는 것은?

① 위치제어 레버

② 독립 브레이크 페달

③ 저항제어 레버

④ 차동 잠금 페달

**134** 축 동력에 대한 견인 장치에 의해 발생된 견인동력의 비율로 정의되는 용어는?

① 견인율      ② 견인계수
③ 슬립률      ④ 축동비율

**135** 트랙터 뒷바퀴에 물을 주입시키는 이유로 다음 중 가장 중요한 것은?

① 회전력을 증가시키기 위해서
② 안정성을 증가시키기 위해서
③ 견인력을 증가시키기 위해서
④ 소요동력을 줄이기 위해서

**136** 기관 속도가 500rpm일 때 프로니 브레이크 동력계의 눈금이 200kgf이었다면 기관의 축 마력은 약 몇 ps인가? (단, 프로니 브레이크의 암의 길이는 0.5m이다.)

① 22.2
② 48.8
③ 51.3
④ 69.8

**해설**

$$H_{ps} = \frac{T \times N}{974} = \frac{200 \times 0.5 \times 500}{974} = 51.3ps$$

**137** 자중이 1000kgf인 트랙터가 5m/sec의 속도로 견인작업을 할 때 실측한 견인력이 200kgf이면 견인출력은 약 몇 PS인가?

① 1.0      ② 5.0
③ 10.0      ④ 13.3

**해설** 견인출력 $= \dfrac{\text{견인력} \times \text{속도}}{75}$

$$= \frac{200 kg_f \times 5m/s}{75} = 13.3ps$$

**138** 트랙터의 견인력이 250kgf, 견인속도가 3m/s이고, 구동축 입력이 16PS이라면 견인 효율은 몇 %인가?

① 62.5%
② 64.5%
③ 66.5%
④ 68.5%

**해설** 견인마력 $= \dfrac{\text{견인력} \times \text{견인속도}}{75}$

$$= \frac{250 kg_f \times 3m/s}{75} = 10ps$$

견인효율 $= \dfrac{\text{견인 마력}}{\text{구동 마력}} \times 100$

$$= \frac{10}{16} \times 100 = 62.5\%$$

**139** 견인출력이 40PS, 견인속도 4km/h인 트랙터의 견인력은 몇 kgf인가?

① 3500
② 3400
③ 3200
④ 2700

**해설** 견인출력 = 견인력 × 속도

$$4km/h = \frac{4000}{60 \times 60} = 1.11m/s,$$

$$40ps = \frac{\text{견인력} \times 1.11}{75}$$

$$\therefore \text{견인력} = \frac{40 \times 75}{1.11} = 2702.7kg_f$$

**140** 트랙터에서 견인력을 증가시키기 위한 조치로 틀린 것은?

① 저압 광폭 타이어를 사용한다.
② 4륜 구동을 사용한다.
③ 트랙터를 가볍게 한다.
④ 바퀴에 물을 넣는다.

해설 트랙터의 견인력을 증가시키는 방법에는 광폭타이어를 사용하여 접지면적을 증가 시키고 4륜 구동을 사용하여 구동력을 증가 시킨다. 또 바퀴에 물을 넣거나 바퀴 축에 무거운 쇠뭉치를 달아 하중을 증가시켜 견인력을 증가시킨다.

**141** 트랙터 기관의 회전수가 2400rpm, 변속기의 감속비가 1.5, 종감속비가 4.0, 일 때 뒷바퀴의 회전수(rpm)는?

① 200   ② 350
③ 400   ④ 800

해설 뒷바퀴 회전수

$$= \frac{기관의 회전수}{변속기 감속비 \times 종감속비}$$
$$= \frac{2400}{1.5 \times 4} = 400 rpm$$

# 유압기기

# Chapter : 1

# 유압기기와 관로

## 01 ▶ 유체기계

### (1) 유체 기계 (hydraulic Machinery)

#### 가) 펌프 (Pump)
① **터보형 펌프**
- 원심형 펌프 : 벌류트 펌프와 터빈 펌프
- 사류형 펌프 : 사류 펌프
- 축류형 펌프 : 축류 펌프

② **용적형 펌프**
- 왕복형 펌프 : 피스톤 펌프와 플런저 펌프
- 회전형 펌프 : 기어펌프와 베인 펌프
- 특수형 펌프 : 마찰 펌프, 제트 펌프(분사펌프, 분류펌프, 제트펌프, 수격 펌프, 기포펌프)

#### 나) 수차
① **충격수차** : 펠톤 수차
② **반동수차** : 프란시스 수차, 프로펠러 수차, 커플란 수차

#### 다) 공기 기계
① **고압형** : 압축기, 진공펌프, 압축 공기기계 등
② **저압형** : 송풍기와 풍차

### (2) 유압기계

#### 가) 유압펌프 : 주로 유압회로에서 사용되는 펌프로 기어펌프, 플런저 펌프, 로터리 펌프, 베인 펌프 등이 있다.

#### 나) 유압 액추에이터 : 전기, 유압, 압출공기 등을 이용하여 구동장치의 총칭으로, 특히 유압 액추에이터는 유압 실린더나 유압모터와 같이 물리적인 힘을 기구적으로 변환시키는 기기이다.

**다) 제어밸브** : 제어밸브에는 여러 가지 종류가 있는데 크게 3가지로 구분된다.

① **속도의 제어** : 유량을 제어하는 유량 제어 밸브

② **힘의 크기 제어** : 압력을 제어하는 압력 제어 밸브

③ **방향을 제어** : 방향 제어 밸브

※ **유압기기의 4대 요소** : 유압탱크, 유압펌프, 유압밸브, 유압 액추에이터

## 02 ▶ 펌프

### (1) 원심펌프

원심펌프는 임펠러(회전차, impeller)의 회전에 의해 액체에 원심력을 가하고 압력을 높여 액체를 송출하는 펌프이다.

**가) 원심펌프의 특성**

① 양정이 크고, 양수량이 많을 때 사용한다.

② 소형 경량이며, 구조가 간단하다.

③ 원심력에 의한 고속회전이 가능하고, 맥동 발생이 적다.

④ 펌프의 효율이 높다.

**나) 원심 펌프의 종류**

① **안내 깃(안내 날개, guide vane)의 유무에 따른 분류**

• 볼류트 펌프 : 회전차의 둘레 주위에 안내깃(안내 날개)이 없는 펌프로서 액체를 직접 와류실로 보내는 방식으로 저양정에 적합하다.

• 터빈 펌프 : 회전차의 둘레 주위에 안내깃을 가진 펌프이다. 이 펌프는 적정유량에서 효율이 높고, 고양정으로 사용할 수 있다.

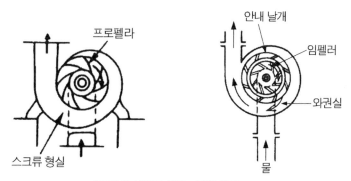

[그림1] 볼류트 펌프, 터빈 펌프

② **흡입구멍에 따른 분류** : 펌프의 한쪽에서만 흡입되는 단흡입 펌프와 펌프의 양쪽에서 흡입되는 양흡입 펌프로 분류된다.

## 다) 펌프의 크기와 지름

### ① 펌프의 크기

펌프의 크기는 흡입구멍 지름 $D_s$와 배출구멍 지름 $D_d$로 표시한다.

### ② 흡입구의 속도

$$V_s = K_s\sqrt{2gH}$$

여기서 $K_s$ : 흡입구의 유속 계수

$g$ : 중력가속도          $H$ : 전양정

### ③ 흡입구멍의 지름

$Q = A_s \cdot V_s$로부터

$Q = \dfrac{\pi}{4}D_s^2 \times V_s\,(m^3/s)$정리가 된다.

그러므로, 흡입구멍의 지름은   $D_s = \sqrt{\dfrac{4Q}{\pi \cdot V_s}}$

여기서 $Q$ : 양수량,   $V_s$ : 유속

### ④ 송출구의 속도

$$V_d = K_d\sqrt{2gH}$$

여기서 $K_d$ : 흡입구의 유속계수

### ⑤ 송출구멍의 지름

$Q = A_d \cdot V_d$로부터

$Q = \dfrac{\pi}{4}D_d^2 \times V_d\,(m^3/s)$정리가 된다.

그러므로, 흡입구멍의 지름은   $D_d = \sqrt{\dfrac{4Q}{\pi \cdot V_d}}$

여기서 $Q$ : 양수량,   $V_d$ : 유속

## 라) 펌프의 양정

양정이란 펌프가 물을 끌어 올릴 수 있는 높이이다. 양정은 펌프의 입구와 출구에서 유체의 단위 중량이 갖고 있는 에너지 차이를 의미한다.

### ① 펌프의 실양정

펌프가 실제로 양수하는 수면간의 높이의 차를 실양정이라 하며, 흡입 수면으로부터 토출 수면까지의 높이를 말한다.

$$H_a = H_s + H_d$$

$H_a$ : 실양정          $H_s$ : 흡입 실양정          $H_d$ : 송출 실양정

② **펌프의 전양정**

펌프가 물을 퍼 올리는데 필요한 전체의 수두를 말한다. 흡입면에서 배출 수면까지의 수두(실양정)에 관내의 마찰 손실과 그 외의 손실에 상당하는 수두를 모두 포함한 것이다.

$$H = \frac{P_d - P_s}{\gamma} + \frac{V_d^2 - V_s^2}{2g} + y$$

$P_s$ : 펌프의 흡입측 진공계에서의 계기압력

$P_d$ : 펌프의 송출측 압력계에서의 계기 압력

$V_s$ : 펌프의 흡입측에서의 액체 평균속도

$V_d$ : 펌프의 송출측에서의 액체 평균속도

$y$ : 흡입측 진공계와 송출측 압력계 사이의 수직거리

③ **펌프의 회전속도**

$$N = n\left(1 - \frac{s}{100}\right)$$

$$n = \frac{120f}{P}$$

$$N = n\left(1 - \frac{s}{100}\right) = \frac{120f}{P}\left(\frac{1 - S}{100}\right)$$

$P$ : 전동기의 극수

$n$ : 전동기의 동기 회전수(rpm)

$f$ : 전원 주파수(Hz)

$S$ : 펌프를 동작시킬 때 부하로 인해 발생하는 미끄럼율(%)

## 마) 원심 펌프의 동력과 효율

① **수동력**

$$L_w = \frac{\gamma QH}{75 \times 60}\,(PS: 마력) = \frac{\gamma QH}{102 \times 60}\,(\text{kW})$$

$Q$ : 펌프의 송출유량(m³/min)

$H$ : 전양정(m)

$\gamma$ : 유체의 비중량(kg/m³)

※ 1마력(PS)는 75kg · m/s, 1kW=102kg · m/s

## (2) 축동력과 효율

### 가) 체적효율

펌프 출구에서 유효한 유량은 회전차를 통과한 유량보다 적은데 유량손실이 발생하기 때문이다. 이러한 두 양의 비를 체적효율이라고 한다.

$$\eta_v = \frac{Q}{Q + \Delta Q}$$

$Q$ : 펌프의 송출유량(펌프가 실제로 송출관 쪽으로 압송하는 유량)

$\Delta Q$ : 펌프 내의 누설된 유량

$Q + \Delta Q$ : 회전차 속을 지나는 유량

유량 손실은 펌프내의 회전부분과 고정부분 사이의 경계 틈을 통한 누설유량과 펌프내부에서 순환하는 잔류 유량으로 인한 손실 유량으로 구분되며, 체적효율의 범위는 약 0.90~0.95이다.

### 나) 기계 효율

회전차에 의해 실제로 흡입되어 수두로 변환된 동력과 펌프에 공급된 동력에 대한 비를 나타낸다.

$$\eta_m = \frac{L - L_m}{L} = \frac{\gamma H_{th}(Q + \Delta Q)}{(75 \times 60)L}$$

$L_m$ : 기계손실 동력 　　　　　 $L$ : 축동력

기계의 손실은 회전차와의 원활한 회전을 위한 베어링과 누설방지를 목적으로 한, 축봉 장치와의 관계로부터 야기되는 마찰에 의한 동력손실과 회전차가 회전해야 하는데 관련된 마찰동력손실을 합한 것을 말한다. 기계 효율의 범위는 약 0.90~0.97이다.

### 다) 수력효율

펌프의 실제 양정 H와 깃수가 유한인 경우의 이론양정, $H_{th}$에 대한 비로 나타낸다. 수력 효율의 범위는 0.80~0.96이다.

$$\eta_h = \frac{H}{H_{th}} = \frac{H_{th} - h_l}{H_{th}}$$

$h_l$ : 펌프 내에서 발생한 수력 손실

$H$ : 펌프의 실제 양정

$H_{th}$ : 이론양정(날개수)

수력효율 $\eta_h$는 펌프의 전효율 $\eta$에 영향을 주는 조건 중에서 가장 중요한 효율이다. 수력 손실의 주 내용으로는 펌프의 흡입노즐에서 송출노즐까지 유로 전체에 따른 마찰 손실과 회전차,

안내 깃, 와류실, 송출관 등에서 유체의 부차적 손실, 와류로 인한 손실 및 회전차의 깃 입구와 출구에서의 유체입자들의 충돌에 의한 손실 등이 있다.

### 라) 펌프의 전효율(전체 효율)

펌프 효율은 수동력 $L_w$와 축동력 $L$ 의 비로 아래와 같이 표시된다.

$$\eta = \frac{L_w}{L}$$

    $L_w$ : 수동력                $L$ : 축동력 또는 제동력

$\eta =$ 기계효율 × 수력효율 × 체적효율

$$= \eta_m \times \eta_h \times \eta_v$$
$$= \frac{Q}{Q + \Delta Q} \times \frac{\gamma H_{th}(Q + \Delta Q)}{(75 \times 60)L} \times \frac{H}{H_{th}}$$
$$= \frac{L_w}{L}$$

## (3) 펌프에서 발생하는 손실

### 가) 수력 손실

#### ① 마찰 손실 수두

펌프의 흡입노즐에서 송출 노즐까지 이르는데 전체 유로에서 발생하는 수두로서 다음과 같은 다시 - 바이스바흐 식으로 구한다.

$$h_l = \lambda \frac{l}{d} \cdot \frac{v^2}{2g}$$

    $\gamma$ : 관마찰계수              $l$ : 유로의 길이(원관길이)
    $v$ : 원판 내 유체의 평균유속    $g$ : 중력가속도

#### ② 부차적 손실

회전차, 안내깃, 와류실, 송출노즐을 유체가 흐를 때 와류에 의해서 발생하는 손실을 말한다.

$$h_d = \zeta \frac{v^2}{2g}$$

    $\zeta$ (제타) : 와류에 의한 손실계수

### 나) 충돌 손실

회전차 날개 입구와 출구에서 발생하는 충돌에 의한 손실을 말한다.

#### ① 누설손실

출력에 사용되지 않고, 유체의 누설 때문에 잃게 되는 손실로서 누설이 발생하는 부분은 다음과 같다.

• 회전차 입구의 웨어링 링의 틈새 누설

- 축 추력 평형장치 부분
- 패킹 박스
- 봉수용에 사용되는 압력 수
- 다단펌프 간격판의 부시와 축 틈새 누설

## (4) 원심펌프의 상사법칙

### 가) 임펠러의 크기가 일정하고 회전수만 변할 때

원심펌프에서 임펠러의 크기(회전차의 지름)가 $D$이고, 회전속도가 $N_1$로 회전할 때 양정 $H_1$, 이송유량 $Q_1$, 축동력 $L_1$인 펌프가 회전수 $N_2$로 변화했을 때 토출유량 $Q_2$, 양정 $H_2$, 축동력 $L_2$는 다음과 같은 상사법칙이 성립된다.

① **유량에 관한 상사율** $Q_2 = Q_1 \dfrac{N_2}{N_1}$

※ 유량은 회전수 변화에 비례한다.

② **양정에 관한 상사율** $H_2 = H_1 \left(\dfrac{N_2}{N_1}\right)^2$

※ 양정은 회전수 변화의 제곱에 비례한다.

③ **축동력에 관한 상사율** $L_2 = L_1 \left(\dfrac{N_2}{N_1}\right)^3$

※ 축동력은 회전수 변화의 세제곱에 비례한다.

### 나) 임펠러의 크기가 변할 때

원심 펌프에서 주어진 펌프의 조건인 임펠러의 크기(회전차의 지름) $D_1$, 양정 $H_1$, 이송유량 $Q_1$, 축동력 $L_1$인 펌프인 경우, 임펠러의 크기가 $D_2$로 변화했을 때 토출유량 $Q_2$, 양정 $H_2$, 축동력 $L_2$는 다음과 같은 상사법칙이 성립된다.

① **유량에 관한 상사율** $Q_2 = Q_1 \left(\dfrac{D_2}{D_1}\right)^3 \cdot \left(\dfrac{N_2}{N_1}\right)$

② **양정에 관한 상사율** $H_2 = H_1 \left(\dfrac{D_2}{D_1}\right)^2 \cdot \left(\dfrac{N_2}{N_1}\right)^2$

③ **축동력에 관한 상사율** $L_2 = L_1 \left(\dfrac{D_2}{D_1}\right)^5 \cdot \left(\dfrac{N_2}{N_1}\right)^3$

### 다) 비속도(비교 회전도, specific speed)

펌프를 설계하는 경에 우선적으로 전양정, 유량, 회전속도 및 동력, 회전차의 치수, 형상 등에 대하여 효율이 가장 높아지도록 결정할 필요가 있다. 이를 위해 모든 펌프에 대해 공통적으로 적용하고, 표현할 수 있는 무차원수를 비속도라고 한다.

즉 회전차의 형상과 운전상태를 상사로 유지하면서, 한 회전차를 형상과 운전상태를 상사하게 유지하면서, 그 크기를 바꾸어 단위 송출량에서 단위 양정을 주어져야 할 회전수에 대해 기준이 되는 회전차의 비속도 또는 비교 회전도라고 한다. 즉 비속도가 같은 회전차는 모두 상사형이다. 따라서 비속도는 회전차의 형상을 나타내는 척도가 되고, 성능을 나타내거나, 최적의 펌프를 설계하는데 결정된다. 또한 $n_s$의 값은 펌프의 구조가 상사이고, 유동상태가 상사일 때에는 일정하며, 펌프의 크기나 회전수에 따라 변하지 않는다.

$$n_s = \frac{N \cdot Q^{\frac{1}{2}}}{H^{\frac{3}{4}}}$$

> 여기서, $n_s$ : 비속도(rpm, m³/min, m)
> $N$ : 회전속도(rpm)
> $Q$ : 유량(m³/min)
> $H$ : 전양정(m)

## (5) 축추력 및 누설방지

### 가) 축 추력 방지법

추력이란 밀린다는 의미다. 하중이 원심펌프의 회전차를 회전시켜 흡수, 압상작용을 시켰을 때, 흡입 측에 축(회전차도 마찬가지이다.)이 밀리는 힘이 작용한다. 축 추력은 베어링에서만 받을 수 있도록 하는 것이 가장 이상적이나, 그렇게 하기 위해서는 고가의 베어링을 사용해야 하고, 펌프도 필요 이상으로 커지기 때문에 다음과 같은 방법을 이용한다.

① 스러스트 베어링을 사용한다.
② 양쪽 흡입형 회전차를 사용한다.
③ 평형 구멍을 만든다.
④ 뒷면 씰 하우스에 방사상 리브를 설치한다.

### 나) 누설방지장치

① **축봉장치**(shaft seal) : 패킹박스나 메카니컬 실을 사용하여, 내부의 물이 외부로 새거나 공기가 외부에서 케이싱 내부에 흡입되는 것을 방지하기 위해 사용한다.
② **수봉장치**(water seal) : 이 장치는 랜턴 링(lanturn ring)을 사용하여, 외기의 흡입을 방지하고, 축봉부의 냉각 및 윤활수를 고르게 퍼지도록 하는 역할을 한다.

## (6) 펌프에서 발생하는 이상 현상

### 가) 캐비테이션(cavitation, 공동현상)

관속의 물이 유동하고 있을 때, 어느 부분의 정압이 물의 온도에 해당하는 증기압 이하로 되어 물이 증발하고, 수중에 용입되어 있던 공기가 낮은 압력으로 인하여 기포가 발생하는 현상으로 공동현상이라고도 한다. 소음과 진동이 발생하고, 날개에 대한 침식이 발생한다.

① **발생조건**
- 배관 속을 유동하는 물의 어느 부분이 고온현상이 발생하면 포화증기압에 비례하여 상승할 때 발생한다.
- 펌프에 유체가 고속으로 유량이 증가할 때 펌프 입구에서 발생한다.
- 펌프와 흡수면 사이의 수직거리가 너무 멀 때 발생한다.
- 펌프의 회전수가 너무 클 때 발생한다.
- 회전차가 수중에 완전히 잠기지 않고, 운전할 때 발생한다.

② **캐비테이션 발생 시 문제점**
- 펌프의 소음과 진동이 증가한다.
- 펌프의 유량, 양정 및 효율이 감소한다.
- 날개에 침식이 발생한다.
- 펌프의 내부 부품의 파손, 수명 단축 및 고장의 원인이 된다.

③ **캐비테이션 방지책**
- 펌프의 설치 위치를 가능한 한 낮추어, 흡입양정을 짧게 한다. (유효 흡입수두를 크게 한다.)
- 입력축 펌프를 사용하고, 회전차가 물속에 완전히 잠기도록 한다.
- 펌프의 회전속도를 낮추어, 흡입 비교 회전속도를 적게 한다.
- 양흡입 펌프를 사용한다.
- 2대 이상의 펌프를 사용한다.
- 액체에 기포나, 이물질이 포함되지 않도록 한다.

### 나) 수격현상

관내를 가득차서 흐르는 물의 유속이 급격하게 변화하게 되면 물에 심한 압력변화가 일어나는 현상을 수격현상이라고 한다. 물의 흐름이 급격하게 정지됨으로서 물의 관성력 때문에 밸브의 상류 측에서는 압력의 급상승, 하류 측에서는 압력의 급강하 현상이 나타나게 되어 이런 급격한 압력변동의 파동은 배관계 내를 왕복하므로 일정한 주기를 가지고, 압력 상승과 하강을 되풀이 하다가 점점 감쇄된다. 주로 펌프가 정지하여 체크밸브가 급폐쇄 됨으로서 발생한다. 방지책으로는 다음과 같은 방법이 있다.

① 관내의 흐름속도를 낮게하여 유체가 갖는 관성력을 작게 한다.
② 펌프에 플라이휠을 설치하여 펌프의 속도가 급격히 변화하는 것을 방지한다.

③ 밸브를 펌프 송출구 가까이 설치하고, 밸브 조작을 적당히 조절한다.

④ 압력이 저하되는 곳에 물을 공급할 수 있도록 서지 탱크를 설치한다.

## 다) 서징 현상

펌프나 송풍기에 어떤 관로를 연결하여 운전하면, 어떤 운전 상태에서 압력, 유량, 회전수, 소요동력 등이 주기적으로 변동하여 스스로 진동을 일으키는 현상으로 맥동과 진동이 발생하여 불안정 운전하게 된다. 이때 펌프에서 진공계와 압력계의 바늘이 흔들리고, 송출유량이 변화한다. 이러한 현상을 서징이라고 하며 맥동현상이라고도 한다.

### ① 서징 발생 원인

- 펌프의 곡선이 산형특성 일 때(양정곡선이 산고곡선일 때)
- 배관 중에 수조가 있거나 또는 기상부분이 있을 때
- 토출량을 조절하는 유량제어밸브의 위치가 탱크의 후방에 있을 때

### ② 서징을 방지하는 방법

- 날개차, 안내 날개의 모양을 고려한다.
- 유량, 회전수를 적당히 바꾸어 서징점을 피해 운전한다.
- 관로의 도중에 있는 공기실의 용량, 관로저항 등을 적당히 바꾼다.

## 03 축류펌프(axial flow pump)

### (1) 축류펌프의 개요

축류펌프는 유량이 많고 용량이 적은 경우에 주로 사용하며, 날개가 프로펠러형이기 때문에 프로펠러 펌프라고도 한다. 그 내부의 주요구조는 회전차와 안내깃으로 구성되어 있고 유체가 회전차속을 축방향으로 유입하고 같은 축방향으로 유출한다.

### (2) 축류펌프의 특징

① 비속도가 크므로 저양정에서도 회전수를 크게 할 수 있어, 고속운전에 적합하다.

② 구조가 간단하고, 취급이 쉽다.

③ 펌프내의 유로에 심한 굴곡이 적기 때문에 유체손실이 적다.

④ 양정변화에 대해 유량의 변화가 적고, 효율 저하도 적다.

⑤ 유량에 비해 형태가 작기 때문에 설치면적, 기초공사 등의 점에서 우수하다.

⑥ 풋밸브(foot valve)나 배출밸브를 생략할 수 있다.

⑦ 가동 깃형을 사용하면 유량이 넓은 범위에 걸쳐 높은 효율을 얻을 수 있다.

## 04 사류 펌프

사류펌프는 원심펌프에서 축류펌프로 이행하는 중간적인 형태의 펌프이며, 소형 경량으로 할 수 있으며, 양정은 3~20m, 비속도는 600~1300의 범위가 넓다.

## 05 왕복 펌프(reciprocating pump)

### (1) 왕복펌프의 개요

왕복펌프는 흡입밸브와 송출밸브를 장치한 일정한 체적을 가진 실린더 내를 피스톤이나 플런저가 왕복운동을 함으로서 흡입, 토출하는 펌프이다. 왕복펌프의 일반적인 구성은 피스톤(플런저), 실린더, 흡입 및 송출밸브, 피스톤을 왕복 직선 운동시키는 연결기구로 구성되어 있다.

피스톤 펌프는 비교적 토출유량이 큰 경우 이용되고, 플런저 펌프는 토출유량이 작고, 압력이 높을 때 이용된다. 또한 단동식 펌프는 피스톤이 한번 왕복하는 동안 1회의 흡입 및 1회 송출이 일어나는 펌프이고, 복동식 펌프는 피스톤이 1회 왕복하는 동안 흡입 및 송출 작용이 각각 2회씩 일어나는 펌프이다.

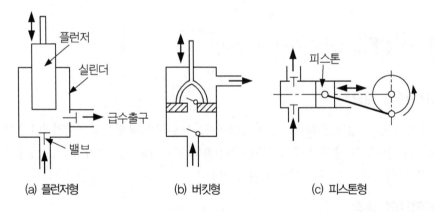

(a) 플런저형          (b) 버킷형          (c) 피스톤형

[그림2] 왕복펌프의 종류

### (2) 왕복 펌프의 송출량

#### 가) 전체 양정

$$H = \frac{P_d - P_s}{\gamma} + H_a + hl$$

여기서, $P_d$ : 송출수면의 압력[kgf /m²]    $P_s$ : 흡입수면의 압력[kgf/m²]

$H_a$ : 실양정[m]                    $\gamma$ : 유체의 비중[kgf/m³]

$hl$ : 총 손실수두[m]

### 나) 이론체적

$$V_o = \frac{\pi}{4}D^2L = AL$$

여기서, $D$ : 실린더 지름[m]

$A$ : 피스톤 단면적[m²]

$L$ : 행정길이[m]

### 다) 이론 송출량

$$Q_{th} = \frac{V_oN}{60} = \left(\frac{\pi}{4}D^2L\right)\frac{N}{60} = \frac{ALN}{60}\ [\mathrm{m^3/s}]$$

여기서, $N$ : 회전속도[rpm]

### 라) 실제 송출량

$$Q = Q_{th} - Q_l$$

여기서, $Q_1$ : 누출 유량[m³]

### 마) 체적 효율

$$\eta_v = \frac{Q}{Q_{th}} = \frac{Q_{th} - Q_1}{Q_{th}} = 1 - \frac{Q_l}{Qth}$$

## (3) 왕복펌프의 특징

왕복펌프를 원심펌프와 비교해 볼 때 다음과 같은 특징이 있다.

① 흡입성능이 양호하다.

② 높은 양정을 얻기가 쉬우나, 많은 유량을 얻기는 어렵다.

③ 운전조건이 광범위하게 변해도 효율의 변화가 작으며, 무리한 운전에도 잘 견딘다.

## (4) 왕복 펌프의 밸브 구비조건

① 밸브 개폐가 정확할 것

② 물이 밸브를 통과할 때 저항을 최소한으로 할 것

③ 누설을 확실하게 방지할 것

④ 개폐작용이 신속하고, 고장이 적을 것

⑤ 내구성이 클 것

## (5) 공기실

왕복 펌프의 송출유량은 피스톤이나 플런저의 위치에 따라 변동하므로 송출압력 즉, 송출유량을 일정하게 하기 위해 펌프 송출 측 바로 뒤에 공기실을 설치한다. 피스톤의 속도가 빨라 펌프가 유체를 강하게 밀어내면, 공기실 내의 액체가 공기를 압축하게 되고, 피스톤의 속도가 느려 송출 유체의 압력이 약하면 공기실 내 공기의 압력으로 유체의 일부를 송출관으로 유출시켜 송출유량을 균일하게 하는 것이다.

피스톤 정지중의 공기실 내의 압력을 $p_0$, 체적을 $v_0$, 피스톤 동작 중 공기실 내 최고 압력을 $p_1$, 최저압력을 $p_2$라고 하면 압력 변동율 $\beta$는 다음과 같다.

$$\beta = \frac{p_1 - p_2}{p_0}$$

## 06 회전 펌프(rotary pump)

피스톤 대신 회전자의 회전에 의해 액체를 수송하는 펌프로서, 펌프케이스에 빈틈없이 꼭 들어맞는 기어나 스크류 등으로 유체를 연속적으로 송출하는 펌프이며, 회전자의 형상이나 구조에 따라 많은 종류가 있으며 대표적인 것으로는 기어펌프, 베인펌프, 나사펌프 등이 있다.

### (1) 회전 펌프의 특성

① 구조가 간단하고, 취급이 용이하고, 프라이밍, 공기실 및 밸브를 필요로 하지 않는다.
② 양수량의 변동이 적고, 비교적 고압을 얻기 쉽다.
③ 기름 등의 점도가 높은 액체 수송에 적합하다.
④ 연속적으로 유체를 수송하기 때문에 송출 시 맥동이 없다.

### (2) 기어 펌프

기어펌프는 2개의 기어가 케이싱 내에서 서로 맞물려 회전한다. 구성되어 있는 부품수가 적고, 구조가 간단하여 가격이 저렴하다.

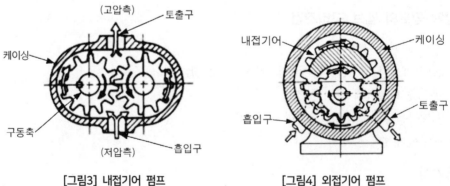

[그림3] 내접기어 펌프　　　　[그림4] 외접기어 펌프

내접 기어펌프와 외접 기어펌프는 2개의 기어가 있으며, 기어의 이의 접촉 부위에 따라 구분되며, 회전하는 구조이다. 치형에는 인벌류트 치형이 많이 사용되고, 초승달 모양의 칸막이 판이 달려 있다. 이 칸막이 판은 고압에서 저압으로 기름이 누설하는 것을 방지하기 위해 사용된다.

내접기어 펌프의 특징으로는 외치 기어와 내치 기어의 회전하는 상대 속도가 낮기 때문에 이 끝의 마모가 적고, 구조가 소형이다.

　기어펌프 중에는 내접식에는 트로코이드 펌프가 있다. 트로코이드 펌프는 트로코이드 치형의 외치 기어와 내치기어로 구성되어 있다. 외치 기어가 구동축에 의해 회전하며, 내치 기어는 외치 기어에 밀리면서 회전하며 작동한다.

　트로코이드 펌프의 장점은 다음과 같다.

　① 구조가 매우 간단하기 때문에 소형 경량이다.

　② 양기어가 회전하는데, 상대속도가 적으므로 고속회전에서도 이의 마모가 적다.

　③ 트래핑 현상이 적기 때문에 소음이 낮다.

　④ 흡입포트가 구조상 크게 만들어지기 때문에 흡입능력이 크다.

　그러나 이상의 장점과 동시에 트로코이드 펌프에서는 치면 압이 크기 때문에 고압화가 늦다는 단점이 있다. 경운기의 윤활유 공급 펌프로 활용하고 있다.

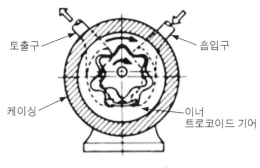

[그림5] 트로코이드 펌프

## (3) 베인 펌프

　케이싱 내의 여러 개의 베인을 설치하여 회전함으로서 유체를 흡입하고 송출하는 펌프이다. 기동 시, 베인은 로터의 회전에 의해 발생하는 원심력 때문에 캠 링 내면에 압착되면서 회전하는데, 송출압이 상승하면, 그 압력이 베인의 두부에 작용하여 베인은 로터의 홈으로 밀어 넣는다.

　그래서 이것을 방지하기 위해 항상 송출압을 베인의 밑 부분에 거는 구조로 되어 있다. 베인 펌프는 주로 유압펌프에 많이 사용되며, 속도를 바꾸거나 공작 진행 중에 변화를 주어야 하는 공작기계, 프레스 등에도 널리 사용한다.

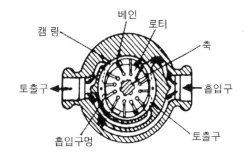

[그림6] 베인 펌프의 구조

### 가) 베인 펌프의 특징

① 송출압력에 맥동이 적다.

② 베인의 끝부분이 마모되어도, 압력저하가 발생하지 않는다.

③ 소음이 적다.

④ 펌프의 구동능력에 비해 형상치수가 작다.

⑤ 기동토크가 작다.

⑥ 고장이 적고 보수가 용이하다.

### 나) 베인 펌프의 단점

① 베인에 의해 압력이 발생되므로 베인의 수명이 짧다.

② 제작 시 높은 경도가 요구된다.

③ 작동유의 점도가 제한이 있다.

④ 기름의 오염에 주의해야하고, 흡입 진공도가 허용한도 이하여야 한다.

## (3) 나사 펌프

나사펌프란 나사모양의 회전자를 케이싱 속에 회전시켜서 케이싱과 나사골 사이의 유체를 축방향으로 이송하는 펌프이다. 회전자의 수는 1축, 2축, 3축 3종류가 있으며, 스크류 펌프라고도 한다.

나사펌프는 운전이 조용하고 유체를 연속적으로 이송하므로 송출측에 맥동이 적으며, 고속운전에 적합하므로 부피에 비해 큰 유량을 얻을 수 있는 이점이 있다. 선박에서 연료유, 윤활유 등의 이송용으로 널리 사용된다.

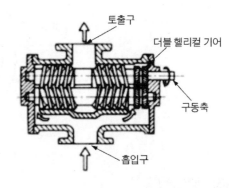

[그림7] 나사 펌프

## 07 특수펌프

기계적 운동구분이 없고 주로 유체의 압력을 이용하여 수송하는 장치로 구조는 간단하나 효율은 그다지 좋지 않다.

## (1) 재생 펌프(regenerative pump)

원판형의 회전차에 여러 개의 직선 깃이 반지름 방향으로 가늘고 길게 홈이 파여 있고 동심원을 가진 외통 안에서 회전하여 액체를 흡입하고 송출하는 펌프이다.

이 펌프는 그 원리가 명확하지는 않으나 와류에 의해 생성된 에너지 또는 호 사이에서 마찰을 일으킴으로서 액체를 선회시킨다. 작동원리의 특징으로부터 펌프의 명칭은 마찰펌프, 와류 펌프, 제작회사의 명칭으로부터 웨스코 펌프라고 부른다.

## (2) 제트 펌프(jet pump)

노즐을 통해 유체를 분사시켜 압력차에 의해 제2의 유체를 수송하는 장치이다. 일상생활에 필요한 스프레이도 이 원리를 이용한 것이다. 물을 노즐로부터 분사시켜 양수하는 방식이다. 이외에 소분류로 기체를 송출하는 방식과 증기분류로 물을 송출하는 방식 등이 있다.

분사펌프는 움직이는 부분이 없고, 구조가 간단하고 사용하는데 편리하므로 지하수의 배출, 수로공사 등의 작업에 많이 사용되고 있다. 그러나 고속의 분류가 저속의 유체를 구동하기 때문에 충돌에 의한 에너지 손실이 커 제트펌프의 효율은 15~25% 정도이다.

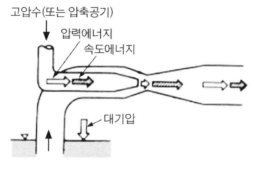

[그림8] 제트 펌프

## (3) 에어 리프트 펌프(air lift pump)

수직관을 액체에 담그고 압축공기를 불어 넣어 액을 밀어 올리는 것으로 지하수를 끌어 올리는데 사용된다. 이 펌프는 마찰 부분이 없고, 또 고장도 거의 없지만 효율이 낮은 편이다.

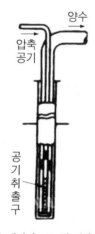

[그림9] 에어리프트 펌프(양수 펌프)

## 08 　수차(water turbine)

### (1) 수차의 개요

수차란 높은 곳의 물을 낮은 곳으로 보내면서 물이 가지고 있는 위치에너지를 이용하여 러너(runner)의 작용으로 기계적 에너지로 변환하는 대표적인 기계이다. 위치에너지는 수차에서 낙차로 나타난다. 그리고 이 위치에너지를 가진 물이 수차에 유입할 때는 속도에너지 및 압력에너지로 변환되고, 이러한 기계적 에너지에 의해 발전기를 회전시켜(축의 토크를 발생시켜) 발전하게 하는 것이다. 수력발전소는 화력발전소에 비해 건설비는 높지만 유지비는 저렴한 특징이 있다.

## (2) 유효낙차와 출력

수력발전소와 같이 취수구로 들어간 물은 도수로와 수압관을 통해 수차를 회전시킨 후 방수로로 방류된다. 취수하천의 수면에서 방수하천의 수면까지의 수직높이 $H_g$를 자연낙하 또는 총낙차(total head)라 하고, 도수로 손실 $h_1$, 수입관로의 손실 $h_2$, 방수로 손실 $h_3$를 뺀 실제 수차에 이용되는 낙차를 유효낙차 $H$라 한다.

$$H = H_g - (h_1 - h_2 - h_3)$$

수차에 발생되는 이론 출력 $L_{th}$는 다음식으로 표현한다.

$$L_{th} = \gamma QH \, [\text{kgm/s}]$$

$$= \gamma \frac{QH}{75} \, [\text{PS}]$$

$$= \gamma \frac{QH}{102} \, [\text{kW}]$$

여기서, $\gamma$ : 물의 비중량[kgf/m³]
$Q$ : 유량[m³/s]
$H$ : 유효낙차[m]

## (3) 수차의 분류

### 가) 중력수차

중력수차는 물이 낙하할 때 중력에 의해 움직이는 것으로, 위치에너지가 수차를 회전시켜 동력을 이용하는 방식이다. 현재는 거의 사용하지 않지만 물레방아가 그 예라 할 수 있다.

### 나) 충격수차

충격수차는 물이 가지는 에너지 중에서 속도에너지에 의해 발생하는 물의 충격으로 수차를 회전시키는 것으로 펠톤 수차가 대표적이다.

### 다) 반동수차

반동수차는 러너 내에서 속도에너지 및 압력에너지가 변화하는 것으로 프란시스 수차와 프로펠러 수차가 이에 속한다.

### 라) 각종 수차의 특징

① **펠톤 수차** : 펠톤 수차는 유량이 비교적 적지만 낙차는 200~1000m로 크고, 발전소에서 발전을 위한 에너지로 널리 사용되고 있는 수차이다. 수입관에 의해 유입한 물은 노즐로부터 분사되고, 회전차의 주위에 부착된 버킷에 부딪혀 물이 갖고 있는 에너지 전부를 운동에너지로 변하여 회전차를 회전시킨다.

버킷에서 유출한 물은 그대로 방수면에 자연낙하하기 때문에 그 낙차만큼 손실이 된다. 회전차

의 축은 횡축으로 된 것과 입축으로 된 것이 있다. 그 특징은 다음과 같다

• 비교 회전도가 높다.

• 높은 낙차에 적합하다.

② **프란시스 수차** : 프란시스 수차는 가장 많이 사용되고 있는 수차로서 러너의 모양을 바꿈으로서 수차 내에서 충동.반동작용으로 비율을 변화하여 적용범위를 넓게 잡을 수 있다. 낙차는 40~550m로 매우 넓고, 중낙차의 발전소에 적용되며, 구조나 원리로 보면 벌류트 펌프와 흡사하다. 특징은 다음과 같다

• 배출손실이 적고, 작용낙차 범위가 넓다.

• 동일 용량일 경우, 펠톤 수차에 비해 소형이다.

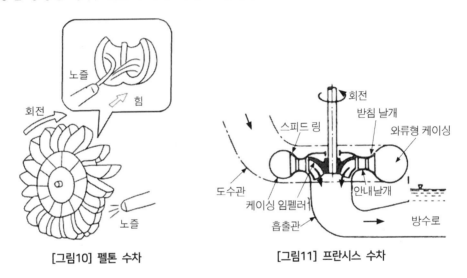

[그림10] 펠톤 수차 　　　　　[그림11] 프란시스 수차

③ **프로펠라 수차** : 프로펠러수차는 일반적으로 20 ~ 40m의 저낙차로 비교적 유량이 풍부한 경우에 사용되며, 날개 수는 3~10매가 일반적이다. 날개는 배의 프로펠러와 비슷한데 날개를 통과하는 물은 회전축과 직각방향의 속도성분을 갖지 않으므로 축류수차라고도하며, 주축에 4~8매의 주강 또는 스테인리스 주강제의 날개를 고정한 것이며, 낙차가 큰 것일수록 날개의 수가 많다.

날개의 주축에 대한 고정축을 부하의 변동에 따라 회전시켜 항상 합리적인 날개 각도로 조정할 수 있는 것을 카플란 수차라고 한다.

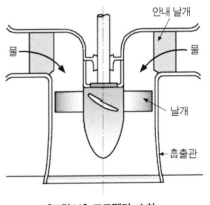

[그림12] 프로펠라 수차

## 09 유압기기

### (1) 유압기계

#### 가) 유압기기의 원리

**파스칼의 원리** : 밀폐된 용기 내에 있는 액체에 가한 압력은 모든 방향에서 같은 크기로 작용한다.

$$P_1 = \frac{W_1}{A_1} = P_2 = \frac{W_2}{A_2}$$

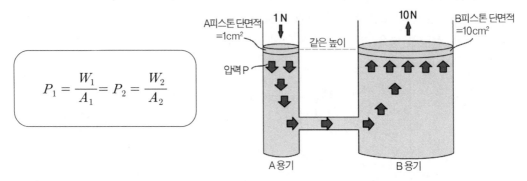

[그림13] 파스칼의 원리

#### 나) 유압기기의 작동 체계

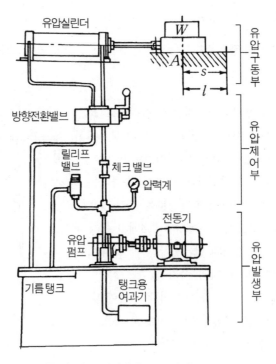

[그림14] 유압기기의 구동 체계도

## 다) 작동유

① **석유계 작동유** : 산업용 작동유, 항공기 작동유, 내마모성 유압유, 고점도 지수 유압유 등

② **난연성 작동유** : 인산 에스테르계, 폴리에스테르계, 함수계 작동유, 물-글리콜계, 유화제

③ **작동유의 구비조건**

- 비압축성일 것
- 인화점과 발화점이 높을 것
- 기포 발생이 적을 것
- 윤활성이 좋고, 점도가 적당할 것
- 내유화성일 것
- 산화 안정성이 있을 것
- 체적탄성계수가 클 것
- 물, 먼지 등의 불순물을 잘 분리할 것
- 비중이 작을 것
- 점도지수가 높을 것
- 방청, 방식성이 우수할 것
- 비열이 크고, 열팽창계수가 적을 것
- 열전도율이 높을 것

④ **작동유의 첨가체**

- 산화방지제
- 방청제
- 점도지수 향상제
- 소포제
- 유성 향상제
- 유동점 강하제

## 라) 유압제어밸브

① **제어밸브**

유압펌프에서 가압된 기름을 유압 액추에이터에 보내 작동시키기 위해 압력, 방향, 유량을 제어하는 것을 목적으로 하는 기계요소이다.

② **주요 제어밸브**

(가) **압력제어밸브** : 액추에이터의 힘을 제어하는 밸브

- 릴리프 밸브(안전밸브) : 유압회로내의 압력을 설정치로 유지하는 밸브이다.
- 시퀀스 밸브 : 둘 이상의 회로가 있는 회로에서 밸브 작동 순서를 제어하는 밸브
- 무부하 밸브(Unloading valve) : 회로의 압력이 설정치에 도달하면 펌프를 무부하로 변환하는 밸브
- 카운터 밸런스 밸브 : 부하의 낙하를 방지하기 위하여 배압을 부여하는 밸브
- 감압 밸브 : 출구 측 압력을 입구측 압력보다 낮은 설정압력으로 조정하는 밸브

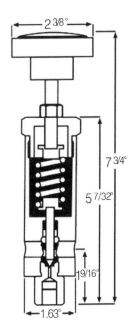

[그림15] 릴리프 밸브

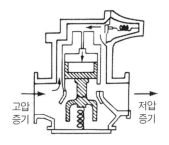

[그림16] 감압밸브

③ **유량제어밸브** : 액추에이터의 속도를 제어하는 밸브

운동속도를 제어하기 위하여 유량을 조절하는 밸브이다.

(가) **유량제어 밸브의 방식에 의한 분류**

- 미터 인 방식 : 액추에이터에 들어가는 유량을 제어하여 작동을 조정하는 방식
- 미터 아웃 방식 : 액추에이터에서 나오는 유량을 제어하여 작동을 조정하는 방식
- 블리드 오프 방식 : 펌프에서 송출되는 기름을 바이패스 시키고, 나머지의 유압으로 액추에
이터로 보내는 방식

(나) **밸브의 종류**

- 교축 밸브 : 오일이 흘러가는 통로의 단면적으로 유량을 조절하는 밸브
- 유량조정 밸브 : 압력보상장치를 갖추고 밸브 입구 및 출구의 압력에 변동이 있더라도 유량
의 변화가 없는 밸브
- 집류 밸브 : 두 개의 유입관로의 압력에 관계없이 출구유량이 유지되도록 합류하는 밸브
- 분류 밸브 : 두 가지 이상의 관로에 분류시킬 때 각각의 관로압력에 관계없이 일정한 비율로
유량을 분할해서 흐르게 하는 밸브
- 스톱 밸브 : 유체의 흐름을 열거나 닫는 역할을 하는 밸브
- ※ **점핑현상** : 작동유가 유량제어 밸브 내를 흐르기 시작할 때나 입구압력이 갑자기 상승할
때 유량이 순간적으로 많이 흐르는 현상

(다) **방향제어밸브** : 유압의 방향을 제어하는 밸브

관로에 기름을 개폐작용 및 역류를 제어하는 것으로 액추에이터의 시동장치 및 운동 방향을
바꿔 목적에 적합하도록 유압이 흐르는 방향을 제어하는 밸브

- 체크 밸브 : 유압이 한 방향으로 흐르고, 역방향으로 흐르지 않도록 하는 밸브
- 스풀 밸브 : 하나의 축에 여러 개 밸브면으로 구성되어 직선운동으로 유압 흐름의 방향을
바꾸는 밸브
- 디셀러레이션 밸브 : 액추에이터의 속도를 감속하기 위한 밸브
- 전환 밸브 : 유압회로에서 오일의 흐름을 전환하는 밸브
- 셔틀 밸브 : 항상 고압측의 유압만을 통과시키는 전환밸브

(라) **기타 밸브**

- 서보 밸브 : 전기신호를 통해 압력, 유량, 유압 등을 제어하는 밸브
- 감속 밸브 : 유압실린더, 유압모터의 속도를 가속 또는 감속시킬 때 사용하는 밸브

**마) 유압 액추에이터**

펌프에서 발생된 유체의 압력 에너지를 직선운동, 회전운동 등 원하는 일을 할 수 있도록 하는
기계 장치이다.

### ① 유압 액추에이터의 종류

#### (가) 유압 실린더

유압의 압력 에너지를 직선운동으로 활용하는 작업기이다.

- 유압 실린더의 구조

- 유압 실린더의 구성요소
  - 실린더 튜브, 피스톤, 피스톤 로드, 커버, 패킹, 쿠션장치 등

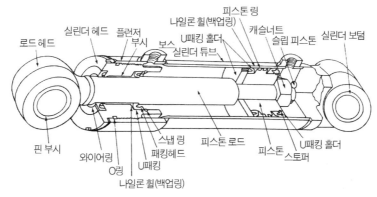

[그림17] 유압실린더

- 유압의 속도 및 압력
  - 유압의 속도

$$V_1 = \frac{Q_1}{A_1} = \frac{4Q}{\pi D^2}(\text{m/s})$$

$$V_2 = \frac{Q_2}{A_2} = \frac{4Q}{\pi(D^2 - d^2)}(\text{m/s})$$

  - 유압의 힘

$$F_1 = A_1 \times P_1 = \frac{\pi D^2}{4} \times P_1(\text{kg})$$

$$F_2 = A_2 \times P_2 = \frac{\pi(D^2 - d^2)}{4} \times P_2$$

#### (나) 유압모터

유체의 압력을 에너지원으로 회전운동으로 바꿔주는 장치이다.

- 유압모터의 종류
  - 기어모터 : 회전형, 내접형
  - 베인모터 : 토크효율이 좋고 변동이 적다. 베어링 하중이 작다.

- 피스톤 모터 : 액셀형 피스톤 모터, 레이디얼형 피스톤 모터
• 유압모터의 장점과 단점

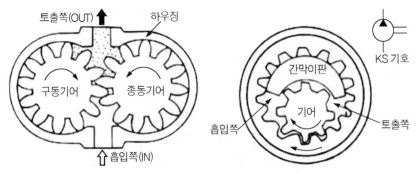

[그림18] 유압 기어 모터

| 장 점 | 단 점 |
|---|---|
| • 시동, 정지, 역전, 변속 가속 등의 제어가 간단하다.<br>• 출력당 소형경량으로 큰 힘을 낸다.<br>• 무단변속이 용이하다.<br>• 관성력이 적고 정역회전에 강하다.<br>• 응답이 빠르다.<br>• 속도나 방향의 제어가 용이하다.<br>• 토크 제어가 용이하다.<br>• 최대 출력토크의 제한이 용이하다.<br>• 내폭성이 우수하다. | • 작동유에 먼지가 들어가지 않도록 해야한다.<br>• 유압유의 온도변화에 특성이 변한다.<br>• 화기 엄금<br>• 보수 시 복잡하다. |

• 토크와 동력, 효율

  - 이론 토크 : $T = \dfrac{p \cdot q}{2\pi}(\text{kg} \cdot \text{cm})$

    여기서, $p$ : 유압(kgs · cm$^2$)

    $q$ : 1회전당 배출 유량(cm$^3$/rev)

  - 유압모터의 동력 :

    $$L = \frac{2 \cdot \pi \cdot N \cdot T}{75 \times 60}(\text{PS}) = \frac{2 \cdot \pi \cdot N \cdot T}{102 \times 60}(\text{kW}) = \frac{P \cdot Q}{75}(\text{PS}) = \frac{P \cdot Q}{102}(\text{kW})$$

  - 유압모터의 효율 : $\eta = \eta_t \times \eta_v = \eta_m \times \eta_v$

  - 체적 효율 : $\eta_v = \dfrac{Q}{Q_0}$

    여기서, $Q_0$ : 이론 토출량 $= qN_0$

    $Q$ : 실제 토출량

## 바) 유압기호와 회로

### ① 동력원

| ① 전동기(전기 모터) | ② 내연기관 등 동력원 | ③ 압력원(유압, 공압) | ④ 유압펌프 |
|---|---|---|---|
| M | M | (1)<br>(2) | |

### ② 유압의 기본 기호

| ① 조립 유닛<br>(직사각형 1점 쇄선) | ② 가변 기호<br>(대각선 화살표) | ③ 배수기 | ④ 필터 |
|---|---|---|---|
| | | | |
| ⑤ 온도 조절기 | ⑥ 냉각기 | ⑦ 가열기 | ⑧ 체크밸브 |
| | | | |
| ⑨ 스톱밸브 또는 콕 | ⑩ 어큐뮬레이터 | | |
| | | | |

### ③ 관로 연결 기호

| ① 관로 접속 | ② 휨 관로 | ③ 관로의 교차 | ④ 통기 관로 |
|---|---|---|---|
| | | | |

④ 액추에이터

| ① 유압모터 | ② 실린더(단동, 복동) | ③ 요동 액추에이터 |
|---|---|---|
|  | (1) 단동<br>(2) 복동 |  |

⑤ 조작방법

| ① 인력 조작 | ② 레버 방식 | ③ 버튼 방식 | ④ 페달 방식 |
|---|---|---|---|
|  |  |  |  |
| ⑤ 기계 방식 | ⑥ 스프링 방식 | ⑦ 롤러 방식 | ⑧ 전자 방식 |
|  |  |  |  |

⑥ 계측기 표시

| ① 압력계 | ② 온도계 | ③ 유량계 |
|---|---|---|
|  |  |  |

⑦ 기본회로

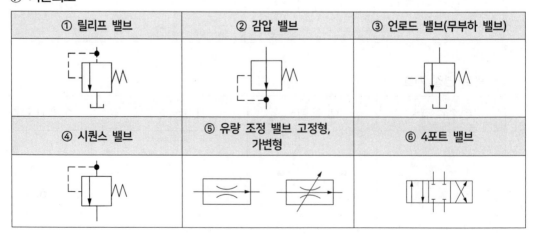

| ① 릴리프 밸브 | ② 감압 밸브 | ③ 언로드 밸브(무부하 밸브) |
|---|---|---|
|  |  |  |
| ④ 시퀀스 밸브 | ⑤ 유량 조정 밸브 고정형,<br>가변형 | ⑥ 4포트 밸브 |
|  |  |  |

## 사) 유압 용어

① **혼입공기** : 액체 내에 미세한 기포상태로 섞여져 있는 공기

② **공기 혼입** : 액체에 공기가 미세한 기포상태로 섞여지는 현상

③ **캐비테이션(공동현상)** : 흐르는 액체의 압력이 국부적으로 저하되어 포화증기압 또는 용해 공기 등의 분리되어 기포가 발생하는 현상

④ **채터링** : 릴리프 밸브 등으로 밸브 시트를 두들겨 비교적 높은 음을 발생시키는 자력진동 현상

⑤ **점핑** : 유압제어밸브에서 유체가 흐르기 시작할 때 와 유량이 과도하게 설정값보다 높아지는 현상

⑥ **디더** : 스풀 밸브 등으로 마찰 및 고착현상 등의 영향을 감소시켜 그 특성을 개선시키기 위해 가하는 비교적 높은 주파수의 진동

⑦ **랩** : 미끄럼 밸브의 랜드와 포트부와의 사이에 겹친 상태

⑧ **제로랩** : 미끄럼 밸브 등으로 밸브가 중립점에 있을 때 포트는 닫혀있고, 밸브가 조금이라도 변위되면 포트가 열려 유체가 흐르도록 되어 있는 겹친 상태

⑨ **오버랩** : 미끄럼 밸브 등으로 밸브가 중립점으로부터 약간 변위하여 처음으로 포트가 열려 유체가 흐르도록 되어 있는 겹친 상태

⑩ **언더랩** : 미끄럼 밸브 등으로 밸브가 중립점에 있을 때 이미 포트가 열려 있어 유체가 흐르도록 되어 있는 겹친 상태

⑪ **드레인** : 기기의 통로나 관로에서 탱크나 매니폴더 등으로 돌아오는 액체 또는 액체가 돌아오는 현상

⑫ **인터플로** : 밸브의 변환 도중에 과도하게 발생하는 밸브 포크 사이의 흐름

⑬ **컷오프** : 펌프 출구측 압력이 설정압력에 가깝게 되었을 때 가변 노출량 제어가 작용하여 유량을 감소시키는 것

⑭ **풀컷오프** : 펌프의 컷 오프 상태에서 유량이 0이 되는 것

⑮ **배압** : 유압회로의 귀로쪽 또는 압력 작동면의 배후에 작동하는 압력

⑯ **압력의 맥동** : 정상적인 작동조건에서 발생하는 토출압력의 변동, 과도적인 압력 변동은 제외한다.

⑰ **서지압** : 과도하게 상승하는 압력의 최대값

⑱ **크래킹압** : 체크밸브 또는 릴리프 밸브 등으로 압력이 상승하여 밸브가 열리기 시작하고 어떤 일정한 흐름의 양이 확인되는 압력

⑲ **리시트압** : 체크밸브 또는 릴리프 밸브 등으로 압력이 상승하여 밸브가 열리기 시작하고 어떤 일정한 흐름의 양이 흡인되는 압력

⑳ **포트** : 작동유체의 통로로 열린 부분

㉑ **밴트포트** : 대기로 개방되어 있는 뽑기 구멍

㉒ **초크** : 면적을 감소시킨 통로로서 그 길이가 단면치수에 비해 비교적 긴 경우의 흐름의 조임

㉓ **오리피스** : 면적을 감소시킨 통로로 그 길이가 단면 치수에 비해 비교적 짧은 경우의 조임

㉔ **주관로** : 흡입관로, 압력관로 및 귀환관로를 포함하는 주요 관로

㉕ **바이패스 관로** : 필요에 따라 유체의 일부 또는 전량을 분기시키는 관로

㉖ **드레인 관로** : 드레인을 귀환관로 또는 탱크 등으로 연결하는 관로

㉗ **통기 관로** : 대기로 언제나 개방되어 있는 관로

㉘ **스트레이너** : 기기 속에 혼입되는 불순물을 제거하기 위해 사용

㉙ **포트수** : 관로와 접속하는 방향전환 밸브

## 아) 유압기호

### ① 기본적인 유압기호

| 표시 사항 | 기 호 | | 표시 사항 | 기 호 | |
|---|---|---|---|---|---|
| 관로 | L〉10E, L〈5E<br>L : 선의 길이, E : 선의 두께 | | 필터, 열교환기,<br>루브 리케이터,<br>배수기 | ◇ | |
| 관로, 통로의 접속점 | d ≒ 5E | | 밸브 | | |
| 축, 레버 로드 | D〈5E | | | 총칭하여 부를 경우에는 밸브라 하고,<br>수식어를 붙일 경우에는 ○○ 밸브라<br>한다.<br>例 : 압력제어 밸브 | |
| 펌프, 압축기, 모터,<br>압력원 | ○ | 대원<br>(大圓) | 흐름방향 | ↑↑<br>↓↓ | |
| 계측기 | ○ | 중원대<br>(中圓大) | 회전방향 | ↶↷ | |
| 체크밸브 계수 | ○ | 중원소<br>(中圓小) | 조립유닛 | ▭ | |
| | | | 조정이 가능할 경우 | ↗ | |
| 링크, 연결부, 롤러 | ○ | 소원<br>(小圓) | 흐름방향,<br>유체 출입구 | ▼<br>▽ | 흑색은 액체<br>백색은 기체 |

## ② 관로 및 접속

| 명 칭 | 기 호 | 명 칭 | 기 호 |
|---|---|---|---|
| 주관로 | ──────── | 통기관로 | |
| [비고] 흡입관로, 압력관로, 리턴관로 | | [비고] 주로 액체 관로의 경우에 사용된다. | |
| 파일럿 관로 | — — — — — | 출구<br>닫힘 상태 | |
| [비고] 공기압력 회로에 한하여 혼동할 염려가 없을 때는 간략한<br>기호로 실선을 사용해도 좋다. | | | |
| 드레인 관로 | ············· | 열림(접속)의 상태 | |
| 관로의 접속 | | | |
| 플렉시블 관로 | | [비고] 출구의 관로 ← 는 기기와 접속되어 있다. | |
| 관로의 교차 | | 고정스로틀<br>초크 | |
| [비고] 혼동할 염려가 있을 때는 +의 사용을 꾀하는 것이<br>바람직하다. | | 오리피스 | |
| 흐름의 방향<br>유체의 흐름 | →　→ | 금속이음<br>〈연결되지 않은 상태〉<br>① 체크밸브가 없다.<br>② 체크밸브 부착<br>(셀프 실 이음) | |
| 기체의 흐름 | ▷　▷ | | |
| [비고] 기호를 관로에 가깝게 표시해도 좋다.<br>→　▷ | | | |
| 벨브 내의 흐름의 방향 | ↑↑↓ | 〈연결된 상태〉<br>① 체크밸브가 없다.<br>② 한쪽만 체크밸브가<br>부착(셀프 실 이음)<br>③ 양쪽 체크밸브부착<br>(셀프 실 이음) | |
| 기름 탱크에 연결된 관로<br>관 끝을 액중에 넣지<br>않은 관로 | | | |
| 관 끝을 액중에 넣은<br>관로 | | 회전이음 | (1) 일관로의 경우<br><br>(2) 이관로의 경우 |
| 헤드 탱크에 연결된 관로 | | | |
| [비고] 관의 끝에 작동유 탱크에 연결된 선에는 들어가지 않도록<br>할 것 | | | |

| 명 칭 | 기 호 | 명 칭 | 기 호 |
|---|---|---|---|
| 기계식의 연결 회전축 | (1) 1방향일 경우<br><br>(2) 양 방향의 경우 | 신호전달로<br>전기신호<br>그 외의 신호 | |
| | | 기계식연결<br>연결부 | |
| [비고] 회전 방향을 나타내는 화살표는 그 원호의 중심을 원동기<br>쪽으로 접속시킨다. | | 고정점부착<br>연결부 | |
| 레버, 로드 | ═══════ | [비고] 연결부는 가동 또는 고정의 어느 것이라도 좋고 또<br>한 직각으로 되지 않아도 좋다. | |

③ **펌프 및 모터**

| 명 칭 | 기 호 | 비 고 | 명 칭 | 기 호 | 비 고 |
|---|---|---|---|---|---|
| 정용량형<br>유압펌프 | (1)<br>(2) | 삼각형은 유체의<br>출구를 나타낸다.<br>삼각형의 높이는<br>원 직경의 약 1/5로<br>한다.<br>① 1방향만의 흐름일<br>경우<br>② 양방향의 흐름일<br>경우 | 정용량형<br>유압모터 | (1)<br>(2) | 삼각형은 유체의<br>입구를 나타낸다.<br><br>① 한 방향으로<br>만 흐를 경우<br>② 양방향으로<br>흐를 경우 |
| 가변용량형<br>유압펌프 | (1)<br>(2) | | 가변용량형<br>유압모터 | (1)<br>(2) | |
| 유압기 및<br>송풍기 | | | 공기압 모터 | (1)<br>(2) | |
| 진공펌프 | | | | | |

④ **실린더** [(1)은 상세한 기호, (2)는 간략한 기호를 나타낸다.]

| 명 칭 | 기 호 | 명 칭 | 기 호 |
|---|---|---|---|
| 단동 실린더<br>스프링 없음 | (1)<br><br>(2) | 쿠션이 부착된<br>실린더편 쿠션형 | (1)<br><br>(2) |
| 스프링 부착 | (1)<br><br>(2) | 양 큐션형 | (1)<br><br>(2) |
| 램형 실린더 | | [비고] 쿠션이 부착된 것을 나타내는 ⊔는 실린더의 쿠션이 듣는 정지 끝에 향하도록 기입한다. ╱는 외부로부터 조정가능할 경우에 표시한다. | |
| 복동 실린더편 로드형 | (1)<br><br>(2) | 텔레스코프형 실린더 | 단동<br><br>복동 |
| 양로드형 | (1)<br><br>(2) | 다이어프램형 실린더 | |
| 차동 실린더 | (1)<br><br>(2) | 압력 전달기 | |
| 압력 변환기<br>같은 종류 유체 | (1)<br><br>(2) | 압력변환기<br>다른 종류(異種)유체 | (1)<br><br>(2) |

[비고] 이것이 공기압력일 경우

## ⑤ 제어방식

| 명 칭 | 기 호 | 명 칭 | 기 호 | 명 칭 | 기 호 |
|---|---|---|---|---|---|
| 스프링방식 | | 인력방식<br>페달방식 | | 실린더방식<br>〈복동형〉 | (1) |
| 조정스프링<br>방식 | | 푸시로드<br>방식 | | | (2) |
| 파일럿방식<br>직접 작동형<br>[비고] 이것은<br>공기압력<br>일 경우 | (1) <br>(2) | 스프링 방식 | | [비고] ① 상세기호, ② 간략기호 | |
| | | 롤러 방식 | | 유압모터방식<br>1방향형 | |
| 간접작동식 | (1) <br>(2) <br>(3) | 편작동 롤러<br>방식 | | 2방향형 | |
| | | [비고] 푸시로드 방식의 기호를 기계<br>방식의 기본 기호로서 사용해<br>도 좋다. | | 전동기방식<br>1방향형 | |
| [비고] ① 가압하여 제어할 경우<br>② 감압하여 제어할 경우 | | 실린더방식<br>〈단동형〉<br>스프링 없음 | (1) <br>(2) | 2방향형 | |
| 인력방식<br>〈기본기호〉 | | | | 전자방식 | |
| 레버방식 | | 스피링 부착 | (1) <br>(2) | 단코일형 | 복코일형 |
| 푸시버튼방식 | | | | | |

| | | |
|---|---|---|
| 조합시킨 방식<br>〈순차 작동방식〉<br>전자 – 유압제어<br>전자 – 공기압제어 | | 2개 이상의 제어 방식을 사용하여 기기를 제어 하더라도 기기의<br>기호에서 한번 작동한 장방형에는 외부로부터 받는 제차의 제<br>어 기호를 기입하고 기기에 인접하는 장방형에는 최종적으로<br>기기를 작동시키는 제2차 제어 기호를 기입한다.<br>2개 이상의 제어방식 어느 것이라도 좋고 기기를 제어시키는<br>것으로서 열기(列記)된 장방형에는 여러 가지 기호를 기입한다. |
| 〈선택작업방식〉<br>전자 또는 유압제어<br>전자 또는 공기압제어 | | |
| 보조방식<br>위치정지방식 | | 세로가 짧은 선은 위치가 멈춰진 것을 나타낸다.<br>*표의 개소에는 록을 떼어낸 제어 방식을 표시하는 임의의 기호<br>를 기입한다. 중간 위치에 멈춰지지 않고 그 양끝 위치에 기기<br>를 멈춘다. |
| 록 방식 | | |
| 오버센터 방식 | | |

⑥ 압력 제어밸브

| 명 칭 | 기 호 | 명 칭 | 기 호 | 명 칭 | 기 호 |
|---|---|---|---|---|---|
| 기본표시<br>상시 닫힘<br><br>상시 열림 | | 외부 파일럿<br>방식 | | 시퀀스 밸브<br>내부 파일럿 방식<br><br>외부 파일럿 방식 | |
| | | [비고] ▽는 대기방출을 의미한다.① 유<br>압용, ② 공기압용 내부 파일럿<br>방식의 기호는 작동형에도 사용<br>된다. | | | |
| 릴리프 밸브<br>및 안전밸브<br>내부 파일럿 | | 정비(定比)<br>릴리프 밸브<br><br>언로드 밸브 | | 감압밸브<br>〈릴리프 없음〉<br>내부 파일럿 방식<br><br>외부 파일럿 방식 | |
| 외부 파일럿<br>방식 | | 정차감압 밸브 | | 〈릴리프부착〉<br>내부 파일럿 방식 | |
| 〈릴리프부착〉<br>외부 파일럿<br>방식 | | 정비감압 밸브 | | 간이표시 | * |
| [비고] ① 유압용, ② 공기압용 | | | | [비고] 정방형의 *는 숫자, 문자를 기<br>입하고 밸브의 사양을 별기(別<br>記)한 색인으로 할 수 있다. | |

⑦ 유량 제어밸브

| 명 칭 | 기 호 | 명 칭 | 기 호 | 명 칭 | 기 호 |
|---|---|---|---|---|---|
| 가변교축 밸브 인력방식 | (1) <br> (2) | [비고] 기본 표시는 전항(前項)의 비고 1에 준하지만 가변 교축 밸브에서는 관로를 나타내는 실선과 흐름의 방향을 나타내는 화살표를 이동시켜 기입하는 것으로 하고 흐름이 교차되는 것을 표시한다. (1) 상세기호, (2) 간략기호 | | 〈가변형〉 가변형 (기본기호) | |
| | | | | 릴리프 부착 | |
| 기계방식 | (이것은 롤러 방식의 예에 있음) | 유량조정밸브 〈고정형〉 | | 온도보상 부착 | |
| 분류(分流) 밸브 | | 간이표시 | * | 정방형의 *표는 숫자, 문자를 기입하고 밸브의 사양을 별기(別記)한 색인으로 할 수 있다. | |

⑧ 방향 제어밸브

| 명 칭 | 기 호 | 명 칭 | 기 호 |
|---|---|---|---|
| 기본표시 2포트 2위치 변환 밸브 | | 4포트 2위치 변환 밸브 스프링 오프세트 전자 내부 파일럿방식 | (1) 상세기호 |
| 4포트 3위치 변환 밸브 | | | |
| 4포트 교축 변환 밸브 | | | (2) 간이기호 |
| 2포트 2위치 변환 밸브 인력방식 스프링오프셋 전자방식 | | 5포트 2위치 변환 밸브 외부 파일럿방식 | |

| 명 칭 | 기 호 | 명 칭 | 기 호 |
|---|---|---|---|
| 3포트 2위치 변환 밸브<br>외부파일럿 방식<br><br>스프링 오프셋 전자 방식 | | 교축 변환 밸브<br>2포트 교축 변환 밸브(트레<br>이서 밸브)<br><br>3포트 교축 변환 밸브<br><br>4포트 교축 변환 밸브(트레<br>이서 밸브)<br><br>전기압축서보 밸브<br>일단식<br>자동식 | |
| [비고] 변환의 과도적인 중간 위치를 나타낼 필요가 있을 경우에는 점선의 절선(切線)을 사용하고 그것을 표시한다. | | | |
| 간이표시 | * | | |
| [비고] 정방형의 *표는 숫자, 문자를 기입하고 밸브의 사양을 별기(別記)한 색으로 할 수 있다. | | 2중 코일형 전자 방식의 기호에 부착된 화살표는 작동의 연속성을 나타낸다. | |

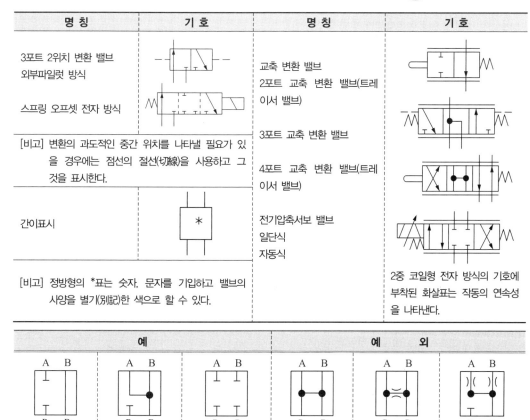

| 예 | | | 예    외 | | |
|---|---|---|---|---|---|
| BR접속 | ABR접속 | 크로즈드 센터 | 오픈 센터 | 교축 오픈센터 | 교축 ABR 접속 |

## ⑨ 체크밸브

| 명 칭 | 기 호 | 명 칭 | 기 호 |
|---|---|---|---|
| 체크밸브 | | 고정교축<br>체크밸브 | |
| 파일럿 조작<br>체크밸브 | ① 제어신호에 따라 열릴 경우 | 셔틀밸브 | |
| | ② 제어신호에 따라 닫힐 경우 | 급속배기 밸브 | |

## ⑩ 부속기기

| 명 칭 | 기 호 | 명 칭 | 기 호 | 명 칭 | 기 호 |
|---|---|---|---|---|---|
| 작동유 탱크<br>개방탱크<br>예압탱크 | | 필터<br>〈배수기 없음〉<br>〈배수기 부착〉<br>인력방식<br>자동방식 | | 가열기 | |
| 체크 또는 콕 | | | | 루브리케이터 | |
| | | | | 방음기 | |
| 압력스위치 | | | | 압력계 | |
| 어큐뮬레이터 | [비고] 유압용 | [비고] 공기압력의 흡입 필터 및 작동<br>유 탱크 내에 설치된 탱크용 필터에<br>대해 간략한 기호를 사용해도 좋다. | | 접점부착<br>압력계 | |
| 공기탱크 | [비고] 공기압용 | | | 온도계 | |
| 전동기 | | 에어드라이어 | | 유량계<br>순간지시방식<br>적산지시방식 | |
| 내연기관<br>그외의열기관 | | 온도조절기 | | | |
| 압력원 | (1)<br>(2) | 냉각기 | | 계측기의<br>간이표시 | |
| [비고] ① 유압용, ② 공기압용 | | [비고] 냉각용 배관을 표시한 경우 | | [비고] 원내의 *표에는 본 규격에서 정<br>한 이외의 계측기 내용을 나타<br>내는 임의의 기호를 기입하여<br>사용한다. 또한 숫자, 문자를 기<br>입하고 계측기의 사양을 별기<br>(別記)한 색인으로 할 수 있다. | |
| 배수기<br>인력방식<br>자동방식 | | 공기압조정 유닛 | (1)<br>(2)<br>[비고] ① 상세기호, ② 간이기호 | | |

# 기출예상문제

**01** 다음은 유압펌프의 장점을 설명한 것이다. 잘못된 것은?

① 피스톤 펌프 : 고압에 적당하고 누설이 적어 효율이 좋다.

② 기어펌프 : 구조가 간단하고 소형이며, 가격이 싸다.

③ 베인펌프 : 장시간 사용해도 성능의 저하가 적다.

④ 나사펌프 : 운전이 동적이고 내구성이 작다.

> **해설** • **피스톤 펌프** : 플런저 펌프라고도 하며 실린더 속에서 왕복운동을 하며 펌프 작용을 하므로 고압펌프에 적당하다.
> • **기어 펌프** : 구조가 간당하고 신뢰도가 높으며, 운전 보수가 용이하다. 입출구 밸브가 없고 왕복 펌프에 비해 고속운전이 가능하고 값이 싸다.
> • **베인 펌프** : 펌프의 구동동력에 비애 형상이 소형이며, 베인의 선단이 마모가 되더라도 압력저하가 일어나지 않는다. 비교적 고장이 적고 보수가 용이하다.
> • **나사펌프** : 운전이 조용하고 점도가 낮은 기름도 사용이 가능하다. 고속회전이 가능하며 맥동이 없어 일정량의 유량을 토출할 수 있다.

**02** 유압구동의 특징을 설명한 것이다. 옳지 않은 것은?

① 무단변속이 가능하다.

② 열변형 또는 온도변화에도 공작 정밀도가 저하되지 않는다.

③ 원격조작 및 자동조작이 용이하다.

④ 주기적 운동을 간단한 장치로 할 수 있다.

**03** 다음 중 충격수차에 해당되는 것은?

① 프란시스 수차      ② 프로펠러 수차

③ 펠톤 수차          ④ 커플란 수차

> **해설** 수차중 반동수차에는 프란시스 수차, 프로펠라 수차, 커플란 수차가 있으며, 충격수차는 펠톤수차가 있다.

**04** 다음 중 비용적형 펌프에 해당되지 않는 것은?

① 사류펌프          ② 플런저 펌프

③ 축류 펌프          ④ 벌류트 펌프

> **해설** 플런저 펌프는 용적형 펌프이다.

**05** 다음 중 유압펌프에 해당하지 않는 것은?

① 커플란 펌프        ② 기어 펌프

③ 플런저 펌프        ④ 베인 펌프

> **해설** 커플란은 수차이며, 펌프가 아닌 물의 위상차에 의해 동력을 발생시키는 장치이다.

**06** 다음 중 가변 용량형 펌프로 사용할 수 없는 것은?

① 액시얼 피스톤 펌프

② 레이디얼 피스톤 펌프

③ 베인 펌프

④ 기어 펌프

> **해설** 펌프의 구분
> ① 정 용량형 펌프 : 기어펌프, 나사펌프, 베인펌프, 피스톤 펌프
> ② 가변 용량형 펌프 : 베인펌프

---

**정답** ··· 01.④   02.②   03.③   04.②   05.①   06.④

**07** 다음 중 송출량을 변화시킬 수 없는 유압펌프는 어느 것인가?

① 기어펌프

② 레이디얼 피스톤 펌프

③ 베인펌프

④ 엑시얼 피스톤 펌프

**08** 다음 중 유압회로의 주요 구성품목이 아닌 것은?

① 유압펌프

② 유압제어밸브

③ 배관 및 부속품

④ 축류 펌프

**해설** 유압회로의 주요 구성 품목 : 원동기, 유압펌프, 제어밸브, 액추에이터, 배관 및 부속품 등

**09** 다음 중 유압기기의 4대 요소에 해당하지 않는 것은?

① 유압 작동유    ② 유압 탱크

③ 유압 펌프    ④ 유압 밸브

**해설** 유압기기의 4대 요소에는 유압탱크, 유압펌프, 유압밸브, 유압 액추에이터가 있다.

**10** 밀폐된 용기 중에 액체의 일부에 압력이 P만큼 증가하면 액체 전체의 압력은 어떻게 달라지는가?

① $\frac{1}{P}$ 증가

② $\frac{1}{P}$ 감소

③ P 증가

④ P 감소

**해설** 파스칼의 원리에 의해 밀폐된 용기에서의 액체는 같은 세기의 압력이 작용한다.

**11** 다음 중 유압기기의 4대 요소가 아닌 것은?

① 유압밸브    ② 유압터빈

③ 유압펌프    ④ 유압탱크

**12** 다음 중 원심펌프의 특성이 아닌 것은?

① 양정이 작고, 양수량이 많을 때 사용한다.

② 소형 경량이며, 구조가 간단하다.

③ 원심력에 의한 고속회전이 가능하고, 맥동 발생이 심하다.

④ 펌프의 효율이 높다.

**해설** 원심펌프의 특성

① 양정이 크고, 양수량이 많을 때 사용한다.

② 소형 경량이며, 구조가 간단하다.

③ 원심력에 의한 고속회전이 가능하고, 맥동 발생이 적다.

④ 펌프의 효율이 높다.

**13** 회전차의 둘레 주위에 안내깃이 없는 펌프로서 액체를 직접 와류실로 보내는 방식으로 소양정에 적합한 펌프는?

① 볼류트 펌프

② 터빈 펌프

③ 베인 펌프

④ 기어 펌프

**14** 다음 중 펌프의 크기를 결정하는 요소가 아닌 것은?

① 전동기의 크기

② 펌프의 흡입구멍 지름과 배출구멍의 지름

③ 안내깃의 크기와 회전속도

④ 유체의 속도

**15** 필터를 선정할 때 주의해야 할 사항이 아닌 것은?

① 여과입도
② 유체의 유온
③ 점도와 압력강하
④ 여과 엘리먼트의 종류

해설 필터 선정시 고려사항 : 필터의 내압, 여과입도, 여과제의 종류, 유체의 유량, 압력강하

**16** 다음 중 유압구동방식의 장점이 아닌 것은?

① 무단변속이 가능하다.
② 온도변화와 열변형에 의해 공작 및 운전의 정밀도를 높여준다.
③ 원격조작 및 작동이 용이하다.
④ 운동방향이나 속도가 용이하게 제어된다.

**17** 다음 중 압력에 대한 설명으로 옳은 것은?

① 절대압력 = 계기압력
② 절대압력 = 계기압력 + 대기압력
③ 계기압력 = 절대압력 + 대기압력
④ 대기압 = 절대압력 + 계기압력

해설 절대압력 = 대기압력 + 계기압력
= 대기압력 − 진공압

**18** 펌프의 송출압력은 50kgf/cm², 송출량은 30L/min인 유압펌프의 펌프 동력은 몇 PS인가?

① 3.33
② 5.22
③ 6.22
④ 7.22

해설 $L_P = \dfrac{p \cdot Q}{75 \times 60}$

$= \dfrac{50 \times 10^4 \times 30 \times 10^{-3}}{75 \times 60} = 3.33 PS$

**19** 유체가 흐르는 관의 직경이 2배로 늘어났다면 기름의 속도는 몇 배로 되는가?

① 2
② 4
③ $\dfrac{1}{2}$
④ $\dfrac{1}{4}$

해설 $Q = AV$, $V = \dfrac{Q}{A} = \dfrac{Q}{\dfrac{d^2\pi}{4}}$, $\dfrac{1}{d^2} = \dfrac{1}{4}$

**20** 펌프 토출량이 30L/min, 토출압이 6kgf/cm²인 유압펌프의 펌프동력은 몇 PS인가?

① 2
② 3
③ 4
④ 5

해설 $L_{PS} = \dfrac{p \cdot Q}{75} = \dfrac{60 \times 10^4 \times \dfrac{30 \times 10^{-3}}{60}}{75} = 4PS$

**21** 유체의 비중량 $\gamma$, 밀도 $\rho$, 중력 가속도 $g$와의 관계를 바르게 표시한 것은?

① $\gamma = \rho g$
② $\gamma = \dfrac{\rho}{g}$
③ $\gamma = \dfrac{g}{\rho}$
④ $\gamma = \rho g^2$

**22** 유압회로에서 유량이 25L/min일 때 내경이 10mm일 때 관내 유속은 얼마인가?

① 4.3m/s
② 5.3m/s
③ 6.3m/s
④ 7.3m/s

해설 $Q = AV$,

$V = \dfrac{Q}{A} = \dfrac{4Q}{\pi d^2} = \dfrac{4 \times 25 \times 10^{-3}}{\pi \times 0.01^2 \times 60} = 5.3 m/s$

정답 ··· 15.② 16.② 17.② 18.① 19.④ 20.③ 21.① 22.②

**23** 어떤 관속을 흐르고 있는 물의 평균속도가 15m/s일 때 속도수두는 얼마인가?

① 10m

② 11m

③ 11.48m

④ 12.48m

해설 속도수두 $= \dfrac{v^2}{2g} = \dfrac{15^2}{2g} = 11.48m$

**24** 유압모터의 효율을 잘못 설명한 것은?

① 체적효율 $= \dfrac{\text{이론유량}}{\text{실제공급유량}}$

② 전효율 = 체적효율×토크효율

③ 토크효율 $= \dfrac{\text{제동토크}}{\text{이동토크}}$

④ 토크효율 $= \dfrac{\text{이론토크}}{\text{제동토크}}$

**25** 흐르고 있는 유체의 압력이 국부적으로 저하되어 포화 증기압 또는 공기 분리압에 달하여 증기를 발생시키거나 용해 공기 등이 분리되어 기포를 일으키며, 소음 발생을 발생시키는 현상은?

① 서징 현상　　② 채터링 현상

③ 역류 현상　　④ 캐비테이션 현상

해설 • 캐비테이션(공동현상) : 흐르는 액체의 압력이 국부적으로 저하되어 포화증기압 또는 용해 공기 등의 분리되어 기포가 발생하는 현상
• 채터링 : 릴리프 밸브 등으로 밸브 시트를 두들겨 비교적 높은 음을 발생시키는 자력진동 현상
• 서징 현상 : 펌프나 송풍기에 어떤 관로를 연결하여 운전하면, 어떤 운전 상태에서 압력, 유량, 회전수, 소요동력 등이 주기적으로 변동해서 스스로 진동을 일으키는 현상으로 맥동과 진동이 발생하여 불안정 운전으로 되는데, 펌프에서는 진공계와 압력계의 바늘이 흔들리고, 송출유량이 변화한다. 이러한 현상을 서징이라고 하며 맥동현상이라고도 한다.

**26** 다음 중 캐비테이션의 발생 조건이 아닌 것은?

① 배관 속을 유동하는 유체의 어느 부분이 고온형상이 발생하면 포화 증기압에 비례하여 상승할 때 발생한다.

② 펌프의 회전수가 너무 클 때 발생한다.

③ 펌프에 유체가 고속으로 유량이 증가할 때 펌프 출구에서 발생한다.

④ 회전차가 수중에 완전히 잠기지 않고 운전할 때 발생한다.

해설 캐비테이션의 발생 조건
① 배관 속을 유동하는 물의 어느 부분이 고온현상이 발생하면 포화증기압에 비례하여 상승할 때 발생한다.
② 펌프에 유체가 고속으로 유량이 증가할 때 펌프 입구에서 발생한다.
③ 펌프와 흡수면 사이의 수직거리가 너무 멀 때 발생한다.
④ 펌프의 회전수가 너무 클 때 발생한다.
⑤ 회전차가 수중에 완전히 잠기지 않고, 운전할 때 발생한다.

**27** 다음 중 캐비테이션 방지책으로 옳지 않은 것은?

① 펌프의 설치 위치를 가능한 높이고 흡입 양정을 짧게 한다.

② 양흡입 펌프를 사용한다.

③ 펌프의 회전속도를 낮추어, 흡입 비교 회전속도를 적게 한다.

④ 입력축 펌프를 사용하고, 회전차가 물속에 완전히 잠기도록 한다.

해설 캐비테이션 방지책
① 펌프의 설치 위치를 가능한 한 낮추어, 흡입양정을 짧게 한다. (유효 흡입수두를 크게 한다.)
② 입력축 펌프를 사용하고, 회전차가 물속에 완전히 잠기도록 한다.
③ 펌프의 회전속도를 낮추어, 흡입 비교 회전속도를 적게 한다.
④ 양흡입 펌프를 사용한다.
⑤ 2대 이상의 펌프를 사용한다.
⑥ 액체에 기포나, 이물질이 포함되지 않도록 한다.

**28** 관내를 가득 차서 흐르는 물의 유속이 급격하게 변화하게 되면 물에 심한 압력 변화가 일어나는 현상은?

① 공동현상      ② 수격현상

③ 서징현상      ④ 수막현상

**29** 다음은 수격현상의 방지책에 해당되지 않는 것은?

① 관내의 흐름 속도를 크게 하여 유체가 갖는 관성력을 크게 한다.

② 펌프에 플라이휠을 설치하여 펌프의 속도가 급격히 변화하는 것을 방지한다.

③ 밸브를 펌프 송출구 가까이 설치하고, 밸브 조작을 적당히 조절한다.

④ 압력이 저하되는 곳에 물을 공급할 수 있도록 서지 탱크를 설치한다.

> **해설** 수격현상 방지책
> ① 관내의 흐름속도를 낮게 하여 유체가 갖는 관성력을 작게 한다.
> ② 펌프에 플라이휠을 설치하여 펌프의 속도가 급격히 변화하는 것을 방지한다.
> ③ 밸브를 펌프 송출구 가까이 설치하고, 밸브 조작을 적당히 조절한다.
> ④ 압력이 저하되는 곳에 물을 공급할 수 있도록 서지 탱크를 설치한다.

**30** 피스톤의 넓이가 1 : 10의 비율로 되어 있는 수압기에 100kgf의 힘을 얻으려면 작은 피스톤에 몇 kgf의 힘을 가해야 하는가?

① 9.8

② 98

③ 1

④ 10

> **해설** 파스칼의 원리
> $$P = \frac{F_1}{A_1} = \frac{F_2}{A_2}, \quad F_1 = \frac{A_1}{A_2} \cdot F_2 = \frac{1}{10} \times 100 = 10 kg_f$$

**31** 다음 중 플런저 펌프의 장점이 아닌 것은?

① 토출량의 범위가 크다.

② 토출 압력에 맥동이 적다.

③ 높은 압력에 견딘다.

④ 효율이 양호하다.

**32** 다음 중 왕복펌프의 특징이 아닌 것은?

① 흡인 성능이 양호하다.

② 높은 양정을 얻기가 쉽다.

③ 운전조건이 광범위하게 변해도 효율의 변화가 작으며, 무리한 운전에도 잘 견딘다.

④ 많은 유량을 얻을 수 있다.

**33** 다음 중 왕복 펌프의 밸브 구비조건이 아닌 것은?

① 밸브 개폐가 정확하지 않아도 된다.

② 물의 밸브를 통과할 때 저항을 최소한으로 한다.

③ 누설을 확실하게 방지할 것

④ 개폐작용이 신속하고, 고장이 적을 것

> **해설** 왕복 펌프의 밸브 구비조건
> ① 밸브 개폐가 정확할 것
> ② 물이 밸브를 통과할 때 저항을 최소한으로 할 것
> ③ 누설을 확실하게 방지할 것
> ④ 개폐작용이 신속하고, 고장이 적을 것
> ⑤ 내구성이 클 것

**34** 오일탱크의 용량은 매분펌프 송출량의 몇 배로 설계해야 하는가?

① 2배 이하      ② 3~6배

③ 6~10배      ④ 10~15배

> **해설** 일반적으로는 3~6배를 하지만 크기에 따라 최대 10배까지 하는 경우도 있다.

**35** 다음 펌프 중 토출압력이 가장 큰 펌프는?

① 기어펌프　　　② 원심펌프

③ 플런저 펌프　　④ 베인펌프

**36** 기어펌프의 유동력을 구하는 공식으로 맞는 것은?

① $L = mQ$　　　② $L = mq$

③ $L = Zq$　　　④ $L = Qq$

해설 $L = $ 실제송출량 $\times$ 누설량 $= Q \times q$

**37** 베인 펌프의 유압을 발생시키는 주요 부품이 아닌 것은?

① 캠링　　　　　② 베인

③ 로터　　　　　④ 모터

해설 베인 펌프의 주요 구성 요소는 포트, 로터, 베인, 캠링이다.

**38** 다음 중 기어펌프의 소음방지를 위한 방법으로 옳은 것은?

① 토출구 가까이에 홈을 판다.

② 흡입관로에 홈을 판다.

③ 기어 잇수를 줄인다.

④ 압력분포를 한 곳에 집중시킨다.

해설 기어펌프의 소음방지를 위해 토출구 가까이에 홈을 파고 압력 분포를 직선으로 한다.

**39** 다음 펌프 중에서 구동축의 회전방향을 변화시키지 않고 기름의 송출방향을 바꿀 수 있는 것은?

① 복합 베인펌프　　② 외접기어 펌프

③ 레이디얼 펌프　　④ 내접기어펌프

**40** 기어펌프의 단점이 아닌 것은?

① 고점액의 수송 성능이 우수하다.

② 기름 속에 기포가 발생한다.

③ 효율이 다른 펌프에 비해 낮다.

④ 소음과 진동이 심하다.

**41** 다음 중 운전이 조용하며 고속회전이 가능하고 폐입 현상이 없으며 맥동이 없는, 일정한 유량을 토출하는 펌프는?

① 내접기어 펌프

② 외접기어 펌프

③ 피스톤 펌프

④ 나사펌프

**42** 작동유의 구비조건 중 옳지 않은 것은?

① 소포성이 좋을 것

② 인화점이 낮을 것

③ 비압축성 유체일 것

④ 불순물과의 분리성이 우수할 것

해설 작동유 구비조건
① 기기에 대해 적당한 점도를 가지며 온도에 대해 점도변화가 적을 것
② 소포성이 좋을 것
③ 인화점이 높을 것
④ 씰 재료에 적합할 것
⑤ 비압축성 유체일 것
⑥ 온도, 압력 등 운동조건이 바뀌어도 윤활성이 높을 것
⑦ 방청성이 좋을 것
⑧ 불순물과의 분리성이 우수할 것
⑨ 화학적으로 안정적일 것
⑩ 장시간 사용할 때에도 열화가 적을 것

**43** 다음 중 작동유의 첨가제로 사용하지 않은 것은?

① 산화 방지제　　② 산화 촉진제
③ 유성 향상제　　④ 유동성 강하제

해설 **작동유의 첨가제** : 산화방지제, 방청제, 점도지수 향상제, 소포제, 유성 향상제, 유동성 강하제

**44** 다음 중 유압유의 점도가 낮을 때 유압장치에 미치는 영향 중 틀린 것은?

① 기름 누출이 증가 한다.
② 마모가 증가하고 압력유지가 어렵다.
③ 기계효율이 떨어진다.
④ 펌프의 용적효율이 떨어진다.

해설 **유압유의 점도가 낮을 때 발생하는 현상**
① 내외부의 오일 누출이 증가한다.
② 유압펌프. 모터 등의 용적 효율이 떨어진다.
③ 기기마모가 증가한다.
④ 압력발생 저하로 정확한 작동이 어렵다.

**45** 작동유의 체적탄성계수에 영향을 주는 인자는 무엇인가?

① 기포함수량과 관별의 탄성계수
② 열팽창계수
③ 용해 공기
④ 비열과 열전달률

**46** 다음 중 유압작동유의 점도지수가 클 경우 어떤 현상이 나타나는가?

① 점도지수가 크면 산화안정성이 양호하다.
② 점도지수가 크면 온도에 대한 점도변화가 적다.
③ 점도지수가 크면 유압유의 중화수가 적다.
④ 정도지수가 크면 온도에 대한 점도변화가 크다.

해설 점도지수가 작을수록 온도에 대한 점도변화가 크다.

**47** 다음 중 유압유의 변수 중 무차원함수는 어느 것인가?

① 가속도
② 동점성계수
③ 비중
④ 비중량

**48** 레이놀즈수에 가장 큰 영향을 주는 힘으로 짝지어진 것은?

① 점성력, 압력
② 중력, 압력
③ 관성력, 점성력
④ 압력, 관성력

해설 $R_e = \dfrac{관성력}{점성력} = \dfrac{Vd}{v} = \dfrac{\rho Vd}{\mu}$

**49** 다음 중 유압작동유의 사용에 적합한 온도는?

① 15~35℃　　② 35~60℃
③ 60~80℃　　④ 80~100℃

**50** 다음 중 유압유에 쓰여지는 첨가제가 아닌 것은 어느 것인가?

① 산화방지제
② 온도향상제
③ 소포제
④ 방청제

해설 **유압유의 첨가제** : 산화방지제, 방청제, 점도지수 향상제, 소포제, 유성 향상제, 유동점 강하제

정답 ◀‥‥　43.②　44.③　45.③　46.②　47.②　48.③　49.②　50.②

**51** 유압유의 구비조건이 아닌 것은?

① 유동성, 윤활성이 좋을 것
② 산화에 안정할 것
③ 점도지수가 낮을 것
④ 소포성이 좋을 것

**52** 다음 작동유 중 석유계의 작동유가 아닌 것은?

① 터빈유
② 모터유
③ 내압전용유
④ 염소화 탄화수소계 작동유

**53** 다음 중 유압유의 점도단위가 아닌 것은?

① $N \cdot s/m^2$   ② $kg_f/m \cdot s$
③ $cm \cdot s/g$   ④ $g/cm \cdot s$

**54** 유압유의 물리적 성질 중 동계 운전 시 가장 고려해야 하는 성질은 무엇인가?

① 비중과 밀도   ② 인화점
③ 유동점   ④ 압축성

**55** 다음 중 점도와 온도와의 관계의 설명이 맞는 것은?

① 액체의 점도는 온도가 상승함에 따라 증가한다.
② 액체의 점도는 온도가 상승해도 변하지 않는다.
③ 기체의 점도는 온도가 상승함에 따라 감소한다.
④ 기체의 점도는 온도가 상승함에 따라 증가한다.

**56** 다음 중 연결이 잘못된 것은?

① 일의 시간 : 속도제어밸브
② 일의 빠르기 : 유량 조절밸브
③ 일의 크기 : 압력 제어밸브
④ 일의 방향 : 방향 제어밸브

**57** 두 개 이상의 회로가 있는 곳에 회로의 압력에 의해 각각의 액추에이터를 작동순서를 정하여 제어하는 밸브의 종류는?

① 언로드 밸브
② 카운터 밸런스 밸브
③ 교축 밸브
④ 시퀀스 밸브

**58** 유압구동기구 중 주요 밸브 3요소가 아닌 것은?

① 유량제어 밸브
② 압력제어 밸브
③ 회로제어 밸브
④ 방향제어 밸브

> **해설** 주요 밸브 3요소 : 방향제어 밸브, 유량제어 밸브, 압력제어 밸브

**59** 다음 중 릴리프 밸브의 기능은?

① 압력제어 밸브
② 유량조절 밸브
③ 방향제어 밸브
④ 속도제어 밸브

> **해설** 압력제어 밸브의 종류 : 안전 밸브, 릴리프 밸브, 시퀀스 밸브, 카운터 밸런스 밸브, 언로딩 밸브, 감압밸브 등

**정답** ··· 51.③  52.④  53.③  54.③  55.③  56.①  57.④  58.③  59.①

**60** 배압을 유지시키기 위한 압력 제어 밸브는?

① 릴리프 밸브

② 체크 밸브

③ 시퀀스 밸브

④ 카운터 밸런스 밸브

> **해설** **카운터 밸런스 밸브** : 한방향의 흐름에 대해서는 규제된 저항에 의해 배압을 주어진 제어 흐름이며 반대 방향의 흐름에 대해서는 자유롭게 흐름

**61** 다음 중 한쪽 방향으로의 흐름은 자유롭고 역방향의 흐름을 되지 않는 밸브는?

① 카운터 밸런스 밸브

② 언로드 밸브

③ 셔틀 밸브

④ 체크 밸브

**62** 다음 중 압력제어 밸브에 속하지 않는 것은?

① 카운터 밸런스 밸브

② 언로딩 밸브

③ 시퀀스 앤드체크 밸브

④ 교축 밸브

**63** 다음 중 속도제어 회로에 해당되는 것은?

① 블리드 오프회로( Bleed off circuit)

② 차동회로(Differential circuit)

③ 배압 회로(Back pressure circuit)

④ 가변펌프 회로(Variable pump circuit)

> **해설** 속도를 제어하는 회로에는 미터인방식, 미터아웃방식, 블리드오프방식이 있다.

**64** 다음 중 작동유의 점성에 관계없이 유량을 조절할 수 있으며, 조절범위가 크고 미세량을 조절할 수 있는 밸브는?

① 서보 밸브

② 안전밸브

③ 체크밸브

④ 교축밸브

**65** 유압장치에서 필터를 설치할 수 없는 곳은?

① 펌프의 흡입측

② 탱크 내부

③ 펌프에서 작동유를 일부만 바이패스 시켜 여과하게 한 곳

④ 위의 세 곳 모두 아니다.

**66** 유압실린더의 구성요소가 아닌 것은?

① 실린더 튜브

② 피스톤

③ 로킹 빔

④ 실린더 커버

> **해설** **유압실린더의 구성요소** : 실린더 튜브, 피스톤, 피스톤 로드, 커버, 패킹, 쿠션장치

**67** 다음 중 유압실린더와 유압모터의 기능을 바르게 설명한 것은?

① 유압실린더나 유압모터는 왕복운동을 한다.

② 유압실린더는 회전운동, 유압모터는 왕복운동을 한다.

③ 유압실린더는 왕복운동, 유압모터는 회전운동을 한다.

④ 유압실린더와 유압모터는 회전운동을 한다.

**68** 유압장치에서 누유를 방지하기 위해 가장 많이 사용하는 패킹은?

① V 패킹
② U 패킹
③ O형 링
④ 피스톤 링

**69** 어큐뮬레이터(Accumulator)의 설치 목적으로 틀린 것은?

① 사이클 시간의 연장
② 펌프의 동력 절약
③ 펌프의 파동 흡수
④ 펌프 정지시의 회로압력 유지

해설 어큐뮬레이터의 설치 목적 : 에너지 축적, 사이클 시간의 단축, 서지압 방지, 펌프의 용량 단축,

**70** 어큐뮬레이터(Accumulator)의 장점을 설명한 것으로 맞지 않는 것은?

① 펌프의 대용으로도 사용되며 안전장치역할을 한다.
② 축적된 압력에너지의 방출 사이클 시간을 연장한다.
③ 기름의 노출 시 보충 해준다.
④ 갑작스런 충격압력을 막아주는 역할을 한다.

해설 어큐뮬레이터는 축압기라고도 한다. 유압회로에서 기름이 누출될 때 기름 부족으로 압력이 저하되지 않도록 노출된 양만큼 보급해주는 작용을 하며 갑작스런 충격압력을 예방하는 역할을 하는 안전 장치역할을 한다.

**71** 그림은 유압 회로 중 무엇을 표시하는 것인가?

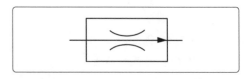

① 유속조절 밸브
② 유량조절 밸브
③ 방향제어 밸브
④ 압력조정 밸브

**72** 그림은 유압 회로 중 무엇을 표시하는 것인가?

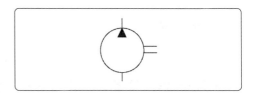

① 유압 펌프
② 유압 모터
③ 전동기
④ 체크 밸브

**73** 그림은 유압 회로 중 무엇을 표시하는 것인가?

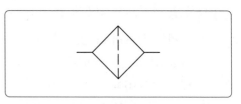

① 배수기
② 필터
③ 온도조절기
④ 냉각기

**74** 그림은 유압 회로 중 무엇을 표시하는 것인 가?

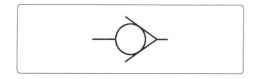

① 유압제어 밸브　② 유량제어 밸브
③ 방향제어 밸브　④ 체크밸브

**75** 그림은 유압 회로 중 무엇을 표시하는 것인 가?

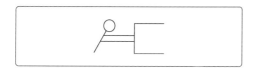

① 버튼 방식　② 페달 방식
③ 레버 방식　④ 기계 방식

**76** 그림은 유압 회로 중 무엇을 표시하는 것인 가?

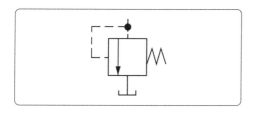

① 감압 밸브　② 언로드 밸브
③ 릴리프 밸브　④ 시퀀스 밸브

**77** 다음 중 유압회로의 기호규칙의 설명이 틀린 것은?

① 기호는 흐름의 유도와 그 접속부품의 기 능 조작방법을 표시한다.

② 기호는 유압과 공기압과의 회로도에 사용 되는 도시기호를 정한 것이며 동력의 전 달과 제어를 포함한 회로를 표시한다.

③ 기호는 밸브의 포트나 스풀의 구조위치를 표시해야 한다.

④ 기호는 기름탱크나 그 접속 및 배관을 제외하고 회전하거나 뒤집어도 된다.

**78** 유압회로의 압력을 설정된 압력 이상으로 되 는 것을 방지하는 밸브는?

① 카운터 밸런스 밸브
② 압력 스위치
③ 릴리프 밸브
④ 시퀀스 밸브

**79** 유압회로에서 크래킹 압력을 바르게 설명한 것은?

① 실제로 파괴되는 압력
② 파괴되지 않고 견뎌야 하는 시험 압력
③ 동력을 상승한 압력의 최대값
④ 릴리프 또는 체크밸브에서 압력이 상승하 여 밸브가 열리기 시작하는 압력

**80** 밸브시트 등을 두드려 소리를 내는 진동현상 을 무엇이라고 하는가?

① 캐비테이션(Cavitation)
② 차징(Charging)
③ 크래킹(Cracking)
④ 채터링(Chattering)

**해설** 채터링 : 스프링에 의해 작동되는 릴리프밸브에 발생되기 쉬우며, 밸브 시트를 두들겨 비교적 높 은 음을 발생시키는 일종의 자력 진동 현상을 말한다.

# CBT 기출복원문제

농업기계 산업기사

# CBT 기출복원문제

## 2020년 제1회 [농업기계산업기사]

---

**제1과목**    **농업기계공작법**

**01** 정반 위에 올려 놓고 정반 면을 기준으로 하여 높이를 측정하거나 스크레이퍼 끝으로 금긋기 작업을 하는데 사용하는 측정기는?

① 마이크로미터    ② 버니어 캘리퍼스
③ 하이트 게이지    ④ 컴비네이션 세트

**02** 강을 임계온도($A_1$ 변태점) 이상의 상태로부터 물, 기름에 급냉시키는 방법의 열처리는?

① tempering    ② annealing
③ quenching    ④ normalizing

**03** 용접봉의 기호가 E4301 일 경우 E가 의미하는 것은?

① 전기용접봉
② 용접 자세
③ 피복제의 종류
④ 용착금속의 최소 인장강도

**04** 그라인더작업에서 안전수칙으로 바르지 못한 것은?

① 숫돌바퀴의 균열상태를 확인한다.
② 공구 연삭 시에 받침대와 숫돌의 틈새는 3mm 이하로 한다.
③ 작업할 때 커버를 끼운다.
④ 설치 후 1분 정도 공회전 시켜 이상 유무를 확인한 다음 사용한다.

**05** 측정 기구를 이용하여 어떤 물체를 측정하고자 한다. 측정 시 대기 온도가 가장 적합한 것은?

① 0℃    ② 15℃
③ 20℃    ④ 30℃

**06** 마이크로미터의 스핀들 피치를 0.5mm로 하고 딤블의 원주를 50등분하면 딤블 원주의 1눈금은 몇 mm인가?

① 0.1    ② 0.05
③ 0.01    ④ 0.005

**07** 버니어캘리퍼스의 부척의 눈금은 본척의 (n-1)개의 눈금을 n등분한 것으로 본척의 1눈금을 A, 부척의 1눈금을 B라고 하면 눈금의 차 C는 어떻게 되는가?

① $C = nA$    ② $C = \dfrac{A}{n}$

③ $C = \dfrac{nA}{n-1}$    ④ $C = \dfrac{n-1}{nA}$

**08** 다음 중 구성인선의 영향이 아닌 것은?

① 가공물의 다듬면이 불량하게 된다.
② 발생, 성장, 분열, 탈락이 반복되어 절삭저항이 변화되므로 진동이 발생한다.
③ 공구의 수명이 짧아진다.
④ 결손이나 미소파괴가 일어나기 쉽다.

**09** 선반의 절삭 속도를 구하기 위한 수식으로 맞는 것은? $D$=일감의 지름(mm), $V$=절삭속도(m/분), $N$=1분당 회전수(rpm)

① $V = \pi DN$

② $V = \dfrac{\pi DN}{1000}$

③ $V = \dfrac{\pi D}{1000N}$

④ $V = \dfrac{\pi N}{1000D}$

**10** 절삭가공에서 절삭유의 역할이 아닌 것은?

① 공구 경사면과 마찰을 감소시켜 발열에 의한 공구 마모와 구성인성의 생성을 방지한다.

② 공구와 공작물을 냉각하여 절삭점의 온도를 저하시켜 공구의 수명을 연장하고 열팽창에 의해 정밀도가 떨어지도록 한다.

③ 절삭구역 내의 절삭칩을 씻어 내려 공구와 공작물 표면 사이에 칩이 끼어 절삭면이 손상되는 것을 막는다.

④ 절삭 가공된 면이 산화되는 것을 방지한다.

**11** 다음 설명에 해당되는 공구강은 무엇인가?

> 가. 0.8~1.5%의 탄소량에 약간의 Cr, W, V 등을 첨가한 강이다.
> 나. 절삭 성능이 좋으며 저속절삭용 및 총형 공구용으로 사용된다.

① 탄소공구강　　② 합금공구강

③ 고속도강　　　④ 초경합금

**12** 가늘고 긴 공작물을 가공하기 위하여, 자중으로 처짐을 방지하기 위해 사용하는 선반의 보조 장치는 무엇인가?

① 돌리개　　　② 돌림판

③ 심봉　　　　④ 방진구

**13** 표준 드릴의 여유각은 얼마로 해야 하는가?

① 5~7°　　　② 12~15°

③ 17°　　　　④ 19°

**14** 세이퍼로 가공할 수 없는 것은?

① 단면 가공　　② 곡면 가공

③ 치형 가공　　④ 나사 가공

**15** 다음 중 일반적인 밀링 작업에서의 분할법으로 사용하지 않는 방법은?

① 직접 분할법　　② 복식 분할법

③ 단식 분할법　　④ 차동 분할법

**16** WA 60 L 8 V 라는 연삭숫돌 표시에서 60은 무엇을 의미하는가?

① 결합도　　　② 입도

③ 결합제　　　④ 지름

**17** 공작물을 줄로 가공할 때 일반적인 줄의 사용 순서로 다음 중 가장 적합한 것은?

① 황목 → 유목 → 중목 → 세목

② 세목 → 유목 → 중목 → 황목

③ 황목 → 중목 → 세목 → 유목

④ 세목 → 유목 → 황목 → 중목

**18** 주물의 제조 공정 순서로 옳은 것은?

① 모형 제작 → 주형 제작 → 열처리 → 주입

② 주형 제작 → 모형 제작 → 주입 → 열처리

③ 주조 방안 결정 → 모형 제작 → 주형 제작 → 용해 → 주입

④ 용해 → 주입 → 모형 제작 → 후처리

**19** 알루미늄 합금으로 정밀하며 다량 생산을 위한 목적으로 활용하는 주조방법은?

① 다이캐스팅　　② 원심주조법

③ 셀 주조　　　④ 인베스트먼트 주조법

**20** 프레스 가공 중 전단가공에 해당되지 않는 것은?

① 펀칭(punching)
② 블랭킹(blanking)
③ 슬로팅(sloting)
④ 드로잉(drawing)

---

## 제2과목　　농업기계 요소

**21** 다음 중 단위계에서 기본 단위가 아닌 것은?

① m
② lux
③ mol
④ A

**22** 농업기계 재료의 일반적인 안전율을 나타낸 식을 가장 적합한 것은?

① 안전율 $= \dfrac{\text{기초강도}}{\text{허용응력}}$

② 안전율 $= \dfrac{\text{탄성한도}}{\text{허용응력}}$

③ 안전율 $= \dfrac{\text{비례한도}}{\text{기초강도}}$

④ 안전율 $= \dfrac{\text{탄성한도}}{\text{기초강도}}$

**23** 헐거운 끼워맞춤에서 구멍의 최대치수가 50.025mm이고, 최소치수는 50.00mm이며, 축의 최대치수가 49.975mm, 최소 치수는 49.950mm일 때 최소 틈새는 몇 mm인가?

① 0.025
② 0.05
③ 0.075
④ 0.100

**24** 주로 힘의 전달용으로 쓰이는 나사로 프레스, 잭, 바이스 등에 사용되는 나사로 가장 적합한 것은?

① 삼각나사
② 둥근나사
③ 사각나사
④ 사다리꼴 나사

**25** M20×2인 2줄 나사의 리드는 몇 mm인가?

① 2
② 4
③ 20
④ 40

**26** 너트의 풀림 방지법이 아닌 것은?

① 로크너트를 사용한다.
② 분할핀을 사용한다.
③ 이중 너트를 사용하면 안된다.
④ 스프링와셔, 이붙임 와셔를 사용한다.

**27** 100kN의 인장하중이 작용하는 두 개 12mm의 강판을 맞대기 용접하려고 한다. 목 두께를 약 몇 mm 이상으로 하여야 하는가? (단, 용접부 길이는 200mm, 용접효율은 85%, 용접부 허용 응력은 60MPa이다.)

① 6
② 8
③ 9
④ 10

**28** 묻힘 키로 전달하는 회전력이 4000kgf·mm이고, 키의 폭과 길이가 b=12mm, $l$=30mm이며, 축의 지름이 80mm일 때 키에 발생되는 전단응력은 약 몇 kg/mm²인가?

① 0.12
② 0.14
③ 0.24
④ 0.28

**29** 다음 중 핀의 설명이 바르게 짝지어진 것은?

① 평행 핀 : 작은 행들이나 축이음 등에 사용

② 너클 핀 : 2개 막대에 둥근 구멍 1개의 이음 핀을 집어넣고, 2개의 막대가 상대적으로 각각 운동할 수 있게 연결한 곳으로 인장하중을 받는 2개의 축 연결부에 사용

③ 스프링 핀 : 지그판과 같이 수시로 결합하고 해체할 수 있는 위치에 사용

④ 분할 핀 : 세로 방향으로 쪼개져 있으므로 작은 구멍에 때려 박아 사용

**30** 주름관 모양이나 나선형 홈이 있는 금속 실린더로 되어 있고 두 축의 중심이 일치하지 않을 경우 두 축 사이의 편심을 흡수하면서 연결하는 커플링으로 비교적 낮은 토크에 사용하며 두 축의 만나는 각이 일치하지 않을 경우에도 높은 비틀림 강성을 가지며, 백래시가 없는 것이 특징인 것은?

① 올덤 커플링

② 플랙시블 커플링

③ 유니버셜 커플링

④ 밸로스형 커플링

**31** 레이디얼 볼 베어링의 호칭 번호가 6305일 때 베어링의 안지름은 몇 mm인가?

① 15mm      ② 20mm

③ 25mm      ④ 63mm

**32** 다음 중 벨트의 속도를 구하는 식은?

① $\dfrac{\pi D_1 N_1}{1000 \times 60} = \dfrac{\pi D_2 N_2}{1000 \times 60}(\mathrm{m/s})$

② $\dfrac{D_1 N_1}{1000 \times 60} = \dfrac{D_2 N_2}{1000 \times 60}(\mathrm{m/s})$

③ $\dfrac{\pi D_1 N_2}{1000 \times 60} = \dfrac{\pi D_2 N_1}{1000 \times 60}(\mathrm{m/s})$

④ $\dfrac{\pi N_1}{D_1 \times 1000 \times 60} = \dfrac{\pi D_2 N_2}{D_2 \times 1000 \times 60}(\mathrm{m/s})$

**33** 이 끝원지름이 192mm, 모듈은 3인 표준 스퍼기어의 잇수는?

① 58      ② 60

③ 62      ④ 64

**34** 마찰차의 원동차 지름이 200mm, 회전수는 300rpm 이고, 종동차의 지름이 300mm일 때 종동차의 회전수(rpm)는? (단, 마찰면은 미끄럼이 없는 것으로 가정한다.)

① 200      ② 300

③ 400      ④ 500

**35** 블록 브레이크에서 블록이 드럼을 미는 힘은 120kgf, 접촉면적은 30cm², 드럼의 원주속도는 6m/s, 마찰계수는 0.2라고 할 때 브레이크 용량은 약 몇 $\mathrm{kgf/mm^2 \cdot m/s}$인가?

① 4.8

② 0.5

③ 0.48

④ 0.048

**36** 코일 스프링에서 스프링의 평균지름을 2배로 하고, 축방향의 하중을 1/2로 하면 늘어나는 양은 몇 배로 되는가?

① 1/2배      ② 1배

③ 2배      ④ 4배

**37** 0~90° 사이의 임의 각도로 회전하므로 유량을 조절할 수 있고, 1/4(90°)을 회전시켜 유체 통로가 완전히 「열렸다, 닫혔다.」를 동작하는 것은?

① 콕

② 스톱밸브

③ 앵글밸브

④ 슬루스 밸브

**38** 밀폐된 용기 중에 액체의 일부에 압력이 P만큼 증가하면 액체 전체의 압력은 어떻게 달라지는가?

① $\dfrac{1}{P}$증가  ② $\dfrac{1}{P}$감소

③ P 증가  ④ P 감소

**39** 유체가 흐르는 관의 직경이 2배로 늘어났다면 기름의 속도는 몇 배로 되는가?

① 2  ② 4

③ $\dfrac{1}{2}$  ④ $\dfrac{1}{4}$

**40** 피스톤의 넓이가 1:10의 비율로 되어 있는 수압기에 100kgf의 힘을 얻으려면 작은 피스톤에 몇 kgf의 힘을 가해야 하는가?

① 9.8  ② 98

③ 1  ④ 10

---

**제3과목**  **농업기계학**

**41** 다음 중 고정비에 해당하는 것은?

① 연료비  ② 윤활유비

③ 차고지  ④ 노임

**42** 트랙터 원판 플라우(disk plow)의 특징이라고 할 수 없는 것은?

① 마르고 단단한 땅에서도 경기작업이 가능하다.
② 개간지와 같이 나무뿌리가 남아있는 경지의 경기작업에 적합하다.
③ 점착성이 강한 토양에서는 경기작업이 불가능하다.
④ 심경이 가능하다.

**43** 어떤 토양에서 플라우의 비저항이 0.4kgf/cm²으로 측정되었을 때, 경심이 20cm, 경폭이 40cm로 작업할 경우 진행 방향의 견인 저항(분력)은 몇 kgf인가?

① 120
② 160
③ 320
④ 720

**44** 정지 작업기의 로터리 구동방식이 아닌 것은?

① 측방 구동식  ② 복합 구동식
③ 중앙 구동식  ④ 분할 구동식

**45** 브로드 캐스터(Broad Caster)를 상용하는 파종방식은 다음 중 어느 방식에 해당하는가?

① 산파  ② 조파
③ 점파  ④ 이식

**46** 4절 링크 식부장치를 갖춘 수도 이앙기의 차륜 직경이 60cm이고 논에서 슬립율이 15%일 때 주간 거리는 약 몇 cm인가? (단, 차축과 식부축의 회전비는 1 : 16이다.)

① 10  ② 12
③ 14  ④ 16

**47** 이앙기 작업에서 3.3m²당 주수를 80~85로 하려면 조간거리가 30cm일 때 주간거리는?

① 9cm  ② 13cm
③ 17cm  ④ 21cm

**48** 다음 중 펌프로써 가압하여 땅속에 압입하는 시비기인, 심층 시비기에 속하는 것은?

① 라임소워
② 브로드캐스터
③ 슬러리 인젝터
④ 퇴비살포기

**49** 로터리 모어의 특징을 잘못 설명한 것은?

① 도복상태의 목초를 예취하기가 불가능하다.

② 구조가 간단하고, 취급과 조작이 용이하다.

③ 지면이 평탄하지 않은 곳에서의 작업은 위험하다.

④ 고속으로 회전하는 칼날을 이용하여 목초를 절단한다.

**50** 2ton의 중량물을 4초 사이에 10m 이동시키는데 몇 마력이 소요되는가?

① 약 36.7ps

② 약 46.7ps

③ 약 56.7ps

④ 약 66.7ps

**51** 콤바인의 구조 중 탈곡부에 작물의 길이에 따라 공급 깊이를 적절한 상태로 유지시켜주는 것은?

① 공급깊이 장치

② 픽업 장치

③ 크랭크 핑거

④ 피드체인

**52** 시설용 농업기계 설비 하우스 내의 환경을 제어하기 위한 일반적인 인자로 농산물은 수분을 제외하고 80~90%가 이것으로부터 만들어지는 화합물이다. 이것은 무엇인가?

① 온도　　② 광

③ 습도　　④ 탄산가스

**53** 선과기에 적용되고 있는 선별 방법이 아닌 것은?

① 중량 선별　② 형상 선별

③ 요동 선별　④ 색채 선별

**54** 곡물의 수확 및 가공과정에서 기계부품으로 인한 강제 볼트, 너트, 철판 조각 등을 선별하고자 한다. 다음 중 가장 적합한 선별기는?

① 원판형 선별기

② 자력 선별기

③ 석발기

④ 사이클론 분리기

**55** 국내에서 설치된 미곡 종합처리장에서 각 공정간 곡물을 이송하기 위해 사용되는 일반적인 이송장치와 가장 관계가 적은 것은?

① 버켓 엘리베이터

② 벨트 컨베이어

③ 스크류 컨베이어

④ 공기 컨베이어

**56** 건조와 관련된 습공기 선도(psychrometric chart)에 관해 가장 적합한 설명은?

① 공기와 수증기를 혼합할 때 필요한 상태의 계산 선도

② 습공기의 열역학적 성질을 대부분 나타낸 선도

③ 습공기의 엔탈피 만 알면 나머지 특성을 모두 구할 수 있는 선도

④ 50℃ 이하의 저온 습공기에 대해서만 열역학적 성질을 알 수 있는 선도

**57** 항율 건조기간에서 감율 건조기간으로 옮겨가는 경계점에서의 함수율을 무엇이라고 부르는가?

① 임계 함수율

② 평형 함수율

③ 초기 함수율

④ 포화 함수율

**58** 다음은 벼 도정 작업 체계를 표시한 것이다. 일반적인 작업 체계로 가장 적합한 것은?

① 정선과정 → 현미 분리과정 → 탈부과정 → 정백과정 → 계량 및 포장
② 정선과정 → 탈부과정 → 현미 분리과정 → 정백과정 → 계량 및 포장
③ 탈부과정 → 정선과정 → 현미 분리과정 → 정백과정 → 계량 및 포장
④ 탈부과정 → 현미 분리과정 → 정선과정 → 정백과정 → 계량 및 포장

**59** 벼의 총 무게가 100g이고, 수분이 20g 완전 건조된 무게가 80g이다. 습량기준 함수율은?

① 80%       ② 25%
③ 20%       ④ 15%

**60** 말린 목초를 수납 또는 수송하는데 편리하도록 일정한 용적으로 압착하여 묶는 기계는?

① 헤이 테더(hey tedder)
② 헤이 로우더(hey loader)
③ 헤이 베일러(hey baler)
④ 헤이 컨디셔너(hey conditioner)

## 제4과목    농업동력학

**61** 3상 교류 전동기에 200V의 전기가 10A흐르고 있다. 전압과 전류의 위상차가 45°일 때 전동기의 출력(kW)은?

① 1.41kW
② 2.0kW
③ 2.45kW
④ 2.82kW

**62** 극수가 6인 유도 전동기의 주파수가 60Hz인 전원을 연결하였을 때 슬립이 2%이었다면 전동기의 실제 속도는 얼마인가?

① 1176rpm
② 1200rpm
③ 1224rpm
④ 1440rpm

**63** 전동기 중 분상 기동형, 콘덴서 기동형, 반발기동형 등으로 분류되며, 가정이나, 농촌에서 비교적 작은 동력용으로 사용되는 전동기는?

① 단상 유도 전동기
② 3상 유도 전동기
③ 직류 분권 전동기
④ 직류 직권 전동기

**64** 축전지의 충전도는 비중을 측정하여 판단한다. 완전히 충전된 축전지 전해액의 비중은 약 얼마 정도인가?

① 1.07       ② 1.17
③ 1.27       ④ 1.37

**65** 농작업 부하변동에 관계없이 기관의 회전속도를 일정한 범위로 유지시켜 주는 장치는?

① 기화기       ② 조속기
③ 쵸크밸브       ④ 타이밍 기어

**66** 일반적인 동력 경운기의 운반 작업 시 동력전다 순서로 가장 적절한 것은?

① 기관 → 주클러치 → 전달 주축 → 변속기 → 조향클러치 → 차축
② 기관 → 주클러치 → 전달 주축 → 변속기 → 경운클러치 → 차축
③ 기관 → 주클러치 → 전달 주축 → 변속기 → 경운구동축 → 차축
④ 기관 → 주클러치 → 변속기 → 경운 클러치 → 경운 구동축 → 차축

**67** 실린더 내경이 70mm, 행정이 82mm, 연소실 용적이 58cc인 4행정사이클 4기통 기관의 총 배기량은 약 몇 cc인가?

① 1262      ② 1320

③ 632      ④ 373

**68** 일반적인 디젤 엔진을 가솔린 엔진에 비교하여 설명한 것으로 올바른 것은?

① 연료 소비율이 높다.

② 열효율이 높다.

③ 진동 및 소음이 적다.

④ 디젤기관이 빠르게 회전하여 출력이 높다.

**69** 4실린더 기관의 점화 순서가 1-2-4-3번 실린더의 순서일 경우 제1실린더가 폭발행정을 할 때 제3실린더는 어떤 행정을 하는가?

① 흡입행정      ② 배기행정

③ 팽창행정      ④ 압축행정

**70** 압축비가 8.44, 피스톤 행정은 78mm인 4행정 사이클 기관이 있다. 연소실 체적이 $65cm^3$일 때 실린더의 내경은 몇 cm인가?

① 7.65

② 8.89

③ 10.23

④ 12.65

**71** 어느 기관에서 50g의 연료를 소비하는데 10초가 걸린다. 이 기관의 축 출력이 60kW일 경우 연료 소비율은 약 몇 kg/kW・h인가?

① 0.2

② 0.3

③ 0.4

④ 0.5

**72** 일반적인 바퀴형 트랙터 조향장치의 조향운동 전달 순서로 가장 적합한 것은?

① 조향핸들 → 조향암 → 조향기어 → 드래그 링크 → 바퀴

② 조향핸들 → 조향암 → 드래그 링크 → 조향기어 → 바퀴

③ 조향핸들 → 드래그 링크 → 조향기어 → 조향암 → 바퀴

④ 조향핸들 → 조향기어 → 드래그 링크 → 조향암 → 바퀴

**73** 차륜형 트랙터의 장점에 대한 설명으로 틀린 것은?

① 운전이 용이하며 궤도형에 비하여 작업속도가 빠르다.

② 제작 단가가 저렴하다.

③ 견인력이 크며 접지압이 작다.

④ 지상고가 높다.

**74** 트랙터 유압 장치의 구성요소가 아닌 것은?

① 유압펌프      ② 제어밸브

③ 축압기      ④ 너클암

**75** 농용 트랙터 구동륜의 타이어에 미끄럼 방지를 위하여 나있는 돌기 부분을 의미하는 것은?

① 스포크(spoke)

② 링(ring)

③ 트레이드(thread)

④ 보스(boss)

**76** 규격이 11.2 - 24인 공기 타이어의 바깥지름은 약 몇 cm인가?

① 60.96

② 89.4

③ 117.9

④ 130

**77** 트랙터가 정지하면 작업기의 구동이 정지하는 것은?

① 독립형 P.T.O
② 변속기 구동형 P.T.O
③ 상시 회전형 P.T.O
④ 속도비례형 P.T.O

**78** 농용 트랙터의 견인 성능에 영향을 미치는 구름 저항 계수와 관계가 없는 것은?

① 토양의 종류
② 주행속도
③ PTO의 성능
④ 바퀴의 종류

**79** 트랙터의 핸들이 1회전하였을 때 피트먼 암이 30° 움직였다. 조향 기어 비는 얼마인가?

① 12 : 1
② 6 : 1
③ 6.5 : 1
④ 12.5 : 1

**80** 트랙터의 견인계수에 관한 설명으로 틀린 것은?

① 구동륜에 작용하는 수직하중에 대한 견인력과 운동저항의 비이다.
② 구동축의 전달된 동력에 대한 견인동력의 비로도 정의된다.
③ 구동륜이 견인할 수 있는 견인하중의 크기를 나타낸다.
④ 견인성능을 표시하는 중요한 변수이다.

### 2020년 제1회 정답

| | | | | |
|---|---|---|---|---|
| 01.③ | 02.③ | 03.① | 04.④ | 05.③ |
| 06.③ | 07.② | 08.③ | 09.② | 10.② |
| 11.② | 12.④ | 13.② | 14.④ | 15.② |
| 16.② | 17.③ | 18.③ | 19.① | 20.④ |
| 21.② | 22.① | 23.① | 24.③ | 25.② |
| 26.③ | 27.④ | 28.④ | 29.② | 30.④ |
| 31.③ | 32.① | 33.③ | 34.① | 35.④ |
| 36.④ | 37.① | 38.③ | 39.④ | 40.④ |
| 41.③ | 42.③ | 43.③ | 44.② | 45.① |
| 46.① | 47.② | 48.③ | 49.① | 50.④ |
| 51.① | 52.④ | 53.③ | 54.② | 55.④ |
| 56.② | 57.① | 58.② | 59.③ | 60.③ |
| 61.② | 62.① | 63.① | 64.③ | 65.② |
| 66.① | 67.① | 68.② | 69.② | 70.② |
| 71.② | 72.④ | 73.③ | 74.④ | 75.③ |
| 76.③ | 77.② | 78.③ | 79.① | 80.② |

# CBT 기출복원문제

## 2020년 제2회 [농업기계산업기사]

**제1과목** **농업기계공작법**

**01** 다음 중 연납용 용제로 사용하지 않는 것은?

① 붕사
② 붕산
③ 염화구리
④ 염화나트륨

**02** 다음 중 불활성 가스용접에서 불활성 가스로 사용되는 가스로 올바르게 짝지어진 것은?

① 수소, 아세틸린
② 수소, 네온
③ 아르곤, 헬륨
④ 헬륨, 수소

**03** 다음 E4301에서 43은 무엇을 표시하는가?

① 피복제의 종류
② 용착 금속의 최저 인장강도
③ 피복제의 종류와 용접 자세
④ 아크 용접시의 사용전류

**04** 다음은 용접자세에 대한 기호를 설명한 것이다. 바르게 연결된 것은?

① H - 수평자세
② OH - 수평
③ V - 위보기
④ F - 하향

**05** 공업용 가스의 도색 표시가 틀린 것은?

① 액화암모니아 - 청색
② 아세틸렌 - 황색
③ 수소 - 주황색
④ 액화염소 - 갈색

**06** 동력경운기의 주풀리 커버를 접합하는 저항 용접은 무엇인가?

① 납땜법
② 가스 용접
③ 점(스폿) 용접
④ 리벳 접합

**07** 표면열처리 방법 중 청화법의 장점으로 틀린 것은?

① 균일한 가열이 이루어지므로 변형이 적다.
② 침탄층이 얇다.
③ 산화가 방지된다.
④ 온도 조절이 용이하다.

**08** 회전하는 상자에 숫돌입자. 공작액, 콤파운드 등을 함께 넣어 공작물이 입자와 충돌하는 동안에 표면의 요철 등을 제거하는 가공 방법은?

① 배럴(barrel) 다듬질
② 숏 피닝(shot-peening)
③ 버니싱 다듬질(burnishing)
④ 롤러 다듬질

**09** 다음 열처리 방법 중 담금질한 것에 $A_1$ 변태점 이하로 가열하여 인성을 부여하는 것이 목적인 방법은?

① 퀜칭(quenching)

② 노멀라이징(normalizing)

③ 어닐링(annealing)

④ 탬퍼링(tempering)

**10** 판금 제품의 모서리 부분을 둥글게 말아서 판재의 강도를 높이고 외관 접촉을 부드럽게 하는 작업은?

① 비딩(beading)  ② 커링(curling)

③ 시밍(seaming)  ④ 벌징(bulging)

**11** 소성이 큰 재료를 컨테이너에 넣고 강력한 압력으로 다이를 통하여 밀어내어 가공하는 가공법은?

① 압연 가공  ② 압출 가공

③ 인발 가공  ④ 전조 가공

**12** 주철 중에 함유된 원소 중에서 쇳물에 유동성과 경도를 증가시키나 재질을 취약하게 하는 원소는?

① 탄소  ② 규소

③ 망간  ④ 인

**13** 다음 중 용선로의 설명으로 옳은 것은?

① 쇳물의 1일 생산량

② 1회 용해할 수 있는 구리의 중량

③ 매시간당 용해할 수 있는 중량

④ 1회 용해할 수 있는 제강량

**14** 주물제품에 중공이 있어 이것을 해당하는 모래주형이 있는 목형은?

① 골조 목형  ② 고르게 목형

③ 코어 목형  ④ 현형 목형

**15** 연삭 숫돌의 외형을 수정하여 규격에 맞는 제품으로 만드는 과정을 무엇이라고 하는가?

① 드레싱  ② 트루잉

③ 글레이징  ④ 로우딩

**16** 단식 분할대에서 분할 크랭크이 회전수를 n, 등분하려는 수를 N 이라고 하면 회전수를 구하는데 올바른 식은?

① $n = \dfrac{N}{40}$

② $N = \dfrac{40}{n}$

③ $n = \dfrac{40}{N}$

④ $40 = \dfrac{n}{N}$

**17** 지름(D) 12mm 드릴로 가공하는 구멍의 깊이(t)가 60mm이고 절삭 속도(V)가 18m/min, 피드(f)를 2mm로 할 때 드릴 끝 원추의 높이를 드릴지름의 1/3(h)로 하면 절삭시간은 약 몇 분(min) 인가?

① 0.38  ② 0.45

③ 0.67  ④ 0.75

**18** 다음 비수용성 절삭유의 종류에 해당하지 않는 것은?

① 광물유  ② 혼성유

③ 혼합유  ④ 극압유

**19** 절삭 가공 중 바이트 날 끝에 나타나는 구성인선(built-up edge)의 주기를 가장 올바르게 나타낸 것은?

① 발생 → 성장 → 분열 → 탈락

② 발생 → 분열 → 성장 → 탈락

③ 발생 → 분열 → 탈락 → 성장

④ 발생 → 탈락 → 분열 → 성장

**20** 300mm의 사인바를 사용하여 피측정물의 경사면과 사인바의 측정면이 일치하였을 때 블록 게이지의 높이가 63mm이었다. 각도는 몇 도인가?

① 45      ② 30

③ 21      ④ 12

---

| 제2과목 | 농업기계 요소 |
|---|---|

**21** 지름이 5cm인 원형 단면봉에 2000kgf의 인장하중이 작용할 때 이 봉에 생기는 인장력 $kgf/cm^2$은 얼마인가?

① 509.30      ② 101.85

③ 400.00      ④ 80.00

**22** 기계요소에 하중을 일정하게 작용시킬 때 고온에서 재료내의 응력이 일정함에도 불구하고 시간의 경과와 더불어 변형량이 증대하는 현상을 무엇이라고 하는가?

① 크리프(creep)

② 후크의 법칙(Hook's law)

③ 피로 한도(fatigue limit)

④ 응력 집중(stress concentration)

**23** 다음 중 응력과 변형률 선도에서 응력과 변형이 비례적으로 증가하거나 감소하는 부분은 어느 구간인가?

① 비례한도      ② 탄성한도

③ 소성변형      ④ 극한강도

**24** 다음 중 운동용 나사에 해당하지 않는 것은?

① 사각 나사      ② 관용나사

③ 톱나사      ④ 볼나사

**25** 볼트와 너트를 체결할 때 와셔를 끼워서 사용해야 하는 경우가 아닌 것은?

① 볼트 구멍이 작을 때

② 내압이 작은 목재, 고무, 경합금 등에 볼트를 사용할 때

③ 볼트 머리 및 너트를 바치는 면에 요철이 심할 때

④ 가스켓을 조일 때

**26** 다음 중 리벳의 피치를 구하는 식은 어느 것인가?(단, 전단저항과 인장저항은 같다.)

① $p = d + \dfrac{n\pi d^2 \tau}{4t\sigma_t}$      ② $p = \dfrac{n\pi d^2 \tau}{4t\sigma_t}$

③ $p = d + \dfrac{n\pi d^2 \tau}{4t}$      ④ $p = d + \dfrac{n\pi d \tau}{4t\sigma_t}$

**27** 두께 10mm, 폭 50mm인 강판을 그림과 같이 맞대기 이음하여 인장하중 2ton을 가했을 때 용접부에 생기는 인장응력은 몇 $kgf/mm^2$ 인가?

① 2      ② 4

③ 40      ④ 200

**28** 성크 키의 폭 3mm, 단면의 높이가 5mm, 길이 40mm인 키에 가할 수 있는 접선력은 몇 kgf 인가? (단, 키의 허용 전단응력은 $200kgf/cm^2$이다.)

① 200      ② 240

③ 250      ④ 270

**29** 중실원축과 재질, 길이, 및 바깥지름이 같으나, 안지름이 바깥지름의 1/2인 중공원축은 중실원축보다 몇 % 가벼운가?

① 20      ② 25%

③ 30%      ④ 35%

**30** 경운작업을 위해 경운기의 동력을 로타베이터로 전달할 때 연결하는 커플링의 형태는?

① 고정 커플링
② 올드햄 커플링
③ 유니버셜 커플링
④ 플렉시블 커플링

**31** 베어링 하중이 2000kgf이고, 저널베어링의 지름은 70mm, 길이가 140mm일 때 평균 베어링 압력은 몇 kgf/cm²인가?

① 10.2
② 20.4
③ 30.6
④ 40.8

**32** 평벨트 전동장치에서 장력비 $e^\mu = 2$이고, 벨트의 속도가 5m/s, 긴장측 장력이 90kgf일 때, 전달 동력은 약 몇 kW인가?

① 2.2
② 3
③ 4.3
④ 5.1

**33** 직선운동을 회전운동으로 변환시키는 기어는?

① 베벨 기어
② 헬리컬 기어
③ 외접기어
④ 래크와 피니언

**34** 축간 거리가 400mm, 속도비가 3인 원통마찰차에서 원동차 및 종동차의 지름 DA, DB는 각각 몇 mm인가? (단, 외접 마찰차 기준으로 한다.)

① $D_A : D_B = 300 : 100$
② $D_A : D_B = 100 : 300$
③ $D_A : D_B = 600 : 200$
④ $D_A : D_B = 200 : 600$

**35** 브레이크륜에 7160kgf·mm의 토크가 작용하고 있을 경우(좌회전), 레버에 15kgf의 힘을 가하여 제동하려면 브레이크륜의 지름은 442mm이다. 브레이크륜의 회전방향이 반대로 되었을 경우 레버에 작용하는 힘은 몇 kgf인가? (단, 마찰계수는 0.3이다.)

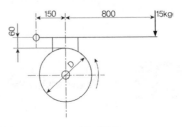

① 18.1
② 19.1
③ 20.1
④ 21.1

**36** 원통 코일스프링에서 스프링 지수 C의 일반적인 범위로 다음 중 가장 적합한 것은?

① 2 ~ 7
② 4 ~ 10
③ 10 ~ 16
④ 14 ~ 20

**37** 다음 중 비용적형 펌프에 해당되지 않는 것은?

① 사류펌프
② 플런저 펌프
③ 축류 펌프
④ 벌류트 펌프

**38** 다음 중 원심펌프의 특성이 아닌 것은?

① 양정이 작고, 양수량이 많을 때 사용한다.
② 소형 경량이며, 구조가 간단하다.
③ 원심력에 의한 고속회전이 가능하고, 맥동 발생이 심하다.
④ 펌프의 효율이 높다.

**39** 유압모터의 효율을 잘못 설명한 것은?

① 체적효율 $= \dfrac{\text{이론유량}}{\text{실제공급유량}}$

② 전효율 $=$ 체적효율$\times$토크효율

③ 토크효율 $= \dfrac{\text{제동토크}}{\text{이동토크}}$

④ 토크효율 $= \dfrac{\text{이론토크}}{\text{제동토크}}$

**40** 레이놀즈수에 가장 큰 영향을 주는 힘으로 짝지어진 것은?

① 점성력, 압력
② 중력, 압력
③ 관성력, 점성력
④ 압력, 관성력

---

**제3과목**      **농업기계학**

---

**41** 작업 적기를 36일, 적기내의 작업불능 일수를 8일, 작업기 1대의 시간 당 포장작업량을 0.5ha, 1일 작업 가능시간을 8시간, 실 작업율을 70%라 하면 작업기 1대의 작업 적기 내 작업 면적은 몇 ha인가?

① 68.4
② 78.4
③ 88.4
④ 98.4

**42** 플라우의 견인점 위치를 정하여 그 위치에 따라 경심과 경폭을 조절하는 부분은?

① 보습(share)
② 쟁기날(coulter)
③ 비임(beam)
④ 크레비스(clevis)

**43** 흙 속의 공극의 정도인 공극률을 나타낸 식은?(단, V는 흙 전체의 체적, Vs는 토양 알갱이의 체적, Va는 공기의 체적, Vv는 공극의 체적이다. )

① $\dfrac{V_a}{V}\times100(\%)$    ② $\dfrac{V_v}{V}\times100(\%)$

③ $\dfrac{V_a}{V_s}\times100(\%)$    ④ $\dfrac{V_a}{V_v}\times100(\%)$

**44** 트랙터 몰드보드 플라우의 3대 구성요소가 아닌 것은?

① 보습          ② 바닥쇠
③ 콜터          ④ 몰드보드

**45** 입자가 작고 불규칙한 형상을 한 채소종자를 점파하고자 한다. 다음 중 가장 적합한 종자 배출장치는?

① 구멍롤러식      ② 공기식
③ 경사원판식      ④ 피커휠식

**46** 이앙기의 본체를 지지하며, 경반의 깊이에 따라 상하로 이동하도록 되어 있으며 차륜이 길이가 조절되어 모를 일정한 깊이로 심을 수 있도록 하는 것은?

① 플로트       ② 미끄럼 판
③ 마스코트     ④ 예비 묘답제대

**47** 수로에서부터 면적이 30a인 밭에 물을 양수하는데 전양정이 15m 이고 양수량이 0.5m³/min이라면 펌프의 축동력은 약 몇 kW인가?(단, 펌프의 효율은 85%이다.)

① 1.04
② 1.23
③ 1.44
④ 1.70

**48** 단동 3연식 플런저 펌프의 플런저 지름 3cm, 행정거리 3.2cm, 크랭크 축 회전 속도 700rpm일 때 이론 배출량은 약 몇 l/min인가?

① 45
② 55
③ 451
④ 550

**49** 강력한 압력이 필요한 높은 수목의 방제작업에 사용되는 분무기 노즐로 다음 중 가장 적합한 것은?

① 볼트형
② 원판형
③ 캡형
④ 철포형

**50** 보통형 콤바인에 대한 일반적인 특성을 설명한 것이다. 틀린 것은?

① 작업 폭이 넓다.
② 자탈형 콤바인에 비해 습지에 대한 적응성이 뛰어나다.
③ 보리와 같이 밭작물의 키가 불균일해도 효율적으로 수확할 수 있다.
④ 자탈형 콤바인과 마찬가지로 이슬에 젖은 경우에도 사용할 수 없다.

**51** 자동 탈곡기의 유효 주속도가 V(m/min), 급동의 회전수는 N(rpm), 급동의 유효지름이 D(m)일 때, 유효 주속동에 대한 관계식은?

① $V = \dfrac{\pi N}{D}$ (m/min)

② $V = \pi ND$ (m/min)

③ $V = \dfrac{\pi D}{N}$ (m/min)

④ $V = \dfrac{N}{\pi D}$ (m/min)

**52** 연삭식 정미기에 관한 설명 중 틀린 것은?

① 높은 압력을 이용하므로 정백실 내의 압력은 마찰식보다 높다.
② 도정된 백미의 표면이 매끄럽지 못하고, 윤택이 없는 결점이 있다.
③ 정백 정도는 곡물이 정백실 내에서 머무르는 시간에 비례한다.
④ 연삭식 정미기는 쌀알이 부서지는 경우가 적은 것이 특징이다.

**53** 평면식 건조기에서 상하층간에 과도한 함수율의 차이가 나타나는 주요 원인이 아닌 것은?

① 초기 함수율이 20% 이상일 때
② 40℃ 이상의 고온으로 건조하였을 때
③ 곡물의 단위 중량당 송풍량이 많을 때
④ 곡물의 퇴적고가 30cm 이상일 때

**54** 상온 통풍건조방식에 대한 설명으로 가장 적합한 것은?

① 포장에서 태양과 자연 바람을 이용해 건조하는 방식
② 건조기에서 외부 공기를 가열 없이 강제 송풍만으로 건조하는 방식
③ 건조기에서 높은 온도의 공기를 송풍하여 건조하는 방식
④ 곡물을 연속적으로 건조기에 투입 배출하며 건조하는 방식

**55** 다음 중 자동 순환식 정미기가 가지고 있지 않은 것은?

① 양곡기
② 탱크
③ 제강장치
④ 저항장치

**56** 함수율 20%(w·b)의 벼 80kg을 15%(w·b) 까지 건조시켰다면 이때 곡물에서 제거된 수분의 량은 몇 kg인가?

① 약 4.7
② 약 5.7
③ 약 12.7
④ 약 13.7

**57** 곡물의 건조 요인에 대한 설명 중 잘못된 것은?

① 건조속도가 너무 빠르면 동할이 발생할 가능성이 높다.
② 송풍량은 건조시간에 크게 영향을 주지 못한다.
③ 곡물 층이 두꺼우면 불균일하게 건조된다.
④ 건조온도는 동할에 가장 큰 영향을 주므로 적절한 건조 온도의 설정이 중요하다.

**58** 횡류 연속식 건조기의 최대 소요기간은?

① 2일      ② 3일
③ 4일      ④ 5일

**59** 헤머 밀(hammer mill)의 장점이 아닌 것은?

① 구조가 간단하다.
② 소요동력이 적게 든다.
③ 용도가 다양하다.
④ 공운전을 해도 고장이 적다.

**60** 로터리 모워의 특징을 잘못 설명한 것은?

① 도복상태의 목초를 예취하기가 불가능하다.
② 구조가 간단하고 취급과 조작이 용이하다.
③ 지면이 평탄하지 않은 곳에서의 작업은 위험하다.
④ 고속으로 회전하는 칼날을 이용하여 목초를 절단한다.

---

**제4과목**      **농업동력학**

**61** 우리나라에서 사용되는 3상 유도전동기의 극수가 4이고, 슬립이 없을 때 이 전동기의 동기속도는?

① 1500rpm
② 1800rpm
③ 2100rpm
④ 2400rpm

**62** 다음은 전동기의 기동방법이다. 3상농형 유동 전동기의 기동방법이 아닌 것은?

① 스타델타 기동법
② 기동보상기 기동법
③ 리액터 기동법
④ 분상기동형 기동법

**63** 유도전동기의 토크는 전압과 어떤 관계가 있는가?

① V에비례한다.
② $\sqrt{V}$
③ V와 관계 없다.
④ $V^2$에 비례한다.

**64** 승용트랙터의 일반적인 시동회로로 올바른 것은?

① 솔레노이드 → 시동스위치 → 축전지 → 시동전동기
② 시동스위치 → 솔레노이드 → 축전지 → 시동전동기
③ 축전지 → 시동스위치 → 솔레노이드 → 시동전동기
④ 시동스위치 → 축전지 → 시동전동기 → 솔레노이드

**65** 연소실 체적이 91cc이고 실린더 안지름이 90mm, 행정이 100mm인 기관의 압축비는 약 얼마인가?

① 5
② 6
③ 8
④ 9

**66** 실린더의 냉각작용 불량으로 오는 문제점이 아닌 것은?

① 연소의 불완전
② 열효율의 저하
③ 실린더 마모의 촉진
④ 재킷(jaket) 내의 전해 부식 촉진

**67** 엔진의 회전수가 1800rpm, 엔진쪽 풀리 지름이 21cm일 때 작업기의 회전수를 600rpm으로 맞추려면 작업기 쪽 풀리의 지름은 몇 cm로 하여야 하는가?

① 7
② 21
③ 63
④ 84

**68** 다음 사이클 중 차단비가 1에 가까울 때 열효율이 가장 좋은 기관은?

① 브레이톤 사이클
② 사바테 사이클
③ 디젤 사이클
④ 오토 사이클

**69** 320kgf를 0.8m/sec로 견인할 때 소요되는 동력은 약 몇 kW인가?

① 2.5
② 3.4
③ 25.1
④ 34

**70** 실린더 지름이 100mm, 행정은 150mm, 도시평균 유효압력은 700kPa, 기관 회전수가 1500rpm, 실린더 수가 4개인 4사이클 가솔린 기관의 도시마력은?

① 10.3kW
② 41.2kW
③ 56.0kW
④ 259.0kW

**71** 디젤기관의 노크 방지책이 아닌 것은?

① 압축비를 높인다.
② 흡기압력을 높인다.
③ 연료의 착화점을 낮게 한다.
④ 실린더 벽의 온도를 낮게 한다.

**72** 트랙터의 좌우 차륜이 바깥쪽으로 벌어져 구르려는 경향을 수정하여 직진성을 좋게 하는 것으로 앞바퀴를 위에서 보았을 때 앞 끝의 간격이 뒤 끝의 간격보다 작게 설정되어 있는 것은?

① 캠버각
② 킹핀 경사각
③ 토인각
④ 캐스터각

**73** 트랙터에 설치된 차동 잠금장치(differential lock)에 대한 설명으로 가장 적합한 것은?

① 습지와 같이 토양 추진력이 약한 곳에는 사용할 수 없다.
② 미끄러지기 쉬운 지면에는 사용하기 어렵다.
③ 회전할 때만 사용한다.
④ 차륜의 슬립이 심할 경우 사용한다.

**74** 장궤형 트랙터의 장점이 아닌 것은?

① 접지 면적이 넓어 연약 지반에서도 작업이 가능하다.
② 무게 중심이 낮아 경사지 작업이 편리하다.
③ 기동성이 좋고 정비가 편리하다.
④ 회전 반경이 작다.

**75** 트랙터의 조향을 위하여 핸들을 돌렸을 때 동력이 전달되는 과정으로 가장 적합한 것은?

① 핸들 → 조향암 → 견인링크 → 조향기어 → 프트만암 → 앞바퀴 축

② 핸들 → 피트만암 → 조향기어 → 견인링크 → 조향암 → 앞바퀴 축

③ 핸들 → 조향기어 → 조향암 → 피트만 암 → 견인링크 → 앞바퀴 축

④ 핸들 → 조향기어 → 피트만암 → 견인링크 → 조향암 → 앞바퀴 축

**76** 트랙터의 핸들이 너무 많이 움직일 때의 원인은 어느 것인가?

① 림 또는 디스크의 변형
② 허브 너트가 풀어짐
③ 토우인의 불량
④ 드래그 볼의 마멸

**77** 트랙터의 디퍼렌셜 로크장치(차동잠금장치)는?

① 차동장치의 차동작용을 확실하게 한다.
② 차동장치의 차동작용을 하지 못하게 한다.
③ 딱딱한 땅에서 작업 시 주행 효율을 향상시킨다.
④ 진흙에서의 작업 시 주행효율을 향상시키지 못하게 한다.

**78** 장궤형 트랙터의 장점은?

① 견인력이 크고 연약한 땅 등의 정지가 되지 않은 땅에서의 작업에 편리하다.
② 운전이 용이하다.
③ 과속도 운전이 가능하다.
④ 제작 가격이 싸다.

**79** 트랙터의 견인 성능시험을 위하여 측정하는 항목이 아닌 것은?

① 슬립률
② 진동률
③ 주행속도
④ 연료소비율

**80** 측정거리 20m를 트랙터의 무부하시는 차륜 회전수가 8.5, 부하시는 차륜 회전수가 10이었다면 이 트랙터의 슬립율은 얼마인가?

① 12.9%
② 13.5%
③ 14.9%
④ 17.6%

### 2020년 제2회  정답

| | | | | |
|---|---|---|---|---|
| 01.③ | 02.③ | 03.② | 04.④ | 05.① |
| 06.③ | 07.② | 08.① | 09.④ | 10.② |
| 11.② | 12.④ | 13.③ | 14.③ | 15.② |
| 16.③ | 17.③ | 18.③ | 19.① | 20.④ |
| 21.② | 22.① | 23.① | 24.② | 25.① |
| 26.① | 27.② | 28.③ | 29.② | 30.② |
| 31.② | 32.① | 33.④ | 34.④ | 35.② |
| 36.② | 37.② | 38.③ | 39.④ | 40.③ |
| 41.② | 42.④ | 43.② | 44.③ | 45.② |
| 46.① | 47.③ | 48.① | 49.④ | 50.④ |
| 51.② | 52.① | 53.③ | 54.② | 55.① |
| 56.① | 57.② | 58.④ | 59.③ | 60.① |
| 61.② | 62.④ | 63.④ | 64.③ | 65.③ |
| 66.④ | 67.③ | 68.② | 69.① | 70.② |
| 71.④ | 72.③ | 73.④ | 74.④ | 75.④ |
| 76.④ | 77.② | 78.① | 79.② | 80.③ |

# CBT 기출복원문제

## 2020년 제3회 [농업기계산업기사]

---

**제1과목** **농업기계공작법**

**01** 공작물의 표면을 극히 소량씩 깎아내어 정확한 평면으로 다듬는 작업을 무엇이라 하는가?
① 스크레이퍼 작업
② 핸드 탭 작업
③ 핸드 리머 작업
④ 다이스 작업

**02** 다음 중 오차에 대한 설명으로 옳은 것은?
① 오차 = 측정치 − 표준값(참값)
② 오차 = 최대 측정값 − 최소 측정값
③ 오차 = 최대 측정값 − 표준값(참값)
④ 오차 = 최소측정값 − 표준값(참값)

**03** 버니어캘리퍼스의 부척의 눈금은 본척의 (n −1)개의 눈금을 n등분한 것으로 본척의 1눈금을 A, 부척의 1눈금을 B라고 하면 눈금의 차 C는 어떻게 되는가?
① $C = nA$
② $C = \dfrac{A}{n}$
③ $C = \dfrac{nA}{n-1}$
④ $C = \dfrac{n-1}{nA}$

**04** 게이지블록 등을 가공하는 래핑작업의 장점이 아닌 것은?
① 가공면에 랩제가 잔류하기 쉽고 제품을 사용할 때 마멸을 촉진시킨다.

② 정밀도가 높은 제품을 얻을 수 있다.
③ 가공면이 매끈한 거울면을 얻을 수 있다.
④ 가공된 면은 내식성, 내마모성이 좋다.

**05** 한쪽은 통과하고 다른 한쪽은 통과하지 않도록 하여 제품의 허용치수를 검사하는 측정기구는?
① 한계 게이지
② 버니어캘리퍼스
③ 마이크로미터
④ 다이얼 게이지

**06** 절삭 저항에서 3분력에 속하지 않는 것은?
① 주분력
② 이송분력
③ 배분력
④ 상대분력

**07** 공구의 수명식(Taylor의 식)을 나타내는 $VT^n = C$ 식의 설명으로 틀린 것은?
① V는 절삭속도(m/min)이다.
② T는 공구의 수명으로 단위는 초(sec)이다.
③ n은 상수이며, 주로 1/10~1/5이 사용된다.
④ C는 상수이며, 공구, 공작물, 절삭조건에 따라 변하는 값이다.

**08** 보통 선반의 규격으로 표시하는 것은 어느 것인가?
① 선반의 총 중량과 원동기의 출력
② 선반의 높이와 베드의 길이
③ 깎을 수 있는 공작물의 최대 지름과 길이
④ 주축대 구조와 베드의 길이

**09** 선반 작업에서 절삭 속도가 100m/min이고, 절삭 저항력이 306kg일 때 절삭 동력은 몇 kW인가?

① 3      ② 4
③ 5      ④ 6

**10** 가공물에 여러 개의 구멍을 뚫고자 할 때 가공물을 움직이지 않고 스핀들을 움직여 구멍을 뚫는 기계는?

① 드릴 프레스
② 레이디얼 드릴링 머신
③ 수평식 드릴링 머신
④ 수직 드릴링 머신

**11** 다음 중 탭(tap) 작업 시 탭 파손의 원인이 아닌 것은?

① 관통된 구멍을 모두 탭 가공하는 경우
② 구멍이 너무 작거나 구부러진 경우
③ 탭이 경사지게 들어간 경우
④ 너무 무리하게 힘을 가하거나 빨리 절삭할 경우

**12** 밀링머신의 절삭속도를 잘 표한한 것은?

① $v = \dfrac{\pi D n}{1000}$

② $v = \dfrac{\pi D}{1000 n}$

③ $v = \dfrac{1000}{\pi D n}$

④ $v = \dfrac{\pi n}{1000 D}$

**13** 연삭숫돌 구성의 주요 3요소에 속하지 않는 것은?

① 기공      ② 결합제
③ 입도      ④ 숫돌입자

**14** 줄작업의 방법 중 틀린 것은?

① 사진법      ② 상하 직진법
③ 직진법      ④ 후진법

**15** 주조 작업에 사용되는 주물사의 구비조건으로 틀린 것은?

① 화학적 변화가 생기지 않을 것
② 내화성이 작을 것
③ 통기성이 좋을 것
④ 강도가 좋을 것

**16** 주강용 용해로는 어느 것인가?

① 도가니로      ② 용광로
③ 전로      ④ 반사로

**17** 주철 중에 함유된 원소 중에서 쇳물에 유동성과 경도를 증가시키나 재질을 취약하게 하는 원소는?

① 탄소      ② 규소
③ 망간      ④ 인

**18** 스프링 백(springback)의 설명으로 옳은 것은?

① 스프링의 탄성계수
② 소재에 외력을 가했다가 제거시키면 원래 상태로 돌아가려는 현상
③ 스프링의 외력을 받아 수측, 인장되었다가 정상으로 돌아가지 않는 현상
④ 소재에 외력을 가했을 때 성형되었다가 원하는 모형은 남고 미세하게 펴지는 현상

**19** 슈퍼 피니싱(super finishing)의 특징이 아닌 것은?

① 방향성이 없다.
② 가공면이 매끈하다.
③ 가공에 따른 표면의 변질부가 아주 적다.
④ 공작물의 전면에 균일한 단방향 운동을 한다.

**20** 산소 용접 시 필요한 조치사항 중 틀린 것은?

① 용접 시작 전에 소화기를 준비한다.

② 산소와 아세틸렌비율을 4:2로 열고 불을 붙인다.

③ 역화 시 산소밸브를 먼저 잠근다.

④ 용기는 작업장에서 일정 거리를 유지한다.

---

## 제2과목 농업기계 요소

**21** 다음 중 유도 단위가 아닌 것은?

① 힘(N)

② 압력 또는 응력(Pa)

③ 온도(K)

④ 일(J)

**22** 축의 끼워맞춤 관련 용어 중 치수공차의 올바른 설명은?

① 기준 치수와 실제 치수와의 차

② 허용 한계치수와 기준치수와의 차

③ 최대 허용치수와 기준치수와의 차

④ 최대 허용치수와 최소 허용치수와의 차

**23** 다음 중 나사의 피치에 대한 설명으로 옳은 것은?

① 나선곡선에 따라 원통의 둘레를 1회전 하였을 때 축방향으로 이동한 거리

② 나사의 축선을 포함한 단면에서 서로 이웃한 나사산에 대응하는 2면 사이의 거리

③ 나사산의 봉우리오 골밑을 연결하는 면을 말한다.

④ 원통 또는 원추의 표면에 따라 축방향의 평행한 운동과 축선 주위의 회전각의 비가 일정하게 된 점이 그리는 궤적

**24** 나사 호칭이 3/4 – 10UNC 인 경우 설명으로 틀린 것은?

① 나사 축선 1인치 안에 10개의 나사 산이 있다.

② 바깥 지름이 3/4인치이다.

③ 유니파이 가는 나사이다.

④ 피치는 2.54mm이다.

**25** 나사를 죌 때 회전력(P)을 구하는 적합한 식은 어느 것인가?

① $Q\dfrac{\mu\pi d_2 + p}{\pi d_2 \mu p}$  ② $Q\dfrac{\mu\pi d_2 + p}{\pi d_2 + \mu p}$

③ $Q\dfrac{\pi d_2 \mu p}{\mu\pi d_2 + p}$  ④ $Q\dfrac{\mu\pi d_2 + p}{\pi d_2 - \mu p}$

**26** 다음 중 리벳의 지름을 구하는 식은 어느 것인가?(단, 전단저항과 압축저항은 같다.)

① $d = \dfrac{t\sigma_c}{\pi\tau}$  ② $d = \dfrac{2t\sigma_c}{\pi\tau}$

③ $d = \dfrac{t\sigma_c}{4\pi\tau}$  ④ $d = \dfrac{4t\sigma_c}{\pi\tau}$

**27** 다음 용접법 중 압접에 해당하는 것은?

① 가스 용접법

② 마찰 용접법

③ 테르밋 용접법

④ 아크 용접법

**28** 핸들과 같이 토크가 작은 곳의 고정에 가장 적합한 키로 핀키라고도 하는 것은?

① 반달키

② 평키

③ 새들키

④ 둥근키

**29** 축하중 W와 비틀림 모멘트 T를 동시에 받는 경우 파손이론 중 최대주응력설로 맞는 것은?

① $\sigma_{\max} = \dfrac{1}{2}\sqrt{\sigma^2 + 4\tau^2} \leqq \tau_a$

② $\sigma_{\max} = \dfrac{1}{2}\sigma + \sqrt{\sigma^2 + 4\tau^2} \leqq \sigma_a$

③ $\sigma_{\max} = \dfrac{1}{2}\sigma - \sqrt{\sigma^2 + 4\tau^2} \leqq \sigma_a$

④ $\sigma_{\max} = \dfrac{1}{2}\sqrt{\sigma^2 + 4\tau^2} \leqq \sigma_a$

**30** 출력이 48PS, 행정이 120mm인 피스톤의 속도 5m/sec의 트랙터 엔진에 사용할 원판클러치의 마찰면은 몇 개가 필요한가?
(단, $q_a$ =0.85kgf/cm$^2$, $D_1$=150mm, $D_2$= 250mm, $\mu$ =0.2이다.)

① 3      ② 4
③ 5      ④ 6

**31** 레이디얼 미끄럼 베어링에 해당되지 않는 것은?

① 피벗 베어링    ② 부싱베어링
③ 분할메탈      ④ 테이퍼 메탈

**32** 다음 중 평행걸기(바로걸기)에 긴장축의 장력이 300kgf, 이완측의 장력 60kgf라 할 때 풀리축 베어링에 걸리는 하중은 몇 kgf인가?

① 60      ② 240
③ 300      ④ 360

**33** 웜기어에서 모듈이 2이고, 줄 수가 3일 때 웜 휠의 잇수가 60 이라고 하면 감속비는 얼마인가?

① $\dfrac{1}{10}$      ② $\dfrac{1}{15}$

③ $\dfrac{1}{20}$      ④ $\dfrac{1}{30}$

**34** 원주속도를 5m/s로 3PS를 전달하는 원통마찰차에서 마찰차를 누르는 힘은 몇 kgf인가? (단. 마찰계수 μ=0.2이다. )

① 175      ② 200
③ 225      ④ 250

**35** 브레이크륜에 7160kgf·mm의 토크가 작용하고 있을 경우(좌회전), 레버에 15kgf의 힘을 가하여 제동하려면 브레이크륜의 지름은 몇 mm로 해야 하는가? (단, 마찰계수는 0.3 이다.)

① 402      ② 422
③ 442      ④ 462

**36** 스프링 지수(C)를 구하는 공식으로 맞는 것은? (단, D는 코일의 평균지름, d : 소선의 지름)

① $C = \dfrac{D}{d}$      ② $C = \dfrac{R}{d}$

③ $C = \dfrac{D}{2d}$      ④ $C = \dfrac{2D}{d}$

**37** 다음 중 가변 용량형 펌프로 사용할 수 없는 것은?

① 액시얼 피스톤 펌프
② 레이디얼 피스톤 펌프
③ 베인 펌프
④ 기어 펌프

**38** 다음 중 유압회로의 주요 구성품목이 아닌 것은?

① 유압펌프
② 유압제어밸브
③ 배관 및 부속품
④ 축류 펌프

**39** 다음 중 유압구동방식의 장점이 아닌 것은?

① 무단변속이 가능하다.
② 온도변화와 열변형에 의해 공작 및 운전의 정밀도를 높여준다.
③ 원격조작 및 작동이 용이하다.
④ 운동방향이나 속도가 용이하게 제어된다.

**40** 작동유의 구비조건 중 옳지 않은 것은?

① 소포성이 좋을 것
② 인화점이 낮을 것
③ 비압축성 유체일 것
④ 불순물과의 분리성이 우수할 것

## 제3과목　농업기계학

**41** 작업적기를 36일, 적기내의 작업불능 일수를 8일, 작업기 1대의 시간당 포장 작업량을 0.5ha, 1일 작업 가능시간을 8시간, 실 작업율을 70%라 하면 작업기 1대의 작업적기 내 작업면적은 몇 ha인가?

① 68.4
② 78.4
③ 88.4
④ 98.4

**42** 농작업기의 부착형태가 아닌 것은?

① 견인식　　② 장착식
③ 반장착식　④ 연결식

**43** 파종기의 구조 중 종자상자에 있는 종자를 항상 일정한 양으로 배출시키는 장치는?

① 배종장치　② 구절장치
③ 복토장치　④ 이식장치

**44** 로터리 작업기의 경운 피치와 작업속도, 로터리의 회전 속도 및 동일 수직면 내에 있는 경운날의 수와의 관계를 설명한 것 중 올바른 것은?

① 회전속도와 작업속도가 일정하면 경운피치는 경운날의 수에 비례한다.
② 경운날의 수와 회전속도가 일정하면 작업속도가 빠를수록 경운피치는 작다.
③ 작업속도와 경운날의 수가 일정하면 회전속도가 빠를수록 경운피치는 작다.
④ 경운 피치는 작업속도와 회전속도는 비례한다.

**45** 파종기가 구비하여야 할 주요장치가 아닌 것은?

① 구절장치　② 배종장치
③ 복토장치　④ 배토장치

**46** 고정되어 있어서 이앙작업 중 조절하기 어려운 것은?

① 작업 속도　　② 식부 조간거리
③ 주간 간격　　④ 식부날 회전속도

**47** 다음 중 제초 작업기가 아닌 것은?

① 컬티패커(cultipacker)
② 컬티베이터(cultivator)
③ 로터리 호우(rotary hoe)
④ 웨이더 멀쳐(weeder mulcher)

**48** 농업양수기 구조 중 케이싱에서 나온 물을 필요한 장소로 운송하는 파이프로, 입구에서 슬루스 밸브(sluice valve)로서 양수량을 조절하는 것은?

① 흡입관(suction pipe)
② 풋밸브(foot valve)
③ 송출관(delivery pipe)
④ 케이싱(casing)

**49** 플런저의 지름을 D(m), 행정을 L(m), 크랭크 축의 회전속도를 n(rrpm), 배출량을 Q(㎥/min)라고 하면 동력분무기의 용적 효율 η는 어떻게 표시되는가?

① $\eta = \dfrac{4Q}{\pi D^2 Ln} \times 100(\%)$

② $\eta = \dfrac{Q}{\pi D^2 Ln} \times 100(\%)$

③ $\eta = \dfrac{4Q}{D^2 Ln} \times 100(\%)$

④ $\eta = \dfrac{Q}{D^2 Ln} \times 100(\%)$

**50** 콤바인에서 1차 탈곡이 이루어진 것을 재선별하여 탈곡이 덜 된 것은 탈곡통으로 보내고, 나머지는 기체 밖으로 배출하는 기능을 하는 곳은?

① 짚 처리부
② 배진실
③ 검불 처리통
④ 탈곡망

**51** 왕복동식 절단장치에서 절단날의 행정은 50mm, 크랭크 암의 회전수는 120rpm이라 할 때 최대 절단속도는 몇 m/sec인가?

① 0.31
② 0.10
③ 3.14
④ 0.01

**52** 다음의 선별방식 중 형상선별에 가장 적합한 것은?

① 드럼식
② 스프링식
③ 타음식
④ 전자식(로드셀)

**53** 벨트 컨베이어의 특징 설명으로 틀린 것은?

① 재료의 수직이동이 가능
② 재료의 연속적 이송이 가능
③ 수평 및 완만한 경사 이동에 적합
④ 표면 마찰계수가 큰 물질을 이송하는데 적합

**54** 미곡종합처리장에 설치되어 있는 순환식 건조기 상부의 곡물 탱크부로 건조기 용량의 대부분이다. 이것의 용량인 것은?

① 템퍼링 실
② 건조실
③ 빈 스크린
④ 주상 스크린

**55** 다음 중 마찰작용과 찰리작용을 주로 이용하는 마찰식 정미기의 종류가 아닌 것은?

① 수평 연삭식
② 분풍 마찰식
③ 일회 통과식
④ 흡인 마찰식

**56** 현미 생산공정 중 벼에서 왕겨를 제거하는 공정은?

① 제현 공정
② 정백 공정
③ 연삭 공정
④ 찰리 공정

**57** 500kgf의 현미를 정미기에 투입하여 460kgf의 정백미를 얻었다면 정백수율은?

① 90%
② 92%
③ 95%
④ 96%

**58** 수확된 건초를 손쉽게 처리, 운반 및 저장하기 위해 건초를 압축하는 작업을 하는 기계는?

① 헤이 테더
② 레디얼 레이크
③ 헤이 레이크
④ 헤이 베일러

**59** 함수율과 관련된 설명 중 틀린 것은?

① 함수율표시법에는 습량기준함수율과 건량기준함수율이 있다.

② 습량기준함수율이란 물질 내에 포함되어 있는 수분을 그 물질의 총무게로 나눈 값을 백분율로 표현한 것이다.

③ 어떤 물질의 함수율이 증가되고 있다는 것은 그 물질내의 수분함량이 감소된다고 말할 수 있다.

④ 함수율을 측정하는 방법으로는 오븐법, 증류법, 전기저항법, 유전법 등을 사용한다.

**60** 베일러에서 끌어올림 장치로 걷어 올려진 건초는 무엇에 의해 베일 챔버로 이송되는가?

① 픽업타인
② 피더(오거)
③ 트와인노터
④ 니들

**제4과목** **농업동력학**

**61** 4극 3상 유도전동기의 실제 회전수가 1710rpm일 때 슬립율은 몇%인가?(단 전원의 주파수는 60Hz이다.)

① 3 　　② 5
③ 8 　　④ 10

**62** 농 3상 농형 유도전동기의 기동법이 아닌 것은?

① 기동보상법
② Y-△ 기동법
③ 전 전압 기동법
④ 2차 기동 저항법

**63** 다음 중 단상 유도전동기 중 분상기동형은?

① 프레임위에 부착된 콘덴서가 직렬로 접촉되어 통할 때 회전력을 만든다.

② 정류자 양쪽에 브러시 2개가 단락이 부착되어 있다.

③ 단상 전류는 기동 때만 주권선만 보조권선으로 나누어 흐르는데, 이 두 코일은 전기적으로 90°떨어진 곳에 감겨져 있다.

④ 회전이 충분히 되면 원심력에 의해 자동적으로 단락 장치가 작동한다.

**64** 표준온도에서의 축전지 전해액 비중이 완전히 방전된 상태일 때의 값은?

① 1.12 　　② 1.28
③ 2.25 　　④ 2.28

**65** 4행정 사이클 기관과 비교할 때 2행정 사이클 기관의 장점은?

① 연료 소비율이 적다.
② 체적효율이 높다.
③ 기계적 소음이 적으며 고장이 적다.
④ 실린더를 과열시키는 일이 적다.

**66** 연소실의 설계에 적용되는 일반적인 원리로 적합한 것은?

① 연소실 체적을 작게 한다.
② 밸브 포트 면적을 작게 한다.
③ 난류가 일어나지 않도록 직선형으로 한다.
④ 연소 시간을 증가할 수 있게 한다.

**67** 실린더의 전체적이 1200cc이고, 행정체적이 950cc인 엔진의 압축비는 얼마인가?

① 1.26
② 2.8
③ 4.8
④ 7.9

**68** 다음 중 기관의 기계효율을 바르게 정의한 것은?

① $\dfrac{제동출력}{도시출력} \times 100$

② $\dfrac{도시출력}{제동출력} \times 100$

③ $\dfrac{제동출력}{최대출력} \times 100$

④ $\dfrac{제동출력}{정격출력} \times 100$

**69** 어떤 물체가 힘 200kgf에 의하여 30cm 이동 하는데 20초 걸렸다고 하면 이 때의 동력은 몇 kgf·m/sec 인가?

① 150       ② 200

③ 250       ④ 300

**70** 실린더의 전용적이 490cc 이고, 압축비가 7 인 가솔린기관에서 행정 체적은 약 몇 cc인가?

① 70       ② 420

③ 429       ④ 490

**71** 압축비 ε=6.3의 오토 사이클의 이론적 열효율 은?(단, 동작가스의 비열 k=1.5이다.)

① 40%       ② 50%

③ 60%       ④ 70%

**72** 옥탄가가 100이상인 경우 PN과 ON 사이의 관계를 옳게 나타낸 것은?

① $PN = \dfrac{1800}{128 - ON}$

② $PN = \dfrac{2800}{280 - ON}$

③ $PN = \dfrac{2800}{128 - ON}$

④ $PN = \dfrac{280}{128 - ON}$

**73** 트랙터의 주행 장치용 공기타이어에서 타이어 의 골조가 되는 중요부분으로 타이어가 받는 하중, 충격, 공기압에 견디는 역할을 하는 것 은?

① 비드부
② 카커스부
③ 쿠션부
④ 트레스부

**74** 승용트랙터 제동장치에서 좌우 독립브레이크 페달을 사용하는 주된 목적은?

① 급정지를 위하여
② 회전반경을 작게하기 위하여
③ 경사지에서 제동이 잘되게 하기 위하여
④ 부속 작업기를 신속하게 정지시키기 위하 여

**75** 트랙터 고무 타이어에 4/12 - 3P 라고 표시되 어 있을 때 4는 무엇 의미하는가?

① 타이어 폭
② 타이어 코드 겹수
③ 림의 직경
④ 타이어 지름

**76** 트랙터에서 유압으로 작동하는 장치는?

① 견인장치
② 차동장치
③ 3점링크 장치
④ 시동장치

**77** 다음은 트랙터의 드래프트 컨트롤장치에 대한 설명이다. 잘못된 것은?

① 트랙터의 견인력을 일정하게 유지시킨다.
② 플라우를 이용한 경운 작업에 이용된다.
③ 작업기의 위치를 일정하게 유지시킨다.
④ 작업기에 걸리는 저항의 변화를 상부링크 압축력으로 감지한다.

**78** 트랙터의 PTO축을 연결하는 기계요소는?

① 기어
② 베어링
③ 턴버클
④ 스플라인

**79** 트랙터 앞바퀴 정렬의 필요성이 아닌 것은?

① 핸들의 복원성
② 주행중 점검
③ 조정의 용이성
④ 제동효과의 증가

**80** 트랙터 주행속도가 3m/sec일 때 구동륜에 걸리는 하중이 200kgf, 실제 견인력이 100kgf이며, 이 때 엔진 출력을 측정한 결과 10PS이면, 트랙터의 견인계수($K_t$)와 견인효율(Et)은?

① $K_t = 25\%, E_t = 40\%$
② $K_t = 25\%, E_t = 80\%$
③ $K_t = 50\%, E_t = 80\%$
④ $K_t = 50\%, E_t = 30\%$

## 2020년 제3회  정답

| | | | | |
|---|---|---|---|---|
| 01.① | 02.① | 03.② | 04.① | 05.① |
| 06.④ | 07.② | 08.③ | 09.① | 10.② |
| 11.② | 12.① | 13.③ | 14.④ | 15.② |
| 16.③ | 17.④ | 18.② | 19.④ | 20.② |
| 21.③ | 22.④ | 23.② | 24.③ | 25.④ |
| 26.④ | 27.② | 28.④ | 29.② | 30.④ |
| 31.① | 32.④ | 33.③ | 34.③ | 35.③ |
| 36.① | 37.④ | 38.④ | 39.② | 40.② |
| 41.② | 42.④ | 43.① | 44.③ | 45.④ |
| 46.② | 47.① | 48.③ | 49.① | 50.② |
| 51.① | 52.① | 53.① | 54.① | 55.① |
| 56.① | 57.② | 58.④ | 59.③ | 60.② |
| 61.② | 62.④ | 63.① | 64.① | 65.③ |
| 66.① | 67.③ | 68.① | 69.④ | 70.② |
| 71.③ | 72.③ | 73.② | 74.② | 75.① |
| 76.③ | 77.③ | 78.④ | 79.④ | 80.④ |

# CBT 기출복원문제
## 2021년 제1회 [농업기계산업기사]

**01** 아세틸렌 접촉부분에 구리의 함유량이 70% 이상의 구리합금을 사용하면 안되는 이유는?

① 아세틸렌이 부식되므로
② 아세틸렌이 구리를 부식시키므로
③ 폭발성이 있는 화합물을 생산하므로
④ 구리가 가열되므로

**02** 용접작업의 순서를 바르게 설명한 것은?

① 용접모재 준비 → 청결유지 → 예열 → 용접 → 검사
② 용접모재 준비 → 검사 → 용접 → 예열 → 청결유지
③ 용접모재 준비 → 예열 → 용접 → 검사 → 청결유지
④ 용접모재 준비 → 용접 → 예열 → 검사 → 청결유지

**03** 용접법을 대분류하여 3종류로 나뉜다. 3종류에 해당하지 않는 것은?

① 아크용접     ② 융접
③ 압접        ④ 납땜

**04** 다음은 무슨 현상인가?

> 가. 불꽃이 혼합실까지 밀려 들어오는 것으로 다시 불완전한 안전기를 지나 발생기에까지 들어오면 폭발을 일으킨다.
> 나. 팁의 과열
> 다. 팁 끝의 막힘
> 라. 팁 죔의 불충분
> 마. 기구의 연결 불량 등

① 역화       ② 역류
③ 역전       ④ 인화

**05** 다음은 정에 대한 설명이다. 옳은 것은?

① 주강을 재료로 만들었다.
② 정은 담금질을 하여 만들어야 한다.
③ 정의 날은 주철을 55~60°로 깎아 만든다.
④ 정의 날은 강한 재료를 깎을수록 각을 작게 해야 한다.

**06** 한쪽은 통과하고 다른 한쪽은 통과하지 않도록 하여 제품의 허용치수를 검사하는 측정기구는?

① 한계 게이지     ② 버니어캘리퍼스
③ 마이크로미터     ④ 다이얼 게이지

**07** 나사가 박혀진 상태에서 머리 부분이 부러졌을 경우 뺄 때 사용 공구로 가장 적합한 것은?

① 니퍼       ② 액스트렉터
③ 탭 렌치     ④ 바이스 플라이어

**08** 300mm의 사인바를 사용하여 피측정물의 경사면과 사인바의 측정면이 일치하였을 때 블록 게이지의 높이가 63mm이었다. 각도는 몇 도인가?

① 45  ② 30

③ 21  ④ 12

**09** 다음 중 치핑에 의한 공구 마모를 감소시키려면 어떻게 해야 하는가?

① 경사각을 크게 한다.

② 절삭 깊이를 적게 한다.

③ 절삭 속도를 빠르게 한다.

④ 유동형 칩이 되게 절삭속도를 결정한다.

**10** 바이트의 공구각 중 바이트와 공작물과의 접촉을 방지하기 위한 방안은?

① 경사각  ② 절삭각

③ 여유각  ④ 날끝각

**11** 드릴의 지름이 10mm이고 드릴의 회전수가 1000rpm이며 드릴의 절삭 속도는 약 몇 m/min 인가?

① 1000  ② 100

③ 31.4  ④ 3.14

**12** 탭작업 중 탭의 종류에 해당하지 않는 것은?

① 등경 수동탭  ② 증경탭

③ 단경탭  ④ 기계탭

**13** 밀링 머신에 사용되는 일반적인 부속장치가 아닌 것은?

① 분할대

② 슬로팅 장치

③ 면판

④ 회전 테이블

**14** 연삭 번(grinding burn)이란 용어 설명으로 가장 적합한 것은?

① 공작물 표면이 국부적으로 타는 현상

② 숫돌바퀴가 타는 현상

③ 절삭유가 타는 현상

④ 칩이 탄 상태

**15** 다음은 연삭숫돌의 검사종류와 검사방법에 대한 설명이다. 검사 방법이 바르지 못한 것은?

① 외관검사는 균열, 이물질, 수분 등의 유무를 육안으로 살펴본다.

② 균형검사는 회전 중 떨림을 조사하여 이상이 있을 시 균형추로 조절한다.

③ 음향검사는 볼핀 해머로 숫돌을 두들겨 울리는 소리로 이상 유무를 진단한다.

④ 회전검사는 사용속도의 1.5배로 3~5분간 회전 시켜 원심력에 의한 파괴여부를 검사한다.

**16** 다음 목형의 제작 순서가 맞는 것은?

① 설계도 → 현도 → 도면 → 가공 → 조립 → 검사

② 설계도 → 도면 → 현도 → 가공 → 조립 → 검사

③ 설계도 → 가공 → 도면 → 현도 → 조립 → 검사

④ 설계도 → 도면 → 가공 → 현도 → 조립 → 검사

**17** 냉간가공과 열간 가공의 구분이 하는 기준은?

① 변태점

② 융점

③ 재결정 온도

④ 상온

**18** 소성이 큰 재료를 컨테이너에 넣고 강력한 압력으로 다이를 통하여 밀어내어 가공하는 가공법은?

① 압연 가공　　② 압출 가공
③ 인발 가공　　④ 전조 가공

**19** 원통형 용기의 가장자리를 둥글게 말아 강도의 보강이나 장식을 하는 가공법은?

① 커링　　　　② 바포울더
③ 그루우빙　　④ 포밍 머신

**20** 기계가공에 의한 내부응력과 용접의 잔류응력을 제거하기 열처리로 가장 적합한 것은?

① 불림　　　　② 풀림
③ 뜨임　　　　④ 담금질

---

## 제2과목　　농업기계 요소

**21** 한변의 길이가 20mm인 정사각형 단면의 재료에 압축하중이 작용하고 있다. 이 때의 압축응력이 10kgf/mm² 이라고 하면 압축하중은 몇 kgf인가?

① 200　　　　　② 400
③ 2000　　　　④ 4000

**22** 기계설계를 위해 금속재료의 다양한 힘과 응력이 존재한다. 다음 중 응력의 크기를 옳게 표시한 것은?

① 사용응력 < 허용응력 < 극한강도
② 극한강도 < 허용응력 < 사용응력
③ 허용응력 < 사용응력 < 극한강도
④ 사용응력 < 극한강도 < 허용응력

**23** 구멍 지름의 치수가 $10^{+0.035}_{-0.012}$ 일 때 공차는?

① 0.012　　　　② 0.023
③ 0.035　　　　④ 0.047

**24** 다음 중 특수용 볼트에 해당하지 않는 것은?

① 스테이볼트　　② 탭볼트
③ 아이볼트　　　④ 홈볼트

**25** 다음 중 삼각나사의 수직력에 해당되는 것은?

① $\dfrac{Q}{\sin \alpha}$

② $\dfrac{Q}{\cos \alpha}$

③ $\dfrac{\sin \alpha}{Q}$

④ $\dfrac{\cos \alpha}{Q}$

**26** 강판의 두께가 20mm, 리벳구멍의 지름은 18mm, 피치 80mm 인 1줄 겹치기 이음에서 1피치마다 1000kgf의 하중이 작용할 때 강판의 효율은 약 몇 %인가?

① 62　　　　　② 67.7
③ 74　　　　　④ 77.5

**27** 목두께가 15mm이고, 용접길이가 35cm인 맞대기 용접부에 5500kgf의 인장하중이 작용할 때, 인장응력은 몇 kgf/mm² 인가?(단, 용접의 높이는 무재의 두께보다 0.3배 높게 한다.)

① 0.64　　　　② 0.79
③ 0.92　　　　④ 1.05

**28** 회전수 200rpm, 전달동력 3PS, 축의 지름 30mm, 보스의 길이 40mm, 허용 전단응력 2kgf/mm²일 때 키의 폭은 몇 mm 인가? (단, KS규격에 해당되는 것은 선택할 것)

① 8  ② 9
③ 10  ④ 12

**29** 트랙터의 트레일러가 핀링크 이음으로 되어 있다. 10ton의 전단하중을 받는 핀 재료의 허용 전단응력이 6kgf/mm² 일 때, 핀의 최소 허용지름은 약 몇 mm인가?

① 33  ② 35
③ 40  ④ 45

**30** 볼베어링의 기본 부하용량을 C, 베어링하중을 P라 할 때, 베어링 하중이 p/2로 되면 정격수명은 몇 배로 되는가?

① 1/2배  ② 2배
③ 4배  ④ 8배

**31** 베어링 하중 400kgf를 받고 회전하는 축의 저널 베어링에서 축의 원주속도가 0.75m/s 일 때 마찰로 인한 손실 동력은 몇 마력(PS)인가? (단, 마찰계수는 μ=0.03)

① 0.12  ② 0.25
③ 1.2  ④ 2.5

**32** 다음 중 지름이 각각 90mm, 300mm인 2개의 풀리의 중심거리가 2.5m일 때 평행걸기(바로걸기)로 감았을 때 벨트의 길이는 몇 mm 인가?

① 6921
② 7291
③ 7594
④ 7871

**33** 다음 중 두축이 교차할 때 사용하는 기어는?

① 평기어  ② 헬리컬 기어
③ 베벨기어  ④ 내접 기어

**34** 다음 중 마찰차의 사용 용도로 맞지 않는 것은?

① 전달해야 할 힘이 크지 않고, 속도비가 중요할 때 사용한다.
② 회전속도가 커서 일반적으로 기어를 사용할 수 없는 경우 사용한다.
③ 양축 사이를 자주 단속할 필요가 있을 경우 사용한다.
④ 무단변속을 할 경우에 사용한다.

**35** 그림과 같은 확장 브레이크에서 실린더에 보내게 되는 유압이 40kgf/cm²이고 브레이크 드럼이 500rpm이라 할 때 제동마력은 몇 마력(PS)인가? ( 단, 마찰계수는 0.3이다.)

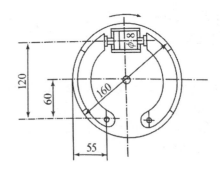

① 1.26  ② 1.36
③ 1.46  ④ 1.56

**36** 스프링에 대한 다음 설명 중 올바른 것은?

① 토션바는 스프링의 일종이다.
② 겹판 스프링의 모판은 기장이 짧은 편이다.
③ 서징은 스프링이 변동하중에 견디는 성질을 말한다.
④ 압축코일 스프링의 처짐은 유효 감김 수에 반비례한다.

**37** 유압구동의 특징을 설명한 것이다. 옳지 않은 것은?

① 무단변속이 가능하다.
② 열변형 또는 온도변호에도 공작정밀도가 저하되지 않는다.
③ 원격조작 및 자동조작이 용이하다.
④ 주기적 운동을 간단한 장치로 할 수 있다.

**38** 다음 중 유압기기의 4대 요소가 아닌 것은?

① 유압밸브　　② 유압터빈
③ 유압펌프　　④ 유압탱크

**39** 유체의 비중량 $\gamma$, 밀도 $\rho$, 중력 가속도 $g$와의 관계를 바르게 표시한 것은?

① $\gamma = \rho g$

② $\gamma = \dfrac{\rho}{g}$

③ $\gamma = \dfrac{g}{\rho}$

④ $\gamma = \rho g^2$

**40** 흐르고 있는 유체의 압력이 국부적으로 저하되어 포화 증기압 또는 공기 분리압에 달하여 증기를 발생시키거나 용해 공기 등이 분리되어 기포를 일으키며, 소음 발생을 발생시키는 현상은?

① 서징 현상
② 채터링 현상
③ 역류 현상
④ 캐비테이션 현상

제3과목　　농업기계학

**41** 경운작업의 일반적인 목적으로 틀린 것은?

① 뿌리 내릴 자리와 파종할 자리에 알맞은 흙의 구조를 마련한다.
② 잡초를 제거하고 불필요하게 과밀한 작물을 제거한다.
③ 흙과 비료 또는 농약 등을 잘 분리하는 효과가 있다.
④ 등고선 경운이나 지표의 피복물을 적절히 설치하여 토양의 침식을 방지한다.

**42** 보텀 플라우(bottom plow)의 플라우 석션 (flow suction)중에서 플라우의 진행 방향을 일정하게 유지시켜 주는 역할을 하는 석션은?

① 수직 석션
② 수평 석션
③ 쉐어 석션
④ 하방 석션

**43** 토양의 수분함량을 측정하기 위해 토양의 표본을 재취하여 분석한 결과 토양을 건조하기 전에 토양 전체의 무게가 100g, 토양을 건조한 후의 무게가 78g이었다. 토양의 수분함량은 건량기준으로 몇%인가?

① 24.3
② 28.2
③ 31.2
④ 35.4

**44** 다음 중 바퀴형 트랙터의 견인계수가 가장 큰 것은?

① 목초지
② 건조한 점토
③ 사질토양
④ 건조한 가는 모래

**45** 삼끈이나 비닐 테이프 등에 종자를 일정 간격으로 부착한 후 끈이나 테이프를 직접 포장에 묻어 파종하는 씨드 테이프(seed tape)파종에 가장 적합한 것은?

① 감자 파종기　② 콩 파종기
③ 채소 파종기　④ 옥수수 파종기

**46** 이앙기로 모를 이식할 경우 이앙기 자체에 의한 결주 원인으로 부적당한 것은?

① 식부깊이가 얕을 때
② 모상자의 육묘 생육이 불균일할 때
③ 식부조가 묘를 완전히 절단하지 못할 때
④ 묘가 적은 양 밖에 분리되지 않을 때

**47** 일반적인 원심펌프 작동 시의 선행 작업인 프라이밍의 설명으로 옳은 것은?

① 흡수된 물에 압력을 가하는 것
② 불순물을 걸려 내는 작업
③ 펌프를 설치하는 작업
④ 운전에 앞서 케이싱과 흡입관에 물을 채우는 것

**48** 스프링 클러의 노즐 구경이 4mm 이고 압력이 3kgf/cm$^2$, 풍속이 2m/sec일 때 노즐 간격은 살수 지름의 몇 %로 하는 것이 가장 적합한가?

① 30%　　② 50%
③ 60%　　④ 75%

**49** 동력 분무기의 공기실의 주 역할을 설명한 것이다. 가장 적합한 것은?

① 노즐의 분사 압력을 높인다.
② 유체속의 기포를 제거한다.
③ 노즐에서 나가는 약액의 압력을 일정하게 유지한다.
④ 피스톤이 후진하여 압력이 낮아지면 약액을 흡입한다.

**50** 콤바인의 구조 중 반송장치에 의하여 이송된 작물을 무엇에 의하여 공급체인과 공급레일 사이에 끼워 물려지는가?

① 공급 깊이 장치 ② 픽업 장치
③ 크랭크 핑거　　④ 피드 체인

**51** 탈곡통의 주속도가 750m/min, 탈곡통 유효지름이 420mm일 때 동력 탈곡기의 적당한 탈곡통의 회전수는 얼마 정도인가?

① 약 412rpm　　② 약 41.3rpm
③ 약 568rpm　　④ 약 56.8rpm

**52** 뿌리 수확기의 프레임에 고정되어 수확기를 따라 견인작용에 의하여 토양을 절단하는 것은?

① 스파이크　　② 보습
③ 스파이크 드릴 ④ 모어

**53** 시설원예기계에 관한 설명 중 틀린 것은?

① pad and fan 은 온도를 낮추는 시설로서 외부 공기의 습도가 낮을수록 그 효과가 우수하다.
② 탄산가스발생기는 광합성을 증가시키기 위한 것으로 고체연료 연소방식보다 LPG 연소방식이 널리 사용된다.
③ 순차광이란 실내온도를 낮추기 위하여 빛을 차단하는 것이다.
④ 자연 환기를 중력환기와 풍력환기가 있으며 어느 경우에나 환기량은 환기창의 면적에 비례한다.

**54** 곡립의 길이 차이를 이용하는 선별기로 원통형과 원판형으로 구분되며, V자형 집적통, 곡물 이송장치, 구동장치 등으로 구성되어 있는 것은?

① 홈 선별기　　② 스크린 선별기
③ 마찰 선별기　④ 공기 선별기

**55** 현미기에서 투입된 벼가 100kg, 탈부되지 않은 벼의 무게가 15kg 이라면 탈부율은 얼마인가?

① 15%
② 17.6%
③ 50%
④ 85%

**56** 고무롤러 현미기에서 고속롤러와 저속롤러의 직경이 같고, 회전수가 각각 1000rpm, 800rpm 이라고 하면 회전차율은 얼마인가?

① 20%
② 25%
③ 75%
④ 80%

**57** 현미기의 고속 및 조속 롤러의 지름이 같고, 회전수가 각각 1200 및 900 rpm일 때 회전차율은?

① 14.3%
② 25%
③ 33.3%
④ 75%

**58** 건조의 3대 요인으로 볼 수 없는 것은?

① 공기의 온도
② 공기의 습도
③ 공기의 양
④ 공기의 방향

**59** 사일리지(silage)를 조제 목적으로 목초를 벤 다음 세절한 후 풍력 또는 드래그 체인 컨베이어로 운반차에 불어 올리는 수확기는?

① 왕복 모어(reciprocating mower)
② 로타리 모어(rotary mower)
③ 플레일 모어(flail mower)
④ 포오리지 하베스터(forage harvester)

**60** 다음 중 사료 조제용 기계 기구가 아닌 것은?

① 휘일 커터
② 컬티베이터
③ 피이드 그라인더
④ 헤머밀

---

**61** 전동기의 고정자 극수가 4개이고, 전원 주파수가 60Hz인 유도 전동기의 동기속도는?

① 3600rpm
② 2400rpm
③ 1800rpm
④ 480rpm

**62** 유도전동기는 일반적으로 농형으로 널리 사용되는 전동기이다. 이것과 관계가 없는 것은?

① 고장이 적고 취급도 쉬우며 특성도 좋다.
② 구조가 간단하고 견고하며, 정류자를 가지고 있다.
③ 성층 철심에 만들어진 많은 홈에 절연된 코일을 넣고 결선 시킨 고정자가 있다.
④ 규소강판으로 성층한 원통철심 바깥쪽에 홈을 만들어 이것에 코일을 넣은 회전자가 있다.

**63** 2중 농형 회전자와 관계가 없는 것은?

① 바깥쪽 도체가 저항이 크다.
② 기동시 회전력이 크다.
③ 회전자 도체가 안쪽, 바깥쪽의 2개로 되어 있다.
④ 운전 중 효율이 나쁘다.

**64** 축전지를 전원으로 이용하는 차량의 시동 전동기로 다음 중 가장 적합한 전동기는?

① 직권 직류 전동기
② 분권 직류 전동기
③ 단상 유도 전동기
④ 농형 유도 전동기

**65** 농업용 내연기관의 두상 밸브형(over head valve type) 밸브 작동 기구가 아닌 것은?

① 태핏(tappet)
② 푸시로드(push rod)
③ 로커암(roker arm)
④ 콘 로드(con rod)

**66** 4행정 가솔린 기관의 총행정 체적이 1500㎤, 회전속도가 2000rpm일 때, 흡입 공기량을 측정한 결과 1.4㎥/min이었다면 기관의 체적 효율은 약 몇 %인가?

① 76%  ② 82%
③ 88%  ④ 93%

**67** 다음 중 연료 분사압력이 가장 높은 디젤기관의 연소실 형식은?

① 공기실식  ② 와류실식
③ 직접분사식  ④ 예연소실식

**68** 피스톤 속도 12m/sec이고, 4행정 기관의 회전수가 3600rpm인 경우 피스톤의 행정은 얼마인가?

① 10cm  ② 20cm
③ 40cm  ④ 100cm

**69** 내연기관에서 오토 사이클(otto cycle)은 다음 중 어느 사이클에 속하는가?

① 정압 사이클  ② 정적 사이클
③ 복합 사이클  ④ 정온 사이클

**70** 기관의 출력을 측정하기 위하여 마찰 동력계를 사용하여 회전속도 2000rrpm, 제동 하중은 20kg으로 측정되었으며, 제동 팔의 길이는 2m일 때, 이 기관의 제동마력은 약 몇 PS인가?

① 55.9  ② 82.1
③ 111.7  ④ 164.3

**71** 디젤기관에서 디젤 노크가 일어나기 쉬운 때의 설명으로 틀린 것은?

① 시동 시나 아이들(무부하) 운전 시
② 흡기계나 실린더 벽 등의 온도가 낮을 때
③ 자연발화 온도가 낮은 경유를 사용하고 압축비가 높을 때
④ 압축 중 가스누설이 큰 이유 등으로 압축 공기의 온도가 낮을 때

**72** 트랙터의 방향 전환 시 안쪽과 바깥쪽 바퀴의 회전속도를 다르게 하는 장치는?

① 차동장치  ② 토크 컨버터
③ 변속장치  ④ 최종 구동기어

**73** 트랙터 앞바퀴를 앞쪽에서 보면 수직선에 대하여 1.5~2.0° 경사가 져 지면에 닿는 쪽이 좁게 되어 있는데 이는 축의 비틀림을 적게 하여 주행 시 안정성을 유지하는데 중요한 역할을 한다. 이 각을 의미하는 용어는?

① 토인  ② 캐스터각
③ 캠버각  ④ 킹핀경사각

**74** 트랙터 공기타이어의 견인 능력을 증대시키기 위하여 타이어 바깥 둘레에 방사상으로 돌출된 보조장치를 사용되는 것은?

① 스트레이크  ② 타이어 거들
③ 피트만 암  ④ 드래그 링크

**75** 다음 중 일반적으로 동력 경운기에 가장 많이 사용되는 주클러치의 종류인 것은?

① 맞물림 클러치
② 원통식 마찰 클러치
③ 다판식 클러치
④ 단판식 마찰 클러치

**76** 트랙터에 있어서 차동 고정 장치의 사용 목적은?

① 작업 시 작업기에 무리한 힘이 걸렸을 때 사용하는 장치이다.

② 굴곡진 길을 주행할 때 진동을 적게 하는 장치이다.

③ 차의 구동바퀴가 공회전하는 것을 막기 위한 장치이다.

④ 커브를 틀 때 사용하는 장치이다.

**77** 농용트랙터 차동장치의 구성부품에 해당되지 않는 것은?

① 밴드 브레이크

② 구동 피니언

③ 차동사이드 기어

④ 차동 피니언

**78** 로타리를 트랙터에 부착하고 좌우 흔들림을 조정하려고 한다. 무엇을 조정하여야 하는가?

① 리프팅 암　　② 체크체인

③ 상부링크　　④ 리프팅로드

**79** 경운기의 동력전달장치 순서로 옳은 것은?

```
1. 주클러치
2. 주축 및 변속축
3. 최종구동축
4. 조향클러치
5. 차축
```

① 1 → 2 → 3 → 4 → 5

② 1 → 2 → 4 → 3 → 5

③ 1 → 2 → 3 → 5 → 4

④ 1 → 2 → 5 → 4 → 3

**80** 무부하시 1시간에 1200m를 주행하는 트랙터가, 작업기를 장착하고 쟁기작업을 할 때의 속도가 5.5m/min이면, 이 때 진행 저하율은?

① 72.5%　　② 27.5%

③ 19.9%　　④ 14.5%

### 2021년 제1회　정답

| | | | | |
|---|---|---|---|---|
| 01.② | 02.① | 03.① | 04.④ | 05.③ |
| 06.① | 07.② | 08.④ | 09.③ | 10.③ |
| 11.③ | 12.③ | 13.③ | 14.① | 15.③ |
| 16.② | 17.③ | 18.② | 19.① | 20.② |
| 21.④ | 22.① | 23.④ | 24.② | 25.② |
| 26.④ | 27.② | 28.③ | 29.① | 30.④ |
| 31.① | 32.① | 33.③ | 34.① | 35.③ |
| 36.① | 37.② | 38.② | 39.① | 40.④ |
| 41.③ | 42.② | 43.② | 44.④ | 45.③ |
| 46.② | 47.④ | 48.④ | 49.③ | 50.③ |
| 51.③ | 52.② | 53.③ | 54.④ | 55.④ |
| 56.① | 57.② | 58.④ | 59.④ | 60.② |
| 61.③ | 62.② | 63.④ | 64.① | 65.④ |
| 66.④ | 67.③ | 68.① | 69.② | 70.③ |
| 71.③ | 72.① | 73.③ | 74.① | 75.③ |
| 76.③ | 77.① | 78.② | 79.② | 80.① |

# CBT 기출복원문제

## 2021년 제2회 [농업기계산업기사]

---

### 제1과목　농업기계공작법

**01** 아크 용접봉의 피복제 역할로 틀린 것은?

① 산소와 질소의 침입을 방지하고 용융금속을 보호한다.
② 용접금속의 탈산 및 정련작용을 한다.
③ 용적을 미세화하고 용착효율을 높인다.
④ 전기 통전 작용을 한다.

**02** 아세틸렌은 탄화수소 중 가장 불완전한 가스이므로 위험성을 내포하고 있다. 주의사항이 아닌 것은?

① 2기압 이상으로 압축하면 폭발을 일으킬 수 있다.
② 공기, 산소와 혼합된 경우에는 불꽃 또는 불티 등에 의해 착화 폭발할 수 있다.
③ 아세틸렌 용기 및 배관을 만드는 경우 구리 및 구리합금을 사용해서 안된다.
④ 공기 중에서 가열하여 500℃ 부근에서 자연 발화한다.

**03** 길이 측정에서 온도에 대한 보정을 하고자 할 때 일반적으로 고려해야 할 사항이 아닌 것은?

① 측정기의 열팽창계수
② 측정시의 온도
③ 측정물의 열팽창계수
④ 측정시의 습도

**04** 마이크로미터로 측정할 때 일정한 힘 이상이 작용하면 공회전 하도록 하는 부속품은?

① 딤블　　　　② 스핀들
③ 래칫 스톱　　④ 엔빌

**05** 다이얼 게이지로 측정할 수 없는 것은?

① 공작물의 평면도
② 편심도
③ 공작물의 고저 차이
④ 환봉의 외경

**06** 삼침법이란 나사의 무엇을 측정하는 방법인가?

① 피치　　　　② 유효지름
③ 골지름　　　④ 바깥지름

**07** 칩이 절삭공구의 경사면 위를 미끄러질 때 마찰력에 의해 공구윗면에 오목하게 파지는 공구인선의 마모를 무엇이라고 하는가?

① 치핑(chipping)
② 플랭크 마모(flank wear)
③ 구성인선(built-up edge)
④ 크레이터 마모(crater wear)

**08** 다음 중 구성인선의 영향이 아닌 것은?

① 가공물의 다듬면이 불량하게 된다.
② 발생, 성장, 분열, 탈락이 반복되어 절삭저항이 변화되므로 진동이 발생한다.
③ 공구의 수명이 짧아진다.
④ 결손이나 미소파괴가 일어나기 쉽다.

**09** 공구의 수명식(Taylor의 식)을 나타내는 $VT^n = C$ 식의 설명으로 틀린 것은?

① V는 절삭속도(m/min)이다.
② T는 공구의 수명으로 단위는 초(sec)이다.
③ n은 상수이며, 주로 1/10~1/5이 사용된다.
④ C는 상수이며, 공구, 공작물, 절삭조건에 따라 변하는 값이다.

**10** 다음 중 선반의 4대 주요부품이 아닌 것은?

① 베드          ② 주축대
③ 이송대        ④ 심압대

**11** 트위스트 드릴은 절삭날의 각도가 중심에 가까울수록 절삭 작용이 나쁘다. 이것을 보충하기 위해 하는 작업은?

① 드레싱
② 시닝
③ 트루잉
④ 그라인딩

**12** 세이퍼 램은 행정 기구에 대한 설명으로 맞는 것은?

① 램은 급속 귀환 운동을 한다.
② 램은 등가속도 운동을 한다.
③ 절삭 행정에서 빠르고 돌아오는 행정은 느리다.
④ 램은 등속운동을 한다.

**13** 다음 중 니형 밀링머신에 해당하지 않는 것은?

① 수평 밀링머신
② 수직 밀링머신
③ 캠 밀링머신
④ 만능형 밀링머신

**14** 연삭 숫돌의 성능을 결정하는 5가지 요소인 것은?

① 칩, 기공, 결합도, 가공물, 입도
② 입자, 조직, 결합도, 가공물, 입도
③ 기공, 조직, 결합도, 가공물, 입도
④ 입자, 조직, 결합도, 결합제, 입도

**15** 연삭 숫돌 표면에 무디어진 입자나 가공물을 메우고 있는 칩을 제거하여 본래의 형태로 숫돌을 수정하는 방법은?

① 드레싱          ② 채터링
③ 그레이징        ④ 로딩

**16** 연삭숫돌의 표시법이다. WA 60 Hm V(No. 1 D×t×d)에서 W는 무엇을 의미하는가?

① 제조자 기호
② 연삭숫돌 재료
③ 결합도
④ 조직

**17** 주물사의 강도시험에 해당하지 않은 것은?

① 압축 강도        ② 굽힘 강도
③ 인장 강도        ④ 피로 강도

**18** 소성가공에 이용되는 성질이 아닌 것은?

① 가단성          ② 가소성
③ 취성            ④ 연성

**19** 재료를 잡아 당겨 다이와 맨드릴(심봉)에 통과시켜 가공하는 소성가공법은?

① 인발            ② 압출
③ 전조            ④ 압연

**20** 금속침투법에 해당하지 않는 것은?

① 크로마이징      ② 브로칭
③ 카로라이징      ④ 실리콘나이징

③ $\tau_{\max} = \sqrt{\sigma^2 + 3\tau^2} \leq \tau_a$

④ $\tau_{\max} = \sqrt{\sigma^2 + 5\tau^2} \leq \tau_a$

## 제2과목  농업기계 요소

**21** 기계 재료에 작용하는 하중의 종류를 하중 속도에 의하여 분류할 때 힘의 크기와 방향이 동시에 주기적으로 변하는 하중을 의미하는 용어는?

① 정하중   ② 반복하중
③ 교변하중   ④ 충격하중

**22** 인장하중 200kgf을 받는 연강봉에 인장응력이 4,200kg/cm²이 발생했다. 안전율 S=6으로 할 때 안전하게 사용하기 위한 지름은 몇 mm인가?

① 5   ② 6
③ 7   ④ 8

**23** 축과 구멍의 틈새와 죔새를 기준으로 한 끼워맞춤에서 항상 틈새가 있는 것은?

① 상용 끼워맞춤
② 중간 끼워맞춤
③ 헐거운 끼워맞춤
④ 억지 끼워맞춤

**24** 다음 중 체결용 나사에 해당하지 않는 것은?

① 미터 나사
② 유니파이나사
③ 사다리꼴나사
④ 관용나사

**25** 다음 중 압축응력과 전단력을 동시에 작용하는 파손이론 중 최대 전단응력설은 어느 것인가?

① $\sigma_{\max} = \dfrac{1}{2}\sigma + \dfrac{1}{2}\sqrt{\sigma^2 + 4\tau^2} \leq \sigma_a$

② $\tau_{\max} = \dfrac{1}{2}\sqrt{\sigma^2 + 4\tau^2} \leq \tau_a$

**26** 고압탱크나 보일러의 같은 기밀용기의 코킹 작업 시 기밀을 더욱 완전하게 하기 위하여 끝이 넓은 끌로 때려 리벳과 판재의 안쪽 면을 완전히 밀착시키는 것을 의미하는 용어는?

① 오프셋   ② 맞물림
③ 오일링   ④ 풀러링

**27** 다음 중 용접부의 형상에 따른 분류이다. 그루브 용접에 해당하지 않는 형태는 무엇인가?

① H형 그루브
② I형 그루브
③ J형 그루브
④ W형 그루브

**28** 묻힘 키에 800kgf의 회전력이 작용하고 축 지름이 20mm, 키의 전단응력이 400kgf/cm²일 때 키의 길이가 40mm이면 키의 폭은 몇 mm인가?

① 5   ② 10
③ 15   ④ 50

**29** 250rpm으로 220N•m의 회전력을 내는 축은 약 몇 kW의 동력을 전달하는가?

① 3.22   ② 5.23
③ 5.76   ④ 8.71

**30** 농용 트랙터에서 특히 2축이 교차하고 있는 경우에 사용되는 커플링은?

① 올덤 커플링
② 플랜지 커플링
③ 셀러 커플링
④ 유니버셜 커플링

**31** 베어링 하중 P를 받으며 N rpm으로 회전하는 구름 베어링의 정격회전수명 $L_n$(10⁶회전단위)을 정격시간수명($L_h$)으로 나타낸 것은?

① $L_h = \dfrac{L_n \times 10^6}{P \times 60}$

② $L_h = \dfrac{P \times 60}{L_n \times 10^6}$

③ $L_h = \dfrac{L_n \times 10^6}{N \times 60}$

④ $L_h = \dfrac{P}{L_n \times 10^6}$

**32** 평벨트 풀리의 지름이 각각 200mm, 600mm이고 직물벨트를 이용하여 2PS를 전달하려고 한다. 작은 풀리의 회전수가 900 rpm일 때 벨트가 받는 유효장력은 몇 kgf 이상이어야 하는가?

① 5.3      ② 8

③ 16      ④ 32

**33** 평치차의 모듈 m = 6, 잇수 Z = 40 일 때 치차의 피치원 직경 D는 몇 mm인가?

① 140mm      ② 240mm

③ 340mm      ④ 440mm

**34** 마찰차에 대한 일반적인 설명으로 옳은 것은?

① 속도비가 정확하지 못하다.

② 양차의 회전방향은 항상 동일하다.

③ 주어진 범위에서 연속 직진적으로 변속시킬 수 있다.

④ 확실한 회전운동의 전달 및 대마력 전동에 적합하다.

**35** 그림과 같은 블록브레이크에서 100N·m의 회전력을 제동할 경우 레버 끝에 가하는 힘 F는 약 몇 N이상이어야 하는가? (단, 마찰계수는 μ=0.3이다.)

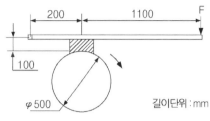

① 191      ② 236

③ 382      ④ 472

**36** 원통형 코일스프링에서 유효권수가 n, 코일의 평균 반지름 R, 작용하중 W, 전단탄성계수 G, 소선의 지름을 d라 할 때 스프링의 처짐 $\delta$를 구하는 식은?

① $\dfrac{32nR^3 W}{Gd^4}$      ② $\dfrac{64nR^3 W}{Gd^4}$

③ $\dfrac{32nR^4 W}{Gd^4}$      ④ $\dfrac{32nR^4 W}{Gd^3}$

**37** 다음 중 유압펌프에 해당하지 않는 것은?

① 커플란 펌프

② 기어 펌프

③ 플런저 펌프

④ 베인 펌프

**38** 다음 중 유압기기의 4대 요소에 해당하지 않는 것은?

① 유압 작동유

② 유압 탱크

③ 유압 펌프

④ 유압 밸브

**39** 펌프의 송출압력은 50kgf/cm², 송출량은 30L/min인 유압펌프의 펌프 동력은 몇 PS인가?

① 3.33
② 5.22
③ 6.22
④ 7.22

**40** 다음 중 캐비테이션 방지책으로 옳지 않은 것은?

① 펌프의 설치 위치를 가능한 높이고 흡입양정을 짧게 한다.
② 양흡입 펌프를 사용한다.
③ 펌프의 회전속도를 낮추어, 흡입 비교 회전속도를 적게한다.
④ 입력축 펌프를 사용하고, 회전차가 물속에 완전히 잠기도록 한다.

## 제3과목　농업기계학

**41** 이론작업량이 0.6ha/h이고 포장효율이 60%이면 시간당 실제 작업량은 몇 ha/h인가?

① 0.36
② 0.26
③ 2.26
④ 0.22

**42** 트랙터의 작업기 3점 링크 부착형태의 부착방식은?

① 견인식
② 장착식
③ 반장착식
④ 자주식

**43** 플라우(plow)의 견인 비저항 k(kg/cm²)을 표시하는 식은?(단, $Z_r$ = 플라우의 진행방향 견인 저항, b·h=역토 단면적, k=플라우의 견인 비저항)

① $k = \dfrac{Z_r}{b \cdot h}$

② $k = \dfrac{Z_r \cdot b}{h}$

③ $k = \dfrac{Z_r \cdot h}{b}$

④ $k = Z_r \cdot b \cdot h$

**44** 다음 중 트랙터 동력취출장치(P.T.O)와 연결되지 않는 작업기는?

① 모워(mower)
② 쟁기(plow)
③ 로터리(rotary)
④ 브로드캐스터(broadcaster)

**45** 다음 중 종자판식 점파기에서 녹아웃(Knock-out)이 하는 주요 작용인 것은?

① 종자의 크기를 선별한다.
② 홈 안의 종자를 종자관으로 떨어뜨린다.
③ 홈 위의 여분의 종자를 제거한다.
④ 종자의 흩어짐을 방지한다.

**46** 치묘를 이앙하고 있던 이앙기에 중성묘를 이앙하려 한다. 이앙기에서 조절하지 않아도 되는 것은?

① 가로 이송량
② 플로우트의 위치
③ 세로 이송량
④ 묘탑재판 경사도

**47** 중경 제초기의 주요부분이 아닌 것은?

① 중경날      ② 솎음날

③ 제초날      ④ 배토판

**48** 원심펌프를 구성하는 주요부분으로 작동 중 물을 흡입할 때 열리고, 운전이 정지될 때는 역류하는 것을 방지하는 역할을 하는 것은?

① 임펠러(impeller)

② 안내날개(guide vane)

③ 케이싱(casing)

④ 풋 밸브(foot valve)

**49** 양수기 특성곡선의 구성요소는 무엇인가?

① 양수량, 회전수, 동력, 임펠라 직경

② 양수량, 양정, 동력, 효율

③ 양정, 동력, 회전수, 임펠라 직경

④ 양정, 동력, 효율, 회전수

**50** 동력분무기 노즐의 배출량이 30L/min 노즐의 유효 살포폭이 10m, 10a당 살포량이 167L/10a 일 경우 노즐의 살포작업 속도는?

① 0.1m/s

② 0.2m/s

③ 0.3m/s

④ 0.4m/s

**51** 다음 중 일반적인 탈곡기의 급동에 있는 급치의 종류가 아닌 것은?

① 절삭치      ② 정소치

③ 병치      ④ 보강치

**52** 다음의 농산물 물성 중 일반 농가에서 과일의 품질을 평가하는데 많이 사용하는 것은?

① 기계적 특성

② 광학적 특성

③ 전기적 특성

④ 열적 특성

**53** 2행정 가솔린기관을 사용하는 동력 예초기에서 연료와 엔진오일의 혼합비로 가장 적당한 것은?

① 5 : 1      ② 15 : 1

③ 25 : 1      ④ 35 : 1

**54** 습량기준 함수율 15%를 건량 기준 함수율로 환산한 값은?

① 15%      ② 17.6%

③ 20.3%      ④ 27.7%

**55** 농산물을 온도와 습도가 일정한 공기 중에서 장기간 놓아두면 일정한 함수율에 도달한다. 이 때의 함수율은?

① 평형 함수율

② 절대 함수율

③ 건량기준 함수율

④ 평균 함수율

**56** 분풍 또는 흡입 마찰식 정미기에서 현미로부터 강층을 분리시키는데 관계되는 주된 정백 작용은?

① 분풍 및 마찰작용

② 분풍 및 연삭작용

③ 전단 및 연삭작용

④ 마찰 및 찰리작용

**57** 농산물의 부유속도의 원리를 응용한 선별기는?

① 벨트 선별기      ② 홈 선별기

③ 요동 선별기      ④ 공기 선별기

**58** 미곡종합처리장의 곡물 반입 시설장치에 속하지 않는 것은?

① 호퍼 스케일      ② 트럭 스케일

③ 정미기      ④ 대기용 컨테이너

**59** 목초수확 후 건조 과정에서 목초를 반전 또는 확산시키기 위해 사용하는 기계는?

① 테더(tedder)
② 레이크(rake)
③ 래퍼(reaper)
④ 바인더(binder)

**60** 엔실리지의 원료가 되는 사료 작물을 예취하여 절단하고 컨베이어를 이용하여 운반차에 실을 수 있는 작업기는?

① 헤이 베일러
② 포리지 하베스터
③ 엔실리지 컨디셔너
④ 하베스터 컨디셔너

제4과목    **농업동력학**

**61** 다음 중 교류 전동기가 아닌 것은?

① 삼상 유도전동기
② 단상 유도전동기
③ 직권 전동기
④ 농형전동기

**62** 3상 농형 유도 전동기가 단자 전압 440V, 전류 36A로 운전되고 있을 때 전동기의 압력 전력은 약 몇 kW인가? (단, 역률은 0.9 이다.)

① 14.3
② 15.8
③ 24.7
④ 27.4

**63** 단상 유도전동기 중 콘덴서형에 해당되는 것은?

① 회전자는 주 코일이고, 고정자는 박스형이다.
② 회전자는 박스형이고, 고정자는 주 코일에 연결된다.
③ 회전자는 코일이 없고, 고정자는 주권선과 보조 권선으로 나눈다.
④ 보조 코일은 없다.

**64** 디젤기관을 탑재한 트랙터에 사용하는 일반적인 축전지를 구성하고 있는 하나의 셀은 몇 V의 전압을 발생하는가?

① 2.0
② 6.0
③ 12.0
④ 24.0

**65** 보기와 같이 배열된 4기통 4사이클 직렬형 기관의 점화 순서로 가장 적합한 것은?

[보기]

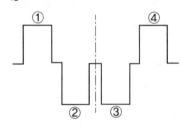

① 1 → 2 → 3 → 4
② 1 → 3 → 2 → 4
③ 1 → 3 → 4 → 2
④ 1 → 4 → 3 → 2

**66** 트랙터 냉각장치의 물자켓에서 밀려나온 물을 냉각시키는 곳은?

① 워터펌프
② 냉각팬
③ 라디에이터
④ 서머스탯

**67** 다음 중 가솔린 엔진에 사용되는 기본 사이클인 것은?

① 디젤 사이클
② 사바테 사이클
③ 오토 사이클
④ 카르노 사이클

**68** 가솔린 기관에 사용되는 기화기의 크기를 결정하는데 고려하여야 할 사항이 아닌 것은?

① 실린더의 체적
② 실린더의 압축비
③ 실린더의 수
④ 기관의 회전속도

**69** 카르노 기관에서 0℃와 100℃ 사이에서 작동하는 (A)와 300℃와 400℃ 사이에서 작동하는 (B)가 있을 때, (A)와 (B) 중 어느 편이 효율이 좋은가?

① A
② B
③ 같다.(A=B)
④ 주어진 조건만으로는 비교할 수 없다.

**70** 기관 실린더 지름이 40cm, 행정 60cm, 회전수가 120rpm, 평균 유효압력이 5kgf/㎠인 복동 증기기관의 기계효율이 85%일 때 유효마력은 약 몇 PS인가?

① 85
② 171
③ 201
④ 236

**71** 디젤기관의 노킹(knocking) 감소에 대한의 설명으로 틀린 것은?

① 착화지연을 짧게 한다.
② 압축비를 높게 한다.
③ 흡기온도를 높게 한다.

④ 연료의 발화점(착화점)이 높은 것을 사용한다.

**72** 어떤 윤활유의 점도가 0.1N·s/㎡이고 비중이 0.88이면 동점도는 몇 mm²/s인가?(단, 중력가속도는 10m/s²으로 한다.)

① 1.1
② 11.4
③ 113.6
④ 88

**73** 견인을 목적으로 하는 경운, 정지 외에 파종, 중경, 제초, 병충해방제나 수확작업 등 여러 가지 작업에 폭 넓게 이용되며 바퀴 폭을 조절할 수 있는 현재 이용되는 대부분의 승용 트랙터인 것은?

① 보행형 트랙터
② 범용 트랙터
③ 과수원용 트랙터
④ 정원용 트랙터

**74** 일정한 작업 간격이 필요한 파종기나 이식기를 트랙터에 부착할 경우 다음 중 가장 적합한 동력취출장치는?

① 독립형          ② 상시 회전형
③ 속도비례형     ④ 변속기 구동형

**75** 그림과 같이 오토사이클의 P-V선도에서 연소실 체적은?

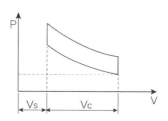

① Vc+Vs          ② Vs-Vc
③ Vc              ④ Vs

**76** 트랙터 3점 링크를 움직이는 유압실린더는 일반적으로 어떤 형식인가?

① 단동 실린더

② 복동 실린더

③ 다단 실린더

④ 단복동 실린더

**77** 트랙터 로타리 작업시 쇄토정도가 너무 거칠어 질 때 취해야할 조치 중 관계가 없는 것은?

① 뒷덮개 판을 내린다.

② 주행을 느리게 한다.

③ 회전속도를 높인다.

④ 주행속도를 높인다.

**78** 트랙터 운전중 진흙구렁에 빠졌을 때 적당한 조치방법은?

① 변속레버를 저속에 넣고 기관을 저속으로 회전시키며 출발한다.

② 변속레버를 최상단에 놓고 액셀레이터를 최대로 높인다.

③ 변속레버를 저속에 넣고 차동고정 장치페달을 밟고 직진한다.

④ 차동고정 장치페달을 밟으며 선회한다.

**79** 트랙터 주행속도가 3m/s일 때 구동륜에 걸리는 수직하중이 2000N, 실제 견인력이 1000N이며, 이때 구동축 출력을 측정한 결과 10kW이면, 트랙터의 견인계수($K_t$)와 견인효율($E_t$)은?

① $K_t = 25\%,\ E_t = 30\%$

② $K_t = 25\%,\ E_t = 70\%$

③ $K_t = 50\%,\ E_t = 70\%$

④ $K_t = 50\%,\ E_t = 30\%$

**80** 자중이 1150kgf인 장궤형 트랙터의 트랙 정지부분의 길이가 각각 107cm이고, 트랙의 폭이 33cm일 때 이 트랙터의 접지압은 약 몇 kgf/㎠인가?

① 0.08

② 0.16

③ 0.33

④ 0.67

| 2021년 제2회 정답 | | | | |
|---|---|---|---|---|
| 01.④ | 02.④ | 03.④ | 04.③ | 05.④ |
| 06.② | 07.④ | 08.③ | 09.② | 10.③ |
| 11.② | 12.① | 13.③ | 14.④ | 15.① |
| 16.② | 17.④ | 18.③ | 19.① | 20.② |
| 21.③ | 22.② | 23.③ | 24.③ | 25.② |
| 26.④ | 27.④ | 28.① | 29.③ | 30.④ |
| 31.③ | 32.③ | 33.② | 34.① | 35.② |
| 36.② | 37.① | 38.② | 39.① | 40.① |
| 41.① | 42.② | 43.① | 44.④ | 45.② |
| 46.④ | 47.② | 48.④ | 49.② | 50.③ |
| 51.① | 52.② | 53.③ | 54.① | 55.① |
| 56.④ | 57.④ | 58.③ | 59.① | 60.② |
| 61.③ | 62.③ | 63.③ | 64.① | 65.③ |
| 66.③ | 67.③ | 68.② | 69.① | 70.② |
| 71.④ | 72.③ | 73.② | 74.③ | 75.④ |
| 76.① | 77.④ | 78.③ | 79.④ | 80.② |

 **저자약력 / Q&A**

## 강 진 석

〔現〕 용인시농업기술센터 농업기계임대사업소 담당자
〔前〕 한국농수산대학교 채소학과 조교
〔前〕 경기도농업기술원 농업기계 교관

**[내용문의] kangjs3690@naver.com**

※ 이 책의 내용에 관한 질문은 위 메일로 문의해 주십시오.
질문요지는 이 책에 수록된 내용에 한합니다. 전화로 질문에 답할 수 없음을 양지하시기 바랍니다.

# PASS 농업기계산업기사

초 판 발 행 | 2022년 7월 15일
제1판3쇄발행 | 2024년 7월 25일

지 은 이 | 강진석
발 행 인 | 김길현
발 행 처 | (주)골든벨
등     록 | 제 1987-000018호
I S B N | 979-11-5806-587-4
가     격 | 28,000원

이 책을 만든 사람들

| | |
|---|---|
| 디  자  인 | 조경미, 박은경, 권정숙 | 제 작 진 행 | 최병석 |
| 웹매니지먼트 | 안재명, 양대모, 김경희 | 오 프 마 케 팅 | 우병춘, 이대권, 이강연 |
| 공 급 관 리 | 오민석, 정복순, 김봉식 | 회 계 관 리 | 김경아 |

ⓤ 04316 서울특별시 용산구 원효로 245(원효로1가 53-1) 골든벨빌딩 5~6F
● TEL : 도서 주문 및 발송 02-713-4135 / 회계 경리 02-713-4137
기획디자인본부 02-713-7452 / 해외 오퍼 및 광고 02-713-7453
● FAX : 02-718-5510     ● http : // www.gbbook.co.kr     ● E-mail : 7134135@ naver.com